大数据与人工智能技术丛书

Python
深度学习实用案例

丁伟雄　编著

清华大学出版社
北京

内 容 简 介

本书以 Python 3.11.0 为平台，以实际应用为背景，通过"概念＋公式＋经典应用"相结合的形式，深入浅出地介绍 Python 深度学习实用案例。全书共 10 章，主要内容包括掀开深度学习的面纱、神经网络的数学基础、机器学习的基础、神经网络分析与应用、计算视觉分析与应用、文本和序列分析与应用、目标检测分析与应用、生成式深度学习分析与应用、人脸检测分析与应用、强化学习分析与应用等内容。通过本书的学习，读者可领略到 Python 的简单、易学、易读、易维护等特点，同时感受到利用 Python 进行深度学习的简单、便捷，以及其应用性强等功能特点。

本书可作为高等学校相关专业本科生和研究生的教学用书，也可作为相关专业科研人员、学者、工程技术人员的参考用书。

版权所有，侵权必究。举报：010-62782989，beiqinquan@tup.tsinghua.edu.cn。

图书在版编目（CIP）数据

Python 深度学习实用案例 / 丁伟雄编著. -- 北京：清华大学出版社，2024. 10. --（大数据与人工智能技术丛书）. -- ISBN 978-7-302-67339-2

Ⅰ. TP312.8

中国国家版本馆 CIP 数据核字第 2024HL8343 号

责任编辑：黄　芝　张爱华
封面设计：刘　键
责任校对：李建庄
责任印制：丛怀宇

出版发行：清华大学出版社
　　　　网　　址：https://www.tup.com.cn，https://www.wqxuetang.com
　　　　地　　址：北京清华大学学研大厦 A 座　　邮　编：100084
　　　　社 总 机：010-83470000　　　　　　　　邮　购：010-62786544
　　　　投稿与读者服务：010-62776969，c-service@tup.tsinghua.edu.cn
　　　　质量反馈：010-62772015，zhiliang@tup.tsinghua.edu.cn
　　　　课件下载：https://www.tup.com.cn，010-83470236
印 装 者：河北盛世彩捷印刷有限公司
经　　销：全国新华书店
开　　本：185mm×260mm　　　印　张：27.25　　　字　数：634 千字
版　　次：2024 年 10 月第 1 版　　　　　　　　印　次：2024 年 10 月第 1 次印刷
印　　数：1～2000
定　　价：99.80 元

产品编号：106514-01

前　言

人工智能经历了3次发展浪潮,其中第三次是深度学习的复兴,就目前来看似乎还处在循环的前半段:技术突破先前的局限而快速发展,投资狂热,追随者甚多。问题是现在的热潮是技术萌芽期的过分膨胀还是昙花一现且将逐渐冷却后进入寒冬? Keras 之父 Francois Chollet 总结了深度学习自身的特质——简单、可扩展、多功能与可利用,并称它确实是"人工智能的革命,且能长盛不衰"。李开复也曾总结第三次浪潮是由商业需求主导的,而这次更多的是解决问题。

那是不是每个人都要学习人工智能、深度学习呢? 计算机工程越来越庞大和细分,方向繁多,诸如前端、后端、测试等,纵然是计算机从业人员,到后来大多也只能集中精力在一个方向上深入。实质上,深度学习更像是一种新的思维,能补充我们对计算机乃至世界运行规律的理解。深度学习将传统机器学习中最为复杂的"特征工程"自动化,使机器可以"自主地"抽象和学习更具统计意义的"模式"。

深度学习如何高效入门可以说是 AI 领域老生常谈的一个问题,一种思路是从传统的统计学习开始,然后跟着书上推导公式学数学;另一种思路是从实验入手,通过学习深度学习框架 TensorFlow 和 Keras 以及具体的图像识别的任务开展。

本书为什么会在众多语言当中选择 Python 实现深度学习呢? 其主要原因如下: Python 是一种效率极高的语言;相比其他语言,Python 语言简单、易学、易读、易维护。

另外,对程序员来说,社区是非常重要的,大多数程序员都需要向解决过类似问题的人寻求建议,在需要有人帮助解决问题时,有一个联系紧密、互帮互助的社区至关重要,Python 社区就是这样一个社区。

本书立足实践,以通俗易懂的方式详细介绍深度学习的基础理论以及相关的必要知识,同时以实际动手操作的方式引导读者入门人工智能深度学习。本书编写特色主要表现在:

1. 内容浅显易懂

本书不会纠缠于晦涩难懂的概念,整本书力求用浅显易懂的语言引出概念,用常用的方式介绍编程、用清晰的逻辑解释思路,帮助非专业人员理解神经网络与深度学习。

2. 知识点全面,实例丰富

深度学习涉及面较广,且有一定的门槛。没有一定广度很难达到一定深度,所以本书内容包括机器学习、深度学习的主要内容。书中各章一般先介绍相应的架构或原理,再通过相应的经典实例进行说明,帮助读者快速领会知识要点。

3. 图文并茂,实用性强

在深度学习中,有很多抽象的概念、复杂的算法、深奥的理论等,如果只用文字来描述,很难达到使读者茅塞顿开的效果,如果用一些图形进行展现,再加上文字注明,那么呈现的效果是一目了然的。

4. 实用性强

本书在理论上突出可读性并兼具知识的深度和广度，实践上强调可操作性并兼具应用的广泛性。书中每章都做到理论与实例相结合，内容丰富、实用，帮助读者快速领会知识要点。并且书中源代码、数据集等读者都可免费获得。

全书共 10 章，每章的主要内容如下。

第 1 章 掀开深度学习的面纱，主要包括深度学习是什么、机器学习与深度学习、深度学习的应用领域与架构等内容。

第 2 章 神经网络的数学基础，主要包括认识神经网络、神经网络的数据表示、张量运算、梯度优化、神经网络剖析、Keras 介绍等内容。

第 3 章 机器学习的基础，主要包括机器学习概述、过拟合和欠拟合、监督学习与数据预处理等内容。

第 4 章 神经网络分析与应用，主要包括单层感知器、激活函数、解决 XOR 问题、优化算法等内容。

第 5 章 计算视觉分析与应用，主要包括从全连接到卷积、卷积神经网络、现代经典网络、卷积神经网络 CIFAR10 数据集分类等内容。

第 6 章 文本和序列分析与应用，主要包括处理文本数据、循环神经网络、ACF 和 PACF、循环神经网络的应用等内容。

第 7 章 目标检测分析与应用，主要包括目标检测概述、目标检测法、典型的目标检测算法等内容。

第 8 章 生成式深度学习分析与应用，主要包括使用 LSTM 生成文本、DeepDream 算法、风格迁移、深入理解自编码器、生成对抗网络等内容。

第 9 章 人脸检测分析与应用，主要包括 KLT、CAMShift 跟踪目标、OpenCV 实现人脸识别、HOG 识别微笑、卷积神经网络实现人脸识别微笑检测、MTCNN 算法实现人脸检测等内容。

第 10 章 强化学习分析与应用，主要包括强化学习的特点与要素、Q 学习、深度 Q 学习、双重深度 Q 网络、对偶深度 Q 网络、深度 Q 网络经典应用等内容。

本书可作为高等学校相关专业本科生和研究生的教学用书，也可作为相关专业科研人员、学者、工程技术人员的参考用书。

本书是由佛山科学技术学院丁伟雄编写。

由于时间仓促，加之作者水平有限，书中疏漏之处在所难免，诚恳地期望得到各领域的专家和广大读者的批评指正。

作 者

2024 年 6 月

目 录

下载源码

第 1 章　掀开深度学习的面纱 …………………………………………………………… 1
　1.1　深度学习是什么 ……………………………………………………………………… 1
　　　1.1.1　深度学习的基本思想 ……………………………………………………… 2
　　　1.1.2　深度学习和浅层学习 ……………………………………………………… 2
　　　1.1.3　深度学习与神经网络 ……………………………………………………… 3
　　　1.1.4　深度学习的训练过程 ……………………………………………………… 3
　1.2　机器学习与深度学习 ………………………………………………………………… 4
　　　1.2.1　机器学习的算法流程 ……………………………………………………… 4
　　　1.2.2　机器学习算法建模 ………………………………………………………… 7
　　　1.2.3　机器学习任务 ……………………………………………………………… 7
　　　1.2.4　深度学习算法流程 ………………………………………………………… 8
　1.3　深度学习的应用领域与架构 ………………………………………………………… 9
　　　1.3.1　深度学习的应用领域 ……………………………………………………… 9
　　　1.3.2　深度学习相关框架 ………………………………………………………… 10
　　　1.3.3　深度学习实际应用 ………………………………………………………… 11

第 2 章　神经网络的数学基础 …………………………………………………………… 13
　2.1　认识神经网络 ………………………………………………………………………… 13
　2.2　神经网络的数据表示 ………………………………………………………………… 17
　　　2.2.1　标量 ………………………………………………………………………… 17
　　　2.2.2　向量 ………………………………………………………………………… 17
　　　2.2.3　矩阵 ………………………………………………………………………… 17
　　　2.2.4　3D 张量与更高维张量 …………………………………………………… 18
　　　2.2.5　关键属性 …………………………………………………………………… 18
　　　2.2.6　操作张量 …………………………………………………………………… 19
　　　2.2.7　数据批量 …………………………………………………………………… 20
　　　2.2.8　现实数据张量 ……………………………………………………………… 20
　2.3　张量运算 ……………………………………………………………………………… 22
　　　2.3.1　张量的创建 ………………………………………………………………… 22
　　　2.3.2　索引和切片访问张量中的数据 …………………………………………… 23
　　　2.3.3　逐元素运算 ………………………………………………………………… 27
　　　2.3.4　张量变形 …………………………………………………………………… 30
　　　2.3.5　广播 ………………………………………………………………………… 31

2.3.6 张量运算的几何解释 ··· 33
2.4 梯度优化 ··· 34
　2.4.1 导数 ··· 34
　2.4.2 梯度 ··· 35
　2.4.3 反向传播算法 ··· 37
2.5 神经网络剖析 ··· 37
　2.5.1 层 ··· 38
　2.5.2 模型 ··· 38
　2.5.3 损失函数与优化器 ··· 39
2.6 Keras 介绍 ··· 39
　2.6.1 Keras 的工作方式 ··· 39
　2.6.2 Keras 的设计原则 ··· 40
　2.6.3 Keras 深度学习链接库特色 ··································· 40
　2.6.4 使用 Keras 创建神经网络 ····································· 40
　2.6.5 使用 Keras 实现二分类问题 ··································· 47
　2.6.6 使用 Keras 处理多分类问题 ··································· 51
　2.6.7 使用 Keras 实现预测房价问题 ································· 55

第 3 章 机器学习的基础 ··· 61
3.1 机器学习概述 ··· 61
　3.1.1 机器学习的历程 ··· 61
　3.1.2 机器学习的 4 个分支 ··· 62
　3.1.3 机器学习的步骤 ··· 63
3.2 过拟合和欠拟合 ··· 65
　3.2.1 减小模型大小 ··· 65
　3.2.2 添加权重正则化 ··· 66
　3.2.3 添加 dropout 正则化 ··· 68
3.3 监督学习 ··· 69
　3.3.1 线性模型 ··· 70
　3.3.2 逻辑回归 ··· 79
　3.3.3 支持向量机 ··· 81
　3.3.4 Adaboost 算法 ·· 87
　3.3.5 决策树 ··· 91
　3.3.6 随机森林 ··· 105
3.4 数据预处理 ··· 111
　3.4.1 数据预处理概述 ··· 111
　3.4.2 数据清理 ··· 111
　3.4.3 数据集成 ··· 112
　3.4.4 数据变换 ··· 113

3.4.5　数据归约 ………………………………………………………… 114
　　　3.4.6　Python 的数据预处理函数 ………………………………………… 114

第 4 章　神经网络分析与应用 ……………………………………………………… 123
4.1　单层感知器 ……………………………………………………………… 123
　　4.1.1　分类特征表示 ……………………………………………………… 123
　　4.1.2　单层感知器概述 …………………………………………………… 124
　　4.1.3　多层神经网络 ……………………………………………………… 128
4.2　激活函数 ………………………………………………………………… 138
　　4.2.1　sigmoid 激活函数 ………………………………………………… 138
　　4.2.2　tanh 激活函数 …………………………………………………… 139
　　4.2.3　ReLU 激活函数 …………………………………………………… 140
　　4.2.4　ReLU6 激活函数 ………………………………………………… 142
　　4.2.5　Leaky ReLU 激活函数 …………………………………………… 143
　　4.2.6　softmax 激活函数 ………………………………………………… 144
　　4.2.7　ELU 激活函数 …………………………………………………… 145
　　4.2.8　Swish 激活函数 ………………………………………………… 146
　　4.2.9　Mish 激活函数 …………………………………………………… 147
　　4.2.10　Maxout 激活函数 ………………………………………………… 148
4.3　解决 XOR 问题 …………………………………………………………… 148
4.4　优化算法 ………………………………………………………………… 155
　　4.4.1　梯度下降法 ………………………………………………………… 155
　　4.4.2　AdaGrad 算法 …………………………………………………… 162
　　4.4.3　RMSProp 算法 …………………………………………………… 162
　　4.4.4　AdaDelta 算法 …………………………………………………… 163
　　4.4.5　Adam 算法 ………………………………………………………… 163
　　4.4.6　各优化方法实现 …………………………………………………… 164
　　4.4.7　无约束多维极值 …………………………………………………… 172

第 5 章　计算视觉分析与应用 ……………………………………………………… 176
5.1　从全连接到卷积 …………………………………………………………… 176
5.2　卷积神经网络 ……………………………………………………………… 177
　　5.2.1　卷积计算过程 ……………………………………………………… 177
　　5.2.2　感受野 ……………………………………………………………… 178
　　5.2.3　输出特征尺寸计算 ………………………………………………… 179
　　5.2.4　全零填充 …………………………………………………………… 179
　　5.2.5　批标准化 …………………………………………………………… 180
　　5.2.6　池化 ………………………………………………………………… 182
　　5.2.7　舍弃 ………………………………………………………………… 182
5.3　现代经典网络 ……………………………………………………………… 186

      5.3.1 LeNet 网络 ………………………………………………… 186
      5.3.2 AlexNet 网络 ……………………………………………… 188
      5.3.3 VGGNet 网络 ……………………………………………… 191
      5.3.4 NiN ………………………………………………………… 196
      5.3.5 Google Inception Net 网络 ……………………………… 201
      5.3.6 ResNet 网络 ……………………………………………… 203
      5.3.7 DenseNet 网络 …………………………………………… 205
  5.4 卷积神经网络 CIFAR10 数据集分类 ……………………………… 209

第 6 章 文本和序列分析与应用 ……………………………………………… 215
  6.1 处理文本数据 ……………………………………………………… 215
      6.1.1 单词和字符的 one-hot 编码 …………………………… 216
      6.1.2 使用词嵌入 ……………………………………………… 220
  6.2 循环神经网络 ……………………………………………………… 232
      6.2.1 循环神经网络概述 ……………………………………… 232
      6.2.2 Keras 中的循环层 ……………………………………… 234
      6.2.3 RNN 的改进算法 ………………………………………… 237
  6.3 ACF 和 PACF ……………………………………………………… 240
      6.3.1 截尾与拖尾 ……………………………………………… 241
      6.3.2 自回归过程 ……………………………………………… 241
      6.3.3 移动平均过程 …………………………………………… 243
  6.4 循环神经网络的应用 ……………………………………………… 247
      6.4.1 温度预测 ………………………………………………… 247
      6.4.2 数据准备 ………………………………………………… 249
      6.4.3 基准方法 ………………………………………………… 251
      6.4.4 基本的机器学习方法 …………………………………… 252
      6.4.5 第一个循环网络基准 …………………………………… 253
      6.4.6 使用 dropout 降低过拟合 ……………………………… 254
      6.4.7 循环层堆叠 ……………………………………………… 256
      6.4.8 使用双向 RNN …………………………………………… 257

第 7 章 目标检测的分析与应用 ……………………………………………… 260
  7.1 目标检测概述 ……………………………………………………… 260
      7.1.1 传统目标检测 …………………………………………… 260
      7.1.2 基于深度学习的目标检测 ……………………………… 260
      7.1.3 目标检测的未来 ………………………………………… 262
      7.1.4 目标检测面临的挑战 …………………………………… 262
  7.2 目标检测法 ………………………………………………………… 263
      7.2.1 选择性搜索算法 ………………………………………… 263
      7.2.2 保持多样性的策略 ……………………………………… 268

        7.2.3 锚框实现 …………………………………… 271
        7.2.4 多尺度目标检测 …………………………… 281
    7.3 典型的目标检测算法 …………………………………… 282
        7.3.1 R-CNN 算法 ………………………………… 282
        7.3.2 Fast R-CNN 算法 …………………………… 286
        7.3.3 Faster R-CNN 算法 ………………………… 289
        7.3.4 RPN 算法 …………………………………… 302
        7.3.5 YOLO 算法 ………………………………… 304
        7.3.6 SSD 算法 …………………………………… 308

第 8 章 生成式深度学习分析与应用 …………………………… 320
    8.1 使用 LSTM 生成文本 …………………………………… 320
        8.1.1 如何生成序列数据 …………………………… 320
        8.1.2 采样策略 ……………………………………… 320
    8.2 DeepDream 算法 ………………………………………… 325
        8.2.1 DeepDream 算法原理 ……………………… 325
        8.2.2 DeepDream 算法流程 ……………………… 325
        8.2.3 DeepDream 算法实现 ……………………… 326
    8.3 风格迁移 ………………………………………………… 331
        8.3.1 风格迁移定义 ………………………………… 331
        8.3.2 风格迁移方法 ………………………………… 331
        8.3.3 风格迁移实例 ………………………………… 332
    8.4 深入理解自编码器 ……………………………………… 337
        8.4.1 自编码器 ……………………………………… 337
        8.4.2 欠完备自编码器 ……………………………… 340
        8.4.3 正则自编码 …………………………………… 340
    8.5 生成对抗网络 …………………………………………… 345
        8.5.1 GAN 原理 …………………………………… 345
        8.5.2 GAN 实现 …………………………………… 347

第 9 章 人脸检测分析与应用 …………………………………… 351
    9.1 KLT ……………………………………………………… 351
        9.1.1 光流 …………………………………………… 351
        9.1.2 KLT 算法 …………………………………… 352
    9.2 CAMShift 跟踪目标 …………………………………… 356
        9.2.1 MeanShift 算法 ……………………………… 356
        9.2.2 CAMShift 算法 ……………………………… 358
    9.3 OpenCV 实现人脸识别 ………………………………… 364
        9.3.1 Haar 级联实现人脸检测 …………………… 365
        9.3.2 级联实现实时人脸检测与人脸身份识别 …… 367

9.4　HOG 识别微笑 ……………………………………………………………………… 372
9.4.1　HOG 原理 …………………………………………………………………… 372
9.4.2　HOG 实例应用 ……………………………………………………………… 372
9.5　卷积神经网络实现人脸识别微笑检测 …………………………………………… 378
9.6　MTCNN 算法实现人脸检测 ……………………………………………………… 388

第 10 章　强化学习分析与应用 ……………………………………………………… 394
10.1　强化学习的特点与要素 …………………………………………………………… 394
10.2　Q 学习 ……………………………………………………………………………… 397
10.2.1　Q 学习的原理 ………………………………………………………………… 397
10.2.2　Q 学习经典应用 ……………………………………………………………… 398
10.3　深度 Q 学习 ………………………………………………………………………… 402
10.3.1　经验回放 ……………………………………………………………………… 403
10.3.2　回合函数的近似法 …………………………………………………………… 404
10.3.3　半梯度下降法 ………………………………………………………………… 404
10.3.4　目标网络 ……………………………………………………………………… 405
10.3.5　相关算法 ……………………………………………………………………… 405
10.3.6　训练算法 ……………………………………………………………………… 406
10.3.7　深度 Q 学习的应用 …………………………………………………………… 407
10.4　双重深度 Q 网络 …………………………………………………………………… 411
10.5　对偶深度 Q 网络 …………………………………………………………………… 411
10.6　深度 Q 网络经典应用 ……………………………………………………………… 411

参考文献 ………………………………………………………………………………… 425

第 1 章

掀开深度学习的面纱

深度学习是从机器学习中的人工神经网络发展出来的新领域,早期所谓的"深度"是指超过一层的神经网络。但随着深度学习的快速发展,深度学习的内涵已经超出了传统的多层神经网络,甚至机器学习的范畴,它逐渐朝着人工智能的方向快速发展。

1.1 深度学习是什么

深度学习(Deep Learning,DL)指的是多层人工神经网络和训练它的方法。一层神经网络会把大量矩阵数字作为输入,通过非线性激活方法取权重,再产生另一个数据集作为输出。与生物神经大脑的工作机理一样,通过合适的矩阵数量,用多层组织链接一起,形成神经网络"大脑"进行精准复杂的处理,其过程就像人们识别物体、标注图片一样。

但是,随着计算机的发展,Hinton等人对多层神经网络的功能进行了扩展,满足了提高学习所需的计算机功能,使充分学习成为可能。多层神经网络的高性能显示碾压了其他方法,解决了与语音、图像和自然语言有关的问题,其结构如图1-1所示。

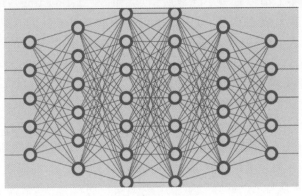

图 1-1 深度学习结构

1.1.1 深度学习的基本思想

假设有一个系统 S,层数为 n 层$(S_1,S_2,\cdots,S_n)$,输入是 I,输出是 O,可形象地表示为:$I \geqslant S_1 \geqslant S_2 \geqslant \cdots \geqslant S_n \geqslant O$;如果输出 O 等于输入 I,即输入 I 经过这个系统变化之后没有任何的信息损失,保持了不变,这意味着输入 I 经过每一层 S_i 都没有任何的信息损失,即在任何一层 S_i,它都是原有信息(即输入 I)的另外一种表示。现在回到主题"深度学习",我们需要自动地学习特征,假设有一堆输入 I(如一堆图像或者文本),设计一个系统 S(有 n 层),通过调整系统中参数,使得它的输出仍然是输入 I,那么就可以自动地获取得到输入 I 的一系列层次特征,即 $S_1,S_2,\cdots,S_n$。

对于深度学习来说,其思想就是对堆叠多个层,换句话说,这一层的输出作为下一层的输入。通过这种方式,就可以实现对输入信息进行分级表达了。

另外,前面是假设输出严格地等于输入,这个限制太严格,可以略微地放松这个限制,例如只要使得输入与输出的差别尽可能地小即可,这样就会导致另外一类不同的深度学习方法。

1.1.2 深度学习和浅层学习

本小节将对深度学习和浅层学习的关系进行介绍。

1. 浅层学习是机器学习的第一次浪潮

20 世纪 80 年代末,发明了用于人工神经网络的反向传播(Back Propagation,BP)算法,BP 算法给机器学习带来了希望,掀起了基于统计模型的机器学习热潮。这个热潮一直持续至今。人们发现,利用 BP 算法可以让一个人工神经网络模型从大量训练样本中学习统计规律,进而对未知事件做预测。这种基于统计的机器学习方法比起过去基于人工规则的系统,它的优越性非常突出。值得注意的是,此时的人工神经网络(多层感知机,Multi-layer Perceptron)实际是一种只含有一层隐含层结点的浅层模型。

20 世纪 90 年代,相继涌现出各种各样的浅层机器学习模型,例如支持向量机(Support Vector Machine,SVM)、Boosting、最大熵方法(Maximum Entropy,ME)等。这些模型的结构基本上都带有一层隐含层结点(如 SVM、Boosting),或没有隐含层结点(如 ME)。这些模型无论是在理论分析还是应用中都获得了巨大的成功。相比之下,由于理论分析的难度大,训练方法又需要很多经验和技巧,这个时期的浅层人工神经网络反而相对沉寂。

2. 深度学习是机器学习的第二次浪潮

开启了深度学习在学术界和工业界的浪潮是在 2006 年,当时多数分类、回归等学习方法归为浅层结构算法,其局限性在于在有限样本和计算单元情况下对复杂函数的表示能力有限,针对复杂分类问题其泛化能力受到一定制约。深度学习可通过学习一种深层非线性网络结构,实现复杂函数逼近,表征输入数据分布式表示,并展现了强大的从少数样本集中学习数据集本质特征的能力(多层的优势是可以用较少的参数表示复杂的函数)。

深度学习的实质是通过构建具有很多隐含层的机器学习模型和海量的训练数据,来学习更有用的特征,从而最终提升分类或预测的准确性。因此,"深度模型"是手段,"特

征学习"是目的。区别于传统的浅层学习,深度学习的不同在于:

(1) 强调了模型结构的深度,通常有 5 层、6 层,甚至 10 多层的隐含层结点。

(2) 明确突出了特征学习的重要性,也就是说,通过逐层特征变换,将样本在原空间的特征表示变换到一个新特征空间,从而使分类或预测更加容易。

与人工规则构造特征的方法相比,利用大数据来学习特征,更能够刻画数据的丰富内在信息。

1.1.3 深度学习与神经网络

深度学习是机器学习研究中的一个新的领域,含多隐含层的多层感知器就是一种深度学习结构,其动机在于建立、模拟人脑进行分析学习的神经网络,它模仿人脑的机制来解释数据,例如图像、声音和文本。

深度学习本身是机器学习(Machine Learning,ML)的一个分支,简单可以理解为神经网络(Neural Network,NN)的发展。30 多年前,NN 曾经是 ML 领域特别火热的一个方向,但是后来却慢慢淡出了,原因在于:

(1) 比较容易过拟合,参数较难调整,而且需要不少技巧。

(2) 训练速度较慢,在层次比较少(小于或等于 3)的情况下,效果并不比其他方法更优。

所以中间大约有 20 多年的时间,神经网络被关注很少,这段时间基本上是 SVM 和 Boosting 算法的天下。深度学习与传统的神经网络之间有相同的地方,也有很多不同。

(1) 相同点。

二者的相同点在于深度学习采用了与神经网络相似的分层结构,系统包括由输入层、隐含层(多层)、输出层组成的多层网络,只有相邻层结点之间有连接,同一层以及跨层结点之间相互无连接,每一层可以看作一个逻辑回归(Logistic Regression,LR)模型;这种分层结构比较接近人类大脑的结构。

(2) 不同点。

为了克服神经网络训练中的问题,深度学习采用了与神经网络很不同的训练机制。传统神经网络中,采用的是反向传播的方式进行,简单来讲就是采用迭代的算法来训练整个网络,先随机设定初值,计算当前网络的输出,然后根据当前输出和 label(标签)之间的差去改变前面各层的参数,直到收敛(整体是一个梯度下降法)。而深度学习整体上是一个 layer-wise(逐层)的训练机制,这样做的原因是:如果采用反向传播的机制,对于一个深层网络(7 层以上),残差传播到最前面的层已经变得太小,可能出现所谓的梯度扩散(Gradient Diffusion,GD)。

1.1.4 深度学习的训练过程

如果对所有层同时训练,时间复杂度会太高;如果每次训练一层,偏差就会逐层传递。这会面临与监督学习相反的问题,会严重欠拟合(原因是深度网络的神经元和参数太多)。

2006 年,Hinton 提出了在非监督数据上建立多层神经网络的一个有效方法,简单地说,分为两步,一是每次训练一层网络,二是调优,使原始表示 x 向上生成的高级表示 r 和该高级表示 r 向下生成的 x' 尽可能一致。方法是:

(1) 逐层构建单层神经元,这样每次都训练一个单层网络。

(2) 当所有层训练完后,Hinton 使用 Wake-Sleep(唤醒睡眠)算法进行调优。

除了最顶层的其他层间的权重变为双向的外(这样最顶层仍然是一个单层神经网络),其他层则变为图模型。向上的权重用于"认知",向下的权重用于"生成"。然后使用 Wake-Sleep 算法调整所有的权重。让认知和生成达成一致,也就是保证生成的最顶层表示能够尽可能正确地复原底层的结点。比如顶层的一个结点表示人脸,那么所有人脸的图像应该激活这个结点,并且这个结果向下生成的图像应该能够表现为一个大概的人脸图像。

Wake-Sleep 算法分为 Wake(醒)和 Sleep(睡)两个阶段。

(1) Wake 阶段:认知过程,通过外界的特征和向上的权重(认知权重)产生每一层的抽象表示(结点状态),并且使用梯度下降法修改层间的下行权重(生成权重)。也就是"如果现实跟想象的不一样,改变权重使得想象的东西就是这样的"。

(2) Sleep 阶段:生成过程,通过顶层表示(醒时学得的概念)和向下权重,生成底层的状态,同时修改层间向上的权重。也就是"如果梦中的景象不是脑中的相应概念,改变认知权重使得这种景象在我看来就是这个概念"。

因此,深度学习训练过程具体如下:

(1) 使用自下上升的非监督学习(就是从底层开始,一层一层地往顶层训练)。

采用无标定数据(有标定数据也可)分层训练各层参数,这一步可以看作一个无监督训练过程,是和传统神经网络区别最大的部分(这个过程可以看作特征学习过程):先用无标定数据训练第一层,训练时先学习第一层的参数(这一层可以看作得到一个使得输出和输入差别最小的三层神经网络的隐含层),由于模型容量的限制以及稀疏性约束,使得到的模型能够学习到数据本身的结构,从而得到比输入更具有表示能力的特征;在学习得到第 $n-1$ 层后,将 $n-1$ 层的输出作为第 n 层的输入,训练第 n 层,由此分别得到各层的参数。

(2) 自顶向下的监督学习(通过带标签的数据去训练,误差自顶向下传输,对网络进行微调)。

基于第(1)步得到的各层参数进一步微调整个多层模型的参数,这一步是一个有监督训练过程。第(1)步类似神经网络的随机初始化初值过程,由于深度学习的第(1)步不是随机初始化,而是通过学习输入数据的结构得到的,因而这个初值更接近全局最优,从而能够取得更好的效果。所以,深度学习效果好很大程度上归功于第(1)步的特征学习过程。

1.2 机器学习与深度学习

虽然深度学习这几年特别火,但深度学习主要还属于机器学习的范畴。

1.2.1 机器学习的算法流程

实际上机器学习研究的就是数据科学,其算法的主要流程有:

(1) 数据集准备。
(2) 探索性地对数据进行分析。
(3) 数据预处理。
(4) 数据分割。
(5) 机器学习算法建模。
(6) 选择机器学习任务。

最后一步是评价机器学习算法对实际数据的应用情况。

1. 数据集

首先要研究的是数据的问题。数据集是构建机器学习模型流程的起点。简单来说，数据集本质上是一个 $M \times N$ 矩阵，其中 M 代表列（特征），N 代表行（样本）。

列可以分解为 X 和 Y，X 可以是特征、独立变量或者输入变量。Y 也可以是类别标签、因变量和输出变量。

2. 数据分析

进行探索性数据分析（Exploratory Data Analysis，EDA）是为了获得对数据的初步了解。EDA 主要的工作：对数据进行清洗；对数据进行描述（描述统计量、图表）；查看数据的分布；比较数据之间的关系；培养对数据的直觉；对数据进行总结等。

在一个典型的机器学习算法流程和数据科学项目中，要做的第一件事就是通过"盯住数据"，以便更好地了解数据。通常使用的三大 EDA 方法包括：

- 描述性统计：平均数、中位数、模式、标准差。
- 数据可视化：热力图（辨别特征内部相关性）、箱形图（可视化群体差异）、散点图（可视化特征之间的相关性）、主成分分析（可视化数据集中呈现的聚类分布）等。
- 数据整形：对数据进行透视、分组、过滤等，如图 1-2 所示。

图 1-2　数据整形效果

3. 数据预处理

数据预处理指对数据进行各种检查和校正,以纠正缺失值、拼写错误等问题,使数值正常化/标准化以使其具有可比性、转换数据(如对数转换)。

数据的质量将对机器学习算法模型的质量产生很大的影响。因此,为了达到最好的机器学习模型质量,传统的机器学习算法流程中,其实很大一部分工作就是在对数据进行分析和处理。

一般来说,数据预处理可以轻松地占到机器学习项目流程中 80% 的时间,而实际的模型建立阶段和后续的模型分析大概仅占剩余的 20%。

4. 数据分割

(1) 训练集与测试集。

在机器学习模型的开发流程中,希望训练好的模型能在新的、未见过的数据上表现良好。为了模拟新的、未见过的数据,对可用数据进行数据分割,从而将已经处理好的数据集分割成两部分:训练集和测试集,如图 1-3 所示。

第一部分是较大的数据子集,用作训练集(如占原始数据的 80%);第二部分通常是较小的子集,用作测试集(其余 20% 的数据)。

接下来,利用训练集建立预测模型,然后将这种训练好的模型应用于测试集(即作为新的、未见过的数据)上进行预测。根据模型在测试集上的表现来选择最佳模型,为了获得最佳模型,还可以进行超参数优化。

(2) 训练集、验证集与测试集。

另一种常见的数据分割方法是将数据分割成 3 部分:训练集、验证集和测试集,如图 1-4 所示。

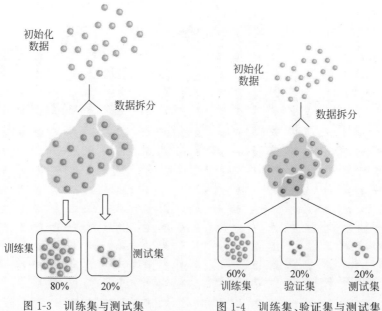

图 1-3　训练集与测试集　　图 1-4　训练集、验证集与测试集

训练集用于建立预测模型,同时对验证集进行评估,据此进行预测,可以进行模型调

优(如超参数优化),并根据验证集的结果选择性能更好的模型。

验证集的操作方式跟训练集类似。不过值得注意的是,测试集不参与机器学习模型的建立和准备,是机器学习模型训练过程中单独留出的样本集,用于调整模型的超参数和对模型的能力进行初步评估。通常边训练边验证,这里的验证就是用验证集来检验模型的初步效果。

(3) 交叉验证。

实际上数据是机器学习流程中最宝贵的,为了更加经济地利用现有数据,通常使用K折交叉验证,将数据集分割成K个。在这样的K个数据集中,其中一个被留作测试数据,而其余的则被用作建立模型的训练数据。通过反复交叉迭代的方式来对机器学习流程进行验证。

1.2.2 机器学习算法建模

下面介绍怎样使用数据来建模。根据目标变量(通常称为Y变量)的数据类型,可以建立一个分类或回归模型。

1. 机器学习算法

机器学习算法可以大致分为以下三种类型之一。

- 监督学习:一种机器学习任务,建立输入变量 X 和输出变量 Y 之间的数学(映射)关系。这样的(X,Y)对构成了用于建立模型的标签数据,以便学习如何从输入中预测输出。
- 无监督学习:一种只利用输入变量 X 的机器学习任务,X 是未标记的数据,学习算法在建模时使用的是数据的固有结构。
- 强化学习:一种决定下一步行动方案的机器学习任务,它通过试错学习(trial and error learning)来实现这一目标,努力使回报最大化。

2. 参数调优

超参数本质上是机器学习算法的参数,其直接影响学习过程和预测性能。由于没有万能的超参数设置可以普遍适用于所有数据集,因此需要进行超参数优化。

3. 特征选择

特征选择就是从最初的大量特征中选择一个特征子集的过程。除了实现高精度的模型外,机器学习模型构建最重要的一个方面是获得可操作的解。为了实现这一目标,从大量的特征中选择出重要的特征子集非常重要。

特征选择的任务本身就可以构成一个全新的研究领域,这个领域的目标是设计新颖的算法和方法。经典的方法是基于模拟退火和遗传算法的。除此之外,还有大量基于进化算法(如粒子群优化、蚁群优化等)和随机方法(如蒙特卡洛)的方法。

1.2.3 机器学习任务

在监督学习中,两个常见的机器学习任务是分类和回归。

1. 分类

分类是指将一组训练好的变量作为输入,并预测输出的类标签。图1-5是由不同颜色和标签表示的三个类。每个小的彩色球体代表一个数据样本。对于三类数据样本在二维中的显示,这种可视化图可以通过执行 PCA 并显示前两个主成分(PC)来创建,也可以选择两个变量的简单散点图可视化。

那如何知道训练出来的机器学习模型表现得好或坏?即需要使用性能评价指标(metrics)。一些常见的评估分类性能的指标主要包括准确率(AC)、灵敏度(SN)、特异性(SP)和马太相关系数(MCC)。

2. 回归

最简单的回归模型可用等式总结为:$Y = f(X)$。其中,Y 对应量化输出变量,X 指输入变量,f 指计算输出值作为输入特征的映射函数(从机器学习模型中得到)。该回归模型的含义:如果 X 已知,则可以推导(预测)出 Y。一个可视化方式是将实际值与预测值做一个简单的散点图,如图 1-6 所示。

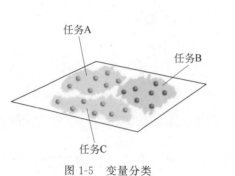

图 1-5　变量分类

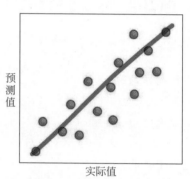

图 1-6　实际值与预测值的散点图

对回归模型的性能进行评估,以评估拟合模型可以准确预测输入数据值的程度。评估回归模型性能的常用指标是确定系数(R^2)。此外,均方误差(MSE)以及均方根误差(RMSE)也是衡量残差或预测误差的常用指标。

1.2.4　深度学习算法流程

深度学习实际上是机器学习中的一种范式;深度学习算法则优化了数据分析,建模过程的流程也缩短了,由神经网络统一了原来机器学习的算法。

机器学习算法的主要流程如下:

(1)数据集准备;

(2)数据预处理;

(3)数据拆分;

(4)定义神经网络模型;

(5)训练网络。

整体效果如图 1-7 所示。

深度学习不需要提取特征,而是通过神经网络自动对数据进行高维抽象学习,减少了特征工程的构成。但是同时也因为引入了更深、更复杂的网络模型结构,所以调参工作变得更加繁重。例如,定义神经网络模型结构、确认损失函数、确定优化器,最后是反

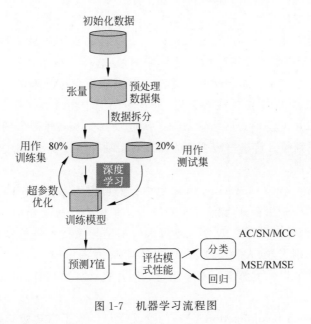

图 1-7　机器学习流程图

复调整模型参数的过程。

1.3　深度学习的应用领域与架构

深度学习已经向前迈出了一步,通过深度神经网络,深度学习可以自动提取对分类算法比较重要的特征。

1.3.1　深度学习的应用领域

那么深度学习的应用领域具体有哪些呢?

1. 计算机视觉

深度学习在计算机视觉领域中的应用主要表现在以下几方面。

(1) 目标检测。

目标检测(object detection)是当前计算机视觉和机器学习领域的研究热点之一,核心任务是筛选出给定图像中所有感兴趣的目标,确定其位置和大小。其中难点便是遮挡、光照、姿态等造成的像素级误差,这是目标检测所要挑战和避免的问题。深度学习中一般通过搭建 DNN 提取目标特征,利用 ROI(感兴趣区域)映射和 IoU(交并比)确定阈值。

(2) 语义分割。

语义分割(semantic segmentation)旨在将图像中的物体作为可解释的语义类别,该类别将通过 DNN 学习的特征聚类得到。和目标检测一样,在深度学习中需要 IoU 作为评价指标评估设计的语义分割网络。值得注意的是,语义类别对应于不同的颜色,生成的结果需要和原始的标注图像相比较,较为一致才能算一个可分辨不同语义信息的网络。

(3) 超分辨率重建。

超分辨率重建(super resolution construction)的主要任务是通过软件和硬件的方法，从观测到的低分辨率图像重建出高分辨率图像，这样的技术在医疗影像和视频编码通信中十分重要。该领域一般分为单图像超分辨率和视频超分辨率，一般在视频序列中通过该技术解决丢帧、帧图像模糊等问题，而在单图像中主要为了提升细节和质感。在深度学习中一般采用残差形式网络学习双二次或双三次下采样带来的精度损失，以提升大图细节；对于视频超分辨率一般采用光流或者运动补偿来解决帧图像的重建任务。

(4) 行人重识别。

行人重识别(person re-identification)也称行人再识别，是利用计算机视觉技术判断图像或者视频序列中是否存在特定行人的技术。其核心任务是给定一个监控的行人图像，检索跨设备下该行人图像。如今一般将人脸识别与该技术进行联合，用于人脸识别的辅助以及人脸识别失效(人脸模糊、人脸被遮挡)时发挥作用。在深度学习中一般通过全局和局部特征提取以及度量学习对多组行人图片进行分类和身份查询。

2. 语音识别

语音识别(speech recognization)是一门交叉学科。除了需要数字信号处理、模式识别、概率论等理论知识，深度学习的发展也使其有了很大幅度的效果提升。深度学习中将声音转换为比特的目的类似于在计算机视觉中处理图像数据，都是将其转换为特征向量。语音识别的难点很多，例如克服发音音节相似度高进行精准识别、实时语音转写等，这就需要将很多不同人的声音作为数据集，因此深度网络具有更强的泛化性，以及需要设计的网络本身的复杂程度是否得当等条件。

3. 自然语言处理

自然语言处理(NLP)是计算机科学和人工智能领域的方向之一，目的是研究能实现在人与计算机之间用自然语言进行有效通信的各种理论和方法。深度学习由于其非线性的复杂结构，将低维稠密且连续的向量表示为不同粒度的语言单元，例如词、短语、句子和文章，让计算机可以通过网络模型参与编写语言单元，进而使得人类和计算机进行沟通。此外，深度学习领域中研究人员使用循环、卷积、递归等神经网络模型对不同的语言单元向量进行组合，获得更大语言单元的表示。不同的向量空间拥有的组合越复杂，计算机越能处理更加难以理解的语义信息，通过深度学习，人们已经在AI领域向前迈出一大步，相信人与机器沟通中"信、达、雅"这三方面终将实现。

1.3.2 深度学习相关框架

如果没有深度学习的相关框架，就不能实现深度学习任务。本小节将对一些框架进行简单介绍。

1. Caffe

Caffe全称为convolutional architecture for fast feature embedding，它是一个清晰、高效的深度学习框架，核心语言是C++，并支持命令行、Python和MATLAB接口，然而比较困难的是搭建环境和编写代码。

2. TensorFlow

TensorFlow为一经推出就大获成功的框架,采用静态计算图机制,编程接口支持C++、Java、Go、R和Python,同时也集成了Keras框架的核心内容。此外,TensorFlow由于使用C++Eigen库,其便可在ARM架构上编译和模型训练,因此可以在各种云服务器和移动设备上进行模型训练。可以说TensorFlow使得AI技术在企业中得到了快速发展和广泛关注,也使得越来越多的人使用深度学习进行工作。然而,其缺点也很让人苦恼,一是环境搭建,二是复杂设计,让研究人员针对不断改变的接口有心无力,缺陷(bug)频出。

3. PyTorch

PyTorch的前身是Torch,底层和Torch框架一样。PyTorch重写之后灵活高效,采用动态计算图机制,相比TensorFlow简洁,面向对象,抽象层次高。对于环境搭建,PyTorch可能是最方便的框架之一。许多企业如今使用PyTorch作为研发框架,不得不说PyTorch真的是非常厉害的深度学习工具之一。

4. Keras

Keras类似接口而非框架,容易上手。研究人员可以在TensorFlow中看到Keras的一些实现,对于很多初始化方法,TensorFlow都可以使用Keras函数接口直接调用实现。其缺点在于封装过重,不够轻盈,许多代码的bug可能无法显而易见。

5. Caffe2

Caffe2继承了Caffe的优点,速度更快,但是编译困难,研究人员少。值得一提的是,Caffe2已经并入了PyTorch。

6. MXNet

MXNet支持语言众多,例如C++、Python、MATLAB、R等,同样可以在集群、移动设备、GPU上部署。MXNet集成了Gluon接口,就如同Torchvision之于PyTorch那样,而且支持静态图和动态图,其分布式支持是非常闪耀的一点。

1.3.3 深度学习实际应用

在现实领域中,实际应用最为突出的有以下两个领域。

1. 计算机视觉

计算机视觉领域中不得不提到的就是人脸识别,其就是利用计算机对人脸图像进行处理、分析和理解,进行身份验证,和行人重识别一样,都需要进行相似度比较和相似度查询,只不过区别是一个需要人脸信息(五官,关键点),而另一个需要整个行人信息(姿态,关键点)。现如今的人脸识别大部分都是闭源的,各大企业都有自己专门的人脸识别系统和服务,开发人员如果想使用就需要调用接口API获取人脸的处理结果,自己去完成人脸识别会非常困难。

除此之外,光学字符识别(Optical Character Recognition,OCR)也是深度学习中一大应用,其就是将图片或扫描件中的文字识别成可编辑的文本,代替人工录入,提升业务效率。OCR基本上分为三大类:通用类、证件类和票据类。

- 通用类识别一般是识别表格、图片、手写图片、网络图片和票据票证中的文字内容,智能定位坐标,进一步进行数据挖掘等操作。
- 证件类识别一般指的是身份证、驾驶证、行驶证、护照和营业执照等文字识别,其中,暗光、倾斜、过曝光等异常条件下识别是难点,深度学习通过对处于这些条件下样本进行特征学习可以有效地分类出正确的信息。
- 票据类识别通过深度学习识别地址和票价等信息,节省了大量的人工录入成本,可以达到高精度的识别要求。

例如,华为 OCR 服务就可以做到身份证识别、增值税发票识别、驾驶证识别等,通过使用这种方式就可以对各种形式的文字进行操作,这就是人工智能深度学习带来的便利之处。

2. 语音识别和自然语言处理

语音识别的应用更加广泛。例如,微软从 2012 年开始,利用深度学习进行机器翻译和中文语音合成工作,其人工智能助理小娜背后就是一套自然语言处理和语音识别的数据算法。除了像小娜这样的人工智能助理,华为的录音文件识别、一句话识别和实时语音转写同样可以接收人类语音信息,将其转换为文字以便进行自然语言处理。可以说这二者的结合使得人工智能与人类交流的距离又被拉近了一步。

第 2 章

神经网络的数学基础

要理解深度学习,需要先熟悉很多相关的概念,如张量、张量运算、微分、梯度下降等。

2.1 认识神经网络

先来看一个具体的神经网络实例,使用 Python 的 Keras 库来学习手写数字分类。此处要解决的问题是,将手写数字的灰度图像(28 像素×28 像素)划分到 10 个类别中(0~9)。实例将使用 MNIST 数据集,它是机器学习领域的一个经典数据集,其历史几乎和这个领域一样长,而且已被人们深入研究。这个数据集包含 60 000 张训练图像和 10 000 张测试图像。具体实现步骤为:

1. 数据集

如图 2-1 所示,它是数字 1 的一个例子,我们的目的是做出一个模型,将这 784 个数值输入这个模型,然后它的输出是 1。

图 2-1 数据集

2. 使用 Keras

要使用 Keras,先通过 pip 进行安装,方法为在 Windows 的命令窗口中输入:

```
pip install keras
pip install tensorflow
```

3. 下载数据集

成功安装后,接下来就可以下载数据集了。Keras 中集成了 MNIST 数据集。首先编写如下加载数据集的代码。

```python
from keras.utils import np_utils
from keras.datasets import mnist                    # Keras 集成了 MNIST 数据集

def load_data():
    (x_train,y_train),(x_test,y_test) = mnist.load_data()
    size = 10000                                    # 测试集大小
    x_train = x_train[0: size]                      # 截取 10 000 个样本
    y_train = y_train[0: size]                      # 截取 10 000 个样本
    x_train = x_train.reshape(size,28 * 28)         # x_train 本来是 10 000×28×28 的数组,把它
                                                    # 转换为 10 000×784 的二维数组
    x_test = x_test.reshape(x_test.shape[0],28 * 28) # 含义同上
    x_train = x_train.astype('float32')             # 将它的元素类型转换为 float32,之前为 uint8
    x_test = x_test.astype('float32')
    # y_train 之前可以理解为 10 000×1 的数组,每个单元素数组的值就是样本所表示的数字
    y_train = np_utils.to_categorical(y_train,10)   # 把它转换为 10 000×10 的数组
    y_test = np_utils.to_categorical(y_test,10)
    x_train = x_train/255 # x_train 之前的灰度值最大为 255,最小为 0,此处将它们进行特征
                          # 归约,变成 0 到 1 之间的小数
    x_test = x_test/255
    return (x_train,y_train),(x_test,y_test)

if __name__ == '__main__':
    (x_train, y_train), (x_test, y_test) = load_data()
    print(x_train.shape)                            # 10 000×784
    print(y_train[0])
```

第一次执行程序会先下载数据集:

```
Using TensorFlow backend.
Downloading data from https://s3.amazonaws.com/img-datasets/mnist.npz
8192/11490434 [..............................] - ETA: 56s
...
11493376/11490434 [==============================] - 28s 2us/step
(10000, 784)
[0. 0. 0. 0. 0. 1. 0. 0. 0. 0.]         # 这里表示这个样本代表的是数字 5
```

代码中的 x_train 是 10 000×784 的数组,代表 10 000 个样本,每个样本有 784 个维度,每个维度表示一个像素点的灰度值/255; y_train 是 10 000×10 的数组,代表 10 000 个样本的实际输出,这 10 维数组中的元素只有 1 和 0,并且只有 1 个元素是 1,其他都是 0。元素 1 所在的索引就代表了实际的数字。例如上面 1 的索引是 5,也就代表该样本表示的是数字 5。

4. 定义函数集

接下来使用 Keras 定义一个函数集。

```python
# 定义模型
model = Sequential()
# 定义输入层,全连接网络,输入维度是 784,有 633 个神经元,激活函数是 sigmoid
model.add(Dense(input_dim = 28 * 28,units = 633,activation = 'sigmoid'))
```

先通过 model = Sequential()构造一个模型,然后定义输入维度和输出维度,Dense 代表全连接网络,激活函数用的是常见的 sigmoid。其中激活函数还可以是 ReLU、tanh 等,还可以加入自定义的激活函数。

```
#定义隐含层
model.add(Dense(units = 633, activation = 'sigmoid'))
model.add(Dense(units = 633, activation = 'sigmoid'))
```

接下来通过 model.add()来增加一个新的层(为隐含层),并指定输出维度是 633,它的输入维度就是上一层的输出维度,在隐含层中不需要指定输入维度,同时需指定激活函数。

```
#定义输出层,有 10 个神经元,也就是 10 个输出,激活函数是 softmax
model.add(Dense(units = 10, activation = 'softmax'))
```

最后指定输出层,因为要识别数字 0~9,共 10 个,所以指定输出维度为 10,最后使用的激活函数是 softmax。

5. 判断函数的好坏

函数集定义好了,Keras 如何判断函数的好坏呢? 通过 model.compile 指定损失函数,此处用均方误差。

```
model.compile(loss = 'mse', optimizer = SGD(lr = 0.1), metrics = ['accuracy'])
```

6. 选择最好的函数

model.compile 中剩下的两个参数是和选择最好的函数相关的。其中 optimizer 是和优化学习率有关的,并且有些方法是不需要指定初始学习率的,实例中使用 SGD(随机梯度下降)算法,指定学习率是 0.1。

```
model.fit(x_train, y_train, batch_size = 100, epochs = 20)
```

(1) x_train 是训练集,y_train 指定训练集和训练集中每笔数据对应的标签(0~9),每笔数据都是一个 NumPy 数组。

(2) batch_size 是批次大小。为什么需要有批次大小呢? 因为此处并不是真正的最小化总误差,而是将整个数据集分成固定大小的批次(除了最后一个批次可能数据量不够)。

假设共有 10 000 个数据,取 100 个数据为一个批次,就有 100 个批次。注意,这个划分是随机的,一般划分前进行类似洗牌算法的处理。若不是随机的,可能一个批次中全是某个数字,总共只训练了 2 个批次,这样会极大地影响最终的准确率。有了批次后,随机选一个批次,接着计算该批次中所有数据的总误差,最后更新参数;再选一个批次,计算总误差,更新参数;重复这个步骤,直到选完所有的批次。

(3) 整个过程叫一个迭代(epoch)。

所以实例中的代码批次大小是 100,共有 20 次迭代。实例的完整代码为:

```python
import numpy as np
from keras.models import Sequential
from keras.layers.core import Dense,Dropout,Activation
from keras.layers import Conv2D,MaxPooling2D,Flatten
from keras.optimizers import SGD,Adam
from keras.utils import np_utils
from keras.datasets import mnist                          # Keras 集成了 MNIST 数据集

def load_data():
    (x_train,y_train),(x_test,y_test) = mnist.load_data()
    size = 10000                                          # 测试集大小
    x_train = x_train[0:size]                             # 截取 10 000 个样本
    y_train = y_train[0:size]                             # 截取 10 000 个样本
    x_train = x_train.reshape(size,28*28)  # x_train 本来是 10 000×28×28 的数组,把它
                                           # 转换为 10 000×784 的二维数组
    x_test = x_test.reshape(x_test.shape[0],28*28) # 含义同上
    x_train = x_train.astype('float32')  # 将它的元素类型转换为 float32,之前为 uint8
    x_test = x_test.astype('float32')
    # y_train 之前可以理解为 10 000×1 的数组,每个单元素数组的值就是样本所表示的数字
    y_train = np_utils.to_categorical(y_train,10)   # 把它转换为 10 000×10 的数组
    y_test = np_utils.to_categorical(y_test,10)
    x_train = x_train/255  # x_train 之前的灰度值最大为 255,最小为 0,这里将它们进行特征
                           # 归一化,变成 0 到 1 之间的小数
    x_test = x_test/255
    return (x_train,y_train),(x_test,y_test)

def run():
    #加载数据
    (x_train, y_train), (x_test, y_test) = load_data()
    #定义模型
    model = Sequential()
    #定义输入层,全连接网络,输入维度是 784,有 633 个神经元,激活函数是 sigmoid
    model.add(Dense(input_dim = 28*28,units = 633,activation = 'sigmoid'))
    #定义隐含层
    model.add(Dense(units = 633,activation = 'sigmoid'))
    model.add(Dense(units = 633,activation = 'sigmoid'))
    #定义输出层,有 10 个神经元,也就是 10 个输出,激活函数是 softmax
    model.add(Dense(units = 10,activation = 'softmax'))
    #损失函数选择均方误差
    model.compile(loss = 'mse',optimizer = SGD(lr = 0.1),metrics = ['accuracy'])
    model.fit(x_train,y_train,batch_size = 100,epochs = 20)
    result = model.evaluate(x_test,y_test)
    print('\nTest Acc:%.2f%%' % (result[1] * 100))

if __name__ == '__main__':
    run()
```

运行程序,输出如下:

```
Test Acc: 19.01%
```

由结果显示知,准确率只有 19%。

2.2 神经网络的数据表示

神经网络中使用的数据很多存储在多维 NumPy 数组中,也叫张量(tensor)。一般来说,当前所有机器学习系统都使用张量作为基本数据结构。张量对这个领域非常重要,Google 的 TensorFlow 都以它来命名。那么什么是张量呢?

"张量"这一概念的核心在于,它是一个数据容器,它包含的数据几乎总是数值数据,因此它是数字的容器。如所熟悉的二维矩阵,它是二维张量。张量是矩阵向任意维度的推广。注意,张量的维度(dimension)通常叫作轴(axis)。

2.2.1 标量

仅包含一个数字的张量叫作标量(scalar,也称标量张量、零维张量、0D 张量)。在 NumPy 中,一个 float32 或 float64 的数字就是一个标量张量(或标量数组)。可以用 ndim 属性来查看一个 NumPy 张量的轴的个数。标量张量有 0 个轴(ndim=0)。张量轴的个数也叫作阶(rank)。下面是一个 NumPy 标量。

```
>>> import numpy as np
>>> x = np.array(10)
>>> x
array(10)
```

2.2.2 向量

数字组成的数组叫作向量(vector)或一维张量(1D 张量);一维张量只有一个轴。下面是一个 NumPy 向量。

```
>>> x = np.array([11,3,5,14,8])
>>> x
array([11, 3, 5, 14, 8])
>>> x.ndim
1
```

向量中有 5 个元素,所以被称为 5D 向量。不要把 5D 向量和 5D 张量弄混。5D 向量只有一个轴,沿着轴有 5 个维度,而 5D 张量有 5 个轴(沿着每个轴可能有任意个维度)。维度(dimensionality)可以表示沿着轴上的元素个数(例如 5D 向量),也可以表示张量中轴的个数(例如 5D 张量)。对于后一种情况,技术上更准确的说法是 5 阶张量(张量的阶数即轴的个数)。

2.2.3 矩阵

向量组成的数组叫作矩阵(matrix)或二维张量(2D 张量)。矩阵有 2 个轴(通常叫作行和列),可以将矩阵直观地理解为数字组成的矩形网络。下面是一个 NumPy 矩阵。

```
>>> x = np.array([[5,78,2,34,0],
...               [6,79,3,35,1],
...               [7,80,4,36,2]])
>>> x.ndim
2
```

第一个轴上的元素叫作行（row），第二个轴上的元素叫作列（column）。在上面的例子中，[5,78,2,34,0]是 x 的第一行，[5,6,7]是 x 的第一列。

2.2.4　3D 张量与更高维张量

将多个矩阵组合成一个新的数组，可以得到一个 3D 张量，可以将其直观地理解为数字组成的立方体。下面是一个 NumPy 的 3D 张量。

```
SyntaxError: invalid syntax
>>> x = np.array([[[5,78,2,34,0],
...                [6,79,3,35,1],
...                [7,80,4,36,2]],
...               [[5,78,2,34,0],
...                [6,79,3,35,1],
...                [7,80,4,36,2]],
...               [[5,78,2,34,0],
...                [6,79,3,35,1],
...                [7,80,4,36,2]]])
>>> x.ndim
3
```

将多个 3D 张量组合成一个数组，可以创建一个 4D 张量，以此类推。深度学习处理的一般是 0D 到 4D 的张量，在处理视频数据时可能会遇到 5D 张量。

2.2.5　关键属性

张量是由以下 3 个关键属性来定义的。

（1）轴的个数（阶）。例如，3D 张量有 3 个轴，矩阵有两个轴。这在 NumPy 等 Python 库中也叫张量的 ndim（维）。

（2）形状。这是一个整数元组，表示张量沿每个轴的维度大小（元素个数）。例如，前面矩阵实例的形状为(3,5)，3D 张量示例的形状为(3,3,5)。向量的形状只包含一个元素，例如(5,)，而标量的形状为空，即()。

（3）数据类型（在 Python 库中叫作 dtype）。这是张量中所包含数据的类型，例如，张量的类型可以是 float32、uint8、float64 等，在极少数情况下，可能会遇到字符（char）张量。注意，NumPy（以及大多数其他库）中不存在字符串张量，因为张量存储在预先分配的连续内存段中，而字符串的长度是可变的，无法用这种方式存储。

为了具体说明，我们回头看一下 MNIST 例子中处理的数据。首先加载 MNIST 数据集。

```
from keras.datasets import mnist
(x_train,y_train),(x_test,y_test) = mnist.load_data()
```

接下来,给出张量 x_train 的轴的个数,即 ndim 属性。

```
print(x_train.ndim)
3
```

下面是它的形状。

```
print(x_train.shape)
(60000, 28, 28)
```

它的数据类型,即 dtype 属性为:

```
print(x_train.dtype)
uint8
```

所以,这里 train_images 是一个由 8 位整数组成的 3D 张量。更确切地说,它是 60 000 个矩阵组成的数组,每个矩阵由 28×28 个整数组成。每个这样的矩阵都是一张灰度图像,元素的取值范围为 0~255。

用 Matplotlib 库(Python 库中的一部分)来显示这个 3D 张量中的第 4 个数字。

```
digit = x_train[4]
import matplotlib.pyplot as plt
plt.imshow(digit,cmap = plt.cm.binary)
plt.show()
```

运行程序,效果如图 2-2 所示。

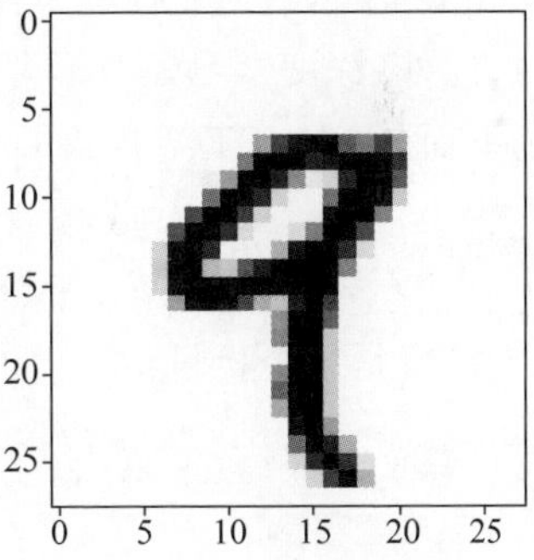

图 2-2　3D 张量显示

2.2.6　操作张量

在前面,使用语法 x_train[i]来选择沿着第一个轴的特定数字。选择张量的特定元素叫作张量切片(tensor slicing)。下面来看一下 NumPy 数组上的张量切片运算。

下面例子选择第 10~100 个数字(不包括第 100 个),并将其放在形状为(90,28,28)的数组中。

```
slice1 = x_train[10: 100]
print(slice1.shape)
(90, 28, 28)
```

它等同于下面更复杂的写法,给出了切片沿着每个张量轴的起始索引和结束索引。注意,":"等同于选择整个轴。

```
my_slice1 = x_train[10: 100,:,:]          #等同于前面的例子
slice1.shape
```

```
(90, 28, 28)
my_slice1 = x_train[10: 100,0: 28,0: 28]        #等同于前面的例子
slice1.shape
(90, 28, 28)
```

一般地,可以沿着每个张量轴在任意两个索引之间进行选择。例如,可以在所有图像的右下角选出 14×14 像素的区域:

```
slice1 = x_train[:14:,14:]
```

也可以使用负数索引。与 Python 列表中的负数索引类似,它表示与当前轴终点的相对位置。可以在图像中心裁剪出 14×14 像素的区域:

```
slice1 = x_train[:,7: -7,7: -7]
```

2.2.7 数据批量

通常,深度学习中所有数据张量的第一个轴(0 轴,因为索引从 0 开始)都是样本轴(sample axis,有时也叫样本维度)。在 MNIST 的实例中,样本就是数字图像。

此外,深度学习模型不会同时处理整个数据集,而是将数据拆分成小批量。具体来看,下面是 MNIST 数据集的一个批量,批量大小为 128。

```
batch = x_train[:128]
```

接着是一个批量:

```
batch = x_train[128: 256]
```

然后是第 n 个批量:

```
batch = x_train[[128 * n: 128 * (n+1)]
```

对于这种批量张量,第一个轴(0 轴)叫作批量轴(batch axis)或批量维度(batch dimension)。

2.2.8 现实数据张量

在现实生活,需要处理的数据几乎总是以下类别之一。
(1) 向量数据:2D 张量,形状为(samples,features)。
(2) 时间序列数据或序列数据:3D 张量,形状为(samples,timesteps,features)。
(3) 图像数据:4D 张量,形状为(samples,height,width,channels)或(samples,channels,height,width)。
(4) 视频数据:5D 张量,形状为(samples,frames,height,width,channels)或(samples,frames,channels,height,width)。

1. 向量数据

向量数据是最常见的数据。对于这种数据集，每个数据点都被编码为一个向量，因此一个数据批量就被编码为 2D 张量（即向量组成的数组），其中一个轴是样本轴，另一个轴是特征轴。

例如以下两种数据。

(1) 人口统计数据集，其中包括每个人的年龄、邮编和收入。每个人可以表示为包含 3 个值的向量，而整个数据集包含 100 000 个人，因此可以存储在形状为 (100 000, 3) 的 2D 张量中。

(2) 文本文档数据集，将每个文档表示为每个单词在其中出现的次数（字典中包含 20 000 个常见单词）。每个文档可以被编码为包含 20 000 个值的向量（每个值对应于字典中每个单词的出现次数），整个数据集包含 500 个文档，因此可以存储在形状为 (500, 20 000) 的张量中。

2. 序列数据

当时间序列数据（或序列数据）很重要时，应该将数据存储在带有时间轴的 3D 张量中。每个样本可以被编码为一个向量序列（即 2D 张量），因此一个数据批量就被编码为一个 3D 张量，如图 2-3 所示。

根据习惯，时间轴始终是第 2 个轴（索引为 1 的轴）。例如：

(1) 股票价格数据集。每分钟，我们将股票的当前价格、前一分钟的最高价格和前一分钟的最低价格保存下来。因此每分钟被编码为一个 3D 向量，整个交易日被编码为一个形状为 (390, 3) 的 2D 张量（一个交易日有 390 分钟）。而 250 天的数据

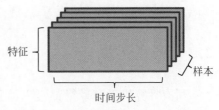

图 2-3　时间序列数据组成的 3D 张量

则可以保存在一个形状为 (250, 390, 3) 的 3D 张量中。这里每个样本是一天的股票数据。

(2) 推文数据集。将每条推文编码为 280 字符组成的序列，而每个字符又来自 128 个字符组成的字母表。在这种情况下，每个字符可以编码大小为 128 的二进制向量（只有在该字符对应的索引位置取值为 1，其他元素都为 0）。那么每条推文可以被编码为一个形状为 (280, 128) 的 2D 张量，而包含 100 万推文的数据集可以存储在一个形状为 (1 000 000, 280, 128) 的张量中。

3. 图像数据

图像数据具有 3 个维度：高度、宽度和颜色深度。虽然灰度图像（例如 MNIST 数字图像）只有一个颜色通道，可以保存在 2D 张量中，但按照习惯，图像始终都是 3D 张量，灰度图像的彩色通道只有一维。因此，如果图像大小为 256×256，那么 128 张灰色图像组成的批量可以保存在一个形状为 (128, 256, 256, 1) 的张量中，而 128 张彩色图像组成的批量则可以保存在一个形状为 (128, 256, 256, 3) 的张量中，如图 2-4 所示。

图像张量的形状有两种约定：通道在后（channels-last）的约定（在 TensorFlow 中使用）和通道在前（channels-first）的约定（在 Theano 中使用）。Google 的 TensorFlow 机器学习框架将颜色深度轴放在最后，即 (samples, height, width, color_depth)。与此相反，

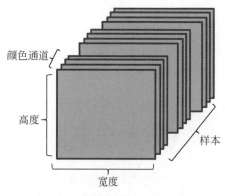

图 2-4　图像数据组成的 4D 张量

Theano 将图像深度轴放在批量轴之后,即(samples,color_depth,height,width),Keras 框架同时支持这两种格式。

4. 视频数据

视频数据是现实生活中需要用到 5D 张量的少数数据类型之一,视频可以看作一系列帧,每帧都是一张彩色图像。由于每帧都可以保存在一个形状为(height,width,color_depth)的 3D 张量中,因此一系列帧可以保存在一个形状为(frames,height,width,color_depth)的 4D 张量中,而不同视频组成的批量则可以保存在一个 5D 张量中,其形状为(samples,frames,height,width,color_depth)。

例如,一个以每秒 4 帧采样的 60 秒 YouTube 视频片段,视频尺寸为 144×256,这个视频共有 240 帧。4 个这样的视频片段组成的批量保存在形状为(4,240,144,256,3)的张量中,总共有 106 168 320 个值。如果张量的数据类型(dtype)是 float32,每个值都是 32 位,那么这个张量共有 405MB。但在现实生活中遇到的视频要小得多,因为它们不以 float32 格式存储,通常被压缩过,例如 MPEG 格式。

2.3　张量运算

所有计算机程序最终都可以简化为二进制输入上的一些二进制运算(AND、OR、NOR 等),与此类似,深度神经网络学到的所有变换也都可以简化为数值数据张量上的一些张量运算(tensor operation),例如张量相加、张量相乘等。

2.3.1　张量的创建

机器学习中的张量大多是通过 NumPy 数组来实现的。NumPy 数组和 Python 的内置数据类型列表不同。列表的元素在系统内存中是分散存储的,通过每个元素的指针单独访问,而 NumPy 数组内各元素则连续地存储在同一个内存块中,方便元素的遍历,并可利用现代 CPU 的向量化计算进行整体并行操作,提升效率。因此 NumPy 数组要求元素都具有相同的数据类型,而列表中各元素的类型则可以不同。

【例 2-1】　创建张量实例演示。

```
import numpy as np                              # 导入 NumPy 数学工具集
list = [1,4,7,9,11]                             # 创建列表
array_01 = np.array([1,4,7,9,11])               # 列表转换为数组
array_02 = np.array((6,7,8,9,10))               # 元组转换为数组
array_03 = np.array([[1,3,5],[2,4,6]])          # 列表转换为 2D 数组
print('列表: ', list)
print('列表转换为数组: ', array_01)
print('元组转换为数组: ', array_02)
```

```
print('2D 数组: ', array_03)
print('数组的形状: ', array_01.shape)
```

运行程序,输出如下:

```
列表:[1, 4, 7, 9, 11]
列表转换为数组:[1 4 7 9 11]
元组转换为数组:[6 7 8 9 10]
2D 数组:[[1 3 5]
 [2 4 6]]
数组的形状:(5,)
```

上面都是使用 NumPy 的 array 方法把元组或者列表转换为数组,而 NumPy 也提供了一些方法直接创建一个数组:

```
array_04 = np.arange(1, 5, 1)          # 通过 arange 函数生成数组
array_05 = np.linspace(1, 5, 5)        # 通过 linspace 函数生成数组
print(array_04)
[1 2 3 4]
print(array_05)
[1. 2. 3. 4. 5.]
```

由以上输出结果可得到,arange 和 linspace 都是创建连续等差数组,但是两者有区别。

(1) arange 函数类似内置函数 range,通过指定初始值、终值、步长来创建等差数列的一维数组,默认是不包括终值的。

linspace 函数表示线性等分向量。它是通过指定初始值、终值、元素个数来创建等差数组的,默认是包括终值的。

(2) arange 函数的类型是 int64,而 linspace 函数的类型是 float64。

2.3.2 索引和切片访问张量中的数据

在 Python 中,像字符串或列表这样的有序序列的元素可以通过它们的索引单独访问。这可以通过提供的从序列中提取的元素的数字索引来实现。另外,Python 支持切片,这是一个特性,可以提取原始序列对象的子集。

1. 索引

与大多数编程语言一样,Python 偏移量从位置 0 开始,在位置 $N-1$ 结束,其中 N 被定义为序列的总长度。例如,字符串 Hello 的总长度等于 5,每个字符都可以通过索引 0~4 进行访问,如图 2-5 所示。

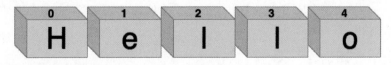

图 2-5 正索引

现在，可以通过编程方式访问字符串中的各个字符，方法是提供要获取的相应偏移量（用方括号括起来）：

```
>>> str1 = 'Hello'
>>> print(str1[0])
H
>>> print(str1[3])
l
>>> print(str1[4])
o
```

需要注意的是，当尝试访问大于序列长度（减 1）的偏移量时，Python 将抛出一个 IndexError，通知请求的偏移量超出范围：

```
>>> str1[5]
Traceback(most recent call last):
  File "<stdin>", line 1, in <module>
IndexError: string index out of range
```

还可以通过提供一个负索引来访问元素，该索引基本上对应于从序列右侧开始的索引。最后一项可以通过 −1 访问，倒数第二项可以通过 −2 访问，以此类推，如图 2-6 所示。

图 2-6　负索引

当使用负偏移量时，Python 会将该偏移量添加到序列的长度中，以便推断准确的位置。例如，假设要使用负偏移量从字符串 str1 = 'Hello' 中提取字符 e。现在表达式 str1[−4] 基本上将被翻译成 str1[len(str1)−4]，它相当于 str1[5−4] 和 str1[1]，最终提供所需的输出：

```
>>> str1[ - 4]
'e'
```

2. 切片

切片是一种索引形式，它允许推断原始序列的整个（子）部分，而不仅仅是单个项。要在 Python 中对序列执行切片，需要提供两个由冒号分隔的偏移量，尽管在某些情况下可以只定义其中一个，甚至不定义。

第一个偏移量表示起点并包含在内，而第二个偏移量表示终点，但与起点偏移量不同，它不包含在内。

```
str1[start: end]
```

因此，在执行切片时，Python 将返回一个新对象，其中包含从下索引开始到上索引少

一个位置的所有元素。例如,需要获取字符串的前两个元素:

```
>>> str1[0: 2]
'He'
```

正如上面提到的,2 个位置都提供并不是强制性的。如果忽略起始偏移量,则其值将默认为 0。另外,如果不提供结束偏移量,则其默认值将等于序列的长度。实际上有 3 种不同的情况,如下所示:

```
my_string[0:]          #忽略结束偏移量
my_string[:-1]         #忽略起始偏移量
my_string[:]           #两个偏移量都忽略
```

1)忽略结束偏移量

当想切掉前导文本时,第一个字符通常很有用。假设想要得到字符串的第一个字符以外的所有字符,可以使用以下代码:

```
>>> str1 = 'Hello'
>>> str1 [1:]
'ello'
```

正如已经提到的,当结束偏移量被忽略时,默认是序列的长度:

```
>>> str1 [1:] == str1 [1: len(str1)]
True
```

2)忽略起始偏移量

假设现在只需要字符串的第一个字符。在这种情况下,忽略起始偏移量,代码如下:

```
>>> str1 = 'Hello'
>>> str1 [:-1]
'Hell'
```

如果跳过下限,则其值将默认为 0:

```
>>> my_string[:-1] == my_string[0: -1]
True
```

3)两个偏移量都忽略

Python 中的切片表示法允许省略起始偏移量和结束偏移量。

```
>>> str1 = 'Hello'
>>> str1 [:] == str1 [0: len(str1)]
True
```

如果忽略下限和上限,则默认值分别为 0 和 len(序列),代码如下所示:

```
>>> str1 = 'Hello'
>>> str1_copy = str1 [:]
```

需要注意，当此切片技术将生成一个不同的对象时，该对象将被分配到不同的内存位置。这对字符串之类的不可变对象类型没有任何区别，但是在处理列表之类的可变对象类型时，注意这一点非常重要。

4）扩展切片

Python中的切片表达式附带了第三个索引，该索引是可选的，指定时用作步骤。显然，当省略step值时，它默认为1，这意味着请求的序列子部分中的任何元素都不会被跳过。其一般形式如下所示：

```
[start: end: step]
```

例如，假设有一个字符串，其中包含字母表中的字母，希望从位于位置1和19的字母中提取其中的所有其他项：

```
>>> import string
>>> str1 = string.ascii_lowercase  # 'abcdefg...'
>>> str1[1: 20: 1]
'bdfhjlnprt'
```

这种方法可以用来代替列表生成式。例如，假设想要得到一个列表中所有具有偶数索引的元素，实现列表生成式的代码为：

```
>>> list1 = [100, 400, 34, 179, 0, 89, 121]
>>> [value for index, value in enumerate(list1) if index % 2 == 0]
[100, 34, 0, 121]
```

在这种情况下，切片表示法可以使代码更简单，可读性更高：

```
>>> list1 = [100, 400, 34, 179, 0, 89, 121]
>>> list1[:: 2]
[100, 34, 0, 121]
```

与起始偏移量和结束偏移量一样，步长索引可以是负数。当想要反转有序序列中元素的顺序时，这是很有用的。

```
>>> str1 = 'Hello'
>>> str1[:: -1]
'olleH'
```

换句话说，当应用负步长索引时，起始偏移和结束偏移的效果是相反的。请看下一个例子，实际上定义了所有三个可能的偏移量。

```
>>> import string
>>> str1 = string.ascii_lowercase  # 'abcdefg...'
>>> str1[20: 10: -1]
'utsrqponml'
```

在上面的例子中，基本上按照相反的顺序从索引11到索引20创建一个新字符串。

2.3.3 逐元素运算

张量的算术运算包括加、减、乘、除、乘方等,既可以整体进行,也可以逐元素进行。ReLU 运算和加法都是逐元素(element-wise)的运算,即该运算独立地应用于张量中的每个元素,也就是说,这些运算非常适合大规模并行实现。如果想对逐元素运算编写简单的 Python 实现,那么可以用 for 循环。

1. 加法运算

【例 2-2】 对逐元素进行 ReLU 运算的简单实现。

```python
def naive_add(x,y):
    assert len(x.shape) == 2        #x、y 是 NumPy 的 2D 张量
    assert x.shape == y.shape
    x = x.copy()
    for i in range(x.shape[0]):
        for j in range(x.shape[1]):
            x[i,j] += y[i,j]
    return x
a = np.array([[1,3,5],
              [2,4,6]])
b = np.array([[1,4,7],
              [2,2,2]])
print("结果: ",naive_add(a,b))
```

运行程序,输出如下:

```
结果: [[ 2  7 12]
 [ 4  6  8]]
```

在 NumPy 中进行逐元素加法运算:

```python
import numpy as np
z = x + y
```

【例 2-3】 ReLU 运算实例演示。

```python
def naive_relu(x):
    assert len(x.shape) == 2
    x = x.copy()
    for i in range(x.shape[0]):
        for j in range(x.shape[1]):
            x[i,j] = max(x[i,j], 0)
    return x
c = np.array([[-1,0,3],
              [1,-1,1]])
print('ReLU 运算: ',naive_relu(c))
```

运行程序,输出如下:

```
ReLU 运算: [[0 0 3]
 [1 0 1]]
```

在 NumPy 中进行逐元素 ReLU 运算：

```
import numpy as np
z = np.maximum(z, 0.)
```

2. 张量点积运算

点积运算在机器学习中是非常重要的。

1）向量点积运算

对于向量 $a=(a_1,a_2,\cdots,a_n)$ 和向量 $b=(b_1,b_2,\cdots,b_n)$，其点积运算规则为：

$$a \cdot b = a_1 b_1 + a_2 b_2 + \cdots + a_n b_n$$

这个过程中要求向量 a 和向量 b 的维度相同。向量点积的结果是一个标量，也就是一个数值。

【例 2-4】 向量间的点积实例。

```
def naive_vector_dot(x,y):
    assert len(x.shape) == 1    #x 和 y 都是 NumPy 向量
    assert len(y.shape) == 1
    assert x.shape[0] == y.shape[0]
    z = 0.
    for i in range(x.shape[0]):
        z += x[i] * y[i]
    return z
a = np.array([1,3,5])
b = np.array([2,4,1])
c = naive_vector_dot(a,b)
print("c 的类型为：",type(c),"c 的值为：",c)
```

运行程序，输出如下：

```
c 的类型为：<class 'numpy.float64'> c 的值为：19.0
```

2）矩阵点积运算

关于矩阵和矩阵之间的点积，只需要牢记一个原则：第一个矩阵的第 1 阶，一定要和第二个矩阵的第 0 阶维度相同。即，形状为 (a,b) 和 (b,c) 的两个张量中，相同的 b 维度值是矩阵点积实现的关键，其点积结果矩阵的形状为 (a,c)，如图 2-7 所示。

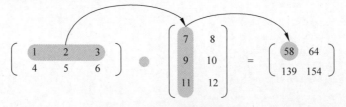

图 2-7 矩阵点积运算过程

【例 2-5】 矩阵间的点积实例。

```
def naive_matrix_dot(x,y):
    assert len(x.shape) == 2
```

```
    assert len(y.shape) == 2
    assert x.shape[1] == y.shape[0]
    z = np.zeros((x.shape[0],y.shape[1]))
    for i in range(x.shape[0]):
        for j in range(y.shape[1]):
            for k in range(y.shape[0]):
                z[i][j] += x[i][k] * y[k][j]
    return z
```

复用之前向量间点积的代码,有:

```
def naive_matrix_dot1(x,y):
    assert len(x.shape) == 2
    assert len(y.shape) == 2                #x,y 都是 NumPy 矩阵
    assert x.shape[1] == y.shape[0]

    z = np.zeros((x.shape[0],y.shape[1]))
    for i in range(x.shape[0]):             #遍历 x 的所有行
        for j in range(y.shape[1]):         #遍历 y 的所有列
            row_x = x[i, :]
            column_y = y[:, j]
            z[i][j] = naive_vector_dot(row_x, column_y)
    return z
```

矩阵 a 和矩阵 b 做点积,得到的结果是一个形状为 (x.shape[0], y.shape[1]) 的矩阵,其元素为 x 的行与 y 的列之间的点积。

```
a = np.array([[1,3,5],
              [2,4,6]])
b = np.array([[1,2,3],
              [7,8,9],
              [0,4,0]])
c = naive_matrix_dot(a,b)
d = naive_matrix_dot1(a,b)
print("c 的类型为: ",type(c),"\n",
"c 的形状为: ",c.shape,"\n",
"c 的维度为: ",c.ndim,"\n","c 的值为: ",c)
print("d 的类型为: ",type(d),"\n",
"d 的形状为: ",d.shape,"\n",
"d 的维度为: ",d.ndim,"\n","d 的值为: ",d)
```

运行程序,输出如下:

```
c 的类型为: <class 'numpy.ndarray'>
c 的形状为: (2, 3)
c 的维度为: 2
c 的值为: [[22. 46. 30.]
 [30. 60. 42.]]
d 的类型为: <class 'numpy.ndarray'>
d 的形状为: (2, 3)
d 的维度为: 2
```

d的值为:[[22. 46. 30.]
 [30. 60. 42.]]

3)矩阵和向量间的点积运算

矩阵 *a* 和向量 *b* 做点积,返回值是一个向量,其中每个元素是向量 *b* 和矩阵 *a* 的每一行之间的点积。

【例2-6】 矩阵和向量间的点积实例。

```
def naive_matrix_vector_dot(x,y):
    assert len(x.shape) == 2             #x是一个NumPy矩阵
    assert len(y.shape) == 1             #y是一个NumPy向量
    assert x.shape[1] == y.shape[0]
    z = np.zeros(x.shape[0])
    for i in range(x.shape[0]):
        for j in range(x.shape[1]):
            z[i] += x[i,j] * y[j]
    return z
a = np.array([[1,3,5],
              [2,4,6]])
b = np.array([2,1,1])
c = naive_matrix_vector_dot(a,b)
print("c的类型为:",type(c),"\n",
"c的形状为:",c.shape,"\n",
"c的维度为:",c.ndim,"\n","c的值为:",c)
```

运行程序,输出如下:

```
c的类型为:<class 'numpy.ndarray'>
c的形状为:(2,)
c的维度为:1
c的值为:[10. 14.]
```

如果复用之前向量间点积的代码,有:

```
def naive_matrix_vector_dot(x,y):
    z = np.zeros(x.shape[0])
    for i in range(x.shape[0]):
        z[i] = naive_vector_dot(x[i,:], y)
    return z
```

2.3.4 张量变形

张量变形是指改变张量的行和列,以得到想要的形状。变形后张量的元素总个数与初始张量相同。

【例2-7】 张量变形实例。

```
a = np.array([[1,3,5],
              [5,7,9]])
```

```
print('a 的形状为：',a.shape)
b = a.reshape((6,1))
print('b 的形状为：',b)
c = b.reshape(3,2)
print('c 的形状为：',c)
```

运行程序，输出如下：

```
a 的形状为: (2, 3)
b 的形状为: [[1]
 [3]
 [5]
 [5]
 [7]
 [9]]
c 的形状为: [[1 3]
 [5 5]
 [7 9]]
```

转置（transposition）是一种特殊的张量变形，对矩阵做转置是指将行和列互换，使 $x[i,:]$ 变为 $x[:,i]$。

【例 2-8】 张量的转置运算。

```
>>> x = np.array([[1, 2, 3],
                  [4, 5, 6]])
>>> x.shape
(2, 3)
>>> y = np.transpose(x)
>>> y.shape
(3, 2)
```

2.3.5 广播

如果将两个形状不同的张量相加，较小的张量会被广播（broadcast），以匹配较大张量的形状。广播包含以下两步。

(1) 向较小的张量添加轴（称作广播轴），使其 ndim 与较大的张量相同。

(2) 将较小的张量沿着新轴重复，使其形状与较大的张量相同。

来看一个具体的例子。假设 x 的形状是 (42,10)，y 的形状是 (10,)。首先，给 y 添加空的第一个轴，这样 y 的形状变为 (1,10)。然后，将 y 沿着新轴重复 42 次，这样得到的张量 y 的形状为 (42,10)，并且 "Y(i,:)==y for i in range(0,42)"。现在，可以将 x 和 y 相加，因为它们的形状相同。

在实际的实现过程中并不会创建新的 2D 张量，因为效率太低。重复的操作完全是虚拟的，它只出现在算法中，而没有发生在内存中。但想象将向量沿着新轴重复 10 次，这是一种很有用的思维模型。

```
def naive_add_matrix_and_vector(x,y):
    assert len(x.shape) == 2
    assert len(y.shape) == 1
    assert x.shape[1] == y.shape[0]

    x = x.copy()
    for i in range(x.shape[0]):
        for j in range(x.shape[1]):
            x[i, j] += y[j]
    return x
```

如果一个张量的形状是$(a,b,\cdots,n,n+1,\cdots,m)$,另一张量的形状是$(n,n+1,\cdots,m)$,那么通常可以利用广播对它们做两个张量之间的逐元素运算。广播操作会自动应用于从a到$n-1$的轴。

【例2-9】 张量的广播机制实例。

```
array1 = np.array([[0,0,0], [11,22,33], [44,55,66], [77,88,99]])
array_09 = np.array([[0,1,2]])
array_10 = np.array([[0],[1],[2],[3]])
list_11 = [[0,1,2]]
print('array_08 的形状为: ', array_08.shape)
print('array_09 的形状为: ', array_09.shape)
print('array_10 的形状为: ', array_10.shape)
array_12 = array_09.reshape(3)
print('array_12 的形状为: ', array_12.shape)
array_13 = np.array([1])
print('array_13 的形状为: ', array_13.shape)
array_14 = array_13.reshape(1,1)
print('array_14 的形状为: ', array_14.shape)
print('08 + 09 的结果为: ',array_08 + array_09)
print('08 + 10 的结果为: ',array_08 + array_10)
print('08 + 11 的结果为: ',array_08 + list_11)
print('08 + 12 的结果为: ',array_08 + array_12)
print('08 + 13 的结果为: ',array_08 + array_13)
print('08 + 14 的结果为: ',array_08 + array_14)
```

运行程序,输出如下:

```
array_08 的形状为: (4, 3)
array_09 的形状为: (1, 3)
array_10 的形状为: (4, 1)
array_12 的形状为: (3,)
array_13 的形状为: (1,)
array_14 的形状为: (1, 1)
08 + 09 的结果为:[[  0   1   2]
 [ 11  23  35]
 [ 44  56  68]
 [ 77  89 101]]
08 + 10 的结果为:[[  0   0   0]
```

```
 [ 12  23  34]
 [ 46  57  68]
 [ 80  91 102]]
08 + 11 的结果为: [[  0   1   2]
 [ 11  23  35]
 [ 44  56  68]
 [ 77  89 101]]
08 + 12 的结果为: [[  0   1   2]
 [ 11  23  35]
 [ 44  56  68]
 [ 77  89 101]]
08 + 13 的结果为: [[  1   1   1]
 [ 12  23  34]
 [ 45  56  67]
 [ 78  89 100]]
08 + 14 的结果为: [[  1   1   1]
 [ 12  23  34]
 [ 45  56  67]
 [ 78  89 100]]
```

对两个数组,从后向前比较它们的每一阶(如果其中一个数组没有当前阶则忽略此阶的运算)。对于每一阶,如果当前阶的维度相等,那么可以直接进行算术操作;如果当前阶的维度不相等,其中一个的值是1,那么通过广播将值为1的维度进行"复制"(也形象地称为"拉伸")后,进行算术操作;如果上述条件都不满足,那么两个数组当前阶不兼容,不能够进行广播操作,就抛出 Value Error:operands could not be broadcast together 异常。

注:如果两个张量出现形状不匹配而不能广播的情况,那么系统会报错。此时可以通过 reshape 方法转换其中一个张量的形状。

2.3.6 张量运算的几何解释

对于张量运算所操作的张量,其元素可以被解释为某种几何空间内点的坐标,因此所有的张量运算都有几何解释。例如,有这样一个向量(加法)$A=(0.5,1)$,它是二维空间中的一个点,如图 2-8 所示。常见的做法是将向量描绘成原点到这个点的箭头,如图 2-9 所示。

假设又有一个点 $B=(1,0.25)$,将它与前面的 A 相加,从几何上来看,这相当于将两个向量箭头连在一起,得到的位置表示两个向量之和对应的向量,如图 2-10 所示。

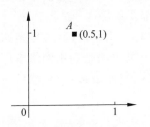
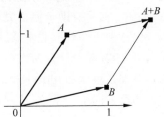

图 2-8 二维空间中的一个点　　图 2-9 将二维空间中的一个点描绘成一个箭头　　图 2-10 两个向量之和的几何解释

一般来说，仿射变换、旋转、缩放等基本的几何操作都可以表示为张量运算。

2.4 梯度优化

在神经网络中，神经元层常用下述方法对输入数据进行变换。

```
output = ReLUe(dot(W, input) + b)
```

在这个表达式中，W 和 b 都是张量，均为该层的属性。它们被称为该层的权重（weight）或可用训练参数（trainable parameter），分别对应 kernel 和 bias 属性。这些权重包含网络从观察训练数据中学到的信息。

开始时，权重矩阵取较小的随机值，这称作随机初始化（random initialization）。W 和 b 都是随机的，ReLU(dot(W,input)＋b)不会得到任何有用的表示。虽然得到的表示是没有意义的，但这是一个起点。下一步则是根据反馈信号逐渐调节这些权重。这个逐渐调节的过程称作训练，也即机器学习中的学习。

上述过程发生在一个训练循环（training loop）内，过程如下（必要时一直重复这些步骤）。

（1）抽取训练样本 x 和对应目标 y 组成的数据批量。

（2）在 x 上运行网络（这一步称作前向传播（Forward Propagate, FP）]，得到预测值 y_pred。

（3）计算网络在这批数据上的损失，用于衡量 y_pred 和 y 之间的距离。

（4）更新网络的所有权重，使网络在这批数据上的损失略微下降。

最终得到的网络在训练数据上的损失非常小，即预测值 y_pred 和预期目标 y 之间的距离非常小。网络"学会"将输入映射到正确的目标。

第(1)步非常简单，只是输入输出（I/O）的代码。第(2)步、第(3)步仅仅是一些张量运算的应用。难点在于第(4)步：更新网络的权重。考虑网络中某个权重系数，怎么知道这个系数应该增大还是减小，其变化又是多少呢？

一种简单的解决方案是，保持网络中其他权重不变，只考虑某个标量系数，让其尝试不同的取值。假设这个系数的初始值为 0.3。对一批数据做完前向传播后，网络在这批数据上的损失是 0.5。如果将这个系数的值改为 0.35 并重新运行前向传播，损失会增大到 0.6。但如果将这个系数减小到 0.25，损失会减小到 0.4。在这个例子中，将这个系数减小 0.05 似乎有助于使损失最小化。对于网络中的所有系数都要重复这一过程。

但这种方法效率非常低，因为对每个系数（系数很多，通常有上千个，有时甚至多达上百万个）都需要计算两次前向传播（计算代价很大）。一种更好的方法是利用网络中所有运算都是可微的（differentiable），计算损失相对于网络系数的梯度（gradient），然后向梯度的反方向改变系数，从而使损失降低。

2.4.1 导数

假设有一个连续的光滑函数 $f(x)=y$，将实数 x 映射为另一个实数 y。由于函数是连续的，x 的微小变化只能导致 y 的微小变化。假设 x 增加了一个很小的因子 epsilon_x，这导致 y 也发生了很小的变化，即 epsilon_y。

```
f(x + epsilon_x) = y + epsilon_y
```

此外，由于函数是光滑的（即函数曲线没有突变的角度），在某个点 p 附近，如果 epsilon_x 足够小，就可以将 f 近似为斜率为 a 的线性函数，这样 epsilon_y 就变成了 a * epsilon_x。

```
f(x + epsilon_x) = y + a * epsilon_y
```

显然，只有在 x 足够接近 p 时，这个线性近似才有效。

斜率 a 被称为 f 在 p 点的导数（derivative）。如果 a 是负的，则说明 x 在 p 点附近的微小变化将导致 $f(x)$ 减小，如图 2-11 所示；如果 a 是正的，那么 x 的微小变化将导致 $f(x)$ 增大。此外，a 的绝对值（导数大小）表示增大或减小的速度快慢。

图 2-11　f 在 p 点的导数

对于每个可微函数 $f(x)$ 都存在一个导数函数 $f'(x)$，将 x 的值映射为 f 在该点的局部线性近似的斜率。

2.4.2　梯度

给定一个可微函数，理论上可以用解析法找到它的最小值：函数的最小值是导数为 0 的点，因此只需找到所有导数为 0 的点，然后计算函数在其中哪个点具有最小值。

将这一方面应用于神经网络，就是用解析法求出最小损失函数对应的所有权重，但对于实际的神经网络是无法求解的，因为参数的个数不会少于几千个，而且经常有上千万个。基于当前在随机数据批量上的损失，一点一点地对参数进行调节。由于处理的是一个可微函数，因此可以计算出它的梯度，从而有效地实现第（4）步。沿着梯度的反向更新权重，损失每次都会变小一点。

（1）抽取训练样本 x 和对应目标 y 组成的数据批量。

（2）在 x 上运行网格，得到预测值 y_pred。

（3）计算网络在这批数据上的损失，用于衡量 y_pred 和 y 之间的距离。

（4）计算损失相对于网络参数的梯度（一次反向传播（Backward Propagation，BP））。

（5）将参数沿着梯度的反向移动一点，从而使数据损失减小一点。

以上方法称作小批量随机梯度下降(min-batch stochastic gradient descent，又称小批量 SGD)。图 2-12 给出了一维的情况，网络只有一个参数，并且只有一个训练样本。

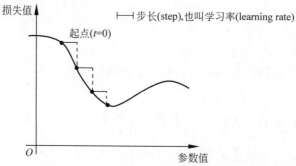

图 2-12　沿着一维损失函数曲线的随机梯度下降

直观上，为 step 因子选取合适的值是很重要的。如果取值太小，则沿着曲线的下降需要很多次迭代，而且可能会陷入局部极小点。如果取值太大，则更新权重值之后可能会出现在曲线上完全随机的位置。

SGD 还有很多种变体，其区别在于计算下一次权重更新时还要考虑上一次权重更新，而不是仅仅考虑当前梯度值，如带动量的 SGD、Adagrad、RMSProp 等变体。这些变体被称为优化方法(optimization method)或优化器(optimizer)。其中动量的概念尤其值得注意，它在许多变体中都有应用。动量解决了 SGD 的两个问题：收敛速度和局部极小点。图 2-13 给出了损失作为网络参数的函数的曲线。

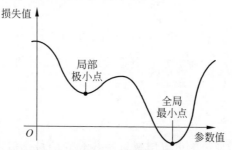

图 2-13　局部极小点和全局最小点

如图 2-13 所示，在某个参数值附近，有一个局部极小点(local minimum)，在这个点附近，向左移动和向右移动都会导致损失值增大。如果使用小学习率的 SGD 进行优化，那么优化过程可能会陷入局部极小点，导致无法找到全局最小点。

使用动量方法可以避免这样的问题，它就是将优化过程想象成一个小球从损失函数曲线上滚下来。如果小球的动量足够大，那么它不会卡在峡谷里，最终会到达全局最小点。动量方法的实现过程是每一步都移动小球，不仅要考虑当前的斜率值(当前的加速度)，还要考虑当前的速度(之前的加速度)。在实践中指的是，更新参数 w 不仅要考虑当前的梯度值，还要考虑上一次的参数更新，简单实现如下：

```
past_velocity = 0
momentum = 0.1                              # 不变的动量因子
```

```
while loss > 0.01:                    #优化循环
    w, loss, gradient = get_current_parameters()
    velocity = past_velocity * momentum – learning_rate * gradient
    w = w + momentum * velocity – learning_rate * gradient
    past_velocity = velocity
    update_parameter(w)
```

2.4.3 反向传播算法

在实践中,神经网络函数包含许多连接在一起的张量运算,每个运算都有简单的、已知的导数。例如,下面这个网络 f 包含 3 个张量运算 a、b 和 c,还有 3 个权重矩阵 W_1、W_2 和 W_3。

$$f(W_1, W_2, W_3) = a(W_1, b(W_2, c(W_3)))$$

根据微积分的知识,这种函数链接可以利用下面这个恒等式求导,称为链式法则 (chain rule):$(f(g(x)))' = f'(g(x)) * g'(x)$。将链式法则应用于神经网络梯度值的计算,得到的算法称为反向传播(也叫反式微分,reverse-mode differentiation)。反向传播从最终损失值开始,从最顶层反向作用至最底层,利用链式法则计算每个参数对损失值的贡献大小。

2.5 神经网络剖析

训练神经网络主要围绕以下 4 方面。
(1) 层,多个层组合成网络(或模型)。
(2) 输入数据和对应的目标。
(3) 损失函数,即用于学习的反馈信号。
(4) 优化器,决定学习过程如何进行。

如图 2-14 所示,多个层链接在一起组成了网络,将输入数据映射为预测值。然后损失函数将预测值与目标进行比较,得到损失值,用于衡量网络预测值与预期结果的匹配程度,优化器使用这个损失值来更新网络的权重。

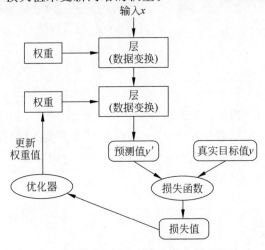

图 2-14 网络、层、损失函数和优化器间的关系

2.5.1 层

神经网络的基本数据结构是层。层是一个数据处理模块,即将一个或多个输入张量转换为一个或多个输出张量。有些层是无状态的,但大部分的层都是有状态的,即层的权重(权重是利用随机梯度下降学到的一个或多个张量,其中包含网络的知识)。

不同的张量格式与不同的数据处理类型需要用到不同的层。例如,简单的向量数据保存在形状为(samples, features)的 2D 张量中,通常用密集连接层(也称全连接层,或密集层),即 Keras 的 Dense 层来处理(samples 即样本轴,features 即特征轴)。序列数据保存在形状为(samples, timesteps, features)的 3D 张量中,通常用循环层(如 Keras 的 LSTM 层)来处理。图像数据保存在 4D 张量中,通常用二维卷积层(Keras 的 Conv2D 来处理)。

在 Keras 中,构建深度学习模型就是将互相兼容的多个层拼接在一起,以简化有用的数据变换流程。具体指的是每一层只接收特定形状的输入张量,并返回特定形状的输出张量。

例如,创建一个只接收第一个维度大小为 784 的 2D 张量(第 0 轴是批量维度,其大小没有指定,因此可以任意取值)作为输入张量。这个层将返回一个张量,第一个维度的大小变成了 32。

```python
from keras import layers
layer = layers.Dense(32, input_shape=(784,))    #有 32 个输出单元的密集层
```

这个层后面只能连接一个接收 32 维向量作为输入的层。在使用 Keras 时,无须担心兼容性,因为向模型中添加的层都会自动匹配输入层的形状。

```python
from keras import models
from keras import layers
model = models.Sequential()
model.add(layers.Dense(32, input_shape=(784,)))
model.add(layers.Dense(32))
```

其中,第二层没有输入形状(input_shape)的参数,相反,它可以自动推导出输入形状等于上一层的输出形状。

2.5.2 模型

深度学习模型是由层构成的有向无环图。最常见的例子就是层的线性堆叠,将单一输入映射为单一输出。但随着深入学习,会接触到更多类型的网络拓扑结构。一些常见的网络拓扑结构如下。

(1) 双分支(two-branch)网络。

(2) 多头(multihead)网络。

(3) Inception 模块。

网络的拓扑结构定义了一个假设空间(hypothesis space):"在预先定义好的可能性

空间中,利用反馈信号的指引来寻找输入数据的有用表示。"选定了网络拓扑结构,意味着将可能性空间(假设空间)限定为一系列特定的张量运算,将输入数据映射为输出数据。然后,需要为这些张量运算的权重张量找到一组合适的值。

2.5.3 损失函数与优化器

一旦确定了网络架构,还需要选择以下两个参数。

(1) 损失函数(目标函数):在训练过程中需要将其最小化。它能够衡量当前任务是否已成功完成。

(2) 优化器:决定如何基于损失函数对网络进行更新。它执行的是随机梯度下降的某个变体。

具有多个输出的神经网络可能具有多个损失函数(每个输出对应一个损失函数)。但是,梯度下降过程必须基于单个标量损失值。因此,对于具有多个损失函数的网络,需要将所有损失函数取平均,变为一个标量值。

选择正确的目标函数对解决问题是非常重要的,使用神经网络的目的是使损失尽可能最小化,如果目标函数与成功完成当前任务不完全相关,那么使用神经网络最终得到的结果可能会不符合预期。因此,一定要明智地选择目标函数,否则将会遇到意想不到的副作用。

对于分类、回归、序列预测等常见问题,可以遵循一些简单的指导原则来选择正确的损失函数。例如,对于二分类问题,可以使用二元交叉熵(binary cross entropy)损失函数;对于多分类问题,可以用分类交叉熵(categorical cross entropy)损失函数;对于回归问题,可以用均方误差损失函数;对于序列学习问题,可以用联结主义时序分类(Connectionist Temporal Classification,CTC)损失函数,等等。应该掌握各种常见任务应选择哪种损失函数。

2.6 Keras 介绍

Keras 是一个非常方便的深度学习框架,它以 Theano 或 TensorFlow 为后端。用它可以快速地搭建深度网络,灵活地选取训练参数来进行网络训练。Keras 为支持快速实验而生,能够把用户的想法迅速转换为结果,如果有如下需求,可选择 Keras。

(1) 简易和快速的原型设计(Keras 具有高度模块化、极简和可扩充特性)。

(2) 支持 CNN 和 RNN,或二者的结合。

(3) CPU 和 GPU 无缝切换。

2.6.1 Keras 的工作方式

Keras 是一个模型级的深度学习链接库,Keras 只处理模型的建立、训练、预测等功能。关于深度学习底层的运行,例如张量运算,Keras 必须配合后端引擎进行。目前 Keras 提供了两种后端引擎:Theano 与 TensorFlow。Keras 程序员只需要专注于建立模型,至于底层操作细节,例如张量运算,Keras 会帮助转换为 Theano 或 TensorFlow 相对指令。如果Keras用TensorFlow作为后端引擎,所以Keras具备TensorFlow所具有的优势(例如跨平台与执行性能)。

2.6.2 Keras的设计原则

Keras的设计原则主要表现在以下几点。

(1)用户友好:Keras是为一般用户设计的API,用户的使用体验始终是首要考虑的内容。Keras遵循减少认知困难的最佳实践,Keras提供一致而简洁的API,能够极大地减少一般应用下用户的工作量,同时,Keras提供清晰和具有实践意义的bug反馈。

(2)模块性:模型可理解为一个层的序列或数据的运算图,完全可配置的模块可以用最少的代价自由组合在一起。具体而言,网络层、损失函数、优化器、初始化策略、激活函数、正则化方法都是独立的模块,可以使用它们来构建自己的模型。

(3)易扩展性:添加新模块超级容易,只需要仿照现有的模块编写新的类或函数即可。创建新模块的便利性使得Keras更适合于先进的研究工作。

(4)与Python协作:Keras没有单独的模型配置文件类型,模型由Python代码描述,使其更紧凑和更易debug(排除故障),并提供了扩展的便利性。

2.6.3 Keras深度学习链接库特色

根据Keras的特点,它的链接库特色主要表现在:

(1)简单快速地建立原型(prototyping):Keras具备友好的用户界面、模块化设计、可扩充性。

(2)已经内建各种类神经网络层级,例如卷积层CNN、RNN,可以帮助快速建立神经网络模型。

(3)通过后端引擎Theano与TensorFlow,可以在CPU与GPU上运行。

(4)以Keras开发的程序代码更简洁、可读性更高、更容易维护、更具生产力。

(5)Keras的说明文件非常齐全,官方网站上提供的范例也非常浅显易懂。

2.6.4 使用Keras创建神经网络

本小节学习如何使用Keras创建神经网络,实现手写数字识别。

1. 下载MNIST数据集

(1)导入所需的库与模块。

```
from keras.datasets import mnist
import matplotlib.pyplot as plt
```

(2)下载数据集。

```
# x_train_original 和 y_train_original 代表训练集的图像与标签,x_test_original 与 y_test_
# original 代表测试集的图像与标签
(x_train_original, y_train_original), (x_test_original, y_test_original) = mnist.load_data()
```

下载好的数据集系统会存放在 C 盘用户的 keras 的 datasets 文件夹下。
2．数据集可视化
（1）单张图像可视化。

```
def mnist_visualize_single(mode, idx):
    if mode == 0:
        plt.imshow(x_train_original[idx], cmap = plt.get_cmap('gray'))
        title = 'label = ' + str(y_train_original[idx])
        plt.title(title)
        plt.xticks([])
        plt.yticks([])
        plt.show()
    else:
        plt.imshow(x_test_original[idx], cmap = plt.get_cmap('gray'))
        title = 'label = ' + str(y_test_original[idx])
        plt.title(title)
        plt.xticks([])
        plt.yticks([])
        plt.show()
# 调用这个函数
mnist_visualize_single(mode = 0, idx = 0)       # 单张图像可视化，如图 2 - 15 所示
```

从图 2-15 可看到，训练数据的第一张图像是 5。

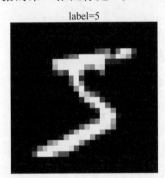

图 2-15　单张图像

（2）多张图像可视化。

```
def mnist_visualize_multiple(mode, start, end, length, width):
    if mode == 0:
        for i in range(start, end):
            plt.subplot(length, width, 1 + i)
            plt.imshow(x_train_original[i], cmap = plt.get_cmap('gray'))
            title = 'label = ' + str(y_train_original[i])
            plt.title(title)
            plt.xticks([])
            plt.yticks([])
        plt.show()
    else:
        for i in range(start, end):
```

```
                plt.subplot(length, width, 1 + i)
                plt.imshow(x_test_original[i], cmap = plt.get_cmap('gray'))
                title = 'label = ' + str(y_test_original[i])
                plt.title(title)
                plt.xticks([])
                plt.yticks([])
        plt.show()
#调用这个函数
mnist_visualize_multiple(mode = 0, start = 0, end = 4, length = 2, width = 2)
#多张图像可视化,如图 2-16 所示
```

从图 2-16 中可以看到,训练数据的前 4 张图像分别是 5、0、4、1。

(3) 原始数据量可视化。

```
print('训练集图像的尺寸: ', x_train_original.shape)
print('训练集标签的尺寸: ', y_train_original.shape)
print('测试集图像的尺寸: ', x_test_original.shape)
print('测试集标签的尺寸: ', y_test_original.shape)
```

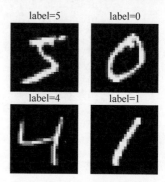

图 2-16 多张图像

运行程序,输出如下:

```
训练集图像的尺寸: (60000, 28, 28)
训练集标签的尺寸: (60000,)
测试集图像的尺寸: (10000, 28, 28)
测试集标签的尺寸: (10000,)
```

从结果可以知道,MNIST 数据集是 28×28 的灰度图像。

3. 数据预处理

(1) 验证集分配。

从训练集的 60 000 张图像中,分离出 10 000 张图像用作验证集。

```
x_val = x_train_original[50000:]
y_val = y_train_original[50000:]
x_train = x_train_original[:50000]
y_train = y_train_original[:50000]
#打印验证集数据量
print('验证集图像的尺寸: ', x_val.shape)
print('验证集标签的尺寸: ', y_val.shape)
```

运行程序,输出如下:

```
验证集图像的尺寸: (10000, 28, 28)
验证集标签的尺寸: (10000,)
```

(2) 图像数据预处理。

需要先将图像转换为四维矩阵用于网络训练,且需要把图像类型从 uint8 转换为 float32,提高训练精度。

```
x_train = x_train.reshape(x_train.shape[0], 28, 28, 1).astype('float32')
x_val = x_val.reshape(x_val.shape[0], 28, 28, 1).astype('float32')
x_test = x_test_original.reshape(x_test_original.shape[0], 28, 28, 1).astype('float32')
```

原始图像数据的像素灰度值范围是 0~255，为了提高模型的训练精度，通常将数值归一化至 0~1。

```
x_train = x_train / 255
x_val = x_val / 255
x_test = x_test / 255
```

下面代码实现打印数据集传入网络的尺寸：

```
print('训练集传入网络的图像尺寸: ', x_train.shape)
print('验证集传入网络的图像尺寸: ', x_val.shape)
print('测试集传入网络的图像尺寸: ', x_test.shape)
```

运行程序，输出如下：

```
训练集传入网络的图像尺寸: (50000, 28, 28, 1)
验证集传入网络的图像尺寸: (10000, 28, 28, 1)
测试集传入网络的图像尺寸: (10000, 28, 28, 1)
```

4. 构建网络

(1) 导入所需的库与模块。

```
import numpy as np
import pandas as pd
from sklearn.metrics import confusion_matrix
import seaborn as sns
from keras.models import Sequential
from keras.layers import Conv2D, MaxPooling2D, Flatten, Dense
from keras.utils import np_utils
from keras.utils.vis_utils import plot_model
```

(2) 定义网络模型。

使用 CNN 模型做手写数字的分类，也可以使用感知机。模型的构建采用序贯模型结构，网络由卷积层—池化层—卷积层—池化层—平铺层—全连接层—全连接层组成。最后一层的全连接层采用 softmax 激活函数做 10 分类。

```
def CNN_model():
    model = Sequential()
    model.add(Conv2D(filters = 16, kernel_size = (5, 5), activation = 'ReLU', input_shape = (28, 28, 1)))
    model.add(MaxPooling2D(pool_size = (2, 2), strides = (2, 2)))
    model.add(Conv2D(filters = 32, kernel_size = (5, 5), activation = 'ReLU'))
    model.add(MaxPooling2D(pool_size = (2, 2), strides = (2, 2)))
    model.add(Flatten())
    model.add(Dense(100, activation = 'ReLU'))
```

```
    model.add(Dense(10, activation = 'softmax'))
    print(model.summary())
    return model

model = CNN_model()
```

运行程序,输出如下:

```
_____
Layer (type)                 Output Shape              Param #
=================================================================
conv2d_1 (Conv2D)            (None, 24, 24, 16)        416
_____
max_pooling2d_1 (MaxPooling2 (None, 12, 12, 16)        0
_____
conv2d_2 (Conv2D)            (None, 8, 8, 32)          12832
_____
max_pooling2d_2 (MaxPooling2 (None, 4, 4, 32)          0
_____
flatten_1 (Flatten)          (None, 512)               0
_____
dense_10 (Dense)             (None, 100)               51300
_____
dense_11 (Dense)             (None, 10)                1010
=================================================================
Total params: 65,558
Trainable params: 65,558
Non-trainable params: 0
_____
None
```

5. 编译与训练网络

(1) 编译网络。

Keras 通过 model.compile 函数编译网络,其可以定义损失函数、优化器、评估指标等参数。

```
model.compile(loss = 'categorical_crossentropy', optimizer = 'adam', metrics = ['accuracy'])
```

在以上代码中,使用交叉熵 categorical_crossentropy 作为损失函数,这是最常用的多分类任务的损失函数,常搭配 softmax 激活函数使用。优化器使用自适应矩估计 Adam。评估指标使用精度 accuracy。

(2) 训练网络。

Keras 可以通过多种函数训练网络,这里使用 model.fit 函数训练网络模型,函数中可以定义训练集数据与训练集标签、验证集数据与验证集标签、训练批次、批处理大小等。

```
train_history = model.fit(x_train, y_train, validation_data = (x_val, y_val), epochs = 20, batch_size = 32, verbose = 1)
```

代码的返回值 train_history 中包含了训练过程的许多信息,例如训练损失和训练精度等。接下来网络就会开始训练,训练过程如下:

```
Epoch 1/20
1563/1563 - 9s - loss: 0.1665 - accuracy: 0.9486 - val_loss: 0.0610 - val_accuracy: 0.9821
Epoch 2/20
1563/1563 - 6s - loss: 0.0524 - accuracy: 0.9833 - val_loss: 0.0473 - val_accuracy: 0.9849
...
Epoch 19/20
1563/1563 - 6s - loss: 0.0046 - accuracy: 0.9985 - val_loss: 0.0538 - val_accuracy: 0.9895
Epoch 20/20
1563/1563 - 6s - loss: 0.0038 - accuracy: 0.9986 - val_loss: 0.0581 - val_accuracy: 0.9900
```

(3)训练过程可视化。

可以通过图的方式展示神经网络在训练时的损失与精度的变化,定义函数:

```
def show_train_history(train_history, train, validation):
    plt.plot(train_history.history[train])
    plt.plot(train_history.history[validation])
    plt.title('训练效果')
    plt.ylabel('训练')
    plt.xlabel('迭代')
    plt.legend(['训练', '验证'], loc = 'best')
    plt.show()
#调用函数
show_train_history(train_history, '准确性', 'val_accuracy')
show_train_history(train_history, '损失', 'val_loss')
```

运行程序,效果如图 2-17 所示。

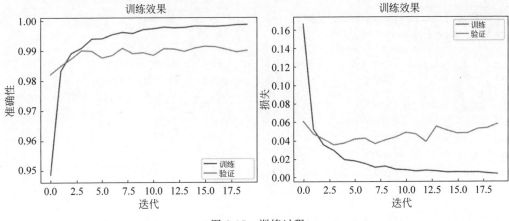

图 2-17 训练过程

图 2-17 分别表示网络训练过程中在训练集与验证集上的精度与损失的变化折线图。

通过折线图可以判断网络是否发生过拟合等情况。

6. 网络预测

（1）测试集预测结果。

Keras 通过 model.evaluate 函数测试神经网络在测试集上的情况。

```
score = model.evaluate(x_test, y_test)
```

score 中包含了测试集上的损失与精度信息，打印效果：

```
score = model.evaluate(x_test, y_test)
print('测试损失：', score[0])
print('测试准确性：', score[1])
```

运行程序，输出如下：

```
测试损失：0.0538315623998642
试准确性：0.9905999898910522
```

从输出结果可知，神经网络在测试集上的精度可以达到 99%，说明网络还是不错的。下面通过 model.predict 函数对测试集图像进行预测：

```
predictions = model.predict(x_test)
predictions = np.argmax(predictions, axis = 1)
print('前 20 张图片预测结果：', predictions[:20])
```

运行程序，输出如下：

```
前 20 张图片预测结果：[7 2 1 0 4 1 4 9 5 9 0 6 9 0 1 5 9 7 3 4]
```

（2）测试集预测结果图像可视化。

接下来，构造一个函数可以既显示图片，又能显示图像预测的结果。定义以下函数：

```
def mnist_visualize_multiple_predict(start, end, length, width):
    for i in range(start, end):
        plt.subplot(length, width, 1 + i)
        plt.imshow(x_test_original[i], cmap = plt.get_cmap('gray'))
        title_true = 'true = ' + str(y_test_original[i])
        title_prediction = ',' + 'prediction ' + str(model.predict_classes(np.expand_dims(x_test[i], axis = 0)))
        title = title_true + title_prediction
        plt.title(title)
        plt.xticks([])
        plt.yticks([])
    plt.show()
```

运行程序，效果如图 2-18 所示。

从图 2-18 可以得到测试集上图像的真实标签（true）与预测标签（prediction）。第 9 张图像已经很抽象了，网络仍能精准判别出数字是 5。

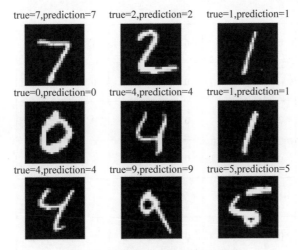

图 2-18　真实标签与预测标签显示

（3）显示混淆矩阵。

通过建立混淆矩阵可以更直观地感知每一种类别的误差。

```
#首先构造混淆矩阵
cm = confusion_matrix(y_test_original, predictions)
cm = pd.DataFrame(cm)
#然后构造一个类名
class_names = ['0', '1', '2', '3', '4', '5', '6', '7', '8', '9']
#最后定义混淆矩阵可视化函数
def plot_confusion_matrix(cm):
    plt.figure(figsize = (10, 10))
    sns.heatmap(cm, cmap = 'Oranges', linecolor = 'black', linewidth = 1, annot = True, fmt = '', xticklabels = class_names, yticklabels = class_names)
    plt.xlabel("预测")
    plt.ylabel("实际")
    plt.title("混淆矩阵")
    plt.show()
#调用这个函数
plot_confusion_matrix(cm)
```

运行程序，效果如图 2-19 所示。

2.6.5　使用 Keras 实现二分类问题

本小节主要使用 Keras 训练一个简单的二分类模型，对图 2-20 中的点分类，其中训练特征为点的坐标 (x,y)，红色点为 0，蓝色点为 1。

（1）网络结构。

二分类神经网络模型结构如图 2-21 所示，其中：

- 输入层为点的坐标 (x,y)。
- 输出层为点的标签为 $(0,1)$，激活函数为 sigmoid。

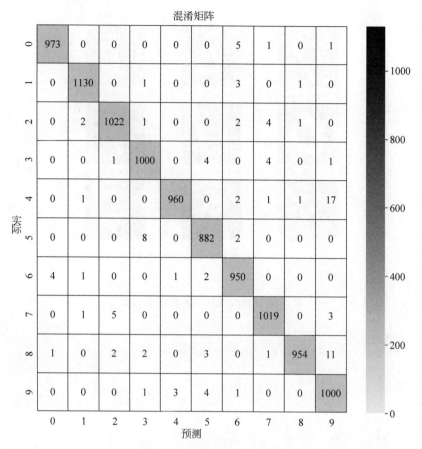

图 2-19　混淆矩阵显示效果

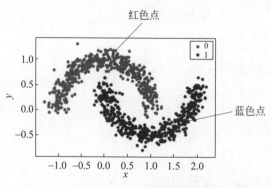

图 2-20　待分类数据点

- 模型只包含一个隐含层，隐含层包含 50 个神经单元，激活函数为 ReLU。

（2）数据。

使用 sklearn.makemoons 函数生成 1000 个测试样本，并按照 7∶3 的比例拆成训练/测试集。

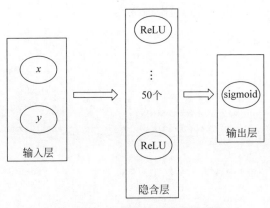

图 2-21 二分类神经网络模型结构

```
from sklearn.datasets import make_moons
from keras.models import Sequential
from keras.layers import Dense
from keras.callbacks import EarlyStopping
from keras.callbacks import ModelCheckpoint
from matplotlib import pyplot
from keras.models import load_model
from matplotlib import pyplot
from pandas import DataFrame
from keras.layers import Dropout
import numpy as np

#生成二分类数据集
X, y = make_moons(n_samples = 1000, noise = 0.1, random_state = 1)
#散点图,按类别值着色的点
df = DataFrame(dict(x = X[:,0], y = X[:,1], label = y))
colors = {0: 'red', 1: 'blue'}
fig, ax = pyplot.subplots()
grouped = df.groupby('label')
for key, group in grouped:
    group.plot(ax = ax, kind = 'scatter', x = 'x', y = 'y', label = key, color = colors[key])
pyplot.show()
#分为训练集和测试集
n_train = int(X.shape[0] * 0.7)
trainX, testX = X[:n_train, :], X[n_train:, :]
trainy, testy = y[:n_train], y[n_train:]
```

(3) 模型。

编辑模型,绘制训练结果:

- model.add(Dense(50,input_dim=2,activation='ReLU')) 描述第一个隐含层的结构。
- model.add(Dense(1,activation='sigmoid')) 描述输出层的结构。
- 模型的损失函数(loss)为 'binary_crossentropy'。
- 模型采用'adam'梯度下降搜索算法。

- 模型执行1000(epochs=1000)次训练。

```
import matplotlib.pyplot as plt
plt.rcParams['font.sans-serif'] = ['SimHei']  #显示中文
#定义模型
model = Sequential()
model.add(Dense(50, input_dim=2, activation='ReLU'))
model.add(Dense(1, activation='sigmoid'))
model.compile(loss='binary_crossentropy', optimizer='adam', metrics=['accuracy'])

#拟合模型
history = model.fit(trainX, trainy, validation_data=(testX, testy), epochs=1000, verbose=1)
pyplot.plot(history.history['loss'], 'r-.', label='训练')
pyplot.plot(history.history['val_loss'], label='测试')
pyplot.legend()
pyplot.show()
```

运行程序，迭代过程如下，效果如图2-22所示。

```
Train on 700 samples, validate on 300 samples
Epoch 1/1000
700/700 [==============================] - 1s 733us/step - loss: 0.6603 - acc: 0.6143 - val_loss: 0.6175 - val_acc: 0.8467
    Epoch 2/1000
    700/700 [==============================] - 0s 74us/step - loss: 0.5918 - acc: 0.8171 - val_loss: 0.5556 - val_acc: 0.8333
    ...
    700/700 [==============================] - 0s 70us/step - loss: 3.5704e-04 - acc: 1.0000 - val_loss: 5.8086e-04 - val_acc: 1.0000
    Epoch 1000/1000
    700/700 [==============================] - 0s 56us/step - loss: 3.5682e-04 - acc: 1.0000 - val_loss: 5.5113e-04 - val_acc: 1.0000
```

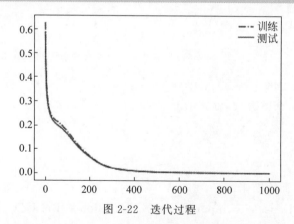

图2-22　迭代过程

（4）验证。

最后选择两个特殊的点(右下角蓝色点与左上角红色点)验证模型有效性。
testArray = np.array([[2.0, -1.0], [-2.0, 1.0]])

```
print(model.predict(testArray))
[[1.]                    #蓝色点
 [0.]]                   #红色点
```

在实例中：
- trainX 是(700×2)的二维数据，其中每一行是一个训练数据，总共 700 个训练数据。
- trainy 是 700 维的向量，总共 700 个标签标记红色(0)或者蓝色(1)。
- 将训练/测试数据堆成一个二维数组可以有效利用 CPU 和 GPU 的并行计算加快训练速度。

2.6.6 使用 Keras 处理多分类问题

本小节将着手构建一个网络，将路透社新闻划分为 46 个互斥的主题。与二分类问题不同，这是一个多分类问题。例如对于某个新闻，它只能划分到 46 个类别中的一个，所以这个问题又是单标签、多分类问题。如果每条新闻可以划分到不同的主题，那就是多标签、多分类问题。

路透社数据集由路透社在 1986 年发布，包含许多短新闻及其对应的主题，它是一个简单、广泛使用的文本分类数据集。它包含 46 个主题，某些主题的样本会比较多，有些比较少，但训练集中每个主题至少有 10 个样本。

提示：路透社数据集内置于 Keras，并且已经经过了预处理，可以直接加载。

(1) 加载路透社数据集并将样本解码为英文单词。

```
from keras.datasets import reuters
(train_data, train_labels), (test_data, test_labels) = reuters.load_data(num_words = 10000)
len(train_data)
8982
len(test_data)
2246
```

参数 num_words=10000 将数据限定为前 10 000 个最常出现的单词。数据集中有 8982 个训练样本和 2246 个测试样本。

每个样本都是一个整数列表(表示单词索引)。

```
train_data[10]'
[1, 245, 273, 207, 156, 53, 74, 160, 26, 14, 46, 296, 26, 39, 74, 2979, 3554, 14, 46, 4689, 4329, 86, 61, 3499, 4795, 14, 61, 451, 4329, 17, 12]
```

(2) 将索引解码为新闻文本。

```
word_index = reuters.get_word_index()
reverse_word_index = dict([(value, key) for (key, value) in word_index.items()])
#注意，索引减去了3，因为 0、1、2 是为 padding(填充)、start of sequence(序列开始)、unknown(未
#知词)分别保留的索引
decoded_newswire = ' '.join([reverse_word_index.get(i - 3, '?') for i in train_data[0]])
```

样本对应的标签是一个 0~45 的整数，即话题索引编号。

```
train_labels[10]
3
```

（3）准备数据。

对数据进行加工，以便输入网络中。

```
import numpy as np
def vectorize_sequences(sequences, dimension = 10000):
    results = np.zeros((len(sequences), dimension))
    for i, sequence in enumerate(sequences):
        results[i, sequence] = 1.
    return results

#将训练数据向量化
x_train = vectorize_sequences(train_data)
#将测试数据向量化
x_test = vectorize_sequences(test_data)
```

将标签向量化有两种方法：可以将标签列表转换为整数张量，或使用 one-hot 编码。one-hot 编码是分类数据广泛使用的一种格式，也叫分类编码（categorical encoding）。

```
def to_one_hot(labels, dimension = 46):
    results = np.zeros((len(labels), dimension))
    for i, label in enumerate(labels):
        results[i, label] = 1.
    return results
#将训练标签向量化
one_hot_train_labels = to_one_hot(train_labels)
#将测试标签向量化
one_hot_test_labels = to_one_hot(test_labels)
```

注意，Keras 内置方法可以实现这个操作。

```
from keras.utils.np_utils import to_categorical

one_hot_train_labels = to_categorical(train_labels)
one_hot_test_labels = to_categorical(test_labels)
```

（4）构建网络。

本次构建二层密集连接层组成的网络，由于要训练的类别较多，因此使用 64 个隐含单元。使用的函数与二分类中一致。

```
from keras import models
from keras import layers

model = models.Sequential()
model.add(layers.Dense(64, activation = 'ReLU', input_shape = (10000,)))
model.add(layers.Dense(64, activation = 'ReLU'))
model.add(layers.Dense(46, activation = 'softmax'))
```

关于这个构架应该注意另外两点。

网络的最后一层是大小为 46 的 Dense(稠密)层。这意味着,对于每个输入样本,网络都会输出一个 46 维向量。这个向量的每个元素(即每个维度)代表不同的输出类别。

最后一层使用了 softmax 激活函数。网络将输出在 46 个不同输出类别上的概率分布——对于每一个输入样本,网络都会输出一个 46 维向量,其中 output[i]是样本属于第 i 个类别的概率。46 个概率的总和为 1。

实例中,最好的损失函数是 categorical_crossentropy(分类交叉熵)。它用于衡量两个概率分布之间的距离,此处两个概率分布分别是网络输出的概率分布和标签的真实分布。通过将这两个分布的距离最小化,训练网络可使输出结果尽可能接近真实标签。

```
#编译模型
model.compile(optimizer = 'rmsprop',
              loss = 'categorical_crossentropy',
              metrics = ['accuracy'])
```

(5) 验证方法。

在训练数据中留出 1000 个样本作为验证集。

```
#留出验证
x_val = x_train[:1000]
partial_x_train = x_train[1000:]

y_val = one_hot_train_labels[:1000]
partial_y_train = one_hot_train_labels[1000:]
```

现在开始训练网络,共 20 个迭代。

首先从训练数据中留出了用于验证的数据,训练结果保存在 history 中。

```
history = model.fit(partial_x_train,
                    partial_y_train,
                    epochs = 20,
                    batch_size = 512,
                    validation_data = (x_val, y_val))
Train on 7982 samples, validate on 1000 samples
Epoch 1/20
7982/7982 [==============================] - 1s - loss: 2.5241 - acc: 0.4952
 - val_loss: 1.7263 - val_acc: 0.6100
...
Epoch 20/20
7982/7982 [==============================] - 0s - loss: 0.1097 - acc: 0.9594
 - val_loss: 1.0707 - val_acc: 0.8040

#分别绘制训练损失和验证损失曲线,效果如图 2-23 所示
import matplotlib.pyplot as plt

loss = history.history['loss']
val_loss = history.history['val_loss']
epochs = range(1, len(loss) + 1)
```

```
plt.plot(epochs, loss, 'bo', label = '训练损失')
plt.plot(epochs, val_loss, 'b', label = '验证损失')
plt.title('训练损失和验证损失')
plt.xlabel('迭代')
plt.ylabel('损失')
plt.legend()
plt.show()
#绘制精度曲线,效果如图 2-24 所示
plt.clf()  #清除图形
acc = history.history['acc']
val_acc = history.history['val_acc']

plt.plot(epochs, acc, 'bo', label = '训练精度')
plt.plot(epochs, val_acc, 'b', label = '验证精度')
plt.title('训练精度和验证精度')
plt.xlabel('迭代')
plt.ylabel('损失')
plt.legend()
plt.show()
```

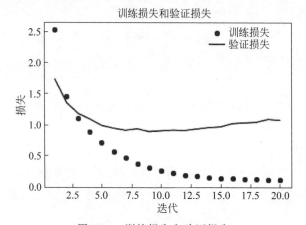

图 2-23　训练损失和验证损失

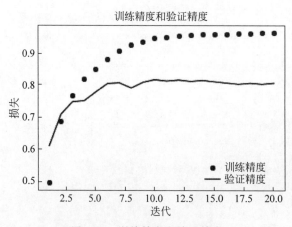

图 2-24　训练精度和验证精度

网络在训练 6 轮后开始过拟合。下面代码实现从头开始训练一个新网络，共 9 轮，然后在测试集上评估模型。

```
model = models.Sequential()
model.add(layers.Dense(64, activation = 'ReLU', input_shape = (10000,)))
model.add(layers.Dense(64, activation = 'ReLU'))
model.add(layers.Dense(46, activation = 'softmax'))

model.compile(optimizer = 'rmsprop',
              loss = 'categorical_crossentropy',
              metrics = ['accuracy'])
model.fit(partial_x_train,
          partial_y_train,
          epochs = 8,
          batch_size = 512,
          validation_data = (x_val, y_val))
results = model.evaluate(x_test, one_hot_test_labels)
```

最终结果为：

```
results
[0.98764628548762257, 0.77693677651807869]
```

这种方法可以得到约 80% 的精度。对于平衡的二分类问题，完全随机的分类器能够得到 50% 的精度。但在实例中，完全随机的精度约为 19%，所以上述结果相当不错，至少和随机的基准比起来还是较理想的。

2.6.7　使用 Keras 实现预测房价问题

在前面的 2.5.5 节、2.5.6 节的例子中都是分类问题，其目标是预测输入数据点所对应的单一离散的标签。另一种常见的机器学习问题是回归问题，它预测一个连续值而不是离散的标签，例如，根据气象数据预测明天的气温等。

1. 波士顿房价数据集

本实例用到的是波士顿交易房屋价格，已知当时郊区的一些数据点，如犯罪率、当地房产税率等。该数据集的特点是：它包含的数据点相对较少，只有 506 个，分为 404 个训练样本和 102 个测试样本。输入数据的每个特征（如犯罪率）都有不同的取值范围。例如，有的特性是比例，取值范围为 0~1；有的取值范围为 1~12；还有的取值范围为 0~100；等等。

（1）加载波士顿房价数据。

```
from keras.datasets import boston_housing
(train_data, train_targets), (test_data, test_targets) = boston_housing.load_data()
```

查看一下数据：

```
train_data.shape
(404, 13)
```

```
test_data.shape
(102, 13)
```

从结果可看出,有 404 个训练样本和 102 个测试样本,每个样本都有 13 个数值特征,如人均犯罪率、每个住宅的平均房间数、单位(千美元每平方米)。

```
train_targets
array([15.2, 42.3, 50. , 21.1, 17.7, 18.5, 11.3, 15.6, 15.6, 14.4, 12.1,
...
11.8, 24.4, 13.8, 19.4, 25.2, 19.4, 19.4, 29.1])
```

(2)准备数据。

将取值范围差异很大的数据输入神经网络中,这是有问题的。虽然网络可能会自动适应这种取值范围不同的数据,但是学习会变得更加困难。基于此,普遍采用的最佳方法是对每个特征做标准化,即对输入数据的每个特征(输入数据矩阵中的列),减去特征平均值,再除以标准差,这样得到的特征平均值为 0,标准差为 1。用 NumPy 可以很容易实现标准化。

```
#数据标准化
mean = train_data.mean(axis = 0)        #求每一列的平均值,axis = 0 代表的是列
train_data -= mean
std = train_data.std(axis = 0)          #求每一列的标准差,axis = 0 代表的是列
train_data /= std
test_data -= mean
test_data /= std
```

值得注意的是,用于测试数据标准化的均值和标准差都是在训练数据上计算得到的。

2. 构建网络

由于样本数量较少,将使用一个非常小的网络,其中包含两个隐含层,每层有 64 个单元。一般来说,训练数据越少,过拟合会越严重,而较小的网络会降低过拟合。

```
from keras import models
from keras import layers

#需要将同一个模型多次实例化,所以用一个函数来构建模型
def build_model():
    model = models.Sequential()
    model.add(layers.Dense(64, activation = 'ReLU', input_shape = (train_data.shape[1], )))
    model.add(layers.Dense(64, activation = 'ReLU'))
    model.add(layers.Dense(1))  #最后一层是一个线性层,不需要激活函数
    model.compile(optimizer = 'rmsprop', loss = 'mse', metrics = ['mae'])
    #用到的 loss 是 MSE(Mean Squared Error,均方误差)监控的 MAE 是(Mean Absolute Error,平
    #均绝对误差)
    return model
```

网络的最后一层只有一个单元,没有激活函数,是一个线性层。这是标量回归(标量回归是预测单一连续值的回归)的典型设置。添加激活函数将会限制输出范围。例如,如果向最后一层添加 sigmoid 激活函数,网络只能学会预测 0~1 范围内的值。这里最后一层是纯线性的,所以网络可以学会预测任意范围内的值。

3. 利用 K 折实现验证

为了在调节网络参数(如训练的轮数)的同时对网络进行评估,可以将数据划分为训练集和验证集。但由于数据点较少,验证集会非常小(约 100 个样本)。因此,验证分数可能会有很大波动,这取决于所选择的验证集和训练集。也就是说,验证集的划分方式可能会造成验证分数有很大的方差,这样就无法对模型进行可靠的评估。

在这种情况下,最佳做法是使用 K 折交叉验证(见图 2-25)。这种方法将可用数据划分为 K 个分区(K 通常取 4 或 5),实例化 K 个相同的模型,将每个模型在 K−1 个分区上训练,并在剩下的一个分区上进行评估。模型的验证分数等于 K 个验证分数的平均值。实现的程序代码如下:

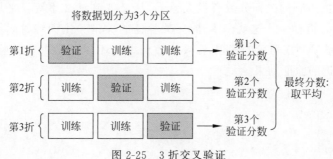

图 2-25　3 折交叉验证

(1) K 折验证。

```
import numpy as np
k = 4
num_val_samples = len(train_data) // k  # 取商(404 // 4 == 101)
num_epochs = 100
all_scores = []

for i in range(k):
    print('processing fold #', i)
    # 准备验证数据
    val_data = train_data[i * num_val_samples: (i + 1) * num_val_samples]
    val_targets = train_targets[i * num_val_samples: (i + 1) * num_val_samples]

    # 准备训练数据:其他所有分区的数据
    partial_train_data = np.concatenate([train_data[:i * num_val_samples],
        train_data[(i + 1) * num_val_samples:]], axis = 0)
    partial_train_targets = np.concatenate([train_targets[:i * num_val_samples],
        train_targets[(i + 1) * num_val_samples:]], axis = 0)

    # 构建 Keras 模型
    model = build_model()
```

```
            model.fit(partial_train_data, partial_train_targets, epochs = num_epochs, batch_
size = 1, verbose = 0)

        # 在验证数据集上评估模型
        val_mse, val_mae = model.evaluate(val_data, val_targets, verbose = 0)
        all_scores.append(val_mae)
```

设置 num_epochs=100，运行结果如下：

```
all_scores
[2.3538012032461637,
 2.4103315325066594,
 2.5382105112075806,
 2.5807852402772054]
np.mean(all_scores)
2.8757945621452453
```

每次运行模型得到的验证分数有很大差异，从 2.6 到 3.2 不等。平均数（3.0）是比单一分数更可靠的指标——这就是 K 折交叉验证的关键。让训练时间更长一点，达到 500 轮。为了记录模型在每轮的表现，需要修改训练循环，以保存每轮的验证分数记录。

（2）保存每折的验证结果。

```
# 让训练时间更长一些
# K 折验证
num_epochs = 500
all_mae_histories = []

for i in range(k):
    print('processing fold #', i)
    # 准备验证数据
    val_data = train_data[i * num_val_samples: (i + 1) * num_val_samples]
    val_targets = train_targets[i * num_val_samples: (i + 1) * num_val_samples]

    # 准备训练数据：其他所有分区的数据
    parti = np.concatenate([train_data[:i * num_val_samples], train_data[(i + 1) *
num_val_samples:]], axis = 0)
    partial_train_targets = np.concatenate([train_targets[:i * num_val_samples],
train_targets[(i + 1) * num_val_samples:]], axis = 0)

    # 构建 Keras 模型
    model = build_model()
    history = model.fit(partial_train_data, partial_train_targets, validation_data =
(val_data, val_targets), epochs = num_epochs, batch_size = 1, verbose = 0)

    mae_history = history.history['val_mae']
    all_mae_histories.append(mae_history)
```

然后计算每轮中所有折 MAE 的平均值。

(3) 计算所有轮中 K 折验证分数的平均值。

```
average_mae_history = [np.mean([x[i] for x in all_mae_histories])] for i in rage(num_epochs)
```

(4) 绘制验证分数。

```
import matplotlib.pyplot as plt

plt.plot(range(1, len(average_mae_history) + 1), average_mae_history)
plt.xlabel('迭代')
plt.ylabel('MAE 验证')
plt.show()
```

运行程序,效果如图 2-26 所示。

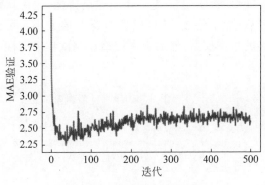

图 2-26 每轮的 MAE 验证

在图 2-26 中,因为纵轴的范围较大,且数据方差相对较大,难以看清这张图的规律。下面重新绘制一张图。

- 删除前 10 个数据点,因为它们的取值范围与曲线上的其他点不同。
- 将每个数据点替换为前面数据点的指数移动平均值,以得到光滑的曲线。
- 绘制验证分数(删除前 10 个数据点)。

```
def smooth_curve(points, factor = 0.9):
    smoothed_points = []
    for point in points:
        if smoothed_points:
            previous = smoothed_points[-1]
            smoothed_points.append(previous * factor + point * (1 - factor))
        else:
            smoothed_points.append(point)
    return smoothed_points

smooth_mae_history = smooth_curve(average_mae_history[10:])
plt.plot(range(1, len(smooth_mae_history) + 1), smooth_mae_history)
plt.xlabel('迭代')
plt.ylabel('MAE 验证')
plt.show()
```

运行程序,效果如图 2-27 所示。

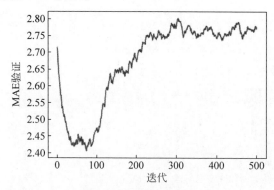

图 2-27　每轮的 MAE 验证(删除前 10 个数据点)

从图 2-27 可看出,MAE 验证在 80 轮后不再显著降低,之后就开始过拟合。

完成模型参数设置后(除了轮数,还可以调节隐含层大小),可以使用最佳参数在所有训练数据上训练最终的生产模型,然后观察模型在测试集上的性能。

(5)训练最终模型。

```
model = build_model()          #一个全新的编译好的模型
#在所有训练数据上训练模型
model.fit(train_data, train_targets, epochs = 39, batch_size = 16, verbose = 0)
test_mse_score, test_mae_score = model.evaluate(test_data, test_targets)
test_mae_score                 #预测的房价还是相差了 2793 美元左右的价格
```

运行程序,输出如下:

```
2.7834957953841543
```

第 3 章

机器学习的基础

在第 2 章已经知道如何用神经网络解决分类问题和回归问题,而且也看到了机器学习的核心难题:过拟合。为了解决过拟合问题本章会对机器学习进行介绍。

3.1 机器学习概述

机器学习是 20 多年前兴起的一门多领域交叉学科,它的理论主要是设计和分析一些让计算机可以自动"学习"的算法。机器学习算法是一类从数据中自动分析获得规律,并利用规律对未知数据进行预测的算法。

3.1.1 机器学习的历程

机器学习是人工智能研究较为年轻的分支,它的发展过程大体上可分为 4 个阶段。
- 第一阶段是在 20 世纪 50 年代中叶到 20 世纪 60 年代中叶,属于热烈时期。
- 第二阶段是在 20 世纪 60 年代中叶至 20 世纪 70 年代中叶,称为机器学习的冷静时期。
- 第三阶段是从 20 世纪 70 年代中叶至 20 世纪 80 年代中叶,称为复兴时期。
- 机器学习的第四个阶段也即最新阶段始于 1986 年。

机器学习进入新阶段重要表现在下列几方面。

(1) 机器学习已成为新的边缘学科并在高校形成一门课程。它综合应用心理学、生物学和神经生理学以及数学、自动化和计算机科学形成机器学习理论基础。

(2) 结合各种学习方法,取长补短的多种形式的集成学习系统研究正在兴起。特别是连接学习符号学习的耦合因可以更好地解决连续性信号处理中知识与技能的获取和求精问题而受到重视。

(3) 机器学习与人工智能各种基础问题的统一性观点正在形成。例如,学习与问题求解结合进行、知识表达便于学习的观点产生了通用智能系统 SOAR 的组块学习。类比学习与问题求解结合的基于案例方法已成为经验学习的重要方向。

(4) 各种学习方法的应用范围不断扩大,一部分已形成商品。归纳学习的知识获取工具已在诊断分类型专家系统中广泛使用。连接学习在声音、图文识别中占优势。分析学习已用于设计综合型专家系统。遗传算法与强化学习在工程控制中有较好的应用前景。与符号系统耦合的神经网络连接学习将在企业的智能管理与智能机器人运动规划中发挥作用。

(5) 与机器学习有关的学术活动空前活跃。国际上除每年一次的机器学习研讨会外,还有计算机学习理论会议以及遗传算法会议。

3.1.2 机器学习的4个分支

二分类问题、多分类问题和标量回归问题都是监督学习(supervised learning)的例子,其目标是学习训练输入与训练目标之间的关系。

监督学习只是冰山一角——机器学习是非常宽泛的领域,其子领域的划分非常复杂。机器学习算法大致可分4类,下面进行简单介绍。

1. 监督学习

监督学习是目前最常见的机器学习类型。给定一组样本(通常由人工标注),它可以学会将输入数据映射到已知目标(也叫标注,annotation)。一般来说,近年来广受关注的深度学习应用几乎都属于监督学习,如光学字符识别、语音识别、图像分类和语音翻译。

虽然监督学习主要包括分类和回归,但还有更多的奇特变体,主要包括如下几种。

(1) 序列生成(sequence generation)。给定一张图像,预测描述图像的文字。序列生成有时可以被重新表示为一系列分类问题,如反复预测序列中的单词或标记。

(2) 语法树预测(syntax tree prediction)。给定一个句子,预测其分解生成的语法树。

(3) 目标检测(object detection)。给定一张图像,在图中特定目标的周围画一个边界框。这个问题也可以表示为分类问题(给定多个候选边界框,对每个框内的目标进行分类)或分类与回归联合问题(用向量回归来预测边界框的坐标)。

(4) 图像分割(image segmentation)。给定一张图像,在特定物体上画一个像素级的掩膜(mask)。

2. 无监督学习

无监督学习(unsupervised learning)指在没有目标的情况下寻找输入数据的变换,其目的在于数据可视化、数据压缩、数据去噪或更好地理解数据中的相关性。无监督学习是数据分析的必备技能,在解决监督学习问题之前,为了更好地了解数据集,它通常是一个必要步骤。降维(dimensionality reduction)和聚类(clustering)都是众所周知的无监督学习方法。

3. 自监督学习

自监督学习(self-supervised learning)是监督学习的一个特例,它与众不同,值得单独归为一类。自监督学习是没有人工标签监督学习,可以将它看作没有人类参与的监督学习。标签仍然存在(用于监督学习过程),但它们是从输入数据中生成的,通常是使用启发式算法生成的。

例如，自编码器（autoencoder）是有名的自监督学习的例子，其生成的目标就是未经修改的输入。同样，给定视频中过去帧来预测下一帧，或者给定文本中前面的词来预测下一个词，都是自监督学习的例子（这两个例子也属于时序监督学习（temporally supervised learning），即用未来的输入数据作为监督）。注意，监督学习、无监督学习和自监督学习之间的区别有时很模糊，这三个类别更像是没有明确界限的连续体。自监督学习可以被重新解释为监督学习或无监督学习，这取决于关注的是学习机制还是应用场景。

4. 强化学习

强化学习（reinforcement learning）是机器学习中的一个领域，是学习什么（即如何把当前的情景映射成动作）才能使得数值化的收益最大化，学习者不会被告知应该采取什么动作，而是必须自己通过尝试去发现哪些动作会产生最丰厚的收益。

强化学习同机器学习领域中的监督学习和无监督学习不同，监督学习是从外部监督者提供的带标注训练集中进行学习（任务驱动型）；无监督学习是一个典型的寻找未标注数据中隐含结构的过程（数据驱动型）。

强化学习是与两者并列的第三种机器学习范式，强化学习带来了一个独有的挑战——探索与利用之间的折中权衡，智能体必须利用已有的经验来获得收益，同时也要进行探索，使得未来可以获得更好的动作选择空间（即从错误中学习）。

强化学习的主要角色是智能体和环境，环境是智能体存在和互动的世界。智能体在每一步的交互中，都会获得对于所处环境状态的观察（有可能只是一部分），然后决定下一步要执行的动作。环境会因为智能体对它的动作而改变，也可能自己改变。

智能体也会从环境中感知到奖励信号，一个表明当前状态好坏的数字。智能体的目标是最大化累计奖励，也就是回报。强化学习就是智能体通过学习来完成目标的方法。

3.1.3 机器学习的步骤

机器学习是一门人工智能的学科，该领域的主要研究对象是人工智能，特别是如何在经验中改善具体算法的性能。它的一般步骤如图 3-1 所示。

（1）收集数据。

收集到的数据的质量和数量将直接决定预测模型是否能够建好。需要将收集的数据去重、标准化、修正错误等，保存成数据库文件或者 csv 格式文件，为下一步数据的加载做准备。

（2）分析数据。

分析数据主要是数据发现，如对每列的最大值、最小值、平均值、方差、中位数、三分位数、四分位数、某些特定值（如零值）所占比例或者分布规律等都要有一个大致的了解。另外要确定自变量（$x_1, x_2, \cdots, x_n$）和因变量 y，找出因变量和自变量的相关性，确定相关系数。

特征的好坏很大程度上决定了分类器的效果。将上面确定的自变量进行筛选，可以手工选择或者模型选择，选择合适的特征，然后对变量进行命名以便更好地标记。命名文件要存下来，在预测阶段会用到。

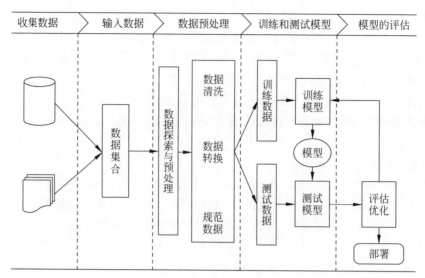

图 3-1 机器学习的步骤

向量化是对特征提取结果的再加工,目的是增强特征的表示能力,防止模型过于复杂和学习困难,如对连续的特征值进行离散化,标签值映射成枚举值,用数字进行标识。这一阶段将产生一个很重要的文件:标签和枚举值对应关系,在预测阶段同样会用到。

(3) 数据预处理。

需要将数据分为两部分。用于训练模型的第一部分将是数据集的大部分。第二部分将用于评估我们训练有素的模型的表现。通常以 8:2 或者 7:3 进行数据划分,不能直接使用训练数据来进行评估,因为模型只能记住"问题"。

(4) 训练和测试模型。

进行模型训练之前,要确定合适的算法,如线性回归、决策树、随机森林、逻辑回归、梯度提升、SVM 等。选择算法时最佳方法是测试各种不同的算法,然后通过交叉验证选择最好的一个。但是,如果只是为问题寻找一个"足够好"的算法,或者一个起点,也有一些较好的一般准则,如果训练集很小,那么高偏差/低方差分类器(如朴素贝叶斯分类器)要优于低偏差/高方差分类器(如 K 近邻分类器),因为后者容易过拟合。然而,随着训练集的增大,低偏差/高方差分类器将开始胜出(它们具有较低的渐近误差),因为高偏差分类器不足以提供准确的模型。

(5) 模型的评估。

训练完成之后,通过拆分出来的训练的数据来对模型进行评估、通过真实数据和预测数据进行对比来判定模型的好坏。模型评估常见的 5 个方法为:混淆矩阵、提升图 & 洛伦兹图、基尼系数、KS 曲线、ROC 曲线。混淆矩阵不能作为评估模型的唯一标准,混淆矩阵是模型其他指标的基础。完成评估后,如果想进一步改善训练,可以通过调整模型的参数来实现,然后重复训练和评估的过程。

模型训练完之后,要整理出 4 类文件,确保模型能够正确运行,这 4 类文件分别为模型文件、标签编码文件、元数据文件(算法、参数和结果)、变量文件(自变量名称列表、因变量名称列表)。

完成模型后就可以在互联网上发布。

3.2 过拟合和欠拟合

机器学习中一个重要的话题便是模型的泛化能力,泛化能力强的模型才是好模型。对于训练好的模型,若在训练集表现差,在测试集表现同样会很差,这可能是欠拟合导致的。欠拟合是指模型拟合程度不高,数据距离拟合曲线较远,或指模型没有很好地捕捉到数据特征,不能够很好地拟合数据。

为了防止模型从训练数据中记住错误或无关紧要的模式,最优解决方法是获取更多的训练数据。模型的训练数据越多,泛化能力自然也越好。如果无法获取更多数据,次优解决方法是调节模型允许存储的信息量,或对模型允许存储的信息加以约束。如果一个网络只能记住几个模式,那么优化过程会迫使模型集中学习最重要的模式,这样更可能得到良好的泛化。

3.2.1 减小模型大小

防止过拟合的最简单的方法就是减小模型大小,即减小模型中可学习参数的个数(这由层数和每层的单元个数决定)。在深度学习中,模型可学习参数的个数通常被称为模型的容量(capacity)。从直观上来看,参数更多的模型拥有更大的记忆容量(memorization capacity),因此能够在训练样本和目标之间轻松地学会完美的字典式映射,这种映射没有任何泛化能力。例如,拥有 500 000 个二进制参数的模型,能够轻松学会 MNIST 训练集中所有数字对应的类别——只需让 50 000 个数字每个都对应 10 个二进制参数。但这种模型对于新数字样本的分类毫无用处。

与此相反,如果网络的记忆资源有限,则无法轻松学会这种映射。因此,为了让损失最小化,网络必须学会对目标具有很强的预测能力的压缩表示,这也正是人们感兴趣的数据表示。需要记住的是,使用的模型应该具有足够多的参数,以防欠拟合,即模型应避免记忆资源不足。在容量过大与容量不足之间要找到一个折中。要找到合适的模型大小,一般的工作流程是开始时选择相对较少的层和参数,然后逐渐增加层的大小或增加新层,直到这种增加对验证损失的影响变得很小。

【例 3-1】 在电影评价上尝试减小模型大小。

```
from keras.datasets import imdb
import numpy as np

'''原始模型'''
from keras import models
from keras import layers
original_model = models.Sequential()
original_model.add(layers.Dense(16, activation = 'ReLU', input_shape = (10000,)))
original_model.add(layers.Dense(16, activation = 'ReLU'))
original_model.add(layers.Dense(1, activation = 'sigmoid'))
```

```
'''容量更小的模型'''
smaller_model = models.Sequential()
smaller_model.add(layers.Dense(4, activation = 'ReLU', input_shape = (10000,)))
smaller_model.add(layers.Dense(4, activation = 'ReLU'))
smaller_model.add(layers.Dense(1, activation = 'sigmoid'))

smaller_model.compile(optimizer = 'rmsprop',
                      loss = 'binary_crossentropy',
                      metrics = ['acc'])
```

图 3-2 比较了原始模型与更小模型的验证损失。圆点是更小模型的验证损失值，十字是原始模型的验证损失值。

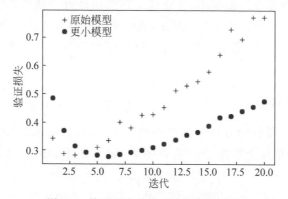

图 3-2　换用更小的模型验证损失效果

由图 3-2 可见，更小的模型开始过拟合的时间要易于原始模型（前 6 轮后开始过拟合，而后者 4 轮后开始），且开始过拟合后，它的速度也更慢。

下面再向这个基准中添加一个容量更大的模型（容量远大于问题所需）。

```
bigger_model = models.Sequential()
bigger_model.add(layers.Dense(512, activation = 'ReLU', input_shape = (10000,)))
bigger_model.add(layers.Dense(512, activation = 'ReLU'))
bigger_model.add(layers.Dense(1, activation = 'sigmoid'))
```

图 3-3 显示了更大模型与原始模型的性能对比。圆点是更大模型的验证损失值，十字是原始模型的验证损失值。更大模型只进行一轮就开始过拟合，过拟合也更严重，其验证损失的波动也更大。

图 3-4 同时给出了这两个模型的训练损失。从图中可见，更大模型的训练损失很快就接近于零。模型的容量越大，它拟合训练数据（即得到很小的训练损失）的速度就越快，但也更容易过拟合（导致训练损失和验证损失有很大差异）。

3.2.2　添加权重正则化

一种常见的降低过拟合的方法就是强制让模型权重只能取较小的值，从而限制模型的复杂度，这使得权重值的分布更加规则（regular），这种方法叫作权重正则化（weight regularization），其实现方法是向网络损失函数中添加与较大权重值相关的成本（cost）。

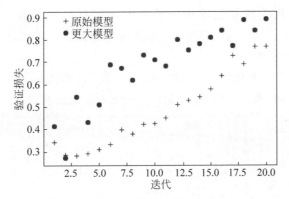

图 3-3　换用更大的模型验证损失效果

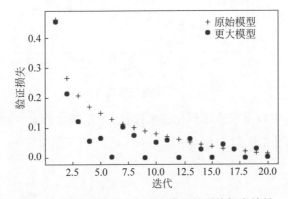

图 3-4　同时对比更小与更大模型的训练损失效果

这个成本有两种形式。

（1）L1 正则化（L1 regularization）：添加的成本与权重系数的绝对值（权重的 L1 范数（norm））成正比。

（2）L2 正则化（L2 regularization）：添加的成本与权重系数的平方（权重的 L2 范数）成正比。神经网络的 L2 正则化也叫权重衰减（weight decay）。权重衰减与 L2 正则化在数学上是完全相同的。

在 Keras 中，添加权重正则化的方法是向层传递权重正则化项实例（weigh regularizer instance）作为关键字参数。

【例 3-2】　将向电影评论分类网络中添加 L2 正则化。

```
'''向模型添加 L2 正则化'''
from keras import regularizers

l2_model = models.Sequential()
l2_model.add(layers.Dense(16, kernel_regularizer = regularizers.l2(0.001),
                          activation = 'ReLU', input_shape = (10000,)))
l2_model.add(layers.Dense(16, kernel_regularizer = regularizers.l2(0.001),
                          activation = 'ReLU'))
l2_model.add(layers.Dense(1, activation = 'sigmoid'))
```

l2(0.001)的作用为该层权重矩阵的每个系数都会使网络总损失增加 0.001 * weight_coefficient_value。注意,因为这个惩罚项只在训练时添加,所以这个网络的训练损失会比测试损失大很多。

图 3-5 显示了 L2 正则化惩罚的影响。如图中所示,即使两个模型的参数个数相同,具有 L2 正则化的模型(圆点)比原始模型(十字)更不容易过拟合。

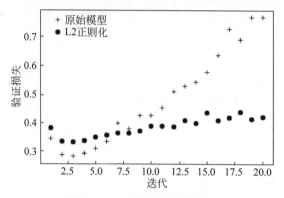

图 3-5　L2 正则化惩罚的影响

还可以用 Keras 中以下权重正则化项来代替 L2 正则化。

```
from keras import regularizers

# L1 正则化
regularizers.l1(0.001)
# 同时进行 L1 与 L2 正则化
regularizers.l1_l2(l1 = 0.001, l2 = 0.001)
```

3.2.3　添加 dropout 正则化

dropout 是神经网络最有效也最常用的正则化方法之一。对某一层使用 dropout,就是在训练过程中随机将该层的一些输出特征舍弃(设置为 0)。假设在训练过程中,某一层对给定输入样本的返回值应该是向量(0.2,0.5,1.3,0.8,1.1),使用 dropout 后,这个向量会有几个元素随机地变成 0,如(0,0.5,1.3,0,1.1),dropout 比率(dropout rate)是被设为 0 的特征所占的比例,通常在 0.2~0.5 范围内。测试时没有单元被舍弃,而该层的输出值需要按 dropout 比率缩小,因为这时比训练时有更多的单元被激活,需要加以平衡。

假设有一个包含某层输出的 NumPy 矩阵 layer_output,其形状为[batch_size, features],训练时,随机将矩阵中一部分值设为 0:

```
# 训练时,舍弃 50% 的输出单元
layer_output * = np.randint(0, high = 2, size = layer_output.shape)
```

测试时,将输出按 dropout 比率缩小。此处乘以 0.5(前面舍弃了一半的单元)。

```
# 测试时
ayer_output * = 0.5
```

注意，为了实现这一过程，还可以让两个运算都在训练时进行，而测试时输出保持不变。这通常也是实践中的实现方式。

```
#训练时
layer_output *= np.randint(0, high=2, size=layer_output.shape)
#注意，是成比例放大而不是成比例缩小
layer_output /= 0.5
```

在 Keras 中，可以通过 dropout 层向网络中引入 dropout，dropout 将被应用于前面一层的输出。

```
model.add(layers.Dropout(0.5))
```

向 IMDB 网络中添加两个 dropout 层，观察它们降低过拟合的效果。

```
dpt_model = models.Sequential()
dpt_model.add(layers.Dense(16, activation = 'ReLU', input_shape = (10000,)))
dpt_model.add(layers.Dropout(0.5))
dpt_model.add(layers.Dense(16, activation = 'ReLU'))
dpt_model.add(layers.Dropout(0.5))
dpt_model.add(layers.Dense(1, activation = 'sigmoid'))
```

图 3-6 给出了结果的图示，可再次看到，这种方法的性能相比原始模型有明显提高。

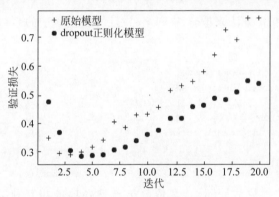

图 3-6　dropout 对验证损失的影响

因此，可得防止神经网络过拟合的常用方法主要如下。
（1）获取更多的训练数据。
（2）减小网络容量。
（3）添加权重正则化。
（4）添加 dropout 正则化。

3.3　监督学习

监督学习算法可以分为以下几类。
（1）线性模型：例如线性回归、逻辑回归等。

（2）基于核函数的模型：例如支持向量机（SVM）。

（3）决策树和基于集成的方法：例如随即森林、Adaboost 等。

（4）人工神经网络和深度学习：例如全连接神经网络、卷积神经网络（CNN）、递归神经网络（RNN）及其变种模型。

3.3.1 线性模型

在监督学习中，线性模型的代表有线性回归、逻辑回归等。

1. 线性回归

下面是一组用于回归的方法，其中目标值 y 是输入变量 x 的线性组合。在数学概念中，如果 $\hat{y}$ 预测值，即

$$\hat{y}(\boldsymbol{w}, \boldsymbol{x}) = w_0 + w_1 x_1 + \cdots + w_p x_p$$

在整个模块中，定义向量 $\boldsymbol{w} = (w_1, w_2, \cdots, w_p)$ 作为 coef_，定义向量 $\boldsymbol{x} = (x_1, x_2, \cdots, x_p)$ 作为 intercept_。

2. 最小二乘法

最小二乘法（least square method）拟合一个带有系数向量 $\boldsymbol{w} = (w_1, w_2, \cdots, w_p)$ 的线性模型，使得数据集实际观测数据和预测数据（估计值）之间的残差平方和最小。其数学表达式为

$$\min_{\boldsymbol{w}} \|\boldsymbol{X}\boldsymbol{w} - \boldsymbol{y}\|_2^2$$

最小二乘会调用 fit 方法来拟合 $\boldsymbol{X}$ 和 $\boldsymbol{Y}$，并且将线性模型的系数 $\boldsymbol{w}$ 存储在其成员变量 coef_ 中：

```
>>> from sklearn import linear_model
>>> reg = linear_model.LinearRegression()
>>> reg.fit ([[0, 0], [1, 1], [2, 2]], [0, 1, 2])
LinearRegression(copy_X = True, fit_intercept = True,
                 n_jobs = 1, normalize = False)
>>> reg.coef_
array([ 0.5, 0.5])
```

对于最小二乘的系数估计问题，其依赖于模型各项的相互独立性。当各项是相关的，且设计矩阵 $\boldsymbol{x}$ 的各列近似线性相关，那么，设计矩阵会趋向于奇异矩阵，这种特性导致最小二乘估计对于随机误差非常敏感，可能产生很大的方差。

【例 3-3】 最小二乘拟合效果。

```
import matplotlib.pyplot as plt
import numpy as np
from sklearn import datasets, linear_model
from sklearn.metrics import mean_squared_error, r2_score
#加载糖尿病数据集
diabetes_X, diabetes_y = datasets.load_diabetes(return_X_y = True)  #Python自带的数据集

#仅使用一个函数
diabetes_X = diabetes_X[:, np.newaxis, 2]
```

```
#将数据分割为训练/测试集
diabetes_X_train = diabetes_X[:-20]
diabetes_X_test = diabetes_X[-20:]
#将目标划分为训练/测试集
diabetes_y_train = diabetes_y[:-20]
diabetes_y_test = diabetes_y[-20:]
#创建线性回归对象
regr = linear_model.LinearRegression()
#使用训练集来训练模型
regr.fit(diabetes_X_train, diabetes_y_train)
#使用测试集进行预测
diabetes_y_pred = regr.predict(diabetes_X_test)
#系数
print("系数: \n", regr.coef_)
#均方误差
print("均方误差: %.2f" % mean_squared_error(diabetes_y_test, diabetes_y_pred))
#决定系数: 1是完美的预测
print("完美的预测: %.2f" % r2_score(diabetes_y_test, diabetes_y_pred))

#绘图
plt.scatter(diabetes_X_test, diabetes_y_test, color = "black")
plt.plot(diabetes_X_test, diabetes_y_pred, color = "blue", linewidth = 3)
plt.xticks(())
plt.yticks(())
plt.show() #显示图形
```

运行程序,输出如下,拟合效果如图 3-7 所示。

```
系数:
 [938.23786125]
均方误差: 2548.07
完美的预测: 0.47
```

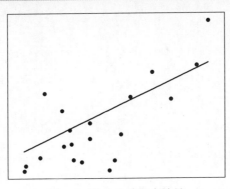

图 3-7　最小二乘拟合效果

3. 岭回归

岭回归(Ridge Regression,RR)通过对系数的大小施加惩罚来解决最小二乘法的一些问题。岭回归最小化的是带惩罚项的残差平方和。

$$\min_{w} \|Xw - y\|_2^2 + \alpha \|w\|_2^2$$

其中，$\alpha \geq 0$ 是控制系数收缩量的复杂性参数，α 的值越大，收缩量越大，模型对共线性的健壮性也更强。

与其他线性模型一样，岭回归用 fit 方法完成拟合，并将模型系数 w 存储在其 coef_ 成员中：

```
>>> from sklearn import linear_model
>>> reg = linear_model.Ridge (alpha = .5)
>>> reg.fit ([[0, 0], [0, 0], [1, 1]], [0, .1, 1])
Ridge(alpha = 0.5, copy_X = True, fit_intercept = True, max_iter = None,
 normalize = False, random_state = None, solver = 'auto', tol = 0.001)
>>> reg.coef_
array([0.34545455, 0.34545455])
>>> reg.intercept_
0.13636...
```

【例 3-4】 岭系数对回归系数的影响。

```python
import matplotlib.pyplot as plt
import numpy as np
from sklearn import linear_model

plt.rcParams['font.sans-serif'] = ['SimHei']       # 显示中文
plt.rcParams['axes.unicode_minus'] = False         # 显示负号

# X 是 10×10 的希尔伯特矩阵
X = 1.0 / (np.arange(1, 11) + np.arange(0, 10)[:, np.newaxis])
y = np.ones(10)

'''计算路径'''
n_alphas = 200
alphas = np.logspace(-10, -2, n_alphas)
coefs = []
for a in alphas:
    ridge = linear_model.Ridge(alpha = a, fit_intercept = False)
    ridge.fit(X, y)
    coefs.append(ridge.coef_)
'''绘制结果'''
ax = plt.gca()
ax.plot(alphas, coefs)
ax.set_xscale("log")
ax.set_xlim(ax.get_xlim()[::-1])                   # reverse axis
plt.xlabel("alpha")
plt.ylabel("权重")
plt.title("岭系数作为正则化的函数")
plt.axis("tight")
plt.show()
```

运行程序，效果如图 3-8 所示。

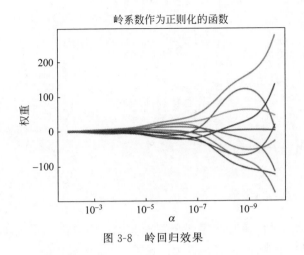

图 3-8 岭回归效果

4. Lasso

Lasso(套索)是拟合稀疏系数的线性模型。它在一些情况下是有用的,因为它倾向于使用具有较少参数值的情况,有效地减少给定解决方案所依赖变量的数量。因此,Lasso及其变体是压缩感知领域的基础。在一定条件下,它可以恢复一组非零权重的精确集。

在数学公式表达上,它由一个带有 λ_1 先验的正则项的线性模型组成。其最小化的目标函数是

$$\min_{w} \frac{1}{2n_{\text{samples}}} \|Xw - y\|_2^2 + \alpha \|w\|_1$$

Lasso 估计解决了加上罚项 $\alpha\|w\|_1$ 的最小二乘法的最小化,其中,α 是一个常数,$\|w\|_1$ 是参数向量的 λ_1 范数。

Lasso 类的实现使用了坐标下降算法(coordinate descent)来拟合系数。

```
>>> from sklearn import linear_model
>>> reg = linear_model.Lasso(alpha = 0.1)
>>> reg.fit([[0, 0], [1, 1]], [0, 1])
Lasso(alpha = 0.1, copy_X = True, fit_intercept = True, max_iter = 1000,
      normalize = False, positive = False, precompute = False,
      random_state = None, selection = 'cyclic', tol = 0.0001,
      warm_start = False)
>>> reg.predict([[1, 1]])
array([0.8])
```

对于较简单的任务,有用的是函数 lasso_path。它能够通过搜索所有可能路径上的值来计算系数。

【例 3-5】 演示一个具有正则化参数的固定值的 Lasso。

```
from time import time
from sklearn.linear_model import Lasso
from sklearn.metrics import r2_score
```

```
t0 = time()
lasso = Lasso(alpha = 0.14).fit(X_train, y_train)
print(f"Lasso fit done in {(time() - t0): .3f}s")

y_pred_lasso = lasso.predict(X_test)
r2_score_lasso = r2_score(y_test, y_pred_lasso)
print(f"Lasso r^2 on test data : {r2_score_lasso: .3f}")
```

运行程序,输出如下:

```
Lasso fit done in 0.001s
Lasso r^2 on test data : 0.480
```

在实践中,应该通过传递时间序列分割交叉验证策略来选择最优参数 alpha。为了保持实例的简单和快速执行,在实例直接设置了 alpha 的最优值。

5. 弹性网络

弹性网络(elastic network)是一种使用 L1 和 L2 范数作为先验正则项训练的线性回归模型。这种组合允许拟合到一个只有少量参数是非零稀疏的模型,就像 Lasso 一样,但是它仍然保持了一些类似于岭回归的正则性质。可利用 l1_ratio 参数控制 L1 和 L2 范数的凸组合。

弹性网络在很多特征互相联系的情况下是非常有用的。Lasso 很可能只随机考虑这些特征中的一个,而弹性网络更倾向于选择两个。

在实践中,Lasso 和岭回归之间权衡的一个优势是它允许在循环过程中继承岭回归的稳定性。

此处,最小化的目标函数为

$$\min_{w} \frac{1}{2n_{\text{samples}}} \|Xw - y\|_2^2 + \alpha \|w\|_1 + \frac{\alpha(1-\rho)}{2} \|w\|_2^2$$

ElasticNetCV 类可以通过交叉验证来设置参数 alpha(α)和 lr_ratio(ρ)。

【例 3-6】 Lasso 和弹性网络。

```
from itertools import cycle
import matplotlib.pyplot as plt
import numpy as np
from sklearn import datasets
from sklearn.linear_model import enet_path, lasso_path

X, y = datasets.load_diabetes(return_X_y = True)
X /= X.std(axis = 0)      # Standardize data (easier to set the l1_ratio parameter)
# 完整路径
eps = 5e-3                # 它越小,路径就越长
print("使用套索计算正则化路径...")
alphas_lasso, coefs_lasso, _ = lasso_path(X, y, eps = eps)

print("使用正套索计算正则化路径...")
alphas_positive_lasso, coefs_positive_lasso, _ = lasso_path(
```

```python
    X, y, eps = eps, positive = True
)
print("使用弹性网络计算正则化路径…")
alphas_enet, coefs_enet, _ = enet_path(X, y, eps = eps, l1_ratio = 0.8)

print("使用正弹性网络计算正则化路径…")
alphas_positive_enet, coefs_positive_enet, _ = enet_path(
    X, y, eps = eps, l1_ratio = 0.8, positive = True
)
# 显示结果
plt.figure(1)
colors = cycle(["b", "r", "g", "c", "k"])
neg_log_alphas_lasso = - np.log10(alphas_lasso)
neg_log_alphas_enet = - np.log10(alphas_enet)
for coef_l, coef_e, c in zip(coefs_lasso, coefs_enet, colors):
    l1 = plt.plot(neg_log_alphas_lasso, coef_l, c = c)
    l2 = plt.plot(neg_log_alphas_enet, coef_e, linestyle = "--", c = c)
# 效果如图 3-9 所示
plt.xlabel("-Log(alpha)")
plt.ylabel("系数")
plt.title("套索和弹性网络")
plt.legend((l1[-1], l2[-1]), ("Lasso", "Elastic-Net"), loc = "lower left")
plt.axis("tight")
plt.figure(2)                    # 效果如图 3-10 所示
neg_log_alphas_positive_lasso = - np.log10(alphas_positive_lasso)
for coef_l, coef_pl, c in zip(coefs_lasso, coefs_positive_lasso, colors):
    l1 = plt.plot(neg_log_alphas_lasso, coef_l, c = c)
    l2 = plt.plot(neg_log_alphas_positive_lasso, coef_pl, linestyle = "--", c = c)

plt.xlabel("-Log(alpha)")
plt.ylabel("系数")
plt.title("套索和正套索")
plt.legend((l1[-1], l2[-1]), ("Lasso", "正 Lasso"), loc = "lower left")
plt.axis("tight")
plt.figure(3)                    # 效果如图 3-11 所示
neg_log_alphas_positive_enet = - np.log10(alphas_positive_enet)
for coef_e, coef_pe, c in zip(coefs_enet, coefs_positive_enet, colors):
    l1 = plt.plot(neg_log_alphas_enet, coef_e, c = c)
    l2 = plt.plot(neg_log_alphas_positive_enet, coef_pe, linestyle = "--", c = c)

plt.xlabel("-Log(alpha)")
plt.ylabel("系数")
plt.title("弹性网络和正弹性网络")
plt.legend((l1[-1], l2[-1]), ("弹性网络", "正弹性网络"), loc = "lower left")
plt.axis("tight")
plt.show()
```

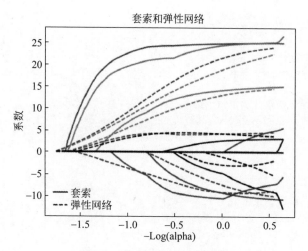

图 3-9 套索和弹性网络效果

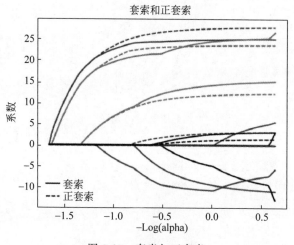

图 3-10 套索与正套索

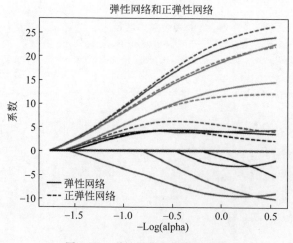

图 3-11 弹性网络与正弹性网络

同时，程序输出如下：

使用套索计算正则化路径…
使用正套索计算正则化路径…
使用弹性网络计算正则化路径…
使用正弹性网络计算正则化路径…

6．贝叶斯回归

贝叶斯回归可以用于在预估阶段的参数正则化：正则化参数的选择不是通过人为的选择，而是通过手动调节数据值来实现的。

上述过程可以通过引入无信息先验模型中的超参数来完成。在岭回归中使用的 λ_2 正则项相当于在 w 为高斯先验条件且此先验的精确度为 λ^{-1} 时，求最大后验估计。在这里，没有手工调参数 λ，而是让它作为一个变量，通过在数据中估计得到。

为了得到一个全概率模型，输出 y 也被认为是关于 X_w 的高斯分布。

$$p(y \mid X_w, w, \alpha) = N(y \mid X_w, \alpha)$$

其中，α 作为一个变量，通过在数据中估计得到；$N(\ )$ 为高斯分布。

1）贝叶斯岭回归

贝叶斯岭（Bayesian ridge）回归利用概率模型估算了上述回归问题，其先验参数 w 是由以下球面高斯公式得出的：

$$p(w \mid \lambda) = N(w \mid 0, \lambda^{-1} I_p)$$

先验参数 α 和 λ 一般服从 γ 分布，这个分布与高斯成共轭先验关系。得到的模型一般称为贝叶斯岭回归，并且这个与传统的岭回归非常相似。

参数 w、α 和 λ 是在模型拟合时一起被估算出来的，其中参数 α 和 λ 通过最大似然估计得到。

【例 3-7】 贝叶斯岭回归用来解决回归问题。

```
>>> from sklearn import linear_model
>>> X = [[0., 0.], [1., 1.], [2., 2.], [3., 3.]]
>>> Y = [0., 1., 2., 3.]
>>> reg = linear_model.BayesianRidge()
>>> reg.fit(X, Y)
BayesianRidge(alpha_1 = 1e - 06, alpha_2 = 1e - 06, compute_score = False, copy_X = True,
fit_intercept = True, lambda_1 = 1e - 06, lambda_2 = 1e - 06, n_iter = 300,
normalize = False, tol = 0.001, verbose = False)
```

在模型训练完成后，可以用来预测新值：

```
>>> reg.predict ([[1, 0.]])
array([0.50000013])
```

权值 w 可以被这样访问：

```
>>> reg.coef_
array([0.49999993, 0.49999993])
```

由于贝叶斯框架的缘故,权值与最小二乘法产生的不同。但是,贝叶斯岭回归对病态问题(ill-posed)的健壮性要更好。

2）主动相关决策理论

主动相关决策理论(Automatic Relevance Determination, ARD)和贝叶斯岭回归非常相似,但是会导致一个更加稀疏的权重 w。

ARD 提出了一个不同的 w 的先验假设。具体来说,就是弱化了高斯分布为球形的假设。它采用 w 分布是与轴平行的椭圆高斯分布。也就是说,每个权值 w_i 是由一个中心在 0 点、精度为 λ_i 的高斯分布中采样得到的。

$$p(w \mid \lambda) = N(w \mid 0, A^{-1})$$

并且 $\mathrm{diag}(A) = \lambda = \{\lambda_1, \lambda_2, \cdots, \lambda_p\}$。

与贝叶斯岭回归不同,每个 w_i 都有一个标准 λ_i。所有 λ_i 的先验分布由超参数 λ_1、λ_2 确定的相同的 γ 分布确定。

ARD 也被称为稀疏贝叶斯学习或相关向量机。

【例 3-8】 带有多项式特征展开式的贝叶斯回归。

```
#实例创建了一个目标,它是输入特征的非线性函数。其中加入了遵循标准均匀分布的噪声
from sklearn.pipeline import make_pipeline
from sklearn.preprocessing import PolynomialFeatures, StandardScaler
#生成合成数据集
rng = np.random.RandomState(0)
n_samples = 110

#对数据进行排序,以便以后更容易绘制
X = np.sort(-10 * rng.rand(n_samples) + 10)
noise = rng.normal(0, 1, n_samples) * 1.35
y = np.sqrt(X) * np.sin(X) + noise
full_data = pd.DataFrame({"input_feature": X, "target": y})
X = X.reshape((-1, 1))

#推断
X_plot = np.linspace(10, 10.4, 10)
y_plot = np.sqrt(X_plot) * np.sin(X_plot)
X_plot = np.concatenate((X, X_plot.reshape((-1, 1))))
y_plot = np.concatenate((y - noise, y_plot))
'''拟合回归
尝试用一个10阶的多项式进行过拟合.尽管贝叶斯线性模型正则化了多项式系数的大小,但多项式特征不应该引入附加偏差特征.通过设置 return_std = True,贝叶斯回归变量返回模型参数的后验分布的标准差'''
ard_poly = make_pipeline(
    PolynomialFeatures(degree = 10, include_bias = False),
    StandardScaler(),
    ARDRegression(),
).fit(X, y)
brr_poly = make_pipeline(
    PolynomialFeatures(degree = 10, include_bias = False),
```

```
    StandardScaler(),
    BayesianRidge(),
).fit(X, y)

y_ard, y_ard_std = ard_poly.predict(X_plot, return_std = True)
y_brr, y_brr_std = brr_poly.predict(X_plot, return_std = True)
# 用分数的标准数据误差绘制多项式回归图
ax = sns.scatterplot(
    data = full_data, x = "输入特征", y = "目标", color = "black", alpha = 0.75
)
ax.plot(X_plot, y_plot, color = "black", label = "真实值")
ax.plot(X_plot, y_brr, color = "red", label = "具有多项式特征的贝叶斯岭回归")
ax.plot(X_plot, y_ard, color = "navy", label = "具有多项式特征的ARD")
ax.fill_between(
    X_plot.ravel(),
    y_ard - y_ard_std,
    y_ard + y_ard_std,
    color = "navy",
    alpha = 0.3,
)
ax.fill_between(
    X_plot.ravel(),
    y_brr - y_brr_std,
    y_brr + y_brr_std,
    color = "red",
    alpha = 0.3,
)
ax.legend()
_ = ax.set_title("非线性特征的多项式拟合")
```

运行程序,效果如图 3-12 所示。

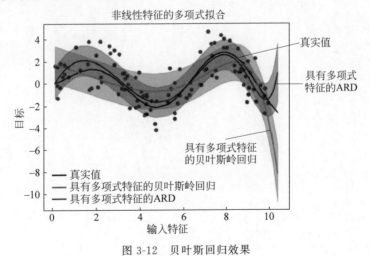

图 3-12 贝叶斯回归效果

3.3.2 逻辑回归

逻辑(logistic)回归虽然名字里有"回归"二字,但实际上是解决分类问题的一类线性模型。logistic 回归又被称作 logit 回归、最大熵分类（maximum-entropy classification，MaxEnt），或对数线性分类器（log-linear classifier）。该模型利用 logistic 函数将单次试验（single trial）的可能结果输出为概率。

scikit-learn 中逻辑回归在 LogisticRegression 类中实现了二分类（binary）、一对多分类（one-vs-rest）及多项式逻辑回归，并带有可选的 L1 和 L2 正则化。

作为优化问题，带 L2 惩罚项的二分类逻辑回归要最小化以下代价函数：

$$\min_{w,c} \frac{1}{2} w^\mathrm{T} w + C \sum_{i=1}^{n} \log(\exp(-y_i(\boldsymbol{X}_i^\mathrm{T} w + c)) + 1)$$

类似地，带 L1 正则化的逻辑回归解决的是如下优化问题：

$$\min_{w,c} \|w\|_1 + C \sum_{i=1}^{n} \log(\exp(-y_i(\boldsymbol{X}_i^\mathrm{T} w + c)) + 1)$$

弹性网络正则化是 L1 和 L2 正则化的组合，使如下代价函数最小：

$$\min_{w,c} \frac{1-\rho}{2} w^\mathrm{T} w + \rho \|w\|_1 + C \sum_{i=1}^{n} \log(\exp(-y_i(\boldsymbol{X}_i^\mathrm{T} w + c)) + 1)$$

其中，ρ 控制 L1 与 L2 正则化的强度（对应于 l1_ratio 参数）。

【例 3-9】 使用多项式逻辑回归和 L1 正则化进行 MNIST 数据集的分类。

```
#在MNIST数据集分类任务的一个子集上拟合了一个具有L1惩罚的多项式逻辑回归
import time
import matplotlib.pyplot as plt
import numpy as np
from sklearn.datasets import fetch_openml
from sklearn.linear_model import LogisticRegression
from sklearn.model_selection import train_test_split
from sklearn.preprocessing import StandardScaler
from sklearn.utils import check_random_state

#拒绝，以更快地收敛
t0 = time.time()
train_samples = 5000

#载入数据
X, y = fetch_openml(
    "mnist_784", version=1, return_X_y=True, as_frame=False, parser="pandas"
)

random_state = check_random_state(0)
permutation = random_state.permutation(X.shape[0])
X = X[permutation]
y = y[permutation]
X = X.reshape((X.shape[0], -1))

X_train, X_test, y_train, y_test = train_test_split(
    X, y, train_size=train_samples, test_size=10000
)

scaler = StandardScaler()
```

```python
X_train = scaler.fit_transform(X_train)
X_test = scaler.transform(X_test)

#提高快速收敛的公差
clf = LogisticRegression(C = 50.0 / train_samples, penalty = "l1", solver = "saga", tol = 0.1)
clf.fit(X_train, y_train)
sparsity = np.mean(clf.coef_ == 0) * 100
score = clf.score(X_test, y_test)
print("L1 点球的稀疏: %.2f%%" % sparsity)
print("带有 L1 点球的测试得分: %.4f" % score)

coef = clf.coef_.copy()
plt.figure(figsize = (10, 5))
scale = np.abs(coef).max()
for i in range(10):
    l1_plot = plt.subplot(2, 5, i + 1)
    l1_plot.imshow(
        coef[i].reshape(28, 28),
        interpolation = "nearest",
        cmap = plt.cm.RdBu,
        vmin = - scale,
        vmax = scale,
    )Sparsity with L1 penalty
    l1_plot.set_xticks(())
    l1_plot.set_yticks(())
    l1_plot.set_xlabel("Class %i" % i)
plt.suptitle("Classification vector for...")

run_time = time.time() - t0
print("实例运行中... %.3f s" % run_time)
plt.show()
```

运行程序,输出如下,效果如图 3-13 所示。

```
L1 点球的稀疏: 74.57%
带有 L1 点球的测试得分: 0.8253
实例运行时间 9.360 s
```

3.3.3 支持向量机

支持向量机(Support Vector Machine,SVM)在解决小样本、非线性及高维模式识别中表现出许多特有的优势,并能够推广应用到函数拟合等其他机器学习问题中。

支持向量机算法是建立在统计学习理论的 VC 维(Vapnik-Chervonenkis Dimension,指学习过程一致收敛的速度和推广性)理论和结构风险最小原理基础上的,其实质上是一个类分类器,是一个能够将不同类样本在样本空间分隔的超平面。换句话说,给定一些带标签的训练样本,支持向量机算法输出一个最优化的分割超平面。

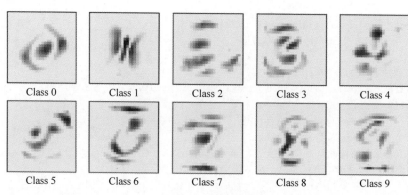

图 3-13 分类效果

1. 支持向量机概述

类似于逻辑回归,这个模型也是基于线性函数 $w^T x + b$ 的。不同于逻辑回归的是,支持向量机不输出概率,只输出类别。当 $w^T x + b$ 为正时,支持向量机预测属于正类。类似地,当 $w^T x + b$ 为负时,支持向量机预测属于负类。

支持向量机的一个重要创新是核技巧(kernel trick),核技巧观察到许多机器学习算法都可以写成样本间点积的形式。例如,支持向量机中的线性函数可以重写为

$$w^T x + b = b + \sum_{i=1}^{m} \alpha_i x^T x^{(i)}$$

其中,$x^{(i)}$ 是训练样本,α_i 是向量 α 的系数。学习算法重写为这种形式允许将 x 替换为特征函数 $\phi(x)$ 的输出,点积替换为被称为核函数(kernel function)的函数 $k(x, x^{(i)}) = \phi(x) \cdot \phi(x^{(i)})$。运算符 · 表示类似于 $\phi(x) \cdot \phi(x^{(i)})$ 的点积。

使用核估计替换点积之后,我们可以使用如下函数进行预测:

$$f(x) = b + \sum_i \alpha_i k(x, x^{(i)})$$

该函数是关于 x 非线性的,关于 $\phi(x)$ 是线性的。α 和 $f(x)$ 之间的关系也是线性的。核函数完全等价于用 $\phi(x)$ 预处理所有的输入,然后在新的转换空间学习线性模型。

在某些情况下,$\phi(x)$ 甚至可以是无限维的,对于普通的显示方法而言,这将是无限的计算代价。在很多情况下,即使 $\phi(x)$ 是难算的,$k(x, x')$ 却会是一个关于 x 的数。

提示:在几何中,超平面是一个空间的子空间,它是维度比所在空间小一维的空间。如果数据空间本身是三维的,则其超平面是二维平面;如果数据空间本身是二维的,则其超平面是一维的直线。

2. 函数方程描述

假设给定数据集 $D = \{(x_1, y_1), (x_2, y_2), \cdots, (x_n, y_n)\}, y_i \in \{-1, +1\}$,那么,样本空间中任意点 x 到超平面的距离可以写成

$$r = \frac{|w^T x + b|}{\|w\|}$$

由此也可以求得两个不同标签的支持向量到超平面的距离之和,也就是间隔,可以表示为

$$\gamma = \frac{2}{\|w\|}$$

目标就是找到最大间隔的超平面,也就是要满足如下约束的参数 w 和 b,使得 γ 最大,即

$$\max_{w,b} \frac{2}{\|w\|}$$

$$\text{s.t.} \quad y_i(w^T x_i + b) \geqslant 1, i=1,2,\cdots,n$$

显然,最大化间隔 γ 只需要最小化 $\|w\|$ 即可,所以约束变成

$$\min_{w,b} \frac{1}{2}\|w\|^2$$

$$\text{s.t.} \quad y_i(w^T x_i + b) \geqslant 1, i=1,2,\cdots,n$$

3. 参数求解

求解带有约束的最优化问题,一般常用的就是引入拉格朗日乘子 λ 构造拉格朗日函数。这属于多元函数的条件极值问题。

1) 拉格朗日乘数

要找函数 $z=f(x,y)$ 在附加条件 $\varphi(x,y)=0$ 下的可能极值点,可以先作拉格朗日函数:

$$L(x,y) = f(x,y) + \lambda\varphi(x,y)$$

其中,λ 为参数,求其对 x、y 和 λ 的一阶偏导数,并使之为零,然后联立方程:

$$\begin{cases} f_x(x,y) + \lambda\varphi_x(x,y) = 0 \\ f_y(x,y) + \lambda\varphi_y(x,y) = 0 \\ \varphi_y(x,y) = 0 \end{cases}$$

由方程组解出 x、y 和 λ,这样求得的 (x,y) 就是函数 $f(x,y)$ 在附加条件 $\varphi(x,y)=0$ 下的可能极值点。

如果函数的自变量多于两个,且附加条件多于一个,如,要求函数

$$u = f(x,y,z,t)$$

在附加条件

$$\varphi(x,y,z,t) = 0$$
$$\psi(x,y,z,t) = 0$$

下的极值,可以先作拉格朗日函数:

$$L(x,y,z,t) = f(x,y,z,t) + \lambda f(x,y,z,t) + \mu f(x,y,z,t)$$

其中,λ、μ 为参数,求其对 x、y、z、t、λ 和 μ 的一阶偏导数,并使之为零,然后联立方程求解出 (x,y,z,t)。

2) 拉格朗日对偶函数

函数本身是二次的(quadratic),函数的约束条件在其参数下是线性的,这样的函数称为凸优化问题。

首先构造支持向量机的拉格朗日函数,也就是损失函数:

$$L(w,b,\alpha) = \frac{1}{2}\|w\|^2 + \sum_{i=1}^{m} \alpha_i(1 - y_i(w^T x_i + b)), \alpha_i \geqslant 0$$

其中,$\boldsymbol{\alpha} = (\alpha_1, \alpha_2, \cdots, \alpha_n)^T$。

可以看出,拉格朗日函数分为两部分:第一部分和原始的损失函数一样;第二部分表达的是约束条件。我们希望,构造的损失函数不仅能够代表原有的损失函数和约束条件,最好还能够表示最小化损失函数来求解 w 和 b 的意图,所以要先以 $\boldsymbol{\alpha}$ 为参数,求解 $L(w,b,\boldsymbol{\alpha})$ 的最大值,再以 w 和 b 为参数,求解 $L(w,b,\boldsymbol{\alpha})$ 的最小值。因此,目标可以写作如下形式:

$$\min_{w,b} \max_{\alpha_i \geqslant 0} L(w,b,\boldsymbol{\alpha}), \alpha_i \geqslant 0$$

4. 支持向量机的实现

支持向量机适合用于变量越多越好的问题,因此在神经网络之前,它对于文本和图片领域都算效果还不错的方法。支持向量机可以分类也可以回归,但一般用于分类问题更好。

【例 3-10】 支持向量机二分类 Python 实现。

具体的实现步骤为:

(1) 采用垃圾邮件的数据集,导入包读取数据。

```python
import numpy as np
import pandas as pd
import matplotlib.pyplot as plt
import seaborn as sns
from sklearn.preprocessing import StandardScaler
from sklearn.model_selection import train_test_split
from sklearn.model_selection import KFold, StratifiedKFold
from sklearn.model_selection import GridSearchCV
from sklearn.metrics import plot_confusion_matrix

from sklearn.svm import SVC
from sklearn.svm import SVR
# from sklearn.svm import LinearSVC
from sklearn.datasets import load_boston
from sklearn.datasets import load_digits
from sklearn.datasets import make_blobs
from mlxtend.plotting import plot_decision_regions

spam = pd.read_csv('spam.csv')
spam.shape
spam.head(2)         # 显示前2行结果,如图3-14所示
```

	A.1	A.2	A.3	A.4	A.5	A.6	A.7	A.8	A.9	A.10	...	A.49	A.50	A.51	A.52	A.53	A.54	A.55	A.56	A.57	spam
0	0.00	0.64	0.64	0.0	0.32	0.00	0.00	0.00	0.00	0.00	...	0.00	0.000	0.0	0.778	0.000	0.000	3.756	61	278	spam
1	0.21	0.28	0.50	0.0	0.14	0.28	0.21	0.07	0.00	0.94	...	0.00	0.132	0.0	0.372	0.180	0.048	5.114	101	1028	spam

图 3-14 显示前 2 行结果

(2) 提取 X 和 y,划分训练测试集,将数据标准化。

```python
X = spam.iloc[:, :-1]
y = spam.iloc[:, -1]
```

```
X_train, X_test, y_train, y_test = train_test_split(X, y, test_size = 1000, stratify = y,
random_state = 0)
scaler = StandardScaler()
scaler.fit(X_train)
X_train_s = scaler.transform(X_train)
X_test_s = scaler.transform(X_test)
```

(3) 分别采用不同的核函数进行支持向量机的估计。

```
#线性核函数
model = SVC(kernel = "linear", random_state = 123)
model.fit(X_train_s, y_train)
model.score(X_test_s, y_test)
#二次多项式核
model = SVC(kernel = "poly", degree = 2, random_state = 123)
model.fit(X_train_s, y_train)
model.score(X_test_s, y_test)
#三次多项式
model = SVC(kernel = "poly", degree = 3, random_state = 123)
model.fit(X_train_s, y_train)
model.score(X_test_s, y_test)
#径向核
model = SVC(kernel = "rbf", random_state = 123)
model.fit(X_train_s, y_train)
model.score(X_test_s, y_test)
#S核
model = SVC(kernel = "sigmoid", random_state = 123)
model.fit(X_train_s, y_train)
model.score(X_test_s, y_test)
```

(4) 正常情况下,径向核效果比较好,网格化搜索最优超参数。

```
param_grid = {'C': [0.1, 1, 10], 'gamma': [0.01, 0.1, 1]}
kfold = StratifiedKFold(n_splits = 10, shuffle = True, random_state = 1)
model = GridSearchCV(SVC(kernel = "rbf", random_state = 123), param_grid, cv = kfold)
model.fit(X_train_s, y_train)

model.best_params_
model.score(X_test_s, y_test)
pred = model.predict(X_test)
pd.crosstab(y_test, pred, rownames = ['Actual'], colnames = ['Predicted'])
```

运行程序,预测得到混淆矩阵如图 3-15 所示。

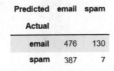

图 3-15 预测得到的混淆矩阵

【例 3-11】 支持向量机多分类 Python 实现。

分析:使用 sklearn 库自带的手写数字的案例,采用支持向量机分类。具体的实现步骤为:

(1) 导入手写数字。

```
digits = load_digits()
dir(digits)
#图片数据(三维)
digits.images.shape
#拉成二维
digits.data.shape
#y的形状
digits.target.shape
#查看第15个图片,如图3-16所示
plt.imshow(digits.images[15], cmap = plt.cm.gray_r)
```

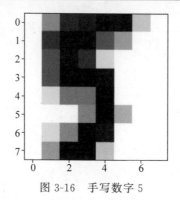

图 3-16　手写数字 5

(2) 打印数字为 8 的图片展示。

```
images_8 = digits.images[digits.target == 8]

for i in range(1, 10):
    plt.subplot(3, 3, i)
    plt.imshow(images_8[i-1], cmap = plt.cm.gray_r)
plt.tight_layout()
```

运行程序,效果如图 3-17 所示。

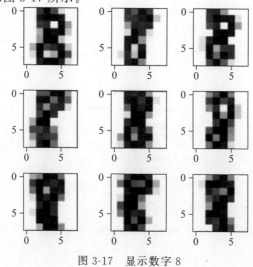

图 3-17　显示数字 8

(3) 提取 X 和 y,进行支持向量机分类。

```
X = digits.data
y = digits.target
X_train, X_test, y_train, y_test = train_test_split(X, y, stratify = y, test_size = 0.2, random_state = 0)
#核函数为线性函数
model = SVC(kernel = "linear", random_state = 123)
model.fit(X_train, y_train)
model.score(X_test, y_test)
#核函数为多项式,等级为 2
model = SVC(kernel = "poly", degree = 2, random_state = 123)
model.fit(X_train, y_train)
model.score(X_test, y_test)
#核函数为多项式,等级为 3
model = SVC(kernel = "poly", degree = 3, random_state = 123)
model.fit(X_train, y_train)
model.score(X_test, y_test)
#核函数 rbf
model = SVC(kernel = 'rbf', random_state = 123)
model.fit(X_train, y_train)
model.score(X_test, y_test)
##核函数 sigmoid
model = SVC(kernel = "sigmoid",random_state = 123)
model.fit(X_train, y_train)
model.score(X_test, y_test)
```

(4) 网格化搜索最优超参数,预测得到混淆矩阵。

```
param_grid = {'C': [0.001, 0.01, 0.1, 1, 10], 'gamma': [0.001, 0.01, 0.1, 1, 10]}
kfold = StratifiedKFold(n_splits = 10, shuffle = True, random_state = 1)
model = GridSearchCV(SVC(kernel = 'rbf',random_state = 123), param_grid, cv = kfold)
model.fit(X_train, y_train)

model.best_params_
model.score(X_test, y_test)

pred = model.predict(X_test)
pd.crosstab(y_test, pred, rownames = ['Actual'], colnames = ['Predicted'])
```

运行程序,得到混淆矩阵如图 3-18 所示。

(5) 画热力图。

```
plt.rcParams['font.sans-serif'] = ['SimHei']        #设置中文字体
plot_confusion_matrix(model, X_test, y_test,cmap = 'Blues')
plt.tight_layout()
```

运行程序,效果如图 3-19 所示。

3.3.4 Adaboost 算法

自适应增强(Adaboost)是一种迭代算法,在每一轮中加入一个新的弱分类器,直到

Predicted Actual	0	1	2	3	4	5	6	7	8	9
0	36	0	0	0	0	0	0	0	0	0
1	0	36	0	0	0	0	0	0	0	0
2	0	0	35	0	0	0	0	0	0	0
3	0	0	0	36	0	0	0	1	0	0
4	0	0	0	0	35	0	0	0	1	0
5	0	0	0	0	0	37	0	0	0	0
6	0	0	0	0	0	0	36	0	0	0
7	0	0	0	0	0	0	0	36	0	0
8	0	2	0	0	0	0	0	0	33	0
9	0	0	0	0	0	0	0	0	0	36

图 3-18　混淆矩阵

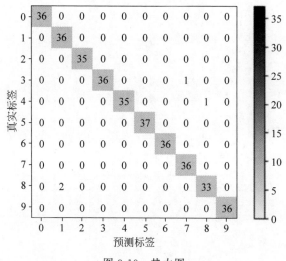

图 3-19　热力图

达到某个预定的足够小的错误率。其核心思想是针对同一个训练集训练不同的分类器（弱分类器），然后把这些弱分类器集合起来，构成一个更强的最终分类器（强分类器）。

Adaboost 算法根据每次训练集中每个样本的分类是否正确，以及上次的总体分类的准确率，来确定每个样本的权值。将修改过权值的新数据集送给下层分类器进行训练，最后将每次训练得到的分类器最后融合起来，作为最后的决策分类器。

1．Adaboost 算法的流程

Adaboost 算法的流程主要表现在：

（1）初始化训练数据的权值分布 D_1。每一个训练样本最开始时都被赋予相同的权重：$1/m$。

$$D_1 = (w_{11}, w_{12}, \cdots, w_{1m}), w_{1i} = 1/m, i = 1, 2, \cdots, N$$

如果某个样本点已经被准确地分类，那么在构造下一个训练集中，它被选中的概率就被降低；相反，如果某个样本点没有被准确地分类，那么它的权重就得到提高。

(2) $m=1,2,\cdots,M$。

① 使用具有权值分布 D_m 的训练数据集学习,得到基本的分类器:
$$G_m(x): \chi \to \{-1,+1\}$$

② 求 $G_m(x)$ 在训练集上的分类误差率:
$$e_m = \sum_{i=1}^{N} P(G_m(x_i) \neq y_i) = \sum_{i=1}^{N} w_{mi} I(G_m(x_i) \neq y_i)$$

③ 计算 $G_m(x)$ 的系数:
$$\alpha_m = \frac{1}{2} \log \frac{1-e_m}{e_m}$$

④ 更新训练集的权值分布:
$$w_{m+1,i} = \frac{w_{mi}}{Z_m} \exp(-\alpha_m y_i G_m(x_i))$$

其中,Z_m 是规范化因子,$Z_m = \sum_{i=1}^{N} w_{mi} \exp(-\alpha_m y_i G_m(x_i))$。

(3) 构建基本分类器的线性组合。
$$f(x) = \sum_{m=1}^{N} \alpha_m G_m(x)$$

(4) 最终分类器:
$$G(x) = \text{sign}(f(x)) = \text{sign}\left(\sum_{m=1}^{N} \alpha_m G_m(x)\right)$$

下面对这几个步骤进行说明。

第(1)步假设训练数据具有均匀的权值分布,即每个训练样本在基本分类器的学习中作用相同,这一假设保证第(1)步能够在原始数据上学习基本分类器 $G_1(x)$。

第(2)步 Adaboost 反复学习基本分类器,在每一轮 $m=1,2,\cdots,M$ 顺序执行下列操作。

① 使用当前分布 D_m 加权的训练数据集,学习基本分类器 $G_m(x)$。

② 计算基本分类器 $G_m(x)$ 在加权训练集上的误分类误差:
$$e_m = \sum_{i=1}^{N} w_{mi} I(G_m(x_i) \neq y_i) = \sum_{G_m(x_i) \neq y_i} w_{mi}$$

误差率是指被 $G_m(x)$ 误分类样本的权值之和。

③ 计算基本分类器 $G_m(x)$ 的系数 α_m。由
$$\alpha_m = \frac{1}{2} \log \frac{1-e_m}{e_m}$$

可知,当 $e_m \leq \frac{1}{2}$ 时,$\alpha_m \geq 0$,且 α_m 随着 e_m 的减小而增大,所以分类误差率越小的基本分类器在最终分类器中的作用越大。

④ 更新训练数据的权值分布为下一轮做准备。在式 $w_{m+1,i} = \frac{w_{mi}}{Z_m} \exp(-\alpha_m y_i G_m(x_i))$ 中:

- $y_i = G_m(x_i)$ 时，$y_i G_m(x_i) = 1$。
- $y_i \neq G_m(x_i)$ 时，$y_i G_m(x_i) = -1$。

所以有

$$w_{m+1,i} = \begin{cases} \dfrac{w_{mi}}{Z_m} e^{-a_m}, y_i = G_m(x_i) \\ \dfrac{w_{mi}}{Z_m} e^{a_m}, y_i \neq G_m(x_i) \end{cases}$$

由此可知，被基本分类器 $G_m(x)$ 误分类的样本权值得以扩大，而被正确分类的样本权值缩小。误分类样本权值被放大 $e^{2a_m} = \dfrac{1-e_m}{e_m}$ 倍。

第(3)步，实现 M 个基本分类器的加权表决。

2．Adaboost 算法的 Python 实现

在前面已对 Adaboost 算法的基本思想、算法步骤及算法步骤的说明进行了介绍，下面直接演示 Adaboost 算法的 Python 实现。

【例 3-12】 Adaboost 实现二分类。

```
from sklearn.ensemble import AdaBoostClassifier
from sklearn.datasets import load_iris
from sklearn.datasets import load_breast_cancer
from sklearn.model_selection import train_test_split
from sklearn.tree import DecisionTreeClassifier
from sklearn.svm import LinearSVC
from sklearn import metrics
from sklearn.metrics import roc_auc_score
from sklearn.metrics import accuracy_score
from sklearn.metrics import roc_curve, auc
import matplotlib.pyplot as plt

plt.rcParams['font.sans-serif'] = ['SimHei']           #设置中文字体
'''导入数据'''
cancer = load_breast_cancer()
x = cancer.data
y = cancer.target
x_train, x_test, y_train, y_test = train_test_split(x, y, test_size = 0.333, random_state = 0)                                    # 分训练集和验证集
# Adaboost 分类器，使用 SVM 为弱分类器
model = AdaBoostClassifier(LinearSVC(C = 1), n_estimators = 40, learning_rate = 0.9, algorithm = 'SAMME')                     #使用 SVM 弱分类器
model.fit(x_train, y_train)
#对测试集进行预测
y_pred = model.predict(x_test)
predictions = [round(value) for value in y_pred]
#计算准确率
accuracy = accuracy_score(y_test, predictions)
print("Accuracy: %.2f%%" % (accuracy * 100.0))
print(f"\nAdaboost 模型混淆矩阵为：\n{metrics.confusion_matrix(y_test,y_pred)}")
```

```python
'''绘制 ROC 曲线'''
fpr,tpr,threshold = roc_curve(y_test,y_pred)    #计算 ROC 曲线,即真阳率、假阳率
roc_auc = auc(fpr, tpr)                          #计算 AUC 值
lw = 2
plt.figure(figsize = (8, 5))
plt.plot(fpr, tpr, color = 'darkorange',
    lw = lw, label = 'ROC curve (area = %0.2f)' % roc_auc)
plt.plot([0, 1], [0, 1], color = 'navy', lw = lw, linestyle = '--')
plt.xlim([0.0, 1.0])
plt.ylim([0.0, 1.05])
plt.xlabel('假正例率')
plt.ylabel('正例率')
plt.title('Adaboost ROC')
plt.legend(loc = "lower right")
plt.show()
print(f"\nAdaboost 模型 AUC 值为: \n{roc_auc_score(y_test,y_pred)}")
```

运行程序,输出如下,效果如图 3-20 所示。

```
精度: 95.79%
Adaboost 模型混淆矩阵为:
[[ 63   5]
 [  3 119]]
Adaboost 模型 AUC 值为:
0.9509402121504339
```

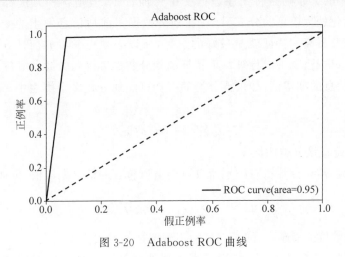

图 3-20 Adaboost ROC 曲线

3.3.5 决策树

决策树(decision tree)是一种基本的分类与回归方法,其每个非叶结点表示一个特征属性上的测试,每个分支代表这个特征属性在某个值域上的输出,而每个叶结点存放一个类别。使用决策树进行决策的过程就是从根结点开始,测试待分类项中相应的特征属性,并按照其值选择输出分支,直到到达叶结点,将叶结点存放的类别作为决策结果。

决策树通常有三个步骤：特征选择、决策树的生成、决策树的修剪。

1. 特征选择

决策树学习的算法通常是一个递归地选择最优特征，并根据该特征对训练数据进行分割，使得各个子数据集有一个最好的分类的过程。这一过程对应着对特征空间的划分，也对应着决策树的构建。

（1）开始：构建根结点，将所有训练数据都放在根结点，选择一个最优特征，按照这一特征将训练数据集分割成子集，使得各个子集有一个在当前条件下最好的分类。

（2）如果这些子集已经能够被基本正确分类，那么构建叶结点，并将这些子集分到所对应的叶结点。

（3）如果还有子集不能够被正确地分类，那么就对这些子集选择新的最优特征，继续对其进行分割，构建相应的结点，如果递归进行，直至所有训练数据子集被基本正确地分类，或者没有合适的特征为止。

（4）每个子集都被分到叶结点上，即都有了明确的类，这样就生成了一棵决策树。

使用决策树做预测的过程为：收集数据→准备数据→分析数据→测试数据→使用算法。

本节使用 ID3 算法来划分数据集，该算法处理如何划分数据集，何时停止划分数据集。

1）信息增益

划分数据集的大原则是将无序数据变得更加有序，但是各种方法都有各自的优缺点，信息论是量化处理信息的分支科学，在划分数据集前后信息发生的变化称为信息增益，获得信息增益最高的特征就是最好的选择，所以必须先学习如何计算信息增益。知道如何计算信息增益，就可以计算每个特征值划分数据集得到的信息增益。

熵定义为信息的期望值，如果待分类的事物可能划分在多个类之中，则符号 x_i 的信息定义为

$$l(x_i) = -\log_2 p(x_i)$$

其中，$p(x_i)$ 是选择该分类的概率。

为了计算熵，需要计算所有类别所有可能值所包含的信息期望值，可通过下式得到：

$$H = -\sum_{i=1}^{n} p(x_i) \log_2 p(x_i)$$

其中，n 为分类数目。熵越大，随机变量的不确定性就越大。

当熵中的概率由数据估计（特别是最大似然估计）得到时，所对应的熵称为经验熵（empirical entropy）。

（1）条件熵。

信息增益表示得知特征 X 的信息而使得类 Y 的信息不确定性减少的程度。

条件熵 $H(X|Y)$ 表示在已知随机变量 X 的条件下随机变量 Y 的不确定性。随机变量 X 给定条件下随机变量 Y 的条件熵（conditional entropy）$H(Y|X)$，定义为 X 给定条件下 Y 的条件概率分布的熵对 X 的数学期望：

$$H(Y \mid X) = \sum_{i=1}^{n} p_i H(Y \mid X = x_i)$$

其中，$p_i = P(X = x_i)$。

当熵和条件熵中的概率由数据估计(特别是极大似然估计)得到时，所对应的分别为经验熵和经验条件熵，此时如果有 0 概率，令 $0\log_2 0 = 0$。

(2) 信息增益。

信息增益是相对于特征而言的。所以，特征 A 对训练数据集 D 的信息增益 $g(D,A)$，定义为集合 D 的经验熵 $H(D)$ 与特征 A 给定条件下 D 的经验条件熵 $H(D|A)$ 之差，即

$$g(D,A) = H(D) - H(D \mid A)$$

一般地，熵 $H(D)$ 与条件熵 $H(D|A)$ 之差成为互信息(mutual information)。决策树学习中的信息增益等价于训练数据集中类与特征的互信息。

(3) 信息增益比。

特征 A 对训练数据集 D 的信息增益比 $g_R(D,A)$，定义为其信息增益 $g(D,A)$ 与训练数据集 D 的经验熵之比：

$$g_R(D,A) = \frac{g(D,A)}{H(D)}$$

2) 编写代码计算经验熵

表 3-1 列出了贷款申请样本数据情况。

表 3-1 贷款申请样本数据

ID	年龄	是否有工作	是否有房子	信贷情况	类别(是否放贷)
1	青年	无	无	一般	否
2	青年	无	无	好	否
3	青年	有	无	好	是
4	青年	有	有	一般	是
5	青年	无	无	一般	否
6	中年	无	无	一般	否
7	中年	无	无	好	否
8	中年	有	有	好	是
9	中年	无	有	非常好	是
10	中年	无	有	非常好	是
11	老年	无	有	非常好	是
12	老年	无	有	好	是
13	老年	有	无	好	是
14	老年	有	无	非常好	是
15	老年	无	无	好	否

在编写代码之前，先对数据集进行属性标注。

- 年龄：0 代表青年，1 代表中年，2 代表老年。
- 是否有工作：0 代表无，1 代表有。

- 是否有自己的房子：0 代表无，1 代表有。
- 信贷情况：0 代表一般，1 代表好，2 代表非常好。
- 类别(是否放贷)：no 代表否，yes 代表是。

创建数据集，计算经验熵的代码为：

```python
from math import log

"""创建测试数据集"""
def creatDataSet():
    # 数据集
    dataSet = [[0, 0, 0, 0, 'no'],
               [0, 0, 0, 1, 'no'],
               [0, 1, 0, 1, 'yes'],
               [0, 1, 1, 0, 'yes'],
               [0, 0, 0, 0, 'no'],
               [1, 0, 0, 0, 'no'],
               [1, 0, 0, 1, 'no'],
               [1, 1, 1, 1, 'yes'],
               [1, 0, 1, 2, 'yes'],
               [1, 0, 1, 2, 'yes'],
               [2, 0, 1, 2, 'yes'],
               [2, 0, 1, 1, 'yes'],
               [2, 1, 0, 1, 'yes'],
               [2, 1, 0, 2, 'yes'],
               [2, 0, 0, 0, 'no']]
    # 分类属性
    labels = ['年龄', '是否有工作', '是否有自己的房子', '信贷情况']
    # 返回数据集和分类属性
    return dataSet, labels

"""计算给定数据集的经验熵(香农熵)"""
def calcShannonEnt(dataSet):
    # 返回数据集行数
    numEntries = len(dataSet)
    # 保存每个标签(label)出现次数的字典
    labelCounts = {}
    # 对每组特征向量进行统计
    for featVec in dataSet:
        currentLabel = featVec[-1]                  # 提取标签信息
        if currentLabel not in labelCounts.keys():  # 如果标签没有放入统计次数的字典，
            labelCounts[currentLabel] = 0           # 则添加进去
        labelCounts[currentLabel] += 1              # label 计数
    shannonEnt = 0.0                                # 经验熵
    # 计算经验熵
    for key in labelCounts:
        prob = float(labelCounts[key])/numEntries   # 选择该标签的概率
        shannonEnt -= prob * log(prob, 2)           # 利用公式计算
    return shannonEnt                               # 返回经验熵
```

```
#main 函数
if __name__ == '__main__':
    dataSet,features = creatDataSet()
    print('数据集的经验熵: ',calcShannonEnt(dataSet))
```

运行程序,输出如下:

数据集的经验熵: 0.9709505944546686

3）利用代码计算信息增益

以下代码实现计算信息增益。

```
from math import log
"""创建测试数据集"""
def creatDataSet():
    #数据集
    dataSet = [[0, 0, 0, 0, 'no'],
               [0, 0, 0, 1, 'no'],
               [0, 1, 0, 1, 'yes'],
               [0, 1, 1, 0, 'yes'],
               [0, 0, 0, 0, 'no'],
               [1, 0, 0, 0, 'no'],
               [1, 0, 0, 1, 'no'],
               [1, 1, 1, 1, 'yes'],
               [1, 0, 1, 2, 'yes'],
               [1, 0, 1, 2, 'yes'],
               [2, 0, 1, 2, 'yes'],
               [2, 0, 1, 1, 'yes'],
               [2, 1, 0, 1, 'yes'],
               [2, 1, 0, 2, 'yes'],
               [2, 0, 0, 0, 'no']]
    #分类属性
    labels = ['年龄','是否有工作','是否有自己的房子','信贷情况']
    #返回数据集和分类属性
    return dataSet,labels

"""计算给定数据集的经验熵(香农熵)"""
def calcShannonEnt(dataSet):
    #返回数据集行数
    numEntries = len(dataSet)
    #保存每个标签(label)出现次数的字典
    labelCounts = {}
    #对每组特征向量进行统计
    for featVec in dataSet:
        currentLabel = featVec[-1]                  #提取标签信息
        if currentLabel not in labelCounts.keys():  #如果标签没有放入统计次数的字典,则
                                                    #添加进去
            labelCounts[currentLabel] = 0
        labelCounts[currentLabel] += 1              #label 计数

    shannonEnt = 0.0                                #经验熵
```

```python
        #计算经验熵
        for key in labelCounts:
            prob = float(labelCounts[key])/numEntries    #选择该标签的概率
            shannonEnt -= prob * log(prob,2)             #利用公式计算
        return shannonEnt                                #返回经验熵

"""计算给定数据集的经验熵(香农熵)"""
def chooseBestFeatureToSplit(dataSet):
    #特征数量
    numFeatures = len(dataSet[0]) - 1
    #计算数据集的香农熵
    baseEntropy = calcShannonEnt(dataSet)
    #信息增益
    bestInfoGain = 0.0
    #最优特征的索引值
    bestFeature = -1
    #遍历所有特征
    for i in range(numFeatures):
        #获取dataSet的第i个所有特征
        featList = [example[i] for example in dataSet]
        #创建集合,元素不可重复
        uniqueVals = set(featList)
        #经验条件熵
        newEntropy = 0.0
        #计算信息增益
        for value in uniqueVals:
            #subDataSet划分后的子集
            subDataSet = splitDataSet(dataSet, i, value)
            #计算子集的概率
            prob = len(subDataSet) / float(len(dataSet))
            #根据公式计算经验条件熵
            newEntropy += prob * calcShannonEnt((subDataSet))
        #信息增益
        infoGain = baseEntropy - newEntropy
        #打印每个特征的信息增益
        print("第%d个特征的增益为%.3f" % (i, infoGain))
        #计算信息增益
        if(infoGain > bestInfoGain):
            #更新信息增益,找到最大的信息增益
            bestInfoGain = infoGain
            #记录信息增益最大特征的索引值
            bestFeature = i
            #返回信息增益最大特征的索引值
    return bestFeature

"""按照给定特征划分数据集"""
def splitDataSet(dataSet,axis,value):
    retDataSet = []
    for featVec in dataSet:
        if featVec[axis] == value:
            reducedFeatVec = featVec[:axis]
            reducedFeatVec.extend(featVec[axis + 1:])
```

```
                retDataSet.append(reducedFeatVec)
        return retDataSet

"""main 函数"""
if __name__ == '__main__':
    dataSet,features = creatDataSet()
    print("最优索引值: " + str(chooseBestFeatureToSplit(dataSet)))
```

运行程序,输出如下:

```
第 0 个特征的增益为 0.083
第 1 个特征的增益为 0.324
第 2 个特征的增益为 0.420
第 3 个特征的增益为 0.363
最优索引值: 2
```

从结果可看出,最优特征的索引值为 3,也就是特征 A3。

2. 决策树的生成和修剪

构建决策树的算法有很多,如 ID3、C4.5 和 CART,这些算法在运行时并不总是在每次划分数据分组时都会消耗特征。决策树生成算法递归地产生决策树,直到不能继续下去为止。这样产生的树往往对训练数据的分类很准确,但对未知的测试数据的分类却没有那么准确,即出现过拟合现象。

过拟合的原因在于学习时过多地考虑如何提高对训练数据的正确分类,从而构建出过于复杂的决策树。解决这个问题的办法是考虑决策树的复杂度,对已生成的决策树进行简化。

决策树的构建可用 ID3 算法构建,也可用 C4.5 算法构建。

(1) ID3 算法。

ID3 算法的核心是在决策树各个结点上对应信息增益准则选择特征,递归地构建决策树。具体方法是:

① 从根结点开始,对结点计算所有可能的信息增益,选择信息增益最大的特征作为结点的特征。

② 由该特征的不同取值建立子结点,再对子结点递归地调用以上方法,构建决策树,直到所有特征的信息增益均很小或没有特征可以选择为止。

③ 得到一个决策树。

ID3 算法相当于用极大似然法进行概率模型的选择。该算法步骤为:

输入:训练数据集 D,特征集 A,阈值 ε;

输出:决策树 T。

① 如果 D 中所有的实例属于同一类 C_k,则 T 为单结点,并将类 C_k 作为该结点的类标记,返回 T;

② 如果 $A \neq \phi$,则 T 为单结点树,并将 D 中实例数最大的类 C_k 作为该结点的类标记,返回 T;

③ 否则,计算 A 中各特征对 D 的信息增益,选择信息增益最大的特征 A_g;

④ 如果 A_g 的信息增益小于阈值 ε，则置 T 为单结点树，并将 D 中实例数最大的类 C_k 作为该结点的类标记，返回 T；

⑤ 否则，对 A_g 的每一个可能值 α_i，依 $A_g = \alpha_i$ 将 D 分割为若干非空子集 D_i，将 D_i 中实例数最大的类作为标记，构建子结点，由结点及其子结点构成树 T，返回 T；

⑥ 对第 i 个子结点，以 D_i 为训练集，以 $A - \{A_g\}$ 为特征集，递归地调用步①~⑤，得到子树 T_i，返回 T_i。

(2) C4.5 算法。

C4.5 算法与 ID3 算法相似，但是做了改进，将信息增益比作为选择特征的标准。

① 递归构建决策树。

从数据集构造决策树算法所需的子功能模块工作原理如下：得到原始数据集，然后基于最好的属性值划分数据集，由于特征值可能多于两个，因此可能存在大于两个分支的数据集划分，第一次划分之后，数据将被向下传递到树分支的下一个结点，在此结点再次划分数据，因此可以使用递归的原则处理数据集。

② 递归结束的条件。

递归结束的条件：程序完全遍历所有划分数据集的属性，或者每个分支下的所有实例都具有相同的分类，如果所有实例都具有相同的分类，则得到一个叶结点或者终止块，任何到达叶结点的数据必然属于叶结点的分类。

③ 编写 ID3 算法的代码。

```python
from math import log
import operator

"""计算给定数据集的经验熵(香农熵)"""
def calcShannonEnt(dataSet):
    #返回数据集行数
    numEntries = len(dataSet)
    #保存每个标签(label)出现次数的字典
    labelCounts = {}
    #对每组特征向量进行统计
    for featVec in dataSet:
        currentLabel = featVec[-1]                          #提取标签信息
        if currentLabel not in labelCounts.keys():          #如果标签没有放入统计次数的字典,添
                                                            #加进去
            labelCounts[currentLabel] = 0
        labelCounts[currentLabel] += 1                      #label 计数
    shannonEnt = 0.0                                        #经验熵
    #计算经验熵
    for key in labelCounts:
        prob = float(labelCounts[key])/numEntries           #选择该标签的概率
        shannonEnt -= prob * log(prob,2)                    #利用公式计算
    return shannonEnt                                       #返回经验熵

"""创建测试数据集"""
def createDataSet():
    #数据集
```

```python
    dataSet = [[0, 0, 0, 0, 'no'],
               [0, 0, 0, 1, 'no'],
               [0, 1, 0, 1, 'yes'],
               [0, 1, 1, 0, 'yes'],
               [0, 0, 0, 0, 'no'],
               [1, 0, 0, 0, 'no'],
               [1, 0, 0, 1, 'no'],
               [1, 1, 1, 1, 'yes'],
               [1, 0, 1, 2, 'yes'],
               [1, 0, 1, 2, 'yes'],
               [2, 0, 1, 2, 'yes'],
               [2, 0, 1, 1, 'yes'],
               [2, 1, 0, 1, 'yes'],
               [2, 1, 0, 2, 'yes'],
               [2, 0, 0, 0, 'no']]
    #分类属性
    labels = ['年龄','是否有工作','是否有自己的房子','信贷情况']
    #返回数据集和分类属性
    return dataSet,labels

"""按照给定特征划分数据集"""
def splitDataSet(dataSet,axis,value):
    #创建返回的数据集列表
    retDataSet = []
    #遍历数据集
    for featVec in dataSet:
        if featVec[axis] == value:
            #去掉axis特征
            reduceFeatVec = featVec[:axis]
            #将符合条件的添加到返回的数据集
            reduceFeatVec.extend(featVec[axis+1:])
            retDataSet.append(reduceFeatVec)
    #返回划分后的数据集
    return retDataSet

"""计算给定数据集的经验熵(香农熵)"""
def chooseBestFeatureToSplit(dataSet):
    #特征数量
    numFeatures = len(dataSet[0]) - 1
    #计数数据集的香农熵
    baseEntropy = calcShannonEnt(dataSet)
    #信息增益
    bestInfoGain = 0.0
    #最优特征的索引值
    bestFeature = -1
    #遍历所有特征
    for i in range(numFeatures):
        #获取dataSet的第i个所有特征
        featList = [example[i] for example in dataSet]
        #创建集合,元素不可重复
        uniqueVals = set(featList)
        #经验条件熵
```

```python
            newEntropy = 0.0
            #计算信息增益
            for value in uniqueVals:
                #subDataSet划分后的子集
                subDataSet = splitDataSet(dataSet, i, value)
                #计算子集的概率
                prob = len(subDataSet) / float(len(dataSet))
                #根据公式计算经验条件熵
                newEntropy += prob * calcShannonEnt((subDataSet))
            #信息增益
            infoGain = baseEntropy - newEntropy
            #打印每个特征的信息增益
            print("第%d个特征的增益为%.3f" % (i, infoGain))
            #计算信息增益
            if (infoGain > bestInfoGain):
                #更新信息增益,找到最大的信息增益
                bestInfoGain = infoGain
                #记录信息增益最大特征的索引值
                bestFeature = i
                #返回信息增益最大特征的索引值
        return bestFeature

"""统计classList中出现次数最多的元素(类标签)"""
def majorityCnt(classList):
    classCount = {}
    #统计classList中每个元素出现的次数
    for vote in classList:
        if vote not in classCount.keys():
            classCount[vote] = 0
            classCount[vote] += 1
        #根据字典的值降序排列

        sortedClassCount = sorted(classCount.items(), key = operator.itemgetter(1), reverse = True)
        return sortedClassCount[0][0]

"""创建决策树"""
def createTree(dataSet,labels,featLabels):
    #取分类标签(是否放贷: yes or no)
    classList = [example[-1] for example in dataSet]
    #如果类别完全相同,则停止继续划分
    if classList.count(classList[0]) == len(classList):
        return classList[0]
    #遍历完所有特征时返回出现次数最多的类标签
    if len(dataSet[0]) == 1:
        return majorityCnt(classList)
    #选择最优特征
    bestFeat = chooseBestFeatureToSplit(dataSet)
    #最优特征的标签
    bestFeatLabel = labels[bestFeat]
    featLabels.append(bestFeatLabel)
    #根据最优特征的标签生成树
    myTree = {bestFeatLabel:{}}
```

```
    #删除已经使用的特征标签
    del(labels[bestFeat])
    #得到训练集中所有最优特征的属性值
    featValues = [example[bestFeat] for example in dataSet]
    #去掉重复的属性值
    uniqueVls = set(featValues)
    #遍历特征,创建决策树
    for value in uniqueVls:
        myTree[bestFeatLabel][value] = createTree(splitDataSet(dataSet,bestFeat,value),
                                                    labels,featLabels)
    return myTree

if __name__ == '__main__':
    dataSet,labels = createDataSet()
    featLabels = []
    myTree = createTree(dataSet,labels,featLabels)
    print(myTree)
```

运行程序,输出如下:

```
第 0 个特征的增益为 0.083
第 1 个特征的增益为 0.324
第 2 个特征的增益为 0.420
第 3 个特征的增益为 0.363
第 0 个特征的增益为 0.252
第 1 个特征的增益为 0.918
第 2 个特征的增益为 0.474
{'是否有自己的房子': {0: {'是否有工作': {0: 'no', 1: 'yes'}}, 1: 'yes'}}
```

3. 决策树的剪枝

决策树生成算法递归产生的树往往对训练数据的分类很准确,但对未知测试数据的分类却没有那么精确,即会出现过拟合现象。解决方法是考虑决策树的复杂度,对已经生成的树进行简化(剪枝,pruning)。

决策树学习的损失函数定义为

$$C_\alpha(T) = \sum_{t=1}^{|T|} N_t H_t(T) + \alpha |T|$$

其中,T 表示这棵子树的叶结点;$H_t(T)$ 表示第 t 个叶子的熵;N_t 表示该叶子所含的训练样例的个数;α 为惩罚系数;$|T|$ 表示子树的叶结点的个数。

又因为经验熵为

$$H_t(T) = -\sum_k \frac{N_{tk}}{N_t} \log \frac{N_{tk}}{N_t}$$

$$C(T) = \sum_{t=1}^{|T|} N_t H_t(T) = -\sum_{t=1}^{|T|} \sum_{k=1}^{K} N_{tk} \log \frac{N_{tk}}{N_t}$$

所以有 $C_\alpha(T) = C(T) + \alpha |T|$。

其中,$C(T)$ 表示模型对训练数据的预测误差,即模型与训练数据的拟合程度;$|T|$ 表示

模型复杂度；参数 $\alpha \geqslant 0$ 控制两者之间的影响，较大的 α 促使选择较简单的模型（树），较小的 α 促使选择较复杂的模型（树），$\alpha = 0$ 只考虑模型与训练数据的拟合程度，不考虑模型的复杂度。

剪枝就是当 α 确定时，选择损失函数最小的模型，即损失函数最小的子树。

（1）当 α 值确定时，子树越大，往往与训练数据的拟合越好，但是模型的复杂度越高；

（2）子树越小，模型的复杂度就越低，但是往往与训练数据的拟合不好；

（3）损失函数正好表示了对两者的平衡。

如果一棵子树的损失函数值越大，则说明这棵子树越差，因此希望让每一棵子树的损失函数值尽可能地小，损失函数最小化就是用正则化的极大似然估计进行模型选择的过程。

决策树的剪枝过程（泛化过程）就是从叶结点开始递归，记其父结点将所有子结点回缩后的子树为 T_b（分类值取类别比例最大的特征值），未回缩的子树为 T_a，如果 $C_\alpha(T_a) \geqslant C_\alpha(T_b)$ 说明回缩后使得损失函数减小了，那么应该使这棵子树回缩，递归直到无法回缩为止，这样使用"贪心"的思想进行剪枝可以降低损失函数，也使决策树得到泛化。

【例 3-13】 使用已训练好的决策树做分类。

提示： 只需要提供这个人是否有房子、是否有工作这两个信息即可，无须提供冗余的信息。

```
from math import log
import operator

"""计算给定数据集的经验熵(香农熵)"""
def calcShannonEnt(dataSet):
    # 返回数据集行数
    numEntries = len(dataSet)
    # 保存每个标签(label)出现次数的字典
    labelCounts = {}
    # 对每组特征向量进行统计
    for featVec in dataSet:
        currentLabel = featVec[-1]                      # 提取标签信息
        if currentLabel not in labelCounts.keys():      # 如果标签没有放入统计次数
                                                        # 的字典,添加进去
            labelCounts[currentLabel] = 0
        labelCounts[currentLabel] += 1                  # label 计数

    shannonEnt = 0.0                                    # 经验熵
    # 计算经验熵
    for key in labelCounts:
        prob = float(labelCounts[key])/numEntries       # 选择该标签的概率
        shannonEnt -= prob * log(prob,2)                # 利用公式计算
    return shannonEnt                                   # 返回经验熵

"""创建测试数据集"""
def createDataSet():
    # 数据集
```

```python
    dataSet = [[0, 0, 0, 0, 'no'],
               [0, 0, 0, 1, 'no'],
               [0, 1, 0, 1, 'yes'],
               [0, 1, 1, 0, 'yes'],
               [0, 0, 0, 0, 'no'],
               [1, 0, 0, 0, 'no'],
               [1, 0, 0, 1, 'no'],
               [1, 1, 1, 1, 'yes'],
               [1, 0, 1, 2, 'yes'],
               [1, 0, 1, 2, 'yes'],
               [2, 0, 1, 2, 'yes'],
               [2, 0, 1, 1, 'yes'],
               [2, 1, 0, 1, 'yes'],
               [2, 1, 0, 2, 'yes'],
               [2, 0, 0, 0, 'no']]
    #分类属性
    labels = ['年龄','是否有工作','是否有自己的房子','信贷情况']
    #返回数据集和分类属性
    return dataSet,labels

"""按照给定特征划分数据集"""
def splitDataSet(dataSet,axis,value):
    #创建返回的数据集列表
    retDataSet = []
    #遍历数据集
    for featVec in dataSet:
        if featVec[axis] == value:
            #去掉axis特征
            reduceFeatVec = featVec[:axis]
            #将符合条件的添加到返回的数据集
            reduceFeatVec.extend(featVec[axis + 1:])
            retDataSet.append(reduceFeatVec)
    #返回划分后的数据集
    return retDataSet

"""计算给定数据集的经验熵(香农熵)"""
def chooseBestFeatureToSplit(dataSet):
    #特征数量
    numFeatures = len(dataSet[0]) - 1
    #计算数据集的香农熵
    baseEntropy = calcShannonEnt(dataSet)
    #信息增益
    bestInfoGain = 0.0
    #最优特征的索引值
    bestFeature = -1
    #遍历所有特征
    for i in range(numFeatures):
        # 获取dataSet的第i个所有特征
        featList = [example[i] for example in dataSet]
        #创建集合,元素不可重复
        uniqueVals = set(featList)
        #经验条件熵
        newEntropy = 0.0
        #计算信息增益
        for value in uniqueVals:
```

```python
            #subDataSet 划分后的子集
            subDataSet = splitDataSet(dataSet, i, value)
            #计算子集的概率
            prob = len(subDataSet) / float(len(dataSet))
            #根据公式计算经验条件熵
            newEntropy += prob * calcShannonEnt((subDataSet))
        #信息增益
        infoGain = baseEntropy - newEntropy
        #打印每个特征的信息增益
        print("第%d个特征的增益为%.3f" % (i, infoGain))
        #计算信息增益
        if (infoGain > bestInfoGain):
            #更新信息增益,找到最大的信息增益
            bestInfoGain = infoGain
            #记录信息增益最大特征的索引值
            bestFeature = i
            #返回信息增益最大特征的索引值
    return bestFeature

"""统计classList中出现次数最多的元素(类标签)"""
def majorityCnt(classList):
    classCount = {}
    #统计classList中每个元素出现的次数
    for vote in classList:
        if vote not in classCount.keys():
            classCount[vote] = 0
            classCount[vote] += 1
        #根据字典的值降序排列

        sortedClassCount = sorted(classCount.items(), key = operator.itemgetter(1), reverse = True)
        return sortedClassCount[0][0]

"""创建决策树"""
def createTree(dataSet,labels,featLabels):
    #取分类标签(是否放贷: yes or no)
    classList = [example[-1] for example in dataSet]
    #如果类别完全相同,则停止继续划分
    if classList.count(classList[0]) == len(classList):
        return classList[0]
    #遍历完所有特征时返回出现次数最多的类标签
    if len(dataSet[0]) == 1:
        return majorityCnt(classList)
    #选择最优特征
    bestFeat = chooseBestFeatureToSplit(dataSet)
    #最优特征的标签
    bestFeatLabel = labels[bestFeat]
    featLabels.append(bestFeatLabel)
    #根据最优特征的标签生成树
    myTree = {bestFeatLabel:{}}
    #删除已经使用的特征标签
    del(labels[bestFeat])
    #得到训练集中所有最优特征的属性值
```

```python
        featValues = [example[bestFeat] for example in dataSet]
        #去掉重复的属性值
        uniqueVls = set(featValues)
        #遍历特征,创建决策树
        for value in uniqueVls:
            myTree[bestFeatLabel][value] = createTree(splitDataSet(dataSet,bestFeat,value),
                                                      labels,featLabels)

        return myTree

"""使用决策树进行分类"""
def classify(inputTree,featLabels,testVec):
    #获取决策树结点
    firstStr = next(iter(inputTree))
    #下一个字典
    secondDict = inputTree[firstStr]
    featIndex = featLabels.index(firstStr)

    for key in secondDict.keys():
        if testVec[featIndex] == key:
            if type(secondDict[key]).__name__ == 'dict':
                classLabel = classify(secondDict[key],featLabels,testVec)
            else: classLabel = secondDict[key]
    return classLabel

if __name__ == '__main__':
    dataSet,labels = createDataSet()
    featLabels = []
    myTree = createTree(dataSet,labels,featLabels)
    #测试数据,0表示青年,1表示有工作
    testVec = [0,1]
    result = classify(myTree,featLabels,testVec)
    #分类是否放贷
    if result == 'yes':
        print('有保障,放贷')
    if result == 'no':
        print('无保障,不放贷')
```

运行程序,输出如下:

第 0 个特征的增益为 0.083
第 1 个特征的增益为 0.324
第 2 个特征的增益为 0.420
第 3 个特征的增益为 0.363
第 0 个特征的增益为 0.252
第 1 个特征的增益为 0.918
第 2 个特征的增益为 0.474
有保障,放贷

3.3.6　随机森林

集成学习通过训练学习出多个估计器,当需要预测时通过结合器将多个估计器的结果整合起来当作最后的结果输出。图3-21展示了集成学习的基本流程。

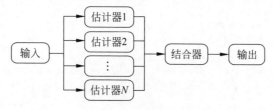

图3-21 集成算法流程

集成学习的优势是提升了单个估计器的通用性与健壮性,比单个估计器拥有更好的预测性能。集成学习的另一个特点是能方便地进行并行化操作。

1. Bagging算法

Bagging算法是一种集成学习算法,其全称为自助聚集算法(Bootstrap aggregating),该算法由Bootstrap与Aggregating两部分组成。

图3-22展示了Bagging算法使用自助取样(Bootstrapping)生成多个子数据的实例。

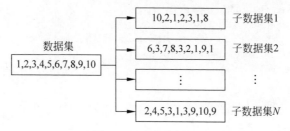

图3-22 自助取样法

算法的步骤:假设有一个大小为 N 的训练数据集,每次从该数据集中有放回地选取出大小为 M 的子数据集,一共选 K 次,根据这 K 个子数据集,训练学习出 K 个模型。当要预测时,使用这 K 个模型进行预测,再通过取平均值或者多数分类的方式,得到最后的预测结果。

2. 随机森林算法

将多个决策树结合在一起,每次数据集是随机有放回地选出,同时随机选出部分特征作为输入,所以该算法被称为随机森林算法。可以看到随机森林算法是以决策树为估计器的Bagging算法。

图3-23展示了随机森林算法的具体流程。其中,结合器在分类问题中,选择多数分类结果作为最后的结果;在回归问题中,对多个回归结果取平均值作为最后的结果。

使用Bagging算法能降低过拟合的情况,从而带来了更好的性能。单个决策树对训练集的噪声非常敏感,但通过Bagging算法降低了训练出的多棵决策树之间关联性,有效缓解了上述问题。

1)算法步骤

假设训练集 T 的大小为 N,特征数目为 M,随机森林的大小为 K,随机森林算法的实现步骤为:

遍历随机森林的大小 K 次:

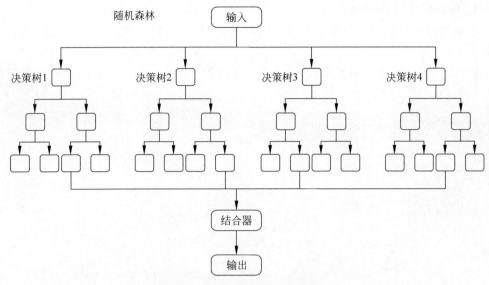

图 3-23 随机森林算法的具体流程

- 从训练集 T 中有放回抽样的方式,取样 N 次形成一个新子训练集 D;
- 随机选择 m 特征,其中 $m<M$;
- 使用新的训练集 D 和 m 个特征,学习出一个完整的决策树;
- 得到随机森林。

上面算法中 m 的选择:对于分类问题,可以在每次划分时使用 $\sqrt{M}$ 个特征,对于回归问题,选择 $\dfrac{M}{3}$ 但不少于 5 个特征。

2) 优点

根据随机森林的算法特点,它的优点主要表现为:

(1) 对于很多种资料,可以产生高准确度的分类器;

(2) 可以处理大量的输入变量;

(3) 可以在决定类别时,评估变量的重要性;

(4) 在建造森林时,可以在内部对于一般化后的误差产生不偏差的估计;

(5) 包含一个好方法可以估计丢失的资料,并且如果有很大一部分的资料丢失,仍可以维持准确度;

(6) 对于不平衡的分类资料集来说,可以平衡误差;

(7) 可被延伸应用在未标记的资料上;

(8) 学习过程很快速。

3) 缺点

与其他算法一样,它同时存在缺点,主要有:

(1) 牺牲了决策树的可解释性;

(2) 在某些噪声较大的分类或回归问题上会过拟合;

(3) 在多个分类变量的问题中,随机森林可能无法提高基学习器的准确性。

3. 随机森林的 Python 实现

前面对随机森林算法及概念进行了简单的介绍,下面直接通过例子来演示 Python 的实现。

【例 3-14】 利用 Python 的两个模块,分别为 pandas 和 scikit-learn 来实现随机森林。

```
from sklearn.datasets import load_iris
from sklearn.ensemble import RandomForestClassifier
import pandas as pd
import numpy as np

iris = load_iris()
df = pd.DataFrame(iris.data, columns = iris.feature_names)
df['is_train'] = np.random.uniform(0, 1, len(df)) <= 0.75
#在新版本的 pandas 中,Factor 被替换为 Categorical,因此,pd.Factor 改为 pd.Categorical.
#from_codes
df['species'] = pd.Categorical.from_codes(iris.target, iris.target_names)
df.head()
train, test = df[df['is_train'] == True], df[df['is_train'] == False]

features = df.columns[:4]
clf = RandomForestClassifier(n_jobs = 2)
y, _ = pd.factorize(train['species'])
clf.fit(train[features], y)
preds = iris.target_names[clf.predict(test[features])]
pd.crosstab(test['species'], preds, rownames = ['actual'], colnames = ['preds'])
```

运行程序,得到分类结果如图 3-24 所示。

preds / actual	setosa	versicolor	virginica
setosa	12	0	0
versicolor	0	13	1
virginica	0	1	13

图 3-24 分类结果

【例 3-15】 随机森林与其他机器学习分类算法进行对比。

```
import numpy as np
import matplotlib.pyplot as plt
from matplotlib.colors import ListedColormap
from sklearn.model_selection import train_test_split
from sklearn.preprocessing import StandardScaler
from sklearn.datasets import make_moons, make_circles, make_classification
from sklearn.neighbors import KNeighborsClassifier
from sklearn.svm import SVC
from sklearn.tree import DecisionTreeClassifier
from sklearn.ensemble import RandomForestClassifier, AdaBoostClassifier
from sklearn.naive_bayes import GaussianNB
```

```python
from sklearn.discriminant_analysis import LinearDiscriminantAnalysis as LDA
from sklearn.discriminant_analysis import QuadraticDiscriminantAnalysis as QDA

plt.rcParams['font.sans-serif'] = ['SimHei']              #设置中文字体
h = .02                                                    #网格中的步

names = ["最近邻", "线性 SVM", "高斯核 SVM", "决策树",
         "随机森林", "Adaboost", "贝叶斯", "LDA", "QDA"]
classifiers = [
    KNeighborsClassifier(3),
    SVC(kernel="linear", C=0.025),
    SVC(gamma=2, C=1),
    DecisionTreeClassifier(max_depth=5),
    RandomForestClassifier(max_depth=5, n_estimators=10, max_features=1),
    AdaBoostClassifier(),
    GaussianNB(),
    LDA(),
    QDA()]

X, y = make_classification(n_features=2, n_redundant=0, n_informative=2,
                           random_state=1, n_clusters_per_class=1)
rng = np.random.RandomState(2)
X += 2 * rng.uniform(size=X.shape)
linearly_separable = (X, y)

datasets = [make_moons(noise=0.3, random_state=0),
            make_circles(noise=0.2, factor=0.5, random_state=1),
            linearly_separable
            ]
figure = plt.figure(figsize=(27, 9))
i = 1
#在数据集上迭代
for ds in datasets:
    #预处理数据集,分为训练部分和测试部分
    X, y = ds
    X = StandardScaler().fit_transform(X)
    X_train, X_test, y_train, y_test = train_test_split(X, y, test_size=0.4)

    x_min, x_max = X[:, 0].min() - 0.5, X[:, 0].max() + 0.5
    y_min, y_max = X[:, 1].min() - 0.5, X[:, 1].max() + 0.5
    xx, yy = np.meshgrid(np.arange(x_min, x_max, h),
                         np.arange(y_min, y_max, h))

    #只要先绘制数据集即可
    cm = plt.cm.RdBu
    cm_bright = ListedColormap(['#FF0000', '#0000FF'])
    ax = plt.subplot(len(datasets), len(classifiers) + 1, i)
    #绘制训练数据点
    ax.scatter(X_train[:, 0], X_train[:, 1], c=y_train, cmap=cm_bright)
    #绘制测试点
    ax.scatter(X_test[:, 0], X_test[:, 1], c=y_test, cmap=cm_bright, alpha=0.6)
    ax.set_xlim(xx.min(), xx.max())
```

```
        ax.set_ylim(yy.min(), yy.max())
        ax.set_xticks(())
        ax.set_yticks(())
        i += 1

    #在分类器上迭代
    for name, clf in zip(names, classifiers):
        ax = plt.subplot(len(datasets), len(classifiers) + 1, i)
        clf.fit(X_train, y_train)
        score = clf.score(X_test, y_test)

        #绘制决策边界,并为网格中[x_min,m_max]x[y_min,y_max]的每个点分配一种颜色
            if hasattr(clf, "decision_function"):
            Z = clf.decision_function(np.c_[xx.ravel(), yy.ravel()])
        else:
            Z = clf.predict_proba(np.c_[xx.ravel(), yy.ravel()])[:, 1]

        # Put the result into a color plot
        Z = Z.reshape(xx.shape)
        ax.contourf(xx, yy, Z, cmap = cm, alpha = 0.8)

        #将结果放到一个颜色绘图中
        ax.scatter(X_train[:, 0], X_train[:, 1], c = y_train, cmap = cm_bright)
        #同时绘制训练点
        ax.sand testing pointsX_test[:, 0], X_test[:, 1], c = y_test, cmap = cm_bright,
                alpha = 0.6)

        ax.set_xlim(xx.min(), xx.max())
        ax.set_ylim(yy.min(), yy.max())
        ax.set_xticks(())
        ax.set_yticks(())
        ax.set_title(name)
        ax.text(xx.max() - 0.3, yy.min() + 0.3, ('%.2f' % score).lstrip('0'),
                size = 15, horizontalalignment = 'right')
        i += 1

figure.subplots_adjust(left = 0.02, right = 0.98)
plt.show()
```

运行程序,效果如图 3-25 所示。

这里随机生成了三个样本集,分割面近似为月形、圆形和线形。可以重点对比决策树和随机森林对样本空间的分割。

(1) 从准确率上可以看出,随机森林在这 3 个测试集上都要优于单棵决策树,90%＞85%,82%＞80%,95%＝95%。

(2) 从特征空间上直观地可以看出,随机森林比决策树拥有更强的分割能力(非线性拟合能力)。

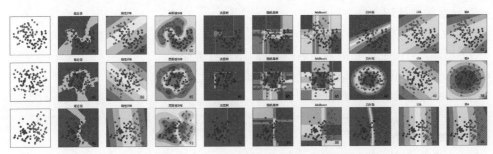

图 3-25　各方法的分类对比情况

3.4　数据预处理

常见的不规则数据主要有缺失数据、重复数据、异常数据几种,在开始正式的数据分析之前,我们需要先把这些不太规整的数据处理掉,做数据预处理。

3.4.1　数据预处理概述

数据预处理常遇到数据存在噪声、冗余、关联性、不完整性等。常见处理方法如下。

(1) 数据清理:补充缺失值、消除噪声数据、识别或删除离群点(异常值)并解决不一致性。其目标是为了数据格式标准化、异常数据清除、重复数据清除、错误纠正。

(2) 数据集成:将多个数据源中的数据进行整合并统一存储。

(3) 数据变换:通过平滑数据、数据概率化及规范化等方式将数据转换为适用数据挖掘的形式。

(4) 数据归约:针对在数据挖掘时,数据量非常大的问题,数据归约技术对数据集进行归约或简化,不仅保持原数据的完整性,且数据归约后的结果与归约前的结果相同或几乎相同。

3.4.2　数据清理

1. 异常数据处理

异常数据也称离群点,指采集的数据中个别数据值明显偏离其余观测值。应对这些数据采用一定的方法消除,否则对结果产生影响。

1) 异常数据分析

异常数据分析的原则主要有:

(1) 统计量判断:最大值、最小值、均值等,检查数据是否超出合理范围。

(2) 3σ 原则:根据正态分布定义,出现距离均值 3σ(3 倍标准差)以上的数值属于小概率事件,此时,数据和均值的偏差超过 3σ(3 倍标准差)的视为异常值。

(3) 箱型图判断:箱型图反应数据分布。如果数据超出箱型图上界或下界视为异常数据。

2）异常数据处理方法

异常数据处理方法主要有：

（1）删除：直接把存在的异常数据删除，不进行考虑。

（2）视为缺失值：按照缺失值处理方法进行操作。

（3）不处理：看作正常数据处理。

（4）平均值修正：使用前后两个观测值的均值代替，或使用整个数据集的均值。

2．缺失值处理

经常使用数据补插值方法替代缺失值，如以下几种。

（1）最近邻插值：使用缺失值附近样本或其他样本代替，或前后数据均值代替。

（2）回归方法：建立拟合模型，用该模型预测缺失值。

（3）插值法：类似回归法，利用已知数据建立插值函数，用该函数计算近似值代替缺失值。常见插值函数有拉格朗日插值法、牛顿插值法、分段插值法、样条插值法、Hermite插值法。

3．噪声数据处理

噪声数据处理方法主要有分箱法、聚类法、回归法等。

1）分箱法

把待处理数据（某列属性值）按一定规则放进一些箱子（区间），考查每一个区间里的数据，然后采用某方法分别对各个区间数据处理。需考虑2个问题：如何分箱、如何对每个箱子中数据进行平滑处理。分箱法如下几种。

（1）等深分箱法（统一权重法）：将数据集按记录（行数）分箱，每箱具有相同的记录数（元素个数）。每箱记录数称为箱子深度（权重）。

（2）等宽分箱法（统一区间法）：使数据集在整个属性值的区间上平均分布，即每个箱的区间范围（箱子宽度）是一个常量。

（3）用户自定义区间：当用户明确希望观察某些区间范围内的数据时，可根据需要自定义区间。

分箱后对每个箱子中数据进行平滑处理。常见数据平滑方法如下。

（1）按均值平滑：对同一箱子中数据求均值，用均值代替该箱子中所有数据。

（2）按边界值平滑：用距离较小的边界值代替每一个数据。

（3）按中值平滑：取箱子中数据的中值，代替箱子中所有数据。

2）聚类法

聚类法是将物理或抽象对象的集合分组为由类似对象组成的多个类，然后展出并清除那些落在簇之外的值（孤立点），这些孤立点称为噪声数据。

3）回归法

回归法即试图发现两个变量之间的相关变化模式，找到这个函数来平滑数据，即通过建立一个数学模型来预测下一个数值，一般包括线性回归和非线性回归。

3.4.3 数据集成

数据集成是将多文件或数据库中的异构数据进行合并，然后存放在一个统一数据库中存储。需考虑的问题：

(1) 实体识别：数据来源不同，其中概念定义不同。
- 同名异义：数据源 A 某个数据特征名称与数据源 B 某个数据特征名称相同，但表示内容不同。
- 异名同义：数据源 A 某个数据特征名称与数据源 B 某个数据特征名称不同，但表示内容相同。
- 单位不统一：不同的数据源记录单位不同。如身高同时用米和厘米表述。

(2) 冗余属性。
- 同一属性多个数据源均有记录。
- 同一属性命名不一致引起数据重复。

(3) 数据不一致：编码使用不一致、数据表示不一致，如日期。

3.4.4 数据变换

数据变换是将数据转换为适合机器学习的形式。

1. 使用简单的数学函数对数据进行变换

如果数据较大，可对数据取对数、开方等，使数据压缩变小；如果数据较小，对数据进行平方处理，扩大数据。如果数据为时间序列，可对序列进行对数变换或差分运算，使非平稳序列转换为平稳序列。

2. 归一化（数据规范化）

如果比较工资收入，有人每月工资上万元，有人每月才几百元，归一化可消除数据间这种量纲影响。

(1) 最小最大归一化（离散标准化）。

对原始数据进行线性变换，使其映射到[0,1]，转换函数如下：

$$x' = \frac{x - x_{\min}}{x_{\max} - x_{\min}}$$

(2) Z-score 标准法（零-均值规范法）。

使用原始数据均值和标准差，对数据标准化。经过处理的数据符合标准正态分布，即均值为 0，标准差为 1。转换函数如下：

$$x' = \frac{x - \mu}{\sigma}$$

其中，$x - \mu$ 为离均差，σ 表示总体标准偏差。但值得注意的是，做归一化的原始数据近似为高斯分布（正态分布），否则，归一效果不理想。

(3) 小数定标规范化。

通过移动数据的小数点位置进行规范化。

$$x' = \frac{x}{10^x}$$

3. 连续属性离散化

连续属性离散化本质上是将连续属性空间划分为若干区间，最后用不同的符号或整数值代表每个子区间中的数据。离散化涉及两个子任务：确定分类和将连续属性值映射到这些分类中。

机器学习常用离散化方法如下。

（1）等宽法：将数据划分为具有相同宽度的区间，将数据按照值分配到不同区间，每个区间用一个数值表示。

（2）等频法：把数据划分为若干区间，按照其值分配到不同区间，每个区间内数据个数相等。

（3）基于聚类分析的方法——典型算法 K-means 算法：

首先，从数据集中随机找出 K 个数据作为 K 个聚类的中心。

其次，根据其他数据相对于这些中心的欧氏距离，对所有对象聚类。如果数据点 x 距某个中心近，则将 x 划归该中心所代表的聚类。

最后，重新计算各区间中心，利用新中心重新聚类所有样本。循环直至所有区间中心不再随算法循环而改变。

3.4.5 数据归约

在尽可能保持数据原貌前提下，最大限度精简数据量。与非归约数据相比，在归约的数据上进行挖掘，所需时间和内存资源更少，挖掘更有效，产生几乎相同分析结果。常用维归约（特征规约）、数值归约等方法。

1．维归约（特征归约）

维归约（特征归约）通过减少属性特征方式压缩数据量，移除不相关属性，提高模型效率。维归约方法常用的几种如下。

（1）AIC 准则：通过选择最优模型来选择属性。

（2）LASSO：通过一定约束条件选择变量。

（3）分类树、随机森林：通过对分类效果的影响大小筛选属性。

（4）小波变换、主成分分析：通过把原数据变换或投影到较小空间来降低维数。

2．数值归约（样本归约）

数值归约（样本归约）从数据集中选出一个有代表性的样本子集。子集大小的确定需考虑计算成本、存储要求、估计量精度、其他与算法有关因素。

（1）参数法中使用模型估计数据，可只存放模型参数代替存放实际数据。例如，回归模型、对数线性模型。

（2）非参数方法可使用直方图、聚类、抽样、数据立方体聚焦等。

3.4.6 Python 的数据预处理函数

Pandas 使用浮点值 NaN 代表缺失数据，NumPy 使用 NaN 代表缺失值，Python 内置的 None 也会被当作 NA 处理。

```
from pandas import Series,DataFrame
from numpy import nan as NA
data = Series([12,None,34,NA,58])
```

```
print(data)
0    12.0
1     NaN
2    34.0
3     NaN
4    58.0
dtype: float64
```

还可使用 isnull 函数检测是否为缺失值,该函数返回一个布尔型数组,一般可用于布尔型索引。

```
print(data.isnull())
0    False
1     True
2    False
3     True
4    False
dtype: bool
```

当数据中存在缺失值时,常用以下方法处理。

(1) 数据过滤(dropna)。

数据过滤即直接将缺失值数据过滤掉,不再考虑。数据过滤对 Series 结构没太大问题;对 DataFrame 结构,如果过滤掉,至少丢掉包含缺失值所在的一行或一列。dropna 函数的语法格式为:

```
dropna(axis = 0,how = 'any',thresh = None)
```

其中,axis=0 表示行,axis=1 表示列;how 参数可选值为 all/any,all 表示丢掉全为 NA 的行;thresh 为整数类型,表示删除条件,如 thresh=3,表示一行中至少有 3 个。

提示:数据为非 NA 值才将其保留。

```
from pandas import Series,DataFrame
from numpy import nan as NA
data = Series([12,None,34,NA,58])
print(data.dropna())
0    12.0
2    34.0
4    58.0
dtype: float64
```

接下来看一个两维数据的情况:

```
from pandas import Series,DataFrame
from numpy import nan as NA
import numpy as np
data = DataFrame(np.random.randn(5,4))
data.loc[:2,1] = NA
```

```
data.loc[:3,2] = NA
print('--- 删除前的结果是 ---')
print(data)

print('--- 删除后的结果是 ---')
print(data.dropna(thresh = 2))
print(data.dropna(thresh = 3))
```

运行程序,输出如下:

```
--- 删除前的结果是 ---
          0         1         2         3
0 -0.754303       NaN       NaN -0.039454
1  0.163656       NaN       NaN  0.213773
2 -0.340330       NaN       NaN  0.284442
3  1.411648  0.778669       NaN  1.150938
4 -1.470341  0.425240  0.133391 -1.358089
--- 删除后的结果是 ---
          0         1         2         3
0 -0.754303       NaN       NaN -0.039454
1  0.163656       NaN       NaN  0.213773
2 -0.340330       NaN       NaN  0.284442
3  1.411648  0.778669       NaN  1.150938
4 -1.470341  0.425240  0.133391 -1.358089
          0         1         2         3
3  1.411648  0.778669       NaN  1.150938
4 -1.470341  0.425240  0.133391 -1.358089
```

(2)数据填充(fillna)。

在 Pandas 中可以利用 fillna 对数据进行填充。函数的语法格式为:

```
fillna(value,method,axis)
```

其中,value 除了基本类型外,还可使用字典实现对不同列填充不同值;method 为采用填补数值的方法,默认 None。

下面代码用 0 代替所有 NaN:

```
print(data.fillna(0))
0    12.0
1     0.0
2    34.0
3     0.0
4    58.0
dtype: float64
```

使用字典填充:第 1 列缺失值用 11 代替,第 2 列缺失值用 22 代替。

```
print(data.fillna({1: 11,2: 22}))
0    12.0
1    11.0
```

```
2    34.0
3     NaN
4    58.0
dtype: float64
```

第 1 列缺失值用该列均值代替，第 2 列同理。

```
print(data.fillna({1: data[1].mean(),2: data[2].mean()}))
0    12.0
1     NaN
2    34.0
3     NaN
4    58.0
dtype: float64
```

(3) 拉格朗日插值法。

```
from scipy.interpolate import lagrange        # 导入拉格朗日插值函数
import pandas as pd
from pandas import DataFrame
import numpy as np

df = DataFrame(np.random.randn(20,2),columns = ['first','second'])

df[(df['first']<-1.5)|(df['first']>1.5)] = None    # 将异常值变为空值
print(df)
```

运行程序，输出如下：

```
        first     second
0   -0.264102   1.226255
1   -0.284215   1.346911
2   -1.175365   0.539050
3   -0.211221   0.547658
4   -1.305737  -0.043319
5    0.479445  -0.487864
6   -0.259229  -0.232353
7    0.735482  -0.530868
8    1.070011  -1.326933
9   -0.074371  -1.345669
10        NaN        NaN
11  -1.458927   0.982368
12   0.936049   1.640186
13   0.311783  -1.091818
14   0.105756  -0.572328
15  -0.393785   0.158342
16  -0.832418   0.422542
17  -1.120591  -0.917236
18  -0.561338   0.293409
19   0.764413   1.232289
```

自定义列向量插值函数。s 为列向量，n 为被插值位置，k 为取前后的数据个数，默认为 5，代码如下：

```
from scipy.interpolate import lagrange        #导入拉格朗日插值函数
import pandas as pd
from pandas import DataFrame
import numpy as np

df = DataFrame(np.random.randn(20,2),columns = ['first','second'])
df[(df['first']<-1.5)|(df['first']>1.5)] = None    #将异常值变为空值
print(df)
```

运行程序，输出如下：

	first	second
0	0.273606	-0.920961
1	0.923742	-0.327123
2	0.743703	-1.147971
3	-0.396132	-0.736615
4	1.039964	0.127254
5	0.013551	-0.122106
6	1.129434	-0.687094
7	-0.991091	1.103130
8	0.115933	1.329474
9	0.408046	-0.426811
10	1.176634	1.265182
11	-0.817599	0.216728
12	-0.361764	0.697742
13	1.464341	-2.171481
14	0.735621	-0.214796
15	1.306358	-0.494527
16	-0.174018	0.163075
17	NaN	NaN
18	1.056959	0.064894
19	0.227799	0.031293

（4）检测和过滤异常值（outlier）。

```
from pandas import Series, DataFrame
import pandas as pd
from numpy import nan as NA

data = DataFrame(np.random.randn(10,4))
print(data.describe())
print('\n...找出某一列中绝对值大小超过 1 的项...\n')
data1 = data[2]                              #data 的第 2 列赋值给 data1
print(data1[np.abs(data1)>1])
data1[np.abs(data1)>1] = 100                 #将绝对值大于 1 的数据修改为 100
print(data1)
```

运行程序，输出如下：

```
                 0            1           2           3
count    10.000000    10.000000   10.000000   10.000000
mean     -0.655747     0.102771   -0.149770    0.176366
std       1.005762     1.216042    0.977085    1.074940
min      -2.267146    -2.683228   -1.890334   -1.406471
25%      -1.402271    -0.168816   -0.786397   -0.711641
50%      -0.567194    -0.098740   -0.075330    0.394950
75%       0.115545     0.835951    0.619358    0.904470
max       1.161726     1.704885    1.240517    1.888549

...找出某一列中绝对值大小超过1的项...

2     1.240517
6    -1.890334
Name: 2, dtype: float64
0     0.127491
1    -0.278152
2   100.000000
3     0.906773
4    -0.713616
5    -0.997429
6   100.000000
7     0.779863
8    -0.810658
9     0.137843
Name: 2, dtype: float64
```

(5) 移除重复数据。

在 Pandas 中使用 duplicated 方法发现重复值(返回 bool 型数组,F 表示非重复,T 表示重复),使用 drop_duplicates 方法移除重复值。

```
from pandas import Series, DataFrame
import pandas as pd
from numpy import nan as NA
import pandas as pd
import numpy as np

data = DataFrame({'name': ['zhang'] * 3 + ['wang'] * 4,'age': [18,18,19,19,20,20,21]})
print(data)
print('...重复的内容是...\n')
print(data.duplicated())
print('--- 删除重复的内容后 ---')
print(data.drop_duplicates())
```

运行程序,输出如下:

```
    name  age
0  zhang   18
1  zhang   18
2  zhang   19
```

```
3    wang  19
4    wang  20
5    wang  20
6    wang  21
…重复的内容是…

0    False
1    True
2    False
3    False
4    False
5    True
6    False
dtype: bool
 -- 删除重复的内容后 ---
    name  age
0   zhang  18
2   zhang  19
3   wang   19
4   wang   20
6   wang   21
```

duplicated 和 drop_duplicates 默认保留第一个出现值组合,可修改参数 keep='last' 保留最后一个。

```
print(' -- 删除重复的内容后 --- ')
print(data.drop_duplicates(keep = 'last'))
```

运行程序,输出如下:

```
 -- 删除重复的内容后 ---
    name  age
1   zhang  18
2   zhang  19
3   wang   19
5   wang   20
6   wang   21
```

(6) 数据规范化。

为消除数据之间量纲影响,需对数据进行规范化处理,将数据落入一个有限范围。常见归一化将数据范围调整到[0,1]或[-1,1]。一般使用方法:最小最大规范化、零均值规范化和小数规范化。

假设属性 income 的最小值和最大值分别是 5000 元和 58 000 元。利用 Min-Max 规范化的方法将属性的值映射到[0,1]范围内,那么属性 income 的 16 000 元将被转换为多少?

```
from sklearn import preprocessing
import numpy as np
```

```python
x = np.array([[5000.],[58000.],[16000.]])
min_max_scaler = preprocessing.MinMaxScaler()
minmax_x = min_max_scaler.fit_transform(x)
print(minmax_x)
```

运行程序,输出如下:

```
[[0.        ]
 [1.        ]
 [0.20754717]]
```

(7) 汇总和描述等统计量的计算。

汇总和描述等统计量的计算分别有最大值、最小值、方差、标准差(standard deviation)等。

```python
import pandas as pd
import numpy as np
from pandas import Series,DataFrame

df = DataFrame(np.random.randn(4,3),index = list('abcd'),columns = ['first','second','third'])
print(df.describe())                                    #对数据统计量进行描述
```

运行程序,输出如下:

```
          first      second       third
count  4.000000    4.000000    4.000000
mean  -0.042684   -0.085264   -0.288354
std    1.301102    0.727818    1.490419
min   -1.552620   -0.926142   -1.950211
25%   -0.869810   -0.572914   -1.239619
50%    0.021231   -0.006652   -0.318090
75%    0.848358    0.480997    0.633175
max    1.339422    0.598391    1.432977
print('统计每列数据的和: ',df.sum())                      #统计每列数据的和
print('统计每行(从左到右)数据和: ',df.sum(axis = 1))       #统计每行(从左到右)数据和
print('统计每列最小数值所在的行: ',df.idxmin())             #统计每列最小数值所在的行
print('统计每行最小数值所在的列: ',df.idxmin(axis = 1))     #统计每行最小数值所在的列
print('计算相对于上一行的累计和: ',df.cumsum())             #计算相对于上一行的累计和
print('方差: ',df.var())                                 #计算方差
print('标准差: ',df.std())                               #计算标准差
print('百分数变化: ',df.pct_change())                    #计算百分数变化
统计每列数据的和: first      -0.170735
```

运行程序,输出如下:

```
second    -0.341056
third     -1.153415
dtype: float64
统计每行(从左到右)数据和: a    2.147863
```

```
b     2.716037
c    -3.047589
d    -3.481517
dtype: float64
统计每列最小数值所在的行: first     d
second    d
third     c
dtype: object
统计每行最小数值所在的列: a    third
b    second
c    third
d    first
dtype: object
计算相对于上一行的累计和:         first    second    third
a    1.339422  0.441866  0.366574
b    2.024092  1.040257  1.799551
c    1.381885  0.585086 -0.150660
d   -0.170735 -0.341056 -1.153415
方差: first     1.692865
second    0.529719
third     2.221349
dtype: float64
标准差: first     1.301102
second    0.727818
third     1.490419
dtype: float64
百分数变化:        first    second    third
a         NaN       NaN       NaN
b   -0.488832  0.354234  2.909104
c   -1.937981 -1.760658 -2.360951
d    1.417632  1.034713 -0.485822
```

第 4 章

神经网络分析与应用

深度学习不只在算法领域,还在生活中的各大领域都反映出深度学习引领的巨大变革。要学习深度学习,那么首先要熟悉人工神经网络(Artificial Neural Network,ANN),ANN 是一种模仿动物神经网络(Neural Network,NN)行为特征,进行分布式并行信息处理的算法模型。ANN 最早是人工智能领域的一种算法或说是模型,目前 ANN 已经发展成为一类多学科交叉的学科领域,它也随着深度学习取得的进展重新受到重视和推崇。

4.1 单层感知器

多感知器实际就是单个感知器的集合,训练时对一个样本,所有感知器都同时得到训练。

4.1.1 分类特征表示

一般的分类是简单的二分类,要么是 A 类要么是 B 类,可以用标量 0 与 1 表示,是 A 类为 0,是 B 类为 1。

分类也可以使用向量表示为 $\begin{bmatrix}1\\0\end{bmatrix}$ 与 $\begin{bmatrix}0\\1\end{bmatrix}$,是 A 类就是 $\begin{bmatrix}1\\0\end{bmatrix}$,是 B 类就是 $\begin{bmatrix}0\\1\end{bmatrix}$。向量的分类表示有多个好处。

(1) 可以扩展为 n 类样本分类。

(2) 分类方式更加简单。例如,第 i 类样本的样本期望向量可以表示为 $\begin{bmatrix}0\\\vdots\\1_i\\\vdots\\0\end{bmatrix}$。向量

的第 n 个特征数据对应着分类的特征值 $\begin{bmatrix} 0.001 \\ \vdots \\ 0.812_i \\ \vdots \\ 0 \end{bmatrix}$，只要某位置上特征值最大（第 i 位置上的值 0.812 最大），因此可以认为该输出向量表示样本是对应位置的表示的分类（属于第 i 类）。

4.1.2 单层感知器概述

单层感知器（Single Layer Perceptron，SLP）是最简单的神经网络。它包含输入层和输出层，而输入层和输出层是直接相连的。与最早提出的 MP（逻辑神经元）模型不同，神经元突触权值可变，因此可以通过一定规则进行学习，可以快速、可靠地解决线性可分的问题。

1. 单层神经网络表示

单层神经网络由一个线性组合器和一个二值阈值元件组成，如图 4-1 所示。

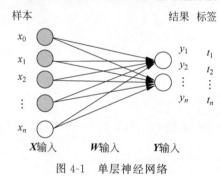

图 4-1 单层神经网络

其中数据表示如下：

（1）输入数据向量：$\boldsymbol{X}=(x_0, x_1, \cdots, x_n)$。

（2）输出数据向量：$\boldsymbol{Y}=(y_0, y_1, \cdots, y_n)$。

（3）权重矩阵：$\boldsymbol{W}=\begin{bmatrix} w_{00} & w_{01} & \cdots & w_{0n} \\ w_{10} & w_{11} & \cdots & w_{1n} \\ \vdots & \vdots & & \vdots \\ w_{m0} & w_{m1} & \cdots & w_{mn} \end{bmatrix}$，其中，$n$ 为输入特征数据长度，m 为输出特征数据长度。权重的每一行对应着一个感知器的权重，m 行意味着 m 个感知器。

2. 单层神经网络训练算法

单层神经网络训练基于目标，找到一组感知器的权重，使得这组感知器的输出 $\boldsymbol{Y}$ 与期望输出 $\boldsymbol{Y}^2$ 之间的误差最小。具体步骤为：

（1）初始化一个随机权重矩阵（用于训练）。

（2）输入特征数据 $\boldsymbol{X}$ 计算每个感知器（m 个感知器）的输出 $y_i(i=1,2,\cdots,m)$，每个

感知器的权重对应权重矩阵 $\boldsymbol{W}$ 中的一行，多个感知器的输出就是输出向量 $\boldsymbol{Y}$。

(3) 计算感知器输出向量 $\boldsymbol{Y}$ 与样本期望输出 $\boldsymbol{Y}^2$ 之间的误差。

(4) 根据计算的误差，计算权重矩阵的更新梯度。

(5) 用更新梯度，更新权重矩阵。

(6) 从第(2)步反复执行，直到训练结束(训练次数根据经验自由确定)。

3. 单层神经网络中的计算公式表示

计算权重梯度的两个依据分别为损失函数的定义以及损失函数极小值计算。根据这两个依据，可以列出单层神经网络的计算公式如下。

(1) 单层感知器的计算输出公式：
$$\boldsymbol{Y}^{\mathrm{T}} = \boldsymbol{W} \cdot \boldsymbol{X}^{\mathrm{T}} + \boldsymbol{W}_{\mathrm{b}}$$

其中，$\boldsymbol{X}$ 为输入特征数据，使用行向量表示；$\boldsymbol{W}_{\mathrm{b}}$ 表示加权求和的偏置项。

如果考虑激活函数，则计算输出公式为
$$\boldsymbol{Y}^{\mathrm{T}} = f_{\mathrm{activity}}(\boldsymbol{W} \cdot \boldsymbol{X}^{\mathrm{T}} + \boldsymbol{W}_{\mathrm{b}})$$

(2) 单层多感知器的权重计算公式：
$$\boldsymbol{W}_{\mathrm{new}} = \boldsymbol{W}_{\mathrm{old}} - \eta * \nabla_{\boldsymbol{W}}$$
$$w_i^{\mathrm{new}} = w_i^{\mathrm{old}} - \eta * \nabla_{w_i}$$

其中，i 表示第 i 个感知器；η 表示学习率，用来控制训练速度；∇_{w_i} 表示更新梯度。梯度为损失函数的导数，表示如下：
$$\nabla_{w_i} = \frac{\partial E(w_i)}{\partial w_i}$$

使用链式偏导数公式，损失函数 $E(\boldsymbol{W})$ 可以表示为输出 $\boldsymbol{Y}$ 的函数，则可以把梯度展开：
$$\nabla_{w_i} = \frac{\partial E(y_i)}{\partial y_i} \cdot \frac{\partial y_i}{\partial w_i}$$

式中的 y_i 为激活函数的输出，可以表示为 $y_i = f_{\mathrm{activity}}(\alpha_i)$，其中 $\alpha_i = w_i \cdot \boldsymbol{X}^{\mathrm{T}} + w_i b$，则上述公式可以继续展开如下：
$$\nabla_{w_i} = \frac{\partial E(y_i)}{\partial y_i} \cdot \frac{\partial f_{\mathrm{activity}}(\alpha_i)}{\partial \alpha_i} \cdot \frac{\partial w_i \cdot \boldsymbol{X}^{\mathrm{T}}}{\partial w_i}$$

其中，$\dfrac{\partial E(y_i)}{\partial y_i}$ 为损失函数的导数；$\dfrac{\partial f_{\mathrm{activity}}(\alpha_i)}{\partial \alpha_i}$ 为激活函数的导数；$\dfrac{\partial w_i \cdot \boldsymbol{X}^{\mathrm{T}}}{\partial w_i}$ 为加权求和的导数。

如果损失函数采用误差平方和函数 $\dfrac{1}{2}\sum\limits_{k=1}^{N}(y_{ik} - \bar{y}_{ik})^2$ (N 为样本个数)，则其导数为 $\sum\limits_{k=1}^{N}(y_{ik} - \bar{y}_{ik})$。如果采用随机梯度，取当前样本，而不是所有样本，则可以表示为 $(y_{ik} - \bar{y}_{ik})$。

如果激活函数采用恒等函数，其导数为 $f(x) = 1$，加权求和的导数为 $\bar{\boldsymbol{X}}$，则梯度可以

表示为

$$\nabla_{w_i} = \sum_{k=1}^{N}(y_{ik} - \overline{y}_{ik}) \cdot \overline{X}$$

或者（随机误差损失函数）

$$\nabla_{w_i} = (y_{ik} - \overline{y}_{ik}) * \overline{X}$$

根据上面的推导过程很容易得到偏置项梯度为

$$\nabla_{w_{ib}} = \sum_{k=1}^{N}(y_{ik} - \overline{y}_{ik})$$

或者

$$\nabla_{w_{ib}} = (y_{ik} - \overline{y}_{ik})$$

更进一步，可以对 $\nabla_{w_i} = \dfrac{\partial E(w_i)}{\partial w_i}$ 展开的公式进行分析，把与输入特征数据无关的部分剥离出来：

$$\nabla_{w_i} = \left(\dfrac{\partial E(y_i)}{\partial y_i} \cdot \dfrac{\partial f_{\text{activity}}(\alpha_i)}{\partial \alpha_i} \right) * \dfrac{\partial w_i \cdot \boldsymbol{X}^{\mathrm{T}}}{\partial w_i}$$

可单独把上式括号中的项记为 δ，称为误差项：

$$\delta_i = \dfrac{\partial E(y_i)}{\partial y_i} \cdot \dfrac{\partial f_{\text{activity}}(\alpha_i)}{\partial \alpha_i}$$

把误差项剥离出来，可以在今后多层神经网络中对误差项进行传递，计算每一层的权重更新梯度。

4. 单层多感知器神经网络的向量表示

可以把上面多个感知器的梯度使用向量公式表达：

$$\boldsymbol{W}_{\text{new}} = \boldsymbol{W}_{\text{old}} - \eta \cdot \boldsymbol{\delta} \cdot \boldsymbol{X}$$

其中

$$\boldsymbol{\delta} = \begin{bmatrix} \delta_0 \\ \delta_1 \\ \vdots \\ \delta_m \end{bmatrix}$$

5. 单层感知器的实现

下面通过一个实例来演示 Python 单层感知器的实现。

【例 4-1】 单层感知器实现。

```
# NumPy 支持高级大量的维度数组与矩阵运算
import numpy as np
# Matplotlib 是一个 Python 的 2D 绘图库
import matplotlib as mpl
import matplotlib.pyplot as plt
# 定义坐标,设定 6 组输入数据,每组为(x0,x1,x2)
X = np.array([[1,4,3],
```

```python
                [1,5,4],
                [1,4,5],
                [1,1,1],
                [1,2,1],
                [1,3,2]]);
#设定输入向量的期待输出值
Y = np.array([1,1,1,-1,-1,-1]);
#设定权重向量(w0,w1,w2),权重范围为-1,1
W = (np.random.random(3) - 0.5) * 2;
#设定学习率
lr = 0.3;
#计算迭代次数
n = 0;
#神经网络输出
O = 0;
def  update():
    global  X,Y,W,lr,n;
    n = n + 1;
    O = np.sign(np.dot(X,W.T));
    #计算权值差
    W_Tmp = lr * ((Y - O.T).dot(X));
    W = W + W_Tmp;

if __name__ == '__main__':
    for index in range (100):
        update()

        O = np.sign(np.dot(X,W.T))
        print(O)
        print(Y)
        if(O == Y).all():
            print('epoch: ',n)
            break
x1 = [3,4]
y1 = [3,3]
x2 = [1]
y2 = [1]
k = -W[1]/W[2]
d = -W[0]/W[2]
print('k = ',k)
print('d = ',d)
xdata = np.linspace(0,5)
plt.figure()
plt.plot(xdata,xdata * k + d,'r')
plt.plot(x1,y1,'bo')
plt.plot(x2,y2,'yo')
plt.show()
```

运行程序,输出如下,效果如图 4-2 所示。

```
[1. 1. 1. 1. 1. 1.]
[ 1  1  1 -1 -1 -1]
[1. 1. 1. 1. 1. 1.]
[ 1  1  1 -1 -1 -1]
[1. 1. 1. 1. 1. 1.]
[ 1  1  1 -1 -1 -1]
[-1. -1. -1. -1. -1. -1.]
[ 1  1  1 -1 -1 -1]
...
[ 1  1  1 -1 -1 -1]
epoch: 20
k = 0.2184939378600726
d = 1.8689817933234862
```

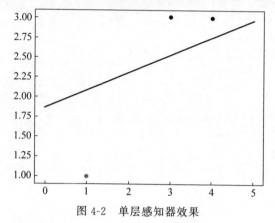

图 4-2 单层感知器效果

4.1.3 多层神经网络

20 世纪 80 年代开始，人工神经网络领域迎来了新的突破，产生了多层神经网络，人们终于可以利用人工神经网络处理非线性问题。

1. 两层神经网络结构

图 4-3 是最简单的多层神经网络，它包含两层，总共由 3 个神经元相互连接而成。

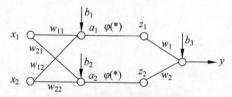

图 4-3 两层神经网络结构

输入向量 X，有 x_1 和 x_2 两个分量，输出 y 是一个数值。逐层写出输入到输出之间的关系。

- $a_1 = w_{11}x_1 + w_{12}x_2 + b_1$（第一个神经元）。
- $a_2 = w_{21}x_1 + w_{22}x_2 + b_2$（第二个神经元）。
- $z_1 = \varphi(a_1)$（非线性函数）。

- $z_2 = \varphi(a_2)$（非线性函数）。
- $y = w_1 z_1 + w_2 z_2 + b_3$（第三个神经元）。

可以用一个复杂的公式描述多层神经网络输入与输出的关系：
$$y = w_1 \varphi(w_{11}x_1 + w_{12}x_2 + b_1) + w_2 \varphi(w_{21}x_1 + w_{22}x_2 + b_2) + b_3 \quad (4\text{-}1)$$

该神经网络分成了两层，第一层是前两个神经元，第二层是后一个神经元，两层之间用非线性函数 $\varphi(*)$ 连接起来。待求的参数有以下 9 个：
- 第一层网络中的 $(w_{11}, w_{12}, w_{21}, w_{22}, b_1, b_2)$。
- 第二层网络中的 (w_1, w_2, b_3)。

2. 非线性函数的作用

需要强调的是两层之间的非线函数 $\varphi(*)$ 是必需的。不妨考虑一下，如果不加这个非线性函数 $\varphi(*)$，而是让第一层的输出直接作用到第二层的输入上会有什么结果呢？这时输出 y 将等于如下这个式子：
$$y = w_1(\omega_{11}x_1 + \omega_{12}x_2 + b_1) + w_1(\omega_{11}x_1 + \omega_{12}x_2 + b_1)$$

经化简后：
$$y = (w_1\omega_{11} + w_2\omega_{12})x_1 + (w_1\omega_{12} + w_2\omega_{22})x_2 + (w_1 b_1 + w_2 b_2 + b_3) \quad (4\text{-}2)$$

可以看到，y 是 x_1、x_2 加权求和再加上偏置的形式，输出仍然是输入的线性加权求和再加偏置的形式。现假设一个神经元的状态如图 4-4 所示。

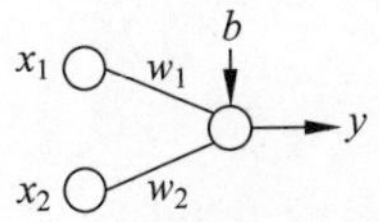

即有
$$y = w_1 x_1 + w_2 x_2 + b \quad (4\text{-}3)$$

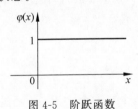

图 4-4 单个神经元实例

综合式(4-2)、式(4-3)，可以看到，如果式(4-3)的 $w_1 = w_1\omega_{11} + w_2\omega_{21}$，同时另外两个相应的式子也相应相等，那么式(4-2)与式(4-3)将会是同一个模型。也就是说，如果层与层之间不加非线性函数，那么多层神经网络将会退化到一个神经元的感知器模型状态。

如果在多层神经网络中加入一个非线性阶跃函数：
$$\varphi(x) = \begin{cases} 1, & x \geqslant 0 \\ 0, & x < 0 \end{cases}$$

则对应阶跃函数图如图 4-5 所示。

图 4-5 阶跃函数

加入非线性函数的多层神经网络可以模拟任意的非线性函数。

3. 构造三角形非线性函数的神经网络结构

先来看一个简单的非线性函数。在特征空间上，有一个三角形，在三角形内部的区域属于一类，而在三角形外部的区域属于另一类，如图 4-6 所示。

要用多层神经网络构建一个函数使得：
- 如果 x 在三角形内部，则输出 $y > 0$；
- 如果 x 在三角形外部，则输出 $y < 0$。

首先，假定这个三角形三条边的方程分别为

$$\begin{cases} w_{11}x_1 + w_{12}x_2 + b_1 = 0 \\ w_{21}x_1 + w_{22}x_2 + b_2 = 0 \\ w_{31}x_1 + w_{32}x_2 + b_3 = 0 \end{cases}$$

三角形非线性函数如图 4-7 所示。

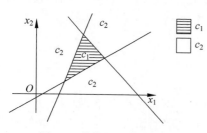

图 4-6 简单的非线性函数

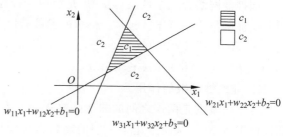

图 4-7 三角形非线性函数

同时，假定上述三个方程中，在朝向三角形的一侧，其方程的值大于 0；而远离三角形的一侧，其方程的值小于 0。可通过如图 4-8 所示来实现在三角形内输出大于 0 而三角形外输出小于 0。

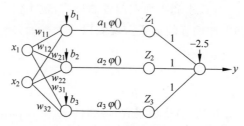

图 4-8 构造三角形非线性函数神经网络模型

在图 4-8 中，第一层有 3 个神经元，每个神经元的 w 和 b 的值分别对应三角形每一条边的方程，如图 4-9 所示。这样如果一个二维向量 X，它的两个分量 x_1、x_2 在三角形内，那么神经元输出的 a_1、a_2、a_3 将都大于 0。

经过阶跃函数后，输出 Z_1、Z_2、Z_3 都将等于 1。

$$\varphi(x) = \begin{cases} 1, & x > 0 \\ 0, & x \leqslant 0 \end{cases}$$

另外，如果 X 在三角形外，如图 4-10 所示，那么 a_1、a_2、a_3 至少有一个小于 0。经过阶跃函数后，Z_1、Z_2、Z_3 也至少有一个等于 0。

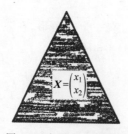

图 4-9 向量在三角形内

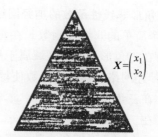

图 4-10 向量在三角形外

根据分析,在第二层,将 Z_1、Z_2、Z_3 对应的 w 全设置为 1,而将偏置 b 设置为 -2.5,则满足条件。

4. 构造四边形非线性函数的神经网络结构

接下来假设特征空间有一个四边形,四边形里面属于一类,而四边形外面属于另一类,如图 4-11 所示。

图 4-11 特征空间

如何通过两层神经网络来区分图 4-11 所示的两类呢?只需要:

(1) 在第一层增加一个神经元。

(2) 第二层所有权重设置为 1。

(3) 偏置设置为 -3.5。

即可满足条件。对于任意的多边形都可以采用这样的方法。

5. 构造不规则封闭曲线非线性函数的神经网络结构

接下来,如果有一个不规则的封闭曲线,如图 4-12 所示,在圆圈里面属于一类,而圆圈外面属于另一类。

能否用两层神经网络来模拟这样的非线性函数?虽然不能精确地获得这个非线性函数,但可以无限地逼近它。例如,可以用图 4-13 所示的多边形去近似圆上的圆圈,当多边形的边数趋近无限时,第二层神经元的个数也会趋于无限,这样可以任意精度去逼近这个非线性函数。

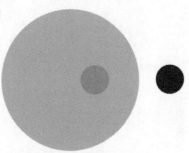

图 4-12 不规则的封闭曲线

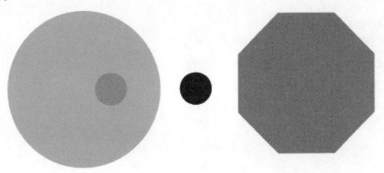

图 4-13 多边形逼近圆

6. 多层神经网络实现

本小节通过 Python 实现多层神经网络,观察多层神经网络训练过程和结果,并对隐含层 Dense 类和多层神经网络 MLPClassifier 类进行注释。具体实现步骤为:

(1) 导入所需的函数库。

```
from sklearn import datasets
import numpy as np
import matplotlib.pyplot as plt
from sklearn.linear_model import Perceptron                    # 感知机
from sklearn.neural_network import MLPClassifier               # 多层神经网络
from warnings import simplefilter
simplefilter(action = 'ignore', category = FutureWarning)

plt.rcParams['font.sans-serif'] = ['SimHei']                   # 用来显示中文
plt.rcParams['axes.unicode_minus'] = False                     # 用来正常显示负号
```

(2) 定义分界线绘制函数。

```
def plot_decision_boundary(model, X, y):
    x0_min, x0_max = X[:,0].min() - 1, X[:,0].max() + 1
    x1_min, x1_max = X[:,1].min() - 1, X[:,1].max() + 1
    x0, x1 = np.meshgrid(np.linspace(x0_min, x0_max, 100), np.linspace(x1_min, x1_max, 100))
    Z = model.predict(np.c_[x0.ravel(), x1.ravel()])
    Z = Z.reshape(x0.shape)

    plt.contourf(x0, x1, Z, cmap = plt.cm.Spectral)
    plt.ylabel('x1')
    plt.xlabel('x0')
    plt.scatter(X[:, 0], X[:, 1], c = np.squeeze(y))
```

(3) 定义基类 Layer。

```
class Layer:
    def __init__(self):
        pass
    # 前向计算
    def forward(self, input):
        return input
    # 反向传播
    def backward(self, input, grad_output):
        pass
```

(4) 定义激活函数层 Sigmoid。

```
class Sigmoid(Layer):
    def __init__(self):
        pass

    def _sigmoid(self, x):
```

```python
        return 1.0/(1 + np.exp(-x))

    def forward(self,input):
        return self._sigmoid(input)

    # input 为激活函数 sigmoid 的输入,即 z(z = X * W + b)
    # grad_output 为损失函数 J(a,y)对 sigmoid 函数的输出 a(a = sigmoid(z))做偏导
    def backward(self,input,grad_output):
        # 计算 sigmoid 函数(标量变元标量函数)对它的输入 z(z = X * W + b)的偏导
        sigmoid_grad = self._sigmoid(input) * (1 - self._sigmoid(input))
        # 损失函数 J 对其输入 a 的偏导 * sigmoid 函数对其输入 z 的偏导 = 损失函数 J 对 z 的
        # 偏导
        return grad_output * sigmoid_grad.T
```

(5) 定义隐含层 Dense。

```python
class Dense(Layer):
    def __init__(self, input_units, output_units, learning_rate = 0.1):
        # 定义学习率
        self.learning_rate = learning_rate
        # 定义权重 w(矩阵),行数是输入个数,列数是输出个数
        # 每个列向量就是一组输入对应当前输出的权重,几个输出就有几列
        self.weights = np.random.randn(input_units, output_units) # 初始化影响很大
        # 定义偏差 b(向量),长度等于输出个数
        # 每个分量就是一组输入对应当前输出的偏差,几个输出就有几个分量
        self.biases = np.zeros(output_units)

    '''前向累积,计算输出值'''
    def forward(self,input):
        z = np.dot(input,self.weights) + self.biases
        return z

    '''反向传播,计算梯度'''
    def backward(self,input,grad_output):
        # 计算 J 对当前层输入 x 的梯度,grad_output 是损失函数 J 对隐含层输出 z 的偏导,而
        # z 对输入 x 的偏导就是权重 w
        grad_input = np.dot(self.weights,grad_output)
        # 计算 J 对当前层权重 w 的梯度,grad_output 是损失函数 J 对隐含层输出 z 的偏导,而
        # z 对权重 w 的偏导就是当前层输入 input
        # 因为使用整体的损失对 w 求偏导,所以除以样本数量(input.shape[0])求均值
        grad_weights = np.dot(grad_output,input)/input.shape[0]
        # 同理,使用整体的损失对 b 求偏导,所以求均值
        grad_biases = grad_output.mean()

        # 利用梯度下降法优化当前层的 w 和 b
        self.weights = self.weights - self.learning_rate * grad_weights.T
        self.biases = self.biases - self.learning_rate * grad_biases.T

        # 返回 J 对当前层输入的梯度,用于前一层计算
        return grad_input
```

（6）定义多层神经网络 MLPClassifier。

```python
class MLPClassifier(Layer):
    def __init__(self):
        self.network = []
        #添加一个2输入5输出的隐含层
        self.network.append(Dense(2,5))
        #为该隐含层添加激活函数
        self.network.append(Sigmoid())
        #添加一个5输入1输出的隐含层
        self.network.append(Dense(5,1))
        #为该隐含层添加激活函数
        self.network.append(Sigmoid())

    def forward(self,X):
        #列表存储中间计算结果
        self.activations = []
        input = X
        #正向循环遍历神经网络
        for layer in self.network:
            #正向累积并存储中间值
            self.activations.append(layer.forward(input))
            #将列表中存储的最后一个元素(前一次输出)作为下一次运算的输入
            input = self.activations[-1]
        # assert 判断函数,不满足其后的条件则抛出错误,等价于 if not xxx: raise xxx
        assert len(self.activations) == len(self.network)
        return self.activations

    '''调用 predict 方法用于分界线绘制函数'''
    def predict(self,X):
        #正向累积,并获取最终输出
        y_pred = self.forward(X)[-1]
        #根据输出结果实行二分类打标签
        y_pred[y_pred > 0.5] = 1
        y_pred[y_pred <= 0.5] = 0
        #返回标签值
        return y_pred

    def predict_proba(self,X):
        logits = self.forward(X)[-1]
        #返回最终输出结果,而不是分类后的标签
        return logits

    '''具体训练方法,由 train 方法调用'''
    def _train(self,X,y):
        #先正向计算,再反向传播,梯度下降更新权重参数 w,b
        self.forward(X)
        #输入列表 layer_inputs,保存了每一层的输入,注意列表间的 + 是连接操作
        layer_inputs = [X] + self.activations
        #最后一层的输出
        logits = self.activations[-1]
```

```
        #自定义损失函数,此处用到最小二乘
        loss = np.square(logits - y.reshape(-1,1)).sum()
        #损失函数最终输出(logits)的梯度值
        loss_grad = 2.0 * (logits - y.reshape(-1,1)).T
        #反向循环遍历神经网络(反向传播)
        for layer_i in range(len(self.network))[::-1]:
            layer = self.network[layer_i]
            #计算损失函数对当前层输出(layer_inputs[layer_i])的梯度
            #用该梯度可以得到损失函数对 w 和 b 的梯度,用于优化参数(在 backward 中进行)
            loss_grad = layer.backward(layer_inputs[layer_i],loss_grad)
        return np.mean(loss)

    def train(self, X, y):
        for e in range(1000):
            #神经网络迭代1000次,计算并查看每次的损失是否变化
            loss = self._train(X,y)
            print(loss)
        return self
```

(7) 生成训练集和测试集。

```
#生成散点簇数据集,效果如图 4-14 所示
x_train,y_train = datasets.make_blobs(n_samples = 100, n_features = 2, centers = 2, cluster_std = 1)
plt.scatter(x_train[y_train == 0,0],x_train[y_train == 0,1])
plt.scatter(x_train[y_train == 1,0],x_train[y_train == 1,1])
plt.show()
```

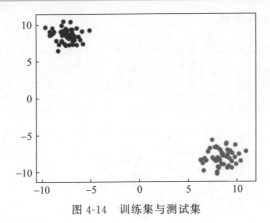

图 4-14 训练集与测试集

(8) 训练并绘制分界线。

```
MLP = MLPClassifier().train(x_train,y_train)
```

训练过程如下:

```
48.64374052701772
47.83496546456598
```

```
47.021122107843716
46.20153023209933
...
0.25758884454515474
0.2572974708918263
0.25700673794669326
MLP = MLPClassifier().train(x_train,y_train)      #分界线如图 4-15 所示
```

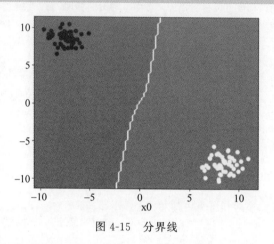

图 4-15　分界线

下面对多层神经网络进行改进,实现对 moons 数据的分类:
- 增加隐含层神经元个数。
- 增加隐含层的层数。

(1) 生成训练集和测试集。

```
x_train,y_train = datasets.make_moons(n_samples = 100,noise = 0.2,random_state = 666)
plt.scatter(x_train[y_train == 0,0],x_train[y_train == 0,1])
plt.scatter(x_train[y_train == 1,0],x_train[y_train == 1,1])
plt.show()                                        #效果如图 4-16 所示
```

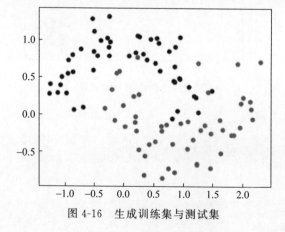

图 4-16　生成训练集与测试集

（2）增加神经网络层数和神经元。

```
class MLPClassifier2(MLPClassifier):
    def __init__(self):
        self.network = []
        #添加一个2输入6输出的隐含层
        self.network.append(Dense(2,6,0.5))
        #为该隐含层添加激活函数
        self.network.append(Sigmoid())
        #添加一个6输入6输出的隐含层
        self.network.append(Dense(6,8,0.5))
        #为该隐含层添加激活函数
        self.network.append(Sigmoid())
        #添加一个6输入4输出的隐含层
        self.network.append(Dense(8,4,0.5))
        #为该隐含层添加激活函数
        self.network.append(Sigmoid())
        #添加一个6输入6输出的隐含层
        self.network.append(Dense(4,1,0.5))
        #为该隐含层添加激活函数
        self.network.append(Sigmoid())
```

（3）训练并绘制分界线。

```
MLP = MLPClassifier().train(x_train,y_train)
```

训练过程如下：

```
33.14254863073446
32.90870192613537
32.67319789759605
…
11.792574387000464
11.790337585626077
11.788106102843237
plot_decision_boundary(MLP,x_train,y_train) #分界线如图4-17所示
```

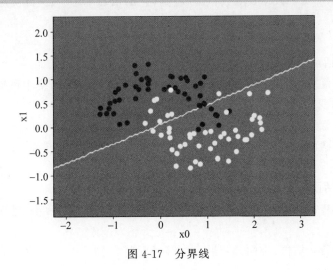

图4-17 分界线

4.2 激活函数

激活函数(activation functions)对于人工神经网络模型去学习、理解非常复杂和非线性的函数来说具有十分重要的作用。常见的激活函数主要包括如下几种：sigmoid、tanh、ReLU、ReLU6 等。

4.2.1 sigmoid 激活函数

sigmoid 激活函数是深度学习中最早使用也是最常见的激活函数，多用来作为二分类的分类头。其数学形式为

$$f(x) = \frac{1}{1+e^{-x}}$$

函数曲线如图 4-18 所示。

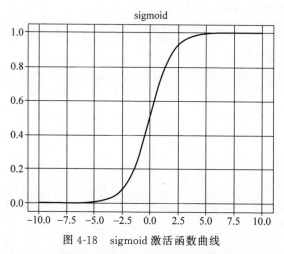

图 4-18 sigmoid 激活函数曲线

图 4-18 所示即为 sigmoid 函数，可以看到，它的值域为 0～1。此类激活函数的优缺点如下。

1. 优点

sigmoid 激活函数的优点主要表现在：

（1）将很大范围内的输入特征值压缩到 0～1，使得在深层网络中可以保持数据幅度不会出现较大的变化，而 ReLU 函数则不会对数据的幅度做出约束。

（2）在物理意义上最接近生物神经元。

（3）根据其输出范围，该函数适用于将预测概率作为输出的模型。

2. 缺点

sigmoid 激活函数的缺点主要表现在：

（1）当输入非常大或非常小时，输出基本为常数，即变化非常小，进而导致梯度接近于 0。

（2）输出不是 0 均值，进而导致后一层神经元将得到上一层输出的非 0 均值的信号

作为输入。随着网络的加深,会改变原始数据的分布趋势。

(3) 梯度可能会过早消失,进而导致收敛速度较慢,例如与 tanh 函数相比,其就比 sigmoid 函数收敛更快,是因为其梯度消失问题较 sigmoid 函数要轻一些。

(4) 幂运算相对耗时。

【例 4-2】 sigmoid 激活函数的 Python 实现。

```
import matplotlib.pyplot as plt
import numpy as np

def sigmoid(x):
    return 1 / (1 + np.exp(-x))

fig, ax = plt.subplots()
x = np.linspace(-10, 10, 100)
y = sigmoid(x)
ax.plot(x, y)
#画轴
ax.spines['top'].set_color('none')
ax.spines['right'].set_color('none')
ax.spines['bottom'].set_position(('data', 0))
ax.spines['left'].set_position(('axes', 0.5))
plt.grid()                          #设置方格
plt.title("sigmoid")
plt.show()                          #效果如图 4-18 所示
```

4.2.2 tanh 激活函数

tanh 激活函数为双曲正切函数,其数学表达式为

$$\tanh(x) = \frac{e^x - e^{-x}}{e^x + e^{-x}}$$

tanh 函数曲线如图 4-19 所示。

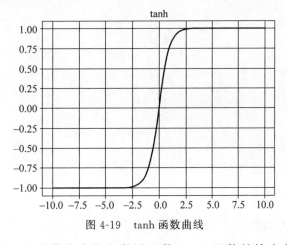

图 4-19 tanh 函数曲线

tanh 函数与 sigmoid 函数均为饱和激活函数,tanh 函数的输出范围为 $-1 \sim 1$,其优

缺点如下。

1. 优点

tanh 激活函数的优点主要表现在：

（1）解决了上述 sigmoid 函数输出不是 0 均值的问题。

（2）tanh 函数的导数取值范围为 0～1，优于 sigmoid 函数，一定程度上缓解了梯度消失的问题。

（3）tanh 函数在原点附近与 $y=x$ 函数形式相近，当输入的激活值较低时，可以直接进行矩阵运算，训练相对容易。

2. 缺点

tanh 激活函数的缺点主要表现在：

（1）与 sigmoid 函数类似，梯度消失问题仍然存在。

（2）容易梯度消失，虽然它的导数的值域是 $(0,1]$，比 sigmoid 函数的 $(0,0.25]$ 稍有缓解，但从图 4-19 很容易看出，当输入值 x 的绝对值较大时（距离 0 较远时），其导数依旧会趋近于 0。

【例 4-3】 tanh 与 sigmoid 激活函数的对比。

```
import matplotlib.pyplot as plt
import numpy as np

def sigmoid(x):
    return 1 / (1 + np.exp(-x))

def tanh(x):
    return 2 / (1 + np.exp(-2 * x)) - 1

fig, ax = plt.subplots()
x = np.linspace(-10, 10, 100)
y1 = tanh(x)
y2 = sigmoid(x)
ax.plot(x, y1, '-b', label = 'tanh')
ax.plot(x, y2, '-r', label = 'sigmoid')
ax.legend()                          #设置图例
#画轴
ax.spines['top'].set_color('none')
ax.spines['right'].set_color('none')
ax.spines['bottom'].set_position(('data', 0))
ax.spines['left'].set_position(('axes', 0.5))
plt.grid()                           #设置方格
plt.title("tanh与sigmoid")
plt.show()
```

运行程序，效果如图 4-20 所示。

4.2.3 ReLU 激活函数

ReLU（Rectified Linear Unit，整流线性单位）函数是目前深度学习非常常用的激活

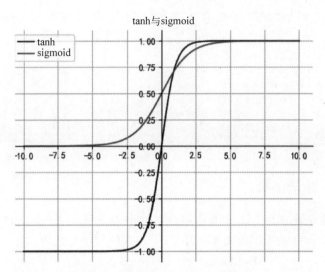

图 4-20　tanh 与 sigmoid 激活函数对比

函数，可以进行深层训练。其数学形式为

$$\text{ReLU} = \max(0, x)$$

函数的曲线如图 4-21 所示。

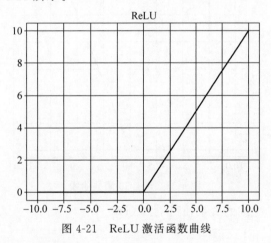

图 4-21　ReLU 激活函数曲线

【例 4-4】 ReLU 激活函数的 Python 实现。

```
import matplotlib.pyplot as plt
import numpy as np

def relu(x):
    return np.maximum(0, x)

fig, ax = plt.subplots()
x = np.linspace(-10, 10, 100)
y = relu(x)
ax.plot(x, y, '-r', linewidth=4)
```

```
ax.legend()                              # 设置图例
# 画轴
ax.spines['top'].set_color('none')
ax.spines['right'].set_color('none')
ax.spines['bottom'].set_position(('data', 0))
ax.spines['left'].set_position(('axes', 0.5))
plt.grid()                               # 设置方格
plt.title("ReLU")
plt.show()                               # 效果如图 4-21 所示
```

4.2.4 ReLU6 激活函数

ReLU6 就是普通的 ReLU，但是限制最大输出为 6，用在 MobilenetV1 网络当中，目的是适应 float16/int8 的低精度需要。ReLU6 函数的数学形式为

$$\text{ReLU6}(x) = \min(\max(0, x), 6)$$

图 4-22 即为 ReLU6 函数的示意图，在 x 大于或等于 6 时，y 的值会被限定；其优缺点类似于 ReLU。

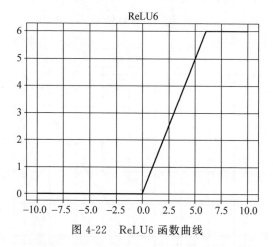

图 4-22 ReLU6 函数曲线

ReLU6 与 ReLU 之间的关系如图 4-23 所示。

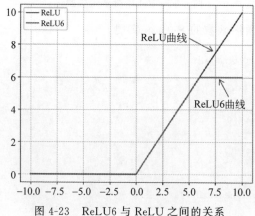

图 4-23 ReLU6 与 ReLU 之间的关系

4.2.5 Leaky ReLU 激活函数

Leaky ReLU 函数的数学形式为

$$\text{LeakyReLU}(x) = \begin{cases} x, & x > 0 \\ \alpha x, & x \leqslant 0 \end{cases}$$

图 4-24 为 Leaky ReLU 函数曲线,在 x 大于或等于 0 时,$y = x$,x 小于 0 时,$y = \alpha * x$,图 4-24 选择的 α 值为 2。

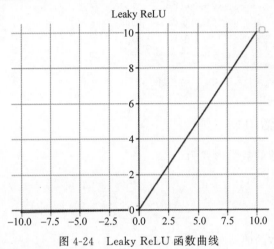

图 4-24　Leaky ReLU 函数曲线

Leaky ReLU 函数的优缺点主要表现在:

1. 优点

Leaky ReLU 激活函数的优点主要表现在:

(1) 针对 ReLU 函数中存在的 Dead ReLU 问题,Leaky ReLU 函数在输入为负值时,给予输入值一个很小的斜率,在解决了负输入情况下的 0 梯度问题的基础上,也很好地缓解了 Dead ReLU 问题。

(2) Leaky ReLU 函数的输出为负无穷到正无穷,即 Leaky 扩大了 ReLU 函数的范围,其中 α 的值一般设置为一个较小值,如 0.01。

2. 缺点

Leaky ReLU 激活函数的缺点主要表现在:

(1) 理论上来说,Leaky ReLU 函数具有比 ReLU 函数更好的效果,但是大量的实践证明,其效果不稳定,故实际中该函数的应用并不多。

(2) 由于在不同区间应用的不同函数所带来的不一致结果,将导致无法为正负输入值提供一致的关系预测。

【例 4-5】 Leaky ReLU 激活函数的 Python 实现。

```
import matplotlib.pyplot as plt
import numpy as np

def leaky_relu(x, a = 0.01):
```

```
        return np.maximum(a * x, x)

fig, ax = plt.subplots()
x = np.linspace(-10, 10, 100)
y = leaky_relu(x)
ax.plot(x, y)
ax.legend()                             #设置图例
#画轴
ax.spines['top'].set_color('none')
ax.spines['right'].set_color('none')
ax.spines['bottom'].set_position(('data', 0))
ax.spines['left'].set_position(('axes', 0.5))
plt.grid()                              #设置方格
plt.title("Leaky ReLU")
plt.show()                              #效果如图 4-24 所示
```

4.2.6 softmax 激活函数

softmax 激活函数的数学形式为

$$f(x) = \frac{e^{x_j}}{\sum_{j=1}^{n} e^{x_j}}$$

softmax 激活函数的曲线如图 4-25 所示。

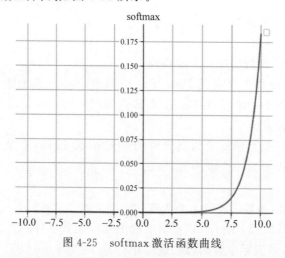

图 4-25 softmax 激活函数曲线

【例 4-6】 softmax 激活函数的 Python 实现。

```
import matplotlib.pyplot as plt
import numpy as np

def softmax(x):
    x = np.exp(x) / np.sum(np.exp(x))
    return x
```

```
fig, ax = plt.subplots()
x = np.linspace(-10, 10, 100)
y = softmax(x)
ax.plot(x, y)
ax.legend()                          #设置图例
#画轴
ax.spines['top'].set_color('none')
ax.spines['right'].set_color('none')
ax.spines['bottom'].set_position(('data', 0))
ax.spines['left'].set_position(('axes', 0.5))
plt.grid()                           #设置方格
plt.title("softmax")
plt.show()                           #效果如图 4-25 所示
```

4.2.7 ELU 激活函数

ELU 激活函数的数学形式：

$$\mathrm{ELU}(x) = \begin{cases} x, & x > 0 \\ \alpha(\mathrm{e}^x - 1), & x \leqslant 0 \end{cases}$$

图 4-26 为 ELU 激活函数，其也是 ReLU 函数的变体，x 大于 0 时，$y=x$；x 小于或等于 0 时，$y=\alpha(\mathrm{e}^x-1)$，可看作介于 ReLU 与 Leaky ReLU 之间的函数。其优缺点总结如下。

1. 优点

ELU 激活函数的优点主要表现在：

（1）ELU 具有 ReLU 激活函数的大多数优点，不存在 Dead ReLU 问题，输出的均值也接近 0 值。

（2）ELU 激活函数通过减少偏置偏移的影响，使正常梯度更接近于单位自然梯度，从而使均值向 0 加速学习。

（3）ELU 激活函数在负数域存在饱和区域，从而对噪声具有一定的健壮性。

2. 缺点

ELU 激活函数的缺点主要表现在：

（1）计算强度较高，含有幂运算。

（2）在实践中同样没有较 ReLU 更突出的效果，应用不多。

【例 4-7】 ELU 激活函数的 Python 实现。

```
import matplotlib.pyplot as plt
import numpy as np

def elu(x, alpha = 1):
    a = x[x > 0]
    b = alpha * (np.exp(x[x < 0]) - 1)
    result = np.concatenate((b, a), axis = 0)
    return result
```

```
fig, ax = plt.subplots()
x = np.linspace(-10, 10, 100)
y = elu(x)
ax.plot(x, y)
ax.legend()                          #设置图例
#画轴
ax.spines['top'].set_color('none')
ax.spines['right'].set_color('none')
ax.spines['bottom'].set_position(('data', 0))
ax.spines['left'].set_position(('axes', 0.5))
plt.grid()                           #设置方格
plt.title("ELU")
plt.show()
```

运行程序,效果如图 4-26 所示。

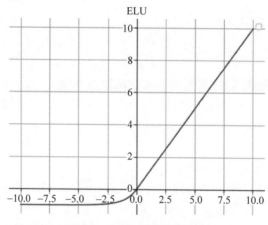

图 4-26　ELU 激活函数曲线

4.2.8　Swish 激活函数

Swish 激活函数的数学形式:

$$\text{Swish}(x) = x * \text{sigmoid}(x)$$

图 4-27 为 Swish 激活函数曲线,Swish 是 sigmoid 和 ReLU 的改进版,类似于 ReLU 和 sigmoid 的结合。Swish 具备无上界有下界、平滑、非单调的特性。Swish 在深层模型上的效果优于 ReLU。

Swish 激活函数优点总结如下:

(1) Swish 具有一定 ReLU 函数的优点。

(2) Swish 具有一定 sigmoid 函数的优点。

(3) Swish 函数可以看作介于线性函数与 ReLU 函数之间的平滑函数。

其缺点是运算复杂,速度较慢。

【例 4-8】　Swish 激活函数的 Python 实现。

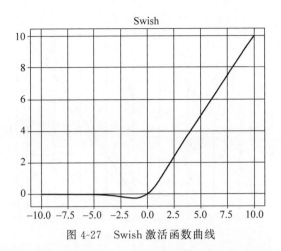

图 4-27　Swish 激活函数曲线

```
import matplotlib.pyplot as plt
import numpy as np
def sigmoid(x):
    return 1 / (1 + np.exp(-x))

def swish(x):
    return sigmoid(x) * x

fig, ax = plt.subplots()
x = np.linspace(-10, 10, 100)
y = swish(x)
ax.plot(x, y)
ax.legend()                    #设置图例
#画轴
ax.spines['top'].set_color('none')
ax.spines['right'].set_color('none')
ax.spines['bottom'].set_position(('data', 0))
ax.spines['left'].set_position(('axes', 0.5))
plt.grid()                     #设置方格
plt.title("Swish")
plt.show()                     #效果如图 4-27 所示
```

4.2.9　Mish 激活函数

Mish 激活函数的数学形式为

$$y = x * \tanh(\ln(1 + e^x))$$

图 4-28 所示即为 Mish 激活函数曲线。Mish 激活函数与 Swish 激活函数类似，Mish 激活函数具备无上界有下界、平滑、非单调的特性。Mish 激活函数在深层模型上的效果优于 ReLU 激活函数。无上边界可以避免由于激活值过大而导致的函数饱和。

Mish 激活函数的优点主要表现在：

(1) 正值以上无边界（即正值可以达到任何高度）避免了由于封顶而导致的饱和。理论上对负值的轻微允许得到更好的梯度流，而不是像 ReLU 激活函数那样的硬零边界。

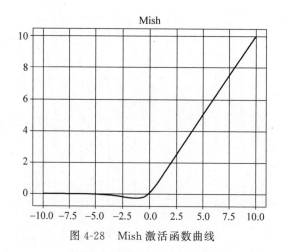

图 4-28　Mish 激活函数曲线

（2）平滑的激活函数允许更好的信息深入神经网络，从而得到更好的准确性和泛化。

其缺点是：计算量比 ReLU 大，占用的内存也多。

4.2.10　Maxout 激活函数

Maxout 激活函数的数学形式为

$$f(x) = \max(w_1^T x + b_1, w_2^T x + b_2, \cdots, w_n^T x + b_n)$$

Maxout 激活函数的本质是对所有输出作最大化操作，因为 Maxout 网络能够近似任意连续函数，且当 $w_2, b_2, \cdots, w_n, b_n$ 为 0 时，退化为 ReLU。Maxout 激活函数能够缓解梯度消失，同时又规避了 ReLU 神经元死亡的缺点，但增加了参数和计算量。

此外 Maxout 激活函数并不是一个固定的函数，不像 sigmod、ReLU、tanh 等函数，是一个固定的函数方程。它是一个可学习的激活函数，因为 w 参数是学习变化的。Maxout 单元不是净输入到输出的非线性映射，而是整体学习输入到输出之间的非线性映射关系，可以看作任意凸函数的分段线性近似，并且在有限的点上是不可微的。

Maxout 激活函数的优点总结如下。

（1）拟合能力非常强，可以拟合任意的凸函数。

（2）具有 ReLU 激活函数的所有优点，如线性、不饱和性。

（3）同时没有 ReLU 激活函数的一些缺点，如神经元的死亡。

其缺点是：从激活函数公式中可以看出，每个神经元中有两组（w, b）参数，那么参数量就增加了一倍，这就导致了整体参数的数量激增。

4.3　解决 XOR 问题

神经网络用于解决 XOR 问题也算是一个神经网络的一个重大突破。

1. 或门、非与门问题

使用单层神经网络解决二分类问题时，如表 4-1 所示，可以用与门（and gate）实现，并可使用符号函数转换线性模型结果 z，结合恰当的权重向量 w，实现模型的正确分类。

表 4-1　二分类数据

x_0	x_1	x_2	与门
1	1	0	0
1	0	1	0
1	0	1	0
1	1	1	1

在与门问题中，只有当 x_1 和 x_2 两个特征值同为 1 时，输出 1；其他情况，输出 0。实现代码为：

```
import torch

#定义输入数据
X = torch.tensor([[1,1,0],[1,0,1],[1,0,1],[1,1,1]], dtype = torch.float32)
#定义真实标签值
y = torch.tensor([0, 0, 0, 1], dtype = torch.float32)
def AND(X):
    w = torch.tensor([-0.2,0.15,0.15], dtype = torch.float32) #定义权重向量
    z_hat = torch.mv(X, w)
    y_hat = torch.tensor([int(x) for x in z_hat > 0], dtype = torch.float32)
    return y_hat
y_hat = AND(X)
print("预测标签：", y_hat)
print("真实标签：", y)
```

运行程序，输出如下：

```
预测标签：tensor([0., 0., 0., 1.])
真实标签：tensor([0., 0., 0., 1.])
```

由于与门问题只有两个特征值，用可视化的方式呈现。将两个特征值分别用 x 轴和 y 轴表示，分类为 1 的点被显示为红色，而分类为 0 的点被显示为紫色。

```
import matplotlib.pyplot as plt
import seaborn as sns
import matplotlib.pyplot as plt

plt.rcParams['font.sans-serif'] = ['SimHei']        #指定默认字体
plt.rcParams['axes.unicode_minus'] = False          #用来正常显示负号

plt.style.use("seaborn-v0_8-whitegrid")
sns.set_style("white")

plt.figure(figsize = (5,3))
plt.title("与门", fontsize = 12)

plt.scatter(X[:,1], X[:,2], c = y, cmap = "rainbow")
```

```
plt.xlim(-1,3)
plt.ylim(-1,3)
plt.grid(alpha = 0.4, axis = "y")          #显示背景中的网格
plt.gca().spines["top"].set_alpha(.0)      #让上方和右侧的坐标轴被隐藏
plt.gca().spines["right"].set_alpha(.0)
```

运行程序,效果如图 4-29 所示。

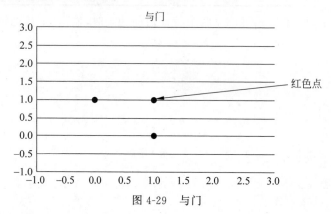

图 4-29 与门

在二分类模型中,符号函数的公式为

$$y = \begin{cases} 1, & z > 0 \\ 0, & z \leqslant 0 \end{cases}$$

由于 $z = w_1 x_1 + w_2 x_2 + b$,上述公式可改写成:

$$y = \begin{cases} 1, & w_1 x_1 + w_2 x_2 + b > 0 \\ 0, & w_1 x_1 + w_2 x_2 + b < 0 \end{cases}$$

从可视化的角度来说,分类模型是通过 $0.15 x_1 + 0.15 x_2 - 0.2 = 0$ 这条直线将所要被预测的点分为两类:位于直线上方的点被预测为标签 1,下方的点被预测为标签 0。下面代码实现将这条直线在图上展示:

```
import matplotlib.pyplot as plt
import seaborn as sns
import numpy as np

plt.style.use("seaborn-v0_8-whitegrid")
sns.set_style("white")
plt.figure(figsize = (5,3))
plt.title("与门", fontsize = 12)
plt.scatter(X[:,1], X[:,2], c = y, cmap = "rainbow")
plt.xlim(-1,3)
plt.ylim(-1,3)
plt.grid(alpha = 0.4, axis = "y")          #显示背景中的网格
plt.gca().spines["top"].set_alpha(.0)      #让上方和右侧的坐标轴被隐藏
plt.gca().spines["right"].set_alpha(.0)
x1 = np.arange(-1, 4)
plt.plot(x1, (0.2-0.15*x1)/0.15, c = "k", linestyle = "--")
```

运行程序，效果如图 4-30 所示。

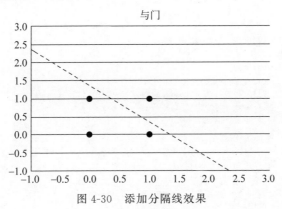

图 4-30　添加分隔线效果

从图 4-30 可看出，我们设置的权重向量得到的分割直线（通常称为决策边界），能够将与门问题中的两类标签完美地分开。下面尝试将类似的决策边界应用到或门、非与门、异或门问题中。

表 4-2 为或门的数据。

表 4-2　或门的数据

x_0	x_1	x_2	或　门
1	0	0	0
1	1	0	1
1	0	1	1
1	1	1	1

在或门问题中，只要 x_1 和 x_2 两个特征值中有一个为 1，就输出 1；否则，输出 0。实现 Python 代码为：

```python
import torch

#定义输入数据
X = torch.tensor([[1,0,0],[1,1,0],[1,0,1],[1,1,1]], dtype = torch.float32)
#定义真实标签值
y = torch.tensor([0, 1, 1, 1], dtype = torch.float32)
def OR(X):
    w = torch.tensor([-0.08,0.15,0.15], dtype = torch.float32) #定义权重向量
    z_hat = torch.mv(X, w)
    y_hat = torch.tensor([int(x) for x in z_hat > 0], dtype = torch.float32)
    return y_hat
OR(X)
```

运行程序，输出如下：

```
tensor([0., 1., 1., 1.])
```

对应实现或门分类的代码为：

```python
import matplotlib.pyplot as plt
import seaborn as sns
import numpy as np
plt.style.use("seaborn-v0_8-whitegrid")
sns.set_style("white")
plt.figure(figsize=(5,3))
plt.title("或门", fontsize=12)
plt.scatter(X[:,1], X[:,2], c=y, cmap="rainbow")
plt.xlim(-1,3)
plt.ylim(-1,3)
plt.grid(alpha=0.4, axis="y")            #显示背景中的网格
plt.gca().spines["top"].set_alpha(.0)    #让上方和右侧的坐标轴被隐藏
plt.gca().spines["right"].set_alpha(.0)
x1 = np.arange(-1, 4)
plt.plot(x1, (0.08-0.15*x1)/0.15, c="k", linestyle="--")  #效果如图 4-31 所示
```

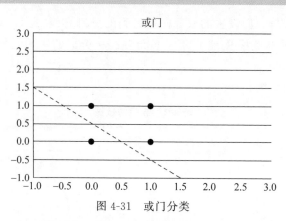

图 4-31　或门分类

表 4-3 列出了非与门的数据。

表 4-3　非与门的数据

x_0	x_1	x_2	非　与　门
1	0	0	1
1	1	0	1
1	0	1	1
1	1	1	0

在非与门问题中,只有当 x_1 和 x_2 两个特征值同时为 1 时,输出 0;其他情况,输出 1。

```
import torch

#定义输入数据
X = torch.tensor([[1,0,0],[1,1,0],[1,0,1],[1,1,1]], dtype=torch.float32)
#定义真实标签值
y = torch.tensor([1, 1, 1, 0], dtype=torch.float32)
def NAND(X):
    w = torch.tensor([0.2, -0.15, -0.15], dtype=torch.float32)  #定义权重向量
    z_hat = torch.mv(X, w)
    y_hat = torch.tensor([int(x) for x in z_hat>0], dtype=torch.float32)
    return y_hat
NAND(X)
```

运行程序，输出如下：

tensor([1., 1., 1., 0.])

对应实现非与门分类的代码为：

```
import matplotlib.pyplot as plt
import seaborn as sns
import numpy as np

plt.style.use("seaborn-v0_8-whitegrid")
sns.set_style("white")
plt.figure(figsize=(5,3))
plt.title("OR GATE", fontsize = 12)
plt.scatter(X[:,1], X[:,2], c = y, cmap = "rainbow")
plt.xlim(-1,3)
plt.ylim(-1,3)
plt.grid(alpha = 0.4, axis = "y")              #显示背景中的网格
plt.gca().spines["top"].set_alpha(.0)          #让上方和右侧的坐标轴被隐藏
plt.gca().spines["right"].set_alpha(.0)
x1 = np.arange(-1, 4)
plt.plot(x1, (0.08-0.15*x1)/0.15, c = "k", linestyle = "--")  #效果如图 4-32 所示
```

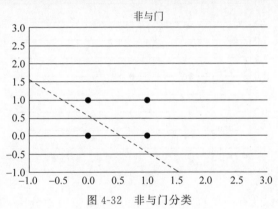

图 4-32 非与门分类

2. 异或门

异或门无法使用直线作为决策边界。在二分类模型中，只要选取恰当的权重向量，使用直线的决策边界即可将两个类别完全分割。但是，在很多分类问题中，直线的决策边界无法做到完美的分类，异或门的问题就是其中之一。

表 4-4 列出异或门的数据。

表 4-4 异或门的数据

x_0	x_1	x_2	异或门
1	0	0	0
1	1	0	1
1	0	1	1
1	1	1	0

在异或门问题中，当 x_1 和 x_2 两个特征值取值一致时（同时为 0 或同时为 1），输出 0；否则，输出 1。异或门数据的可视化展示如下：

```python
import torch

X = torch.tensor([[1,0,0],[1,1,0],[1,0,1],[1,1,1]], dtype = torch.float32)
y = torch.tensor([0, 1, 1, 0], dtype = torch.float32)

import matplotlib.pyplot as plt
import seaborn as sns
import numpy as np

plt.style.use("seaborn-v0_8-whitegrid")
sns.set_style("white")
plt.figure(figsize=(5,3))
plt.title("XOR GATE", fontsize = 12)
plt.scatter(X[:,1], X[:,2], c = y, cmap = "rainbow")
plt.xlim(-1,3)
plt.ylim(-1,3)
plt.grid(alpha = 0.4, axis = "y")          # 显示背景中的网格
plt.gca().spines["top"].set_alpha(.0)      # 让上方和右侧的坐标轴被隐藏
plt.gca().spines["right"].set_alpha(.0)    # 效果如图 4-33 所示
```

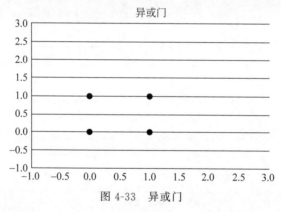

图 4-33　异或门

从图 4-33 可看出，没有一条直线能够将两类标签完美地分割，理想的决策边界是一条曲线。在神经网络中，可以通过增加神经网络的中间层来实现曲线的决策边界，模型如图 4-34 所示。

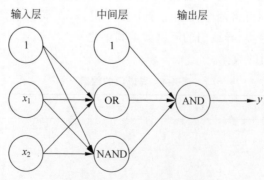

图 4-34　添加隐含层后模型

图 4-34 是一个多层神经网络,除了输入层和输出层,还多了一层"中间层"。在这个网络中,数据依然是从左侧的输入层进入,特征会分别进入 NAND 和 OR 两个中间层的神经元,分别获得 NAND 函数的结果 y_{and} 和 OR 函数的结果 y_{or}。接着,y_{and} 和 y_{or} 会继续被输入下一层的神经元 AND,经过 AND 函数的处理,成为最终结果 y。用以下 Python 代码实现这个结果:

```
import torch
X = torch.tensor([[1,0,0],[1,1,0],[1,0,1],[1,1,1]], dtype=torch.float32)
y = torch.tensor([0, 1, 1, 0], dtype=torch.float32)
def XOR(X):
    sigma_or = OR(X)                    # 将数据输入 OR 函数
    sigma_nand = NAND(X)                # 将数据输入 AND 函数
    x0 = torch.tensor([1,1,1,1], dtype=torch.float32)
    X = torch.cat((x0.view(4,1), sigma_or.view(4,1), sigma_nand.view(4,1)), dim=1)
                                        # 中间层的数据
    y_hat = AND(X)                      # 将中间层数据输入 AND 函数
    return y_hat
XOR(X)
```

运行程序,输出如下:

```
tensor([0., 1., 1., 0.])
```

从结果可以看出,在单层神经网络中增加了中间层之后,非线性的异或门问题被解决。叠加了多层的神经网络被称为多层神经网络。多层神经网络是神经网络在深度学习中的基本形态。

4.4 优化算法

最优化方法是一种数学方法,它是研究在给定约束之下如何寻求某些因素(的量),以使某一(或某些)指标达到最优。大部分机器学习算法的本质都是建立优化模型,通过最优化方法对目标函数(或损失函数)进行优化,从而训练出最好的模型。常见的最优化方法有梯度下降法、AdaGrad 算法、RMSProp 算法、AdaDelta 算法、Adam 算法、牛顿法等。

4.4.1 梯度下降法

想象在一座山峰上,在不考虑其他因素的情况下,要如何行走才能最快地下到山脚?当然是选择最陡峭的地方,这就是梯度下降法(Gradient Descent,GD)的核心思想。它通过每次在当前梯度方向(最陡峭的方向)向前"迈"一步,来逐渐逼近函数的最小值,效果如图 4-35 所示。

梯度下降法的更新公式为

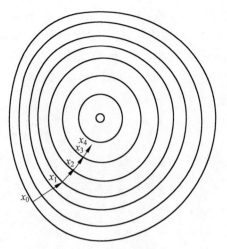

图 4-35 梯度下降法

$$W_n = W_{n-1} - \alpha \times dW$$

其中，α 为梯度上每次逼近的步长，也即是常说的学习率。前面的－表示搜索方向为负梯度的方向，dW 为参数的梯度（因为前面已经有符号－表示方向了，因此它是一个标量，表示梯度的大小）。算法更新终止的条件是梯度向量接近于 0。需要注意的是，梯度下降法不一定能够找到全局的最优解，很有可能找到的是一个局部最优解。

默认的梯度下降法需要利用训练集所有的数据，这样的优势为：全数据集确定的方向能够更好地代表样本总体，从而更准确地朝向极值所在的方向。但是显然当数据集很大时，每次计算全部数据的梯度会导致运算量加大、运算时间变长，容易陷入局部最优解。所以，这就引入了另外一种方法——随机梯度下降法，如图 4-36 所示。

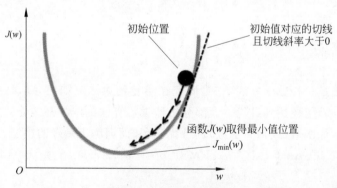

图 4-36 随机梯度下降法

其训练过程为：输入为 (x,y)，x 表示数据，y 表示真实标签。通过一个含有参数 w 的模型，得到预测的标签 $f' = f(w,x)$，损失函数为 $J(w) = \text{loss}(x,y)$。

目标是降低损失 $J(w)$，要快速到达图 4-36 中曲线的最低点，怎样的速度最快？即沿着梯度降低最快的方向，即负梯度方向，就是小球的运动方向，运动的箭头就是梯度（向量）。运动的过程就是更新 w 的过程，在图 4-36 中可以看到图的横轴就是 w 的值。

1. 随机梯度下降法

随机梯度下降(Stochastic Gradient Descent,SGD)法是每次使用一个数据进行梯度的计算,而非计算全部数据的梯度。随机梯度下降法可能每次不是朝着真正最小的方向,这样可跳出局部的最优解。

随机梯度下降法与梯度下降法的关系为:随机梯度下降法以损失很小的一部分精度和增加一定数量的迭代次数为代价,换取了总体的优化效率的提升。增加的迭代次数远远小于样本的数量。

SGD法的优点主要表现在:训练速度很快,即使在样本量很大的情况下,可能只需要其中一部分样本就能迭代到最优解。

SGD法的缺点主要表现在:

(1) 由于单个样本有很大的随机性,单样本的梯度并不是都向着整体最优化方向,因此更新方向不稳定,波动较大。

(2) 所有参数都使用同样的学习率。

(3) 容易收敛到局部最优,并且在某些情况下可能被困在鞍点。

2. 动量优化法

动量优化(momentum)法引入物理学中的动量思想,加速梯度下降。当我们将一个小球从山上滚下来,没有阻力时,它的动量会越来越大,但是如果遇到了阻力,速度就会变小。动量优化法就是借鉴此思想,使得梯度方向在不变的维度上,参数更新变快,梯度有所改变时,更新参数变慢,这样就能够加快收敛并且减少震荡。

动量优化法思想为参数更新时在一定程度上保留之前更新的方向,同时又利用当前批量梯度微调最终的更新方向,即通过积累之前的动量来加速当前的梯度。将某一时刻的实际采用的梯度称为 m_n。

(1) 在没有动量的情况下,该时刻的梯度就是损失函数对 W 求导的值 $\mathrm{d}W$,即

$$m_n = \mathrm{d}W_n$$

权重更新的公式是非标准的:

$$W_n = W_{n-1} - \alpha m_m = W_{n-1} - \alpha \mathrm{d}W_n$$

(2) 引入动量后,实际的梯度 m_n 不仅与此时刻的计算梯度 $\mathrm{d}W_n$ 有关,还与上一时刻的实际梯度 m_{n-1} 有关。根据指数加权平均计算公式 m_n 等于:

$$m_n = (1-\beta)m_{n-1} + \beta \mathrm{d}W_n$$
$$W_n = W_{n-1} - \alpha m_n = W_{n-1} - \alpha(1-\beta)m_{n-1} - \alpha\beta \mathrm{d}W_n$$

但在实际中,为了简便计算,m_n 直接由下式计算,即学习率乘以当前计算梯度 $\mathrm{d}W_n$,加上前一次的实际梯度 m_{n-1},μ 表示动量因子,通常取值0.9。即可理解为,在当前梯度 $\mathrm{d}W_n$ 的基础上增加上一次的实际梯度 m_{n-1}。

$$m_n = \mu m_{n-1} + \alpha \mathrm{d}W_n$$

有

$$W_n = W_{n-1} - m_n$$
$$W_n = W_{n-1} - \mu m_{n-1} - \alpha \mathrm{d}W_n$$

在梯度方向改变时，动量优化法能够降低参数更新速度，从而减少震荡；在梯度方向相同时，动量优化法可以加速参数更新，从而加速收敛。总而言之，动量优化法能够加速SGD收敛，抑制震荡。

3. 批量梯度下降（Batch Gradient Descent，BGB）法

批量梯度下降法是BGD法与SGD法的一种折中算法，其变化只利用批量尺寸大小的数据来计算梯度，即相比于SGD法的一个样本数量要多，但是远远小于总数据，如样本有10万个，批量大小可以选择为10、50、100。使用更多的样本，即可更好地接近函数真实的梯度值，使得优化时参数可向更好的方向移动，减少迂回次数及不确定性。

4. Python 实现

本小节通过利用梯度下降法的 Python 代码实现一维问题与二维问题。

1）一维问题

假设需要求解的目标函数如图 4-37 所示。

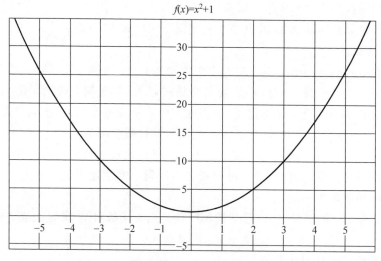

图 4-37　一维目标函数

从图 4-37 中可看出，它的最小值是 $x=0$ 处，利用梯度下降法实现代码为：

```python
"""一维问题的梯度下降法示例"""
def func_1d(x):
    """目标函数"""
    return x ** 2 + 1
def grad_1d(x):
    """目标函数的梯度"""
    return x * 2

def gradient_descent_1d(grad, cur_x = 0.1, learning_rate = 0.01, precision = 0.0001, max_iters = 10000):
    """一维问题的梯度下降法"""
    for i in range(max_iters):
        grad_cur = grad(cur_x)
        if abs(grad_cur) < precision:
```

```
        break  # 当梯度趋近为 0 时,视为收敛
        cur_x = cur_x - grad_cur * learning_rate
        print("第", i, "次迭代: x 值为 ", cur_x)
    print("局部最小值 x = ", cur_x)
    return cur_x
if __name__ == '__main__':
    gradient_descent_1d(grad_1d, cur_x = 10, learning_rate = 0.2, precision = 0.000001,
max_iters = 10000)
```

运行程序,输出如下:

```
第 0 次迭代: x 值为 6.0
第 1 次迭代: x 值为 3.5999999999999996
第 2 次迭代: x 值为 2.1599999999999997
第 3 次迭代: x 值为 1.2959999999999998
…
第 30 次迭代: x 值为 1.3264435183243986e-06
第 31 次迭代: x 值为 7.958661109946391e-07
第 32 次迭代: x 值为 4.775196665967835e-07
局部最小值 x = 4.775196665967835e-07
```

2) 二维问题

已知二维的目标函数为

$$f(x,y) = e^{-(x^2+y^2)}$$

对应的曲面如图 4-38 所示。

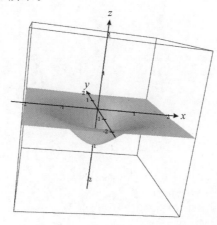

图 4-38 二维曲面

通过图 4-38 可观察到,该函数在[0,0]处有最小值。利用梯度下降法实现代码为:

```
import numpy as np
import random

def gen_line_data(sample_num = 100):
    x1 = np.linspace(0, 9, sample_num)
    x2 = np.linspace(1, 10, sample_num)
```

```python
    x3 = np.linspace(2, 11, sample_num)
    x = np.concatenate(([x1], [x2], [x3]), axis = 0).T
    y = np.dot(x, np.array([3, 4, 5]).T)                        # y,列向量
    return x, y

'''批量梯度下降法'''
def bgd(samples, y, step_size = 0.01, max_iter_count = 10000):
    sample_num, dim = samples.shape
    y = y.flatten()
    w = np.ones((dim,), dtype = np.float64)
    loss = 10
    iter_count = 0
    while loss > 0.00001 and iter_count < max_iter_count:
        loss = 0
        error = np.zeros((dim,), dtype = np.float64)
        for i in range(sample_num):
            predict_y = np.dot(w.T, samples[i])
            for j in range(dim):
                error[j] += (y[i] - predict_y) * samples[i][j]
        for j in range(dim):
            w[j] += step_size * error[j] / sample_num           #批量更新权重w
        for i in range(sample_num):
            predict_y = np.dot(w.T, samples[i])
            error = (1 / (sample_num * dim)) * np.power((predict_y - y[i]), 2)
            loss += error
        print("迭代次数：", iter_count, "损失值：", loss)
        iter_count += 1
    return w

'''随机梯度下降法'''
def sgd(samples, y, step_size = 0.01, max_iter_count = 10000):
    sample_num, dim = samples.shape
    y = y.flatten()
    w = np.ones((dim,), dtype = np.float64)
    loss = 10
    iter_count = 0
    while loss > 0.00001 and iter_count < max_iter_count:
        loss = 0
        error = np.zeros((dim,), dtype = np.float64)
        for i in range(sample_num):
            predict_y = np.dot(w.T, samples[i])
            for j in range(dim):
                error[j] += (y[i] - predict_y) * samples[i][j]
                w[j] += step_size * error[j]/sample_num  #每个样本更新一次权重w
        for i in range(sample_num):
            predict_y = np.dot(w.T, samples[i])
            error = (1 / (sample_num * dim)) * np.power((predict_y - y[i]), 2)
            loss += error
        print("迭代次数：", iter_count, "损失值：", loss)
        iter_count += 1
    return w
```

```python
'''小批量梯度下降法'''
def mbgd(samples, y, step_size = 0.01, max_iter_count = 10000, batch_size = 0.2):
    sample_num, dim = samples.shape
    y = y.flatten()
    w = np.ones((dim,), dtype = np.float64)
    loss = 10
    iter_count = 0
    while loss > 0.00001 and iter_count < max_iter_count:
        loss = 0
        error = np.zeros((dim,), dtype = np.float64)
        #随机选取小批量数据
        index = random.sample(range(sample_num), int(np.ceil(sample_num * batch_size)))
        batch_samples = samples[index]
        batch_y = y[index]

        for i in range(len(batch_samples)):
            predict_y = np.dot(w.T, batch_samples[i])
            for j in range(dim):
                #计算小批量数据的损失函数
                error[j] += (batch_y[i] - predict_y) * batch_samples[i][j]

        #更新小批量的权重
        for j in range(dim):
            w[j] += step_size * error[j] / len(batch_samples)
        for i in range(sample_num):
            predict_y = np.dot(w.T, samples[i])
            error = (1 / (sample_num * dim)) * np.power((predict_y - y[i]), 2)
            loss += error

        print("迭代次数：", iter_count, "损失值：", loss)
        iter_count += 1
    return w

if __name__ == '__main__':
    samples, y = gen_line_data()
    print(samples[0])
    print(samples[1])
    w = sgd(samples, y)
    print(w)                        #会很接近[3, 4, 5]
```

运行程序，输出如下：

```
[0. 1. 2.]
[0.09090909 1.09090909 2.09090909]
迭代次数：0 损失值：264.684616851024
迭代次数：1 损失值：70.88530213096136
...
迭代次数：38 损失值：1.6619804954207837e-05
迭代次数：39 损失值：1.2769466185976713e-05
迭代次数：40 损失值：9.811141775808024e-06
[2.99326869 3.99932008 5.00537146]
```

4.4.2 AdaGrad 算法

AdaGrad 算法(适应性梯度算法)是梯度下降法最直接的改进。梯度下降法依赖于人工设定的学习率,如果设置过小,收敛太慢;如果设置太大,可能导致算法不收敛。因此,学习率设置一个合适的值非常困难。

AdaGrad 算法根据迭代的历史梯度值动态调整学习率,且优化变量向量 x 的每一个分量都有自己的学习率。参数的更新公式为

$$(x_{t+1})_i = (x_t)_i - \alpha \frac{(g_t)_i}{\sqrt{\sum_{j=1}^{t}((g_j)_i)^2 + \varepsilon}}$$

其中,α 为学习率,g_t 是第 t 次迭代时参数的梯度向量,下标 i 表示向量的分量。和标准梯度下降法唯一不同的是多了分母这一项,它是 i 这个分量从第 1 轮到第 t 轮梯度的平方和,即累积了到本次迭代为止梯度的历史值信息用于生成梯度下降的系数值。

可以看到,实际上学习率 α 变成了 $\frac{\alpha}{\sqrt{\sum g^2}}$,随着迭代的增加,学习率是在逐渐变小的。式中的 ε 是为了防止分母为 0,一般取 1e-7。

AdaGrad 算法本身存在相应的优点与缺点。

1. 优点

AdaGrad 算法的优点表现在:

(1) 解决了 SGD 法中学习率不能自适应调整的问题,开始训练时学习率较大(激励收敛),中后期学习率越来越小(惩罚收敛)。

(2) 为不同的参数设置不同的学习率,梯度大的分量具有较大的学习率,梯度小的分量具有较小的学习率。

2. 缺点

AdaGrad 算法的缺点表现在:

(1) 学习率单调递减,在迭代后期学习率会变得特别小而导致收敛极其缓慢,甚至提前停止训练。

(2) 需要手动设置初始 α。

4.4.3 RMSProp 算法

RMSProp(均方根传播)算法是对 AdaGrad 算法的改进,AdaGrad 算法的改进是会累加之前所有迭代的梯度平方,用梯度平方的指数加权平均代替了全部梯度的平方和,避免后期更新时更新幅度逐渐趋近于 0 的问题。

计算公式如下:

$$E[g_t^2] = 0.9 E[g_{t-1}^2] + 0.1 g_t^2$$

$$\theta_{t+1} = \theta_t - \frac{\eta}{\sqrt{E[g_t^2] + \varepsilon}} g_t$$

η 为人工设定的学习率；$E[g_t^2]$ 是第 t 次迭代时梯度平方的指数平均值（对每个分量分别平方），可以看出 $E[g_t^2]$ 仅仅取决于当前的梯度值与上一时刻梯度平方和的平均值，相比于 AdaGrad 算法累加之前所有迭代的梯度平方，学习率的衰减速率大大降低。计算前初始化 $E[g_t^2]_0 = 0$。

RMSProp 算法的优点有：有效解决了 AdaGrad 算法后期学习率过小导致参数更新过于缓慢的问题。

RMSProp 算法的缺点为仍需要手动设置全局学习率 η。

4.4.4 AdaDelta 算法

RMSProp 和 AdaDelta 算法都是对 AdaGrad 算法的改进，从形式上来说，AdaDelta 算法是对 RMSProp 算法的分子做进一步的改进，去掉了对人工设置全局学习率的依赖。RMSProp 算法的计算公式上面已经给出，这里将分母简记为 RMS，表示梯度平方和的平均数的均方根：

$$\Delta\boldsymbol{\theta}_t = -\frac{\eta}{\text{RMS}[\boldsymbol{g}_t]}\boldsymbol{g}_t$$

此外，还将学习率 η 换成了 $\text{RMS}[\Delta\boldsymbol{\theta}]$，这就不需要提前设定学习率：

$$\Delta\boldsymbol{\theta}_t = -\frac{\text{RMS}[\Delta\boldsymbol{\theta}_{t-1}]}{\text{RMS}[\boldsymbol{g}_t]}\boldsymbol{g}_t$$

其中，$\text{RMS}[\Delta\boldsymbol{\theta}_{t-1}]$ 的计算公式与 $\text{RMS}[\boldsymbol{g}_t]$ 计算公式类似，等于下式开根号，可以看出学习率是通过梯度的历史值确定的：

$$E[\Delta\boldsymbol{\theta}_t^2] = \gamma E[\Delta\boldsymbol{\theta}_{t-1}^2] + (1-\gamma)\Delta\boldsymbol{\theta}_t^2$$

参数更新的迭代公式为

$$\boldsymbol{\theta}_{t+1} = \boldsymbol{\theta}_t + \Delta\boldsymbol{\theta}_t$$

在计算前需要初始化两个向量为 $\boldsymbol{0}$：

$$E[\boldsymbol{g}_0^2] = \boldsymbol{0}$$

$$E[\Delta\boldsymbol{\theta}_0^2] = \boldsymbol{0}$$

AdaDelta 算法的优点主要表现在完全自适应全局学习率，加速效率好。

AdaDelta 算法的缺点主要表现在后期容易在小范围内产生震荡。

4.4.5 Adam 算法

Adam 算法用于计算每个参数的自适应学习率的方法，相当于 RMSProp＋动量优化法。除了像 AdaDelta 和 RMSprop 一样存储了过去梯度平方和的指数平均值，也像动量优化法一样保持了过去梯度 m_t 的指数衰减平均值。算法用梯度构造了两个向量 $\boldsymbol{m}$ 和 $\boldsymbol{v}$，前者为动量项，后者累积了梯度的平方和，用于构造自适应学习率。

$$\boldsymbol{m}_t = \beta_1 \boldsymbol{m}_{t-1} + (1-\beta_1)\boldsymbol{g}_t$$

$$\boldsymbol{v}_t = \beta_2 \boldsymbol{v}_{t-1} + (1-\beta_2)\boldsymbol{g}_t^2$$

如果 $\boldsymbol{m}_t$ 和 $\boldsymbol{v}_t$ 被初始化为 $\boldsymbol{0}$ 向量，那它们就会向 0 偏置，所以做了偏差校正，通过计

算偏差校正后的 m_t 和 v_t 来抵消这些偏差：

$$\hat{m}_t = \frac{m_t}{1-\beta_1^t}$$

$$\hat{v}_t = \frac{v_t}{1-\beta_2^t}$$

参数的更新公式为：

$$\theta_{t+1} = \theta_t - \frac{\eta}{\sqrt{\hat{v}_t} + \varepsilon} \hat{m}_t$$

可以看到，分母与 RMSProp 和 AdaDelta 算法一样，只是分子引入了动量。

4.4.6 各优化方法实现

前面已对常用的各种优化方法进行了介绍，下面通过一个综合实例来演示各优化方法的 Python 实现。

【例 4-9】 AdaGrad、AdaDelta、动量优化法、RMSProp、Adam 等算法的综合实现。

```python
import math
import numpy as np
import matplotlib.pyplot as plt

RATIO = 3                    # 椭圆的长宽比
LIMIT = 1.2                  # 图像的坐标轴范围

class PlotComparaison(object):
    """多种优化器来优化函数 x1^2 + x2^2 * RATIO^2"""
    def __init__(self, eta = 0.1, mu = 0.9, beta1 = 0.9, beta2 = 0.99, rho = 0.9, epsilon = 1e
-10, angles = None, contour_values = None,
                 stop_condition = 1e-4):
        # 全部算法的学习率
        self.eta = eta
        # 启发式学习的终止条件
        self.stop_condition = stop_condition
        # 动量超参数
        self.mu = mu
        # RMSProp 的超参数
        self.beta1 = beta1
        self.beta2 = beta2
        self.epsilon = epsilon
        # AdaDelta 的超参数
        self.rho = rho
        # 用正态分布随机生成初始点
        self.x1_init, self.x2_init = np.random.uniform(LIMIT / 2, LIMIT), np.random.uniform(LIMIT / 2, LIMIT) / RATIO
        self.x1, self.x2 = self.x1_init, self.x2_init
        # 等高线相关
        if angles == None:
            angles = np.arange(0, 2 * math.pi, 0.01)
```

```python
        self.angles = angles
        if contour_values == None:
            contour_values = [0.25 * i for i in range(1, 5)]
        self.contour_values = contour_values
        setattr(self, "contour_colors", None)

    def draw_common(self, title):
        """画等高线、最优点和设置图片各种属性"""
        # 坐标轴尺度一致
        plt.gca().set_aspect(1)
        # 根据等高线的值生成坐标和颜色
        # 海拔越高颜色越深
        num_contour = len(self.contour_values)
        if not self.contour_colors:
            self.contour_colors = [(i / num_contour, i / num_contour, i / num_contour) for i in range(num_contour)]
            self.contour_colors.reverse()
        self.contours = [
            [
                list(map(lambda x: math.sin(x) * math.sqrt(val), self.angles)),
                list(map(lambda x: math.cos(x) * math.sqrt(val) / RATIO, self.angles))
            ]
            for val in self.contour_values
        ]
        # 画等高线
        for i in range(num_contour):
            plt.plot(self.contours[i][0],
                     self.contours[i][1],
                     linewidth = 1,
                     linestyle = '-',
                     color = self.contour_colors[i],
                     label = "y = {}".format(round(self.contour_values[i], 2))
                     )
        # 画最优点
        plt.text(0, 0, 'x*')
        # 图片标题
        plt.title(title)
        # 设置坐标轴名字和范围
        plt.xlabel("x1")
        plt.ylabel("x2")
        plt.xlim((-LIMIT, LIMIT))
        plt.ylim((-LIMIT, LIMIT))
        # 显示图例
        plt.legend(loc = 1)

    def forward_gd(self):
        """SGD 一次迭代"""
        self.d1 = -self.eta * self.dx1
        self.d2 = -self.eta * self.dx2
        self.ite += 1
```

```python
        def draw_gd(self, num_ite = 5):
            """画基础 SGD 法的迭代优化"""
            #初始化
            setattr(self, "ite", 0)
            setattr(self, "x1", self.x1_init)
            setattr(self, "x2", self.x2_init)
            #画每次迭代
            self.point_colors = [(i / num_ite, 0, 0) for i in range(num_ite)]
            plt.scatter(self.x1, self.x2, color = self.point_colors[0])
            for _ in range(num_ite):
                self.forward_gd()
                #迭代的箭头
                plt.arrow(self.x1, self.x2, self.d1, self.d2,
                          length_includes_head = True,
                          linestyle = ': ',
                          label = '{} ite'.format(self.ite),
                          color = 'b',
                          head_width = 0.08
                          )

                self.x1 += self.d1
                self.x2 += self.d2
                print("第{}次迭代后,坐标为({}, {})".format(self.ite, self.x1, self.x2))
                plt.scatter(self.x1, self.x2)                    #迭代的点
                if self.loss < self.stop_condition:
                    break

        def forward_momentum(self):
            """带动量优化法的 SGD 法一次迭代"""
            self.d1 = self.eta * (self.mu * self.d1_pre - self.dx1)
            self.d2 = self.eta * (self.mu * self.d2_pre - self.dx2)
            self.ite += 1
            self.d1_pre, self.d2_pre = self.d1, self.d2

        def draw_momentum(self, num_ite = 5):
            """画带动量优化法的迭代优化"""
            #初始化
            setattr(self, "ite", 0)
            setattr(self, "x1", self.x1_init)
            setattr(self, "x2", self.x2_init)
            setattr(self, "d1_pre", 0)
            setattr(self, "d2_pre", 0)

            #画每次迭代
            self.point_colors = [(i / num_ite, 0, 0) for i in range(num_ite)]
            plt.scatter(self.x1, self.x2, color = self.point_colors[0])
            for _ in range(num_ite):
                self.forward_momentum()
                #迭代的箭头
                plt.arrow(self.x1, self.x2, self.d1, self.d2,
                          length_includes_head = True,
                          linestyle = ': ',
```

```python
                        label = '{} ite'.format(self.ite),
                        color = 'b',
                        head_width = 0.08
                        )
            self.x1 += self.d1
            self.x2 += self.d2
            print("第{}次迭代后,坐标为({}, {})".format(self.ite, self.x1, self.x2))
            plt.scatter(self.x1, self.x2)                    #迭代的点
            if self.loss < self.stop_condition:
                break

def forward_nag(self):
    """SGD法一次迭代"""
    self.d1 = self.eta * (self.mu * self.d1_pre - self.dx1_nag)
    self.d2 = self.eta * (self.mu * self.d2_pre - self.dx2_nag)
    self.ite += 1
    self.d1_pre, self.d2_pre = self.d1, self.d2

def draw_nag(self, num_ite = 5):
    """画 SGD 法的迭代优化"""
    #初始化
    setattr(self, "ite", 0)
    setattr(self, "x1", self.x1_init)
    setattr(self, "x2", self.x2_init)
    setattr(self, "d1_pre", 0)
    setattr(self, "d2_pre", 0)

    #画每次迭代
    self.point_colors = [(i / num_ite, 0, 0) for i in range(num_ite)]
    plt.scatter(self.x1, self.x2, color = self.point_colors[0])
    for _ in range(num_ite):
        self.forward_nag()
        #迭代的箭头
        plt.arrow(self.x1, self.x2, self.d1, self.d2,
                    length_includes_head = True,
                    linestyle = ': ',
                    label = '{} ite'.format(self.ite),
                    color = 'b',
                    head_width = 0.08
                    )
        self.x1 += self.d1
        self.x2 += self.d2
        print("第{}次迭代后,坐标为({}, {})".format(self.ite, self.x1, self.x2))
        plt.scatter(self.x1, self.x2)                    #迭代的点
        if self.loss < self.stop_condition:
            break

def forward_rmsprop(self):
    """RMSProp算法的一次迭代"""
    w1 = self.beta2 * self.w1_pre + (1 - self.beta2) * (self.dx1 ** 2)
    w2 = self.beta2 * self.w2_pre + (1 - self.beta2) * (self.dx2 ** 2)
    self.ite += 1
```

```python
            self.w1_pre, self.w2_pre = w1, w2
            self.d1 = -self.eta * self.dx1 / (math.sqrt(w1) + self.epsilon)
            self.d2 = -self.eta * self.dx2 / (math.sqrt(w2) + self.epsilon)

    def draw_rmsprop(self, num_ite = 5):
        """画 RMSProp 算法的迭代优化"""
        # 初始化
        setattr(self, "ite", 0)
        setattr(self, "x1", self.x1_init)
        setattr(self, "x2", self.x2_init)
        setattr(self, "w1_pre", 0)
        setattr(self, "w2_pre", 0)
        # 画每次迭代
        self.point_colors = [(i / num_ite, 0, 0) for i in range(num_ite)]
        plt.scatter(self.x1, self.x2, color = self.point_colors[0])
        for _ in range(num_ite):
            self.forward_rmsprop()
            # 迭代的箭头
            plt.arrow(self.x1, self.x2, self.d1, self.d2,
                      length_includes_head = True,
                      linestyle = ':',
                      label = '{} ite'.format(self.ite),
                      color = 'b',
                      head_width = 0.08
                      )
            self.x1 += self.d1
            self.x2 += self.d2
            print("第{}次迭代后,坐标为({}, {})".format(self.ite, self.x1, self.x2))
            plt.scatter(self.x1, self.x2)              # 迭代的点
            if self.loss < self.stop_condition:
                break

    def forward_adam(self):
        """Adam 算法的一次迭代"""
        w1 = self.beta2 * self.w1_pre + (1 - self.beta2) * (self.dx1 ** 2)
        w2 = self.beta2 * self.w2_pre + (1 - self.beta2) * (self.dx2 ** 2)
        v1 = self.beta1 * self.v1_pre + (1 - self.beta1) * self.dx1
        v2 = self.beta1 * self.v2_pre + (1 - self.beta1) * self.dx2
        self.ite += 1
        self.v1_pre, self.v2_pre = v1, v2
        self.w1_pre, self.w2_pre = w1, w2
        v1_corr = v1 / (1 - math.pow(self.beta1, self.ite))
        v2_corr = v2 / (1 - math.pow(self.beta1, self.ite))
        w1_corr = w1 / (1 - math.pow(self.beta2, self.ite))
        w2_corr = w2 / (1 - math.pow(self.beta2, self.ite))
        self.d1 = -self.eta * v1_corr / (math.sqrt(w1_corr) + self.epsilon)
        self.d2 = -self.eta * v2_corr / (math.sqrt(w2_corr) + self.epsilon)

    def draw_adam(self, num_ite = 5):
        """画 Adam 算法的迭代优化"""
        # 初始化
        setattr(self, "ite", 0)
```

```python
        setattr(self, "x1", self.x1_init)
        setattr(self, "x2", self.x2_init)
        setattr(self, "w1_pre", 0)
        setattr(self, "w2_pre", 0)
        setattr(self, "v1_pre", 0)
        setattr(self, "v2_pre", 0)
        #画每次迭代
        self.point_colors = [(i / num_ite, 0, 0) for i in range(num_ite)]
        plt.scatter(self.x1, self.x2, color = self.point_colors[0])
        for _ in range(num_ite):
            self.forward_adam()
            #迭代的箭头
            plt.arrow(self.x1, self.x2, self.d1, self.d2,
                      length_includes_head = True,
                      linestyle = ': ',
                      label = '{} ite'.format(self.ite),
                      color = 'b',
                      head_width = 0.08
                      )
            self.x1 += self.d1
            self.x2 += self.d2
            print("第{}次迭代后,坐标为({}, {})".format(self.ite, self.x1, self.x2))
            plt.scatter(self.x1, self.x2) #迭代的点
            if self.loss < self.stop_condition:
                break

    def forward_adagrad(self):
        """AdaGrad算法的一次迭代"""
        w1 = self.w1_pre + self.dx1 ** 2
        w2 = self.w2_pre + self.dx2 ** 2
        self.ite += 1
        self.w1_pre, self.w2_pre = w1, w2
        self.d1 = - self.eta * self.dx1 / math.sqrt(w1 + self.epsilon)
        self.d2 = - self.eta * self.dx2 / math.sqrt(w2 + self.epsilon)

    def draw_adagrad(self, num_ite = 5):
        """画 AdaGrad 算法的迭代优化"""
        #初始化
        setattr(self, "ite", 0)
        setattr(self, "x1", self.x1_init)
        setattr(self, "x2", self.x2_init)
        setattr(self, "w1_pre", 0)
        setattr(self, "w2_pre", 0)

        #画每次迭代
        self.point_colors = [(i / num_ite, 0, 0) for i in range(num_ite)]
        plt.scatter(self.x1, self.x2, color = self.point_colors[0])
        for _ in range(num_ite):
            self.forward_adagrad()
            #迭代的箭头
            plt.arrow(self.x1, self.x2, self.d1, self.d2,
                      length_includes_head = True,
```

```python
                        linestyle = ': ',
                        label = '{} ite'.format(self.ite),
                        color = 'b',
                        head_width = 0.08
                        )
            self.x1 += self.d1
            self.x2 += self.d2
            print("第{}次迭代后,坐标为({}, {})".format(self.ite, self.x1, self.x2))
            plt.scatter(self.x1, self.x2)           #迭代的点
            if self.loss < self.stop_condition:
                break

    def forward_adadelta(self):
        """AdaDelta算法的一次迭代"""
        w1 = self.rho * self.w1_pre + (1 - self.rho) * (self.dx1 ** 2)
        w2 = self.rho * self.w2_pre + (1 - self.rho) * (self.dx2 ** 2)
        update1 = self.rho * self.update1_pre + (1 - self.rho) * (self.d1 ** 2)
        update2 = self.rho * self.update2_pre + (1 - self.rho) * (self.d2 ** 2)
        self.ite += 1
        self.update1_pre, self.update2_pre = update1, update2
        self.w1_pre, self.w2_pre = w1, w2
        self.d1 = - self.rms(update1) / self.rms(w1) * self.dx1
        self.d2 = - self.rms(update2) / self.rms(w2) * self.dx2

    def draw_adadelta(self, num_ite = 5):
        """画AdaDelta算法的迭代优化"""
        #初始化
        for attr in ["w{}_pre", "update{}_pre", "d{}"]:
            for dim in [1, 2]:
                setattr(self, attr.format(dim), 0)
        setattr(self, "ite", 0)
        setattr(self, "x1", self.x1_init)
        setattr(self, "x2", self.x2_init)
        #画每次迭代
        self.point_colors = [(i / num_ite, 0, 0) for i in range(num_ite)]
        plt.scatter(self.x1, self.x2, color = self.point_colors[0])
        for _ in range(num_ite):
            self.forward_adadelta()
            #迭代的箭头
            plt.arrow(self.x1, self.x2, self.d1, self.d2,
                        length_includes_head = True,
                        linestyle = ': ',
                        label = '{} ite'.format(self.ite),
                        color = 'b',
                        head_width = 0.08
                        )
            self.x1 += self.d1
            self.x2 += self.d2
            print("第{}次迭代后,坐标为({}, {})".format(self.ite, self.x1, self.x2))
            plt.scatter(self.x1, self.x2)           #迭代的点
            if self.loss < self.stop_condition:
                break
```

```python
    @property
    def dx1(self, x1 = None):
        return self.x1 * 2

    @property
    def dx2(self):
        return self.x2 * 2 * (RATIO ** 2)

    @property
    def dx1_nag(self, x1 = None):
        return (self.x1 + self.eta * self.mu * self.d1_pre) * 2

    @property
    def dx2_nag(self):
        return (self.x2 + self.eta * self.mu * self.d2_pre) * 2 * (RATIO ** 2)

    @property
    def loss(self):
        return self.x1 ** 2 + (RATIO * self.x2) ** 2

    def rms(self, x):
        return math.sqrt(x + self.epsilon)

    def show(self):
        #设置图片大小
        plt.figure(figsize = (20, 20))
        #展示
        plt.show()

num_ite = 10

xixi = PlotComparaison()
print("起始点为({}, {})".format(xixi.x1_init, xixi.x2_init))
xixi.draw_momentum(num_ite)
xixi.draw_common("使用 SGD 和动量优化 x1^2 + x2^2 * {}".format(RATIO ** 2))
xixi.show()
xixi.draw_rmsprop(num_ite)
xixi.draw_common("使用 RMSProp 优化 x1^2 + x2^2 * {}".format(RATIO ** 2))
xixi.show()
def adagrad(eta):
    xixi.eta = eta
    xixi.draw_adagrad(num_ite)
    xixi.draw_common("使用 AdaGrad 和 eta = {}优化 x1^2 + x2^2 * {}".format(RATIO ** 2, eta))
    xixi.show()
adagrad(1e - 1)
adagrad(1)
adagrad(10)
adagrad(100)

def adadelta(epsilon):
```

```
        xixi.epsilon = epsilon
        xixi.draw_adadelta(num_ite)
        xixi.draw_common("使用 AdaDelta 和 epsilon = {}优化 x1^2 + x2^2 * {} ".format(RATIO **
2, epsilon))
        xixi.show()

adadelta(1e - 2)
adadelta(1e - 1)
adadelta(1e - 2)
adadelta(1e - 3)
```

由于篇幅关系,运行结果在此不展示出来,可参考教材的附带代码(Unit4.ipynb)。

4.4.7 无约束多维极值

本小节介绍无约束多维极值优化算法中的梯度下降法,通过 Python 进行实现,并可视化展示了算法过程。

1. 算法过程

给定初始点,沿着负梯度方向(函数值下降最快的方向)按一定步长(学习率)进行搜索,直到满足算法终止条件才停止搜索。

2. 注意点

学习率不能太小,也不能太大。当然每次沿着负梯度方向搜索时,总会存在一个步长使得该次搜索的函数值最低,也就是一个无约束一维极值问题,可调用黄金分割法的无约束一维优化方法求取最佳步长(学习率)。

3. 算法适用性

- 有可能会陷入局部小值。
- 适用于凸函数,因为线性回归的损失函数(loss function)是凸函数,所以该算法的应用之一就是解决线性回归问题。

4. Python 实现

```
from sympy import *
import numpy as np
from mpl_toolkits.mplot3d import axes3d
import matplotlib.pyplot as plt
from matplotlib import cm
class CyrusGradientDescent(object):
    """
    func: 优化的目标函数
    x0: 初始化变量值
    alpha: 学习率,一般指定为(0~1),若不指定,则调取一维极值搜索法(黄金分割法)进行求取
最优学习率值
    epoch: 最大迭代次数,若不指定则默认为 1000
    eps: 精度,默认为 1e - 6
    """
    # 初始化输入参数
```

```python
    def __init__(self,func,x0,**kargs):
        self.var = [Symbol("x"+str(i+1)) for i in range(int(len(x0)))]
        func_input = "func(("
        for i in range(int(len(x0))):
            if i != int(len(x0))-1:
                func_input += "self.var["+str(i)+"]"+","
            else:
                func_input += "self.var["+str(i)+"]"+"))"
        self.func = eval(func_input)
        self.x = np.array(x0).reshape(-1,1)
        if "alpha" in kargs.keys():
            self.alpha = kargs["alpha"]
        else:
            self.alpha = None
        if "epoch" in kargs.keys():
            self.epoch = kargs["epoch"]
        else:
            self.epoch = 1e3
        if "eps" in kargs.keys():
            self.eps = kargs["eps"]
        else:
            self.eps = 1e-6
        self.process = []
        self.process.append(self.x)
    #定义计算函数值函数
    def cal_func_value(self,x):
        func = self.func
        for i in range(x.shape[0]):
            func = func.subs(self.var[i],x[i,0])
        return func
    #定义计算雅可比矩阵,即梯度的函数
    def cal_gradient(self):
        f = Matrix([self.func])
        v = Matrix(self.var)
        gradient = f.jacobian(v)
        gradient_value = []
        for diff_func in list(gradient):
            for i in range(len(self.var)):
                diff_func = diff_func.subs(self.var[i],self.x[i,0])
            gradient_value.append(diff_func)
        return np.array(gradient_value).reshape(-1,1)
    #如果未指定学习率α,则计算最优学习率的函数
    def cal_alpha(self,gradient_value):
        if self.alpha != None:
            return self.alpha
        else:
            def alpha_func(alpha):
                x = self.x - alpha*gradient_value
                return self.cal_func_value(x)
            from minimize_golden import Minimize_Golden
            return Minimize_Golden(func = alpha_func).run()[0]
    #定义更新变量值的函数
```

```python
        def update_x(self,alpha,gradient_value):
            self.x = self.x - alpha * gradient_value
            self.process.append(self.x)
        #定义可视化函数(当目标函数只有两个自变量时才使用)
        def visual(self,x1,x2):
            X1,X2 = np.meshgrid(x1,x2)
            Z = np.ones(X1.shape)
            for i in range(X1.shape[0]):
                for j in range(X1.shape[1]):
                    Z[i,j] = self.cal_func_value(np.array([X1[i,j],X2[i,j]]).reshape(-1,1))
            fig = plt.figure(figsize=(16,8))
            z = []
            x = []
            y = []
            for i in range(len(self.process)):
                z.append(self.cal_func_value(self.process[i]))
                x.append(self.process[i][0,0])
                y.append(self.process[i][1,0])
            ax = fig.add_subplot(1,1,1,projection = "3d")
            ax.plot_wireframe(X1,X2,Z,rcount = 20,ccount = 20)
            ax.plot(x,y,z,color = "r",marker = "*")
        #统筹运行
        def run(self):
            for i in range(int(self.epoch)):
                #计算梯度
                gradient_value = self.cal_gradient()
                if(gradient_value == 0).all():
                    return self.x,self.cal_func_value(self.x)
                #计算学习率α
                alpha = self.cal_alpha(gradient_value)
                #更新变量值
                x_old = self.x
                self.update_x(alpha,gradient_value)
                if np.abs(self.cal_func_value(x_old) - self.cal_func_value(self.x)) < self.eps:
                    return self.x,self.cal_func_value(self.x)
            return self.x,self.cal_func_value(self.x)

if __name__ == "__main__":
    def func(x):
        return x[0]**2 + x[1]**2 + 100
    gd_model = CyrusGradientDescent(func = func,x0 = (-5,5),alpha = 0.1)
    x,y_min = gd_model.run()
    print("*"*10,"梯度下降法","*"*10)
    print("x: ",x)
    print("y_min: ",y_min)
    x1 = np.linspace(-5,5,100)
    x2 = np.linspace(-5,5,100)
    gd_model.visual(x1,x2)
```

运行程序，输出如下，效果如图 4-39 所示。

```
********** 梯度下降法 **********
x: [[-0.000830767497365573]
 [0.000830767497365573]]
y_min: 100.000001380349
```

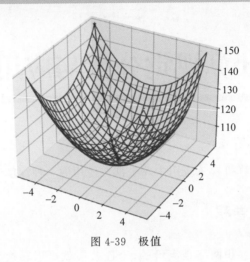

图 4-39 极值

第 5 章

计算视觉分析与应用

卷积神经网络是计算机视觉应用中几乎都在使用的一种深度学习模型。

5.1 从全连接到卷积

全连接网络其实和卷积网络是等价的,全连接层就可以转换为卷积层,只不过这个卷积层比较特殊,称为全卷积层,下面举一个简单的例子来说明全连接层如何转换为全卷积层。

由图 5-1 所示,假定要将一个 $2\times2\times1$ 的特征图(feature map)通过全连接层输出为一个 4 维向量,图中的矩阵 X 即是这个 $2\times2\times1$ 的特征图,向量 Y 就是输出的 4 维向量,全连接层即是将特征图由矩阵形式展开成向量形式,该向量即为全连接层的输入。

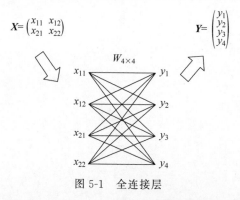

图 5-1 全连接层

如图 5-2 所示,全连接层的运算就是矩阵运算,输出向量 Y 就是由权重矩阵 W 乘展开成向量的 X',可以看到,对于每一个 y_i,都是由权重矩阵的第 i 行与 X' 对应元素相乘,这个相乘的过程和用权重矩阵的第 i 行所构成的卷积核去卷积 X 会产生一样的结果。

那么将 $2\times2\times1$ 的特征图通过全连接层得到 4 维向量就相当于以全连接层中的权重矩阵中的 4 行向量所组成的 4 个卷积核去卷积 $2\times2\times1$ 的特征图,如图 5-3 所示,此时的卷积核的大小就和特征图的大小一样,因此称为全卷积,全卷积最终得到 $1\times1\times4$ 的

$$X = \begin{pmatrix} x_{11} & x_{12} \\ x_{21} & x_{22} \end{pmatrix} \qquad Y = \begin{pmatrix} y_1 \\ y_2 \\ y_3 \\ y_4 \end{pmatrix}$$

$$WX' = Y$$

$$W = \begin{pmatrix} w_{11} & w_{12} & w_{13} & w_{14} \\ w_{21} & w_{22} & w_{23} & w_{24} \\ w_{31} & w_{32} & w_{33} & w_{34} \\ w_{41} & w_{42} & w_{43} & w_{44} \end{pmatrix} \qquad X' = \begin{pmatrix} x_{11} \\ x_{12} \\ x_{21} \\ x_{22} \end{pmatrix}$$

$$y_1 = x_{11}w_{11} + x_{12}w_{12} + x_{21}w_{13} + x_{22}w_{14}$$

$$y_1 = \begin{pmatrix} w_{11} & w_{12} \\ w_{13} & w_{14} \end{pmatrix} \begin{pmatrix} x_{11} & x_{12} \\ x_{21} & x_{22} \end{pmatrix}$$

图 5-2 全连接层运算

矩阵,这和 4 维向量效果是一样的。

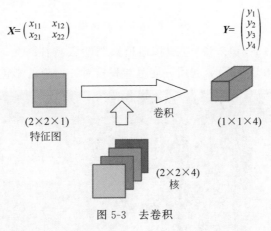

图 5-3 去卷积

5.2 卷积神经网络

卷积神经网络是多层感知机(MLP)的优化,其本质是一个多层感知机,成功的原因在于其所采用的局部连接和权值共享的方式:一方面减少了权值的数量使得网络易于优化;另一方面降低了模型的复杂度,也就是减小了过拟合的风险。

该优点在网络的输入为图像时表现得更为明显,使得图像可以直接作为网络的输入,避免了传统识别算法中复杂的特征提取和数据重建的过程,在二维图像的处理过程中有很大的优势,如网络能够自行抽取图像的特征,包括颜色、纹理、形状及图像的拓扑结构,在处理二维图像的问题上,特别是识别位移、缩放及其他形式扭曲不变性的应用上具有良好的健壮性和运算效率等。

5.2.1 卷积计算过程

卷积(convolution)计算的过程中:
(1) 卷积计算可被认为是一种有效提取图像特征的方法。
(2) 一般会用一个正方形的卷积核,按指定步长,在输入特征图上滑动,遍历输入特征图中的每个像素点。对每一个步长,卷积核会与输入特征图出现重合区域,重合区域对应元素相乘、求和再加上偏置项得到输出特征的一个像素点。

如图 5-4 所示,利用大小为 $3×3×1$ 的卷积核对 $5×5×1$ 的单通道图像做卷积计算得到相应结果。

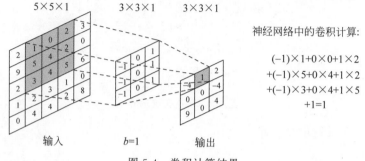

图 5-4　卷积计算结果

对于彩色图像(多通道)来说,卷积核通道数与输入特征一致,套接后在对应位置上进行乘和加操作,如图 5-5 所示,利用三通道卷积核对三通道的彩色特征图做卷积计算。

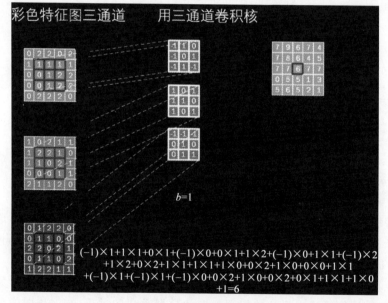

图 5-5　三通道卷积核

5.2.2　感受野

感受野(receptive field)是指卷积神经网络各输出层每个像素点在原始图像上的映射区域大小。图 5-6 为感受野示意图。

当卷积核的尺寸不同时,最大的区别就是感受野的大小不同,所以经常会采用多层小卷积核来替换一层大卷积核,在保持感受野相同的情况下减少参数量和计算量。例如,常用两层 $3×3$ 卷积核来替换一层 $5×5$ 卷积核的方法,如图 5-7 所示。

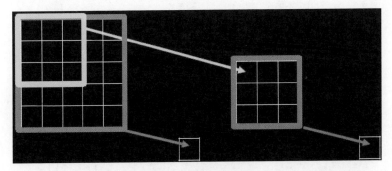

图 5-6 感受野示意图

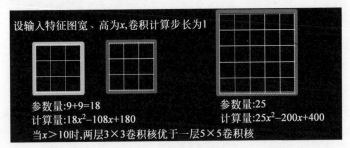

图 5-7 卷积核的替换

5.2.3 输出特征尺寸计算

在了解神经网络中卷积计算的整个过程后,就可以对输出特征图的尺寸进行计算。如图 5-8 所示,5×5 的图像经过 3×3 大小的卷积核做卷积计算后输出的特征尺寸为 3×3。

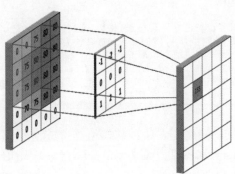

输出图片边长=(输入图片边长−卷积核长+1)/步长
此图:(5−3+1)/1=3

图 5-8 输出特征计算

5.2.4 全零填充

为了保持输出图像尺寸与输入图像一致,经常会在输入图像周围进行全零填充(padding)。如图 5-9 所示,在 5×5 的输入图像周围填 0,则输出特征尺寸同为 5×5。

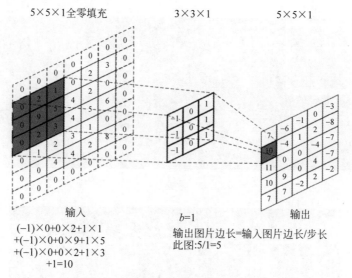

图 5-9 全零填充

在 TensorFlow 框架中,用参数 padding='same'或 padding='valid'表示是否进行全零填充,其对输出特征尺寸大小的影响如图 5-10 所示。

$$padding=\begin{cases} \text{'same',} & \dfrac{\text{入长}}{\text{步长}} \text{ (面积不变)} \\ \text{'valid'(不全零填充),} & \dfrac{\text{入长-核长+1}}{\text{步长}} \text{ (向上取整)} \end{cases}$$

图 5-10 输出特征尺寸大小

TensorFlow 描述卷积层:

```
tf.keras.layers.Conv2D (
filters = 卷积核个数
kernel_size = 卷积核尺寸, #正方形写核长,整数,或(核高 h,核宽 w)strides = 滑动步长,横纵向
 #相同写步长,整数,或(纵向步长 h,横向步长 w),默认为 1
padding = 'same'或'valid', #使用全零填充是'same',不使用是'valid'(默认)
activation = 'ReLU'or 'sigmoid 'or 'tanh 'or 'softmax'等, #如有 BN 此处不写
input_shape = (高, 宽, 通道数) #输入特征图维度,可省略
)
```

对应的代码形式为:

```
model = tf.keras.models.Sequential([Conv2D(6, 5, padding = 'valid', activation = 'sigmoid'),
MaxPool2D(2, 2),
        Conv2D(6, (5, 5), padding = 'valid', activation = 'sigmoid'),MaxPool2D(2, (2, 2)),
        Conv2D(filters = 6, kernel_size = (5, 5),padding = 'valid', activation = 'sigmoid'),
MaxPool2D(pool_size = (2, 2), strides = 2),
        Flatten(),
        Dense(10, activation = 'softmax')
    ])
```

5.2.5 批标准化

标准化是指使数据符合均值为 0、标准差为 1 的分布;如果对一小批数据(batch)做

标准化处理即为批标准化(Batch Normalization,BN),效果如图5-11所示。

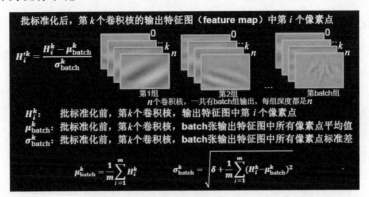

图 5-11　批标准化

BN将神经网络每层的输入都调整到均值为0、方差为1的标准正态分布,其目的是解决神经网络中梯度消失的问题,如图5-12所示。

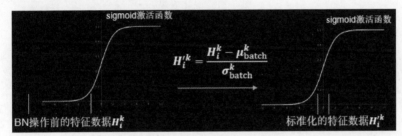

图 5-12　梯度消失

BN操作的另一个重要步骤是缩放和偏移。值得注意的是,缩放因子γ以及偏移因子β都是可训练参数,如图5-13所示。

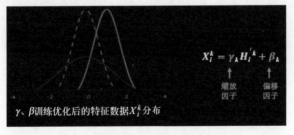

图 5-13　缩放和偏移

对应的代码形式为:

```
model = tf.keras.models.Sequential([Conv2D(filters = 6, kernel_size = (5, 5), padding =
'same'),                                                    # 卷积层
    BatchNormalization(),                                   # BN 层
    Activation('ReLU'),                                     # 激活层
    MaxPool2D(pool_size = (2, 2), strides = 2, padding = 'same'),   # 池化层
    Dropout(0.2),                                           # dropout 层
])
```

提示：BN 层位于卷积层之后，激活层之前。

5.2.6 池化

池化（pooling）用于减少特征数据量，最大池化可提取图片纹理，均值池化可保留背景特征，效果如图 5-14 所示。

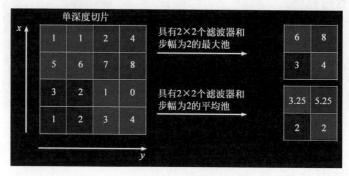

图 5-14 池化效果

Tensorflow 描述池化：

```
tf.keras.layers.MaxPool2D(
pool_size = size1                    # 正方形写核长整数,或(核高 h,核宽 w)
strides = poolstep                   # 步长整数,或(纵向步长 h,横向步长 w)
pool_sizepadding = 'valid'           # 取'valid'(默认) 或'same'(全零填充)值)

tf.keras.layers.AveragePooling2D(
pool_size = size2,                   # 正方形写核长整数,或(核高 h,核宽 w)
strides = poolstep                   # 步长整数,或(纵向步长 h,横向步长 w)
pool_sizepadding = 'valid'           # 取'valid'(默认) 或'same'(全零填充)值)
#卷积层
model = tf.keras.models.Sequential([Conv2D(filters = 6, kernel_size = (5, 5), padding = 'same'),
    BatchNormalization(),                                    # BN 层
    Activation('relu'),                                      # 激活层
    MaxPool2D(pool_size = (2, 2), strides = 2, padding = 'same'),   # 池化层
    Dropout(0.2),                                            # dropout 层
])
```

5.2.7 舍弃

在神经网络训练时，将一部分神经元按照一定概率从神经网络中暂时舍弃（dropout）。神经网络使用时，被舍弃的神经元恢复连接，效果如图 5-15 所示。

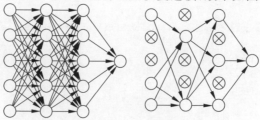

图 5-15 舍弃

对应的代码形式为：

```
model = tf.keras.models.Sequential([Conv2D(filters = 6, kernel_size = (5, 5), padding = 'same'),                                              # 卷积层
    BatchNormalization(),                                       # BN 层
    Activation('ReLU'),                                         # 激活层
    MaxPool2D(pool_size = (2, 2), strides = 2, padding = 'same'),  # 池化层
    Dropout(0.2),                                               # dropout 层
])
```

【例 5-1】 卷积神经网络识别手写数字。

```
'''模型的训练'''
from tensorflow.keras.datasets import mnist
from tensorflow.keras import models
from tensorflow.keras import layers
from tensorflow.keras import optimizers
from tensorflow.keras import losses
from tensorflow.keras import utils

if __name__ == '__main__':
    (train_images,train_labels),(test_images,test_labels) = mnist.load_data()
    print(train_images.shape) # (60000, 28, 28)
    print(train_labels.shape) # (60000,)
    #准备训练数据
    train_images = train_images.reshape(train_images.shape[0],28,28,1) # (60000,28,28,1)
    #将图像数据归一化到 0～1
    train_images = train_images.astype('float32')/255
    test_images = test_images.reshape(test_images.shape[0],28,28,1)
    test_images = test_images.astype('float32')/255
    #准备标签,标签变为 one-hot 型
    train_labels = utils.to_categorical(train_labels) # (60000, 10)
    test_labels = utils.to_categorical(test_labels)
    #将训练数据拿出 1/5 作为验证数据
    x_train = train_images[:48000]
    y_train = train_labels[:48000]
    x_val = train_images[48000:]
    y_val = train_labels[48000:]
    #创建网络模型
    model = models.Sequential()
    model.add(layers.Conv2D(32,(3,3),strides = (1,1),padding = 'valid',activation = 'ReLU',input_shape = (28,28,1)))
    model.add(layers.MaxPooling2D(pool_size = (2,2),strides = None,padding = 'valid'))
    model.add(layers.Conv2D(64,(3,3),strides = (1,1),padding = 'valid',activation = 'ReLU'))
    model.add(layers.MaxPooling2D(pool_size = (2,2),strides = None,padding = 'valid'))
    model.add(layers.Conv2D(64,(3,3),strides = (1,1),padding = 'valid',activation = 'ReLU'))
```

```
    model.add(layers.Flatten())
    model.add(layers.Dense(64,activation = 'ReLU'))
    model.add(layers.Dense(10,activation = 'softmax'))

    #编译网络:优化器、损失函数、监控指标
    model.compile(optimizer = 'rmsprop',
                  loss = 'categorical_crossentropy',
                  metrics = ['accuracy'])
    model.summary()
    #拟合网络
    history = model.fit(x = x_train,y = y_train,batch_size = 128,epochs = 5,validation_data
= (x_val,y_val))
    print(history.history)
    #检查模型在测试数据上的性能
    test_loss,test_acc = model.evaluate(x = test_images,y = test_labels)
    print(test_acc)
    #保存模型
    model.save('mnist_cnn.h5')
```

运行程序,输出如下:

```
Downloading data from https://storage.googleapis.com/tensorflow/tf-keras-datasets/
mnist.npz
11490434/11490434 [==============================] - 55s 5us/step
(60000, 28, 28)
(60000,)
Model: "sequential"
_____
Layer (type)                 Output Shape              Param #
=================================================================
conv2d (Conv2D)              (None, 26, 26, 32)        320
max_pooling2d (MaxPooling2D) (None, 13, 13, 32)        0
)
conv2d_1 (Conv2D)            (None, 11, 11, 64)        18496
max_pooling2d_1 (MaxPooling  (None, 5, 5, 64)          0
2D)
conv2d_2 (Conv2D)            (None, 3, 3, 64)          36928
flatten (Flatten)            (None, 576)               0
dense (Dense)                (None, 64)                36928
dense_1 (Dense)              (None, 10)                650
=================================================================
Total params: 93,322
Trainable params: 93,322
Non-trainable params: 0
_____
Epoch 1/5
375/375 [==============================] - 27s 70ms/step - loss: 0.2694 -
accuracy: 0.9153 - val_loss: 0.0806 - val_accuracy: 0.9753
...
```

{'loss': [0.2693770229816437, 0.06094488874077797, 0.04082140699028969, 0.03071589395403862, 0.022480076178908348], 'accuracy': [0.9152708053588867, 0.9813541769981384, 0.9871875047683716, 0.9898333549499512, 0.9929583072662354], 'val_loss': [0.08064586669206619, 0.04999165236949921, 0.040647201240062714, 0.04069573059678078, 0.04543827474117279], 'val_accuracy': [0.9752500057220459, 0.9852499961853027, 0.9882500171661377, 0.9879999756813049, 0.9869166612625122]}
313/313 [==============================] - 2s 5ms/step - loss: 0.0374 - accuracy: 0.9881
0.988099992275238

识别的数字如图 5-16 所示。

图 5-16 数字识别

```
'''网络模型的调用'''
from tensorflow.keras.datasets import mnist
from tensorflow.keras import models
import cv2
import numpy as np

if __name__ == '__main__':
    (train_images,train_labels),(test_images,test_labels) = mnist.load_data()
    # 直接载入的图像范围是 0~255
    print(train_images[0].shape) # (28, 28)
    # OpenCV 的图像数据是(rows,cols,channels)
    test_img = test_images[0].reshape(28,28,1) # (28, 28, 1)
    print(test_img.shape)
    cv2.imshow('test',test_img)
    cv2.waitKey(0)
    # 载入模型
    network = models.load_model('mnist_cnn.h5')
    network.summary()
    # 模型中载入的图像数据是批量的,必须包含 batch,即使 batch 为 1
    test_img = test_img.reshape((1,) + test_img.shape) # (1,28,28,1)
    # 归一化为 0~1
    test_img = test_img.astype('float32')/255
    # 进行预测
    output = network.predict(test_img) # (batch,10)
    # 取出轴 1 的最大值
    output = output.argmax(axis = 1)
    print(output)
```

运行程序,输出如下:

(28, 28)
(28, 28, 1)

5.3 现代经典网络

卷积和池化的随机组合赋予了 CNN 很大的灵活性，因此也诞生了很多耳熟能详的经典网络，LeNet、AlexNet、VGGNet、NiN、Google Inception Net、ResNet、DenseNet 这几种网络在深度和复杂度方面依次递增。下面将分别介绍这几种网络原理、架构以及实现。

5.3.1 LeNet 网络

LeNet 网络诞生于 1994 年，是最早的深层卷积神经网络之一，并且推动了深度学习的发展。它是第一个成功大规模应用在手写数字识别问题的卷积神经网络，在 MNIST 数据集中的正确率可以高达 99.2%。

图 5-17 为 LeNet-5 网络工作的原理图。

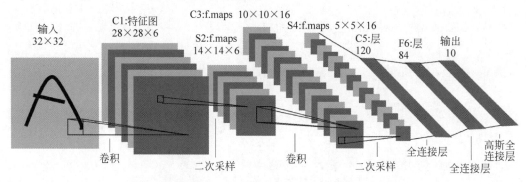

图 5-17　LeNet-5 网络工作的原理图

LeNet-5 网络是针对灰度图进行训练的，输入图像大小为 $32\times32\times1$，不包含输入层的情况下共有 7 层，每层都包含可训练参数（连接权重），具体如下。

(1) C1 层是一个卷积层（通过卷积运算，可以使原信号特征增强，并且降低噪声）。第一层使用 5×5 大小的滤波器 6 个，步长 $s=1$，padding$=0$，输出得到的特征图大小为 $28\times28\times6$，一共有 156 个可训练参数（每个滤波器 $5\times5=25$ 个 unit 参数和 1 个 bias 参数，一共 6 个滤波器，共 $(5\times5+1)\times6=156$ 个参数），共 $156\times(28\times28)=122\,304$ 个连接。

(2) S2 层是一个下采样层（平均池化层），利用图像局部相关性的原理，对图像进行子抽样，可以：

- 减少数据处理量，同时保留有用信息；
- 降低网络训练参数及模型的过拟合程度。

第二层使用 2×2 大小的滤波器，步长 $s=2$，padding$=0$，输出得到的特征图大小为 14 146。池化层只有一组超参数 f 和 s，没有需要学习的参数。

(3) C3 层是一个卷积层。第三层使用 5×5 大小的滤波器 16 个，步长 $s=1$，padding$=0$，输出得到的特征图大小为 $10\times10\times16$。C3 有 416 个可训练参数。

(4) S4 层是一个下采样层(平均池化层)。第四层使用 2×2 大小的滤波器,步长 s=2,padding=0,输出得到的特征图大小为 5×5×16。

(5) F5 层是一个全连接层,有 120 个单元,是由上一层输出经过 120 个大小为 5×5 的卷积核得到的,没有 padding,步长 s=1,上一层的 16 个特征图都连接到该层的每一个单元,所以这里相当于一个全连接层。

(6) F6 层是一个全连接层,有 84 个单元,与上一层构成全连接的关系,再经由 sigmoid 激活函数传到输出层。

(7) 输出层也是一个全连接层,共有 10 个单元,对应 0~9 共 10 个数字。本层单元计算的是径向基函数 $y_i = \sum_j (x - w_{i,j})^2$,RBF 的计算与第 i 个数字的比特图编码有关,对于第 i 个单元,y_i 的值越接近 0,则表示越接近第 i 个数字的比特编码,即识别当前输入的结果为第 i 个数字。

LeNet-5 网络基于 PyTorch 的网络实现:

```python
import torch
import torch.nn as nn
import torch.optim as optim
import time
# net
class Flatten(torch.nn.Module):                    # 展平操作
    def forward(self, x):
        return x.view(x.shape[0], -1)


class Reshape(torch.nn.Module):                    # 图像重构
    def forward(self, x):
        return x.view(-1, 1, 32, 32)               # (B x C x H x W),通道数在第二维度

net = torch.nn.Sequential(
    Reshape(),
    nn.Conv2d(in_channels=1, out_channels=6, kernel_size=5, stride=1),
                                                   # b*1*32*32 => b*6*28*28
    nn.Sigmoid(),
    nn.AvgPool2d(kernel_size=2, stride=2),         # b*6*28*28 => b*6*14*14
    nn.Conv2d(in_channels=6, out_channels=16, kernel_size=5),
                                                   # b*6*14*14 => b*16*10*10
    nn.Sigmoid(),
    nn.AvgPool2d(kernel_size=2, stride=2),         # b*16*10*10 => b*16*5*5
    Flatten(),                                     # b*16*5*5 => b*400
    nn.Linear(in_features=16*5*5, out_features=120),
    nn.Sigmoid(),
    nn.Linear(120, 84),
    nn.Sigmoid(),
    nn.Linear(84, 10)
)

X = torch.randn(size=(1, 1, 32, 32), dtype=torch.float32)
for layer in net:
```

```
            X = layer(X)
            print(layer.__class__.__name__,'output shape: \t',X.shape)
```

运行程序,输出如下:

```
Reshape output shape:         torch.Size([1, 1, 32, 32])
Conv2d output shape:          torch.Size([1, 6, 28, 28])
Sigmoid output shape:         torch.Size([1, 6, 28, 28])
AvgPool2d output shape:       torch.Size([1, 6, 14, 14])
Conv2d output shape:          torch.Size([1, 16, 10, 10])
Sigmoid output shape:         torch.Size([1, 16, 10, 10])
AvgPool2d output shape:       torch.Size([1, 16, 5, 5])
Flatten output shape:         torch.Size([1, 400])
Linear output shape:          torch.Size([1, 120])
Sigmoid output shape:         torch.Size([1, 120])
Linear output shape:          torch.Size([1, 84])
Sigmoid output shape:         torch.Size([1, 84])
Linear output shape:          torch.Size([1, 10])
```

5.3.2　AlexNet 网络

AlexNet 网络由 5 个卷积层和 3 个池化层以及 3 个全连接层构成。AlexNet 网络跟 LeNet 网络结构类似,但使用了更多的卷积层和更大的参数空间来拟合大规模数据集 ImageNet。它是浅层神经网络和深度神经网络的分界线,其结构如图 5-18 所示。

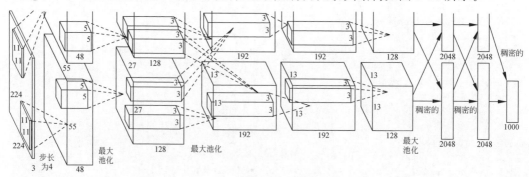

图 5-18　AlexNet 网络结构

图 5-17 中的输入是 224×224,所以使用 227×227 作为输入,则(227−11)/4=55。网络包含 8 个带权重的层,前 5 层是卷积层,剩下的 3 层是全连接层。最后一层全连接层的输出是 1000 维 softmax 的输入,softmax 会产生 1000 类标签的分布。

(1) 卷积层 C1,该层的处理流程是:卷积→ReLU→池化→局部响应归一化。

- 卷积,输入为 227×227,使用 96 个 11×11×3 的卷积核,得到的 FeatureMap(特征图)为 55×55×96。
- ReLU,将卷积层输出的 FeatureMap 输入到 ReLU 函数中。
- 池化,使用 3×3、步长为 2 的池化单元(重叠池化,步长小于池化单元的宽度),输出为 27×27×96((55−3)/2+1=27)。

- 局部响应归一化,使用 $k=2, n=5, \alpha=10-4, \beta=0.75$ 进行局部归一化,输出为 $27\times27\times96$,输出分为 2 组,每组的大小为 $27\times27\times48$。

(2) 卷积层 C2,该层的处理流程是:卷积→ReLU→池化→局部响应归一化。

- 卷积,输入是 2 组 $27\times27\times48$。使用 2 组,每组 128 个大小为 $5\times5\times48$ 的卷积核,并做了边缘填充,padding$=2$,卷积的步长为 1,则输出的 FeatureMap 为 2 组,每组的大小为 $(27+2\times2-5)/1+1=27$。
- ReLU,将卷积层输出的 FeatureMap 输入到 ReLU 函数中。
- 池化运算的尺寸为 3×3,步长为 2,池化后图像的尺寸为 $(27-3)/2+1=13$,输出为 $13\times13\times256$。
- 局部响应归一化,使用 $k=2, n=5, \alpha=10-4, \beta=0.75$ 进行局部归一化,输出仍然为 $13\times13\times256$,输出分为 2 组,每组的大小为 $13\times13\times128$。

(3) 卷积层 C3,该层的处理流程是:卷积→ReLU。

- 卷积,输入是 $13\times13\times256$,使用 2 组共 384 个大小为 $3\times3\times256$ 的卷积核,做了边缘填充,padding$=1$,卷积的步长为 1。
- ReLU,将卷积层输出的 FeatureMap 输入到 ReLU 函数中。

(4) 卷积层 C4,该层的处理流程是:卷积→ReLU。

- 卷积,输入是 $13\times13\times384$,分为 2 组,每组为 $13\times13\times192$。使用 2 组,每组 192 个大小为 $3\times3\times192$ 的卷积核,做了边缘填充,padding$=1$,卷积的步长为 1,则输出的 FeatureMap 分为 2 组,每组的大小为 $13\times13\times192$。
- ReLU,将卷积层输出的 FeatureMap 输入到 ReLU 函数中。

(5) 卷积层 C5,该层处理流程为:卷积→ReLU→池化。

- 卷积,输入为 $13\times13\times384$,分为 2 组,每组为 $13\times13\times192$。使用 2 组,每组为 128 个大小为 $3\times3\times192$ 的卷积核,做了边缘填充,padding$=1$,卷积的步长为 1,则输出的 FeatureMap 为 $13\times13\times256$。
- ReLU,将卷积层输出的 FeatureMap 输入到 ReLU 函数中。
- 池化,池化运算的尺寸为 3×3,步长为 2,池化后图像的尺寸为 $(13-3)/2+1=6$,即池化后的输出为 $6\times6\times256$。

(6) 全连接层 FC6,该层的流程为:(卷积)全连接→ReLU→dropout。

- (卷积)全连接:输入为 $6\times6\times256$,该层有 4096 个卷积核,每个卷积核的大小为 $6\times6\times256$。由于卷积核的尺寸刚好与待处理特征图(输入)的尺寸相同,即卷积核中的每个系数只与特征图(输入)尺寸的一个像素值相乘,并一一对应,因此,该层被称为全连接层。由于卷积核与特征图的尺寸相同,卷积运算后只有一个值,因此,卷积后的像素层尺寸为 $4096\times1\times1$,即有 4096 个神经元。
- ReLU,这 4096 个运算结果通过 ReLU 激活函数生成 4096 个值。
- dropout,抑制过拟合,随机地断开某些神经元的连接或者不激活某些神经元。

(7) 全连接层 FC7,该层流程为:全连接→ReLU→dropout。

- 全连接,输入为 4096 的向量。
- ReLU,这 4096 个运算结果通过 ReLU 激活函数生成 4096 个值。

- dropout,抑制过拟合,随机地断开某些神经元的连接或者不激活某些神经元。

(8) 输出层。

第七层输出的 4096 个数据与第八层的 1000 个神经元进行全连接,经过训练后输出 1000 个 float 型的值,这就是预测结果。

AlexNet 网络基于 PyTorch 的网络实现:

```python
import time
import torch
from torch import nn, optim
import torchvision
import numpy as np
import sys
import os
import torch.nn.functional as F

device = torch.device('cuda' if torch.cuda.is_available() else 'cpu')
class AlexNet(nn.Module):
    def __init__(self):
        super(AlexNet, self).__init__()
        self.conv = nn.Sequential(
            nn.Conv2d(1, 96, 11, 4), # in_channels, out_channels, kernel_size,
                                     # stride, padding
            nn.ReLU(),
            nn.MaxPool2d(3, 2), # kernel_size, stride
            # 减小卷积窗口,使用填充为 2 来使得输入与输出的高和宽一致,且增大输出通
            # 道数
            nn.Conv2d(96, 256, 5, 1, 2),
            nn.ReLU(),
            nn.MaxPool2d(3, 2),
            # 连续 3 个卷积层,且使用更小的卷积窗口。除了最后的卷积层外,进一步增大
            # 了输出通道数
            # 前两个卷积层后不使用池化层来减小输入的高和宽
            nn.Conv2d(256, 384, 3, 1, 1),
            nn.ReLU(),
            nn.Conv2d(384, 384, 3, 1, 1),
            nn.ReLU(),
            nn.Conv2d(384, 256, 3, 1, 1),
            nn.ReLU(),
            nn.MaxPool2d(3, 2)
        )
        # 此处全连接层的输出个数比 LeNet 中的大数倍。使用 dropout 层来缓解过拟合
        self.fc = nn.Sequential(
            nn.Linear(256 * 5 * 5, 4096),
            nn.ReLU(),
            nn.Dropout(0.5),
            nn.Linear(4096, 4096),
            nn.ReLU(),
            nn.Dropout(0.5),
            nn.Linear(4096, 1000),
        )
```

```
        def forward(self, img):
            feature = self.conv(img)
            output = self.fc(feature.view(img.shape[0], -1))
            return output
net = AlexNet()
print(net)
```

运行程序，输出如下：

```
AlexNet(
  (conv): Sequential(
    (0): Conv2d(1, 96, kernel_size = (11, 11), stride = (4, 4))
    (1): ReLU()
    (2): MaxPool2d(kernel_size = 3, stride = 2, padding = 0, dilation = 1, ceil_mode = False)
    (3): Conv2d(96, 256, kernel_size = (5, 5), stride = (1, 1), padding = (2, 2))
    (4): ReLU()
    (5): MaxPool2d(kernel_size = 3, stride = 2, padding = 0, dilation = 1, ceil_mode = False)
    (6): Conv2d(256, 384, kernel_size = (3, 3), stride = (1, 1), padding = (1, 1))
    (7): ReLU()
    (8): Conv2d(384, 384, kernel_size = (3, 3), stride = (1, 1), padding = (1, 1))
    (9): ReLU()
    (10): Conv2d(384, 256, kernel_size = (3, 3), stride = (1, 1), padding = (1, 1))
    (11): ReLU()
    (12): MaxPool2d(kernel_size = 3, stride = 2, padding = 0, dilation = 1, ceil_mode = False)
  )
  (fc): Sequential(
    (0): Linear(in_features = 6400, out_features = 4096, bias = True)
    (1): ReLU()
    (2): Dropout(p = 0.5, inplace = False)
    (3): Linear(in_features = 4096, out_features = 4096, bias = True)
    (4): ReLU()
    (5): Dropout(p = 0.5, inplace = False)
    (6): Linear(in_features = 4096, out_features = 1000, bias = True)
  )
)
```

5.3.3 VGGNet 网络

VGGNet 是牛津大学计算机视觉组（Visual Geometry Group）和 Google DeepMind 公司的研究员一起研发的深度卷积神经网络。

VGGNet 探索了卷积神经网络的深度与其性能之间的关系，通过反复地堆叠 3×3 的小型卷积核和 2×2 的最大池化层，构建了 16～19 层深度的卷积神经网络，整个网络结构简洁，都使用同样大小的卷积核尺寸（3×3）和最大池化尺寸（2×2）。VGGNet 的扩展性很强，迁移到其他图片数据上的泛化性很好，因此，目前为止，也常被用来抽取图像的特征，被广泛用于其他很多地方。

VGGNet 网络中全部使用了 3×3 的卷积核和 2×2 的池化核，通过不断加深网络结构来提升性能。图 5-19 所示为 VGGNet 各级别的网络结构和每一级别的参数量，从 11

层的网络一直到 19 层的网络都有详尽的性能测试。

ConvNet Configuration					
A	A-LRN	B	C	D	E
11 weight layers	11 weight layers	13 weight layers	16 weight layers	16 weight layers	19 weight layers
input(224×224 RGB image)					
conv3-64	conv3-64 **LRN**	conv3-64 **conv3-64**	conv3-64 conv3-64	conv3-64 conv3-64	conv3-64 conv3-64
maxpool					
conv3-128	conv3-128	conv3-128 **conv3-128**	conv3-128 conv3-128	conv3-128 conv3-128	conv3-128 conv3-128
maxpool					
conv3-256 conv3-256	conv3-256 conv3-256	conv3-256 conv3-256	conv3-256 conv3-256 **conv1-256**	conv3-256 conv3-256 **conv3-256**	conv3-256 conv3-256 **conv3-256** **conv3-256**
maxpool					
conv3-512 conv3-512	conv3-512 conv3-512	conv3-512 conv3-512	conv3-512 conv3-512 **conv1-512**	conv3-512 conv3-512 **conv3-512**	conv3-512 conv3-512 **conv3-512** **conv3-512**
maxpool					
conv3-512 conv3-512	conv3-512 conv3-512	conv3-512 conv3-512	conv3-512 conv3-512 **conv1-512**	conv3-512 conv3-512 **conv3-512**	conv3-512 conv3-512 **conv3-512** **conv3-512**
maxpool					
FC-4096					
FC-4096					
FC-1000					
softmax					

Network	A,A-LRN	B	C	D	E
Number of parameters	133	133	134	138	144

图 5-19　VGGNet 各级别的网络结构和每一级别的参数量

A 网络(11 层)有 8 个卷积层和 3 个全连接层，E 网络(19 层)有 16 个卷积层和 3 个全连接层，卷积层宽度(通道数)从 64 到 512，每经过一次池化操作，扩大一倍。

1. VGGNet 网络结构

VGGNet 网络结构主要表现在：

(1) 输入：训练时输入为 224×224 大小的 RGB 图像；

(2) 预处理：在训练集中的每个像素减去 RGB 的均值；

(3) 卷积核：3×3 大小的卷积核，有的地方使用 1×1 的卷积，这种 1×1 的卷积可以被看作对输入通道的线性变换；

(4) 步长：步长为 1；

(5) 填充：填充 1 像素；

(6) 池化层：共有 5 层，在一部分卷积层之后，连接的最大池化的窗口是 2×2，步长为 2；

(7) 全连接层：前两个全连接层均有 4096 个通道，第三个全连接层有 1000 个通道，用来分类，所有网络的全连接层配置相同；

(8) 激活函数：ReLU；

(9) 不使用LRN,这种标准化并不能带来很大的提升,反而会导致更多的内存消耗和计算时间。

2. 与AlexNet的对比

VGGNet与AlexNet对比主要的变化有:

(1) LRN层作用不大,还耗时,抛弃;

(2) 网络越深,效果越好;

(3) 卷积核使用更小的卷积核,如3×3。

VGGNet虽然比AlexNet网络层数多,且每轮训练时间会比AlexNet更长,但是因为更深的网络和更小的卷积核带来的隐式正则化结果,需要的收敛的迭代次数减少了许多。

3. VGGNet实现

VGGNet网络基于PyTorch的网络实现如下。

(1) 导入模块。

```
import torch.nn as nn
import torch

__all__ = [
    'VGG', 'vgg11', 'vgg11_bn', 'vgg13', 'vgg13_bn', 'vgg16', 'vgg16_bn',
    'vgg19_bn', 'vgg19',
]
model_urls = {
    'vgg11': 'https://download.pytorch.org/models/vgg11-bbd30ac9.pth',
    'vgg13': 'https://download.pytorch.org/models/vgg13-c768596a.pth',
    'vgg16': 'https://download.pytorch.org/models/vgg16-397923af.pth',
    'vgg19': 'https://download.pytorch.org/models/vgg19-dcbb9e9d.pth',
    'vgg11_bn': 'https://download.pytorch.org/models/vgg11_bn-6002323d.pth',
    'vgg13_bn': 'https://download.pytorch.org/models/vgg13_bn-abd245e5.pth',
    'vgg16_bn': 'https://download.pytorch.org/models/vgg16_bn-6c64b313.pth',
    'vgg19_bn': 'https://download.pytorch.org/models/vgg19_bn-c79401a0.pth',
}
```

(2) 定义分类网络结构。

```
class VGG(nn.Module):
    #定义初始化函数
    def __init__(self, features, num_classes = 1000, init_weights = True):
        super(VGG, self).__init__()
        self.features = features
        self.avgpool = nn.AdaptiveAvgPool2d((7, 7))
        self.classifier = nn.Sequential(
            nn.Dropout(0.4),
            nn.Linear(512 * 7 * 7, 4096),
            nn.ReLU6(True),
            nn.Dropout(0.4),
            nn.Linear(4096, 2048),
            nn.ReLU6(True),
```

```python
            nn.Dropout(0.4),
            nn.Linear(2048, num_classes),
        )
        if init_weights:
            self._initialize_weights()

    #定义前向传播函数
    def forward(self, x):
        x = self.features(x)
        x = self.avgpool(x)
        x = x.view(x.size(0), -1)
        x = self.classifier(x)
        return x

    #定义初始化权重函数
    def _initialize_weights(self):
        for m in self.modules():
            if isinstance(m, nn.Conv2d):
                nn.init.kaiming_normal_(m.weight, mode = 'fan_out', nonlinearity = 'ReLU')
                if m.bias is not None:
                    nn.init.constant_(m.bias, 0)
            elif isinstance(m, nn.BatchNorm2d):
                nn.init.constant_(m.weight, 1)
                nn.init.constant_(m.bias, 0)
            elif isinstance(m, nn.Linear):
                nn.init.normal_(m.weight, 0, 0.01)
                nn.init.constant_(m.bias, 0)
```

(3) 定义提取特征网络结构函数。

```python
def make_layers(cfg: list, batch_norm = False):
    layers = []
    in_channels = 3
    for v in cfg:
        if v == 'M':
            layers += [nn.MaxPool2d(kernel_size = 2, stride = 2)]
        else:
            conv2d = nn.Conv2d(in_channels, v, kernel_size = 3, padding = 1)
            if batch_norm:
                layers += [conv2d, nn.BatchNorm2d(v), nn.ReLU(inplace = True)]
            else:
                layers += [conv2d, nn.ReLU(inplace = True)]
            in_channels = v
    return nn.Sequential(*layers)
cfg = {
    'A0': [64, 'M', 128, 'M', 256, 256, 'M'],
    'A1': [64, 'M', 128, 'M', 256, 256, 'M', 512, 512, 'M'],
    'A': [64, 'M', 128, 'M', 256, 256, 'M', 512, 512, 'M', 512, 512, 'M'],
```

```
        'B': [64, 64, 'M', 128, 128, 'M', 256, 256, 'M', 512, 512, 'M', 512, 512, 'M'],
        'D': [64, 64, 'M', 128, 128, 'M', 256, 256, 256, 'M', 512, 512, 512, 'M', 512, 512, 512, 'M'],
        'E': [64, 64, 'M', 128, 128, 'M', 256, 256, 256, 256, 'M', 512, 512, 512, 512, 'M', 512, 512, 512, 512, 'M'],
}
```

（4）定义实例化给定的配置模型函数。

```
def vgg7(**kwargs):
    model = VGG(make_layers(cfg['A0']), **kwargs)
    return model

def vgg7_bn(**kwargs):
    model = VGG(make_layers(cfg['A0'], batch_norm = True), **kwargs)
    return model

def vgg9(**kwargs):
    model = VGG(make_layers(cfg['A1']), **kwargs)
    return model

def vgg9_bn(**kwargs):
    model = VGG(make_layers(cfg['A1'], batch_norm = True), **kwargs)
    return model

def vgg11(**kwargs):
    model = VGG(make_layers(cfg['A']), **kwargs)
    return model

def vgg11_bn(**kwargs):
    model = VGG(make_layers(cfg['A'], batch_norm = True), **kwargs)
    return model

def vgg13(**kwargs):
    model = VGG(make_layers(cfg['B']), **kwargs)
    return model

def vgg13_bn(**kwargs):
    model = VGG(make_layers(cfg['B'], batch_norm = True), **kwargs)
    return model

def vgg16(**kwargs):
    model = VGG(make_layers(cfg['D']), **kwargs)
    return model

def vgg16_bn(**kwargs):
    model = VGG(make_layers(cfg['D'], batch_norm = True), **kwargs)
    return model

def vgg19(**kwargs):
    model = VGG(make_layers(cfg['E']), **kwargs)
```

```
        return model

def vgg19_bn( ** kwargs):
    model = VGG(make_layers(cfg['E'], batch_norm = True), ** kwargs)
    return model

if __name__ == '__main__':
    # 'VGG', 'vgg11', 'vgg11_bn', 'vgg13', 'vgg13_bn', 'vgg16', 'vgg16_bn', 'vgg19_bn', 'vgg19'
    # Example
    net13 = vgg13_bn()
    print(net13)
```

运行程序,输出如下:

```
VGG(
  (features): Sequential(
    (0): Conv2d(3, 64, kernel_size = (3, 3), stride = (1, 1), padding = (1, 1))
    (1): BatchNorm2d(64, eps = 1e - 05, momentum = 0.1, affine = True, track_running_stats = True)
    (2): ReLU(inplace = True)
    ...
  (avgpool): AdaptiveAvgPool2d(output_size = (7, 7))
  (classifier): Sequential(
    (0): Dropout(p = 0.4, inplace = False)
    (1): Linear(in_features = 25088, out_features = 4096, bias = True)
    (2): ReLU6(inplace = True)
    (3): Dropout(p = 0.4, inplace = False)
    (4): Linear(in_features = 4096, out_features = 2048, bias = True)
    (5): ReLU6(inplace = True)
    (6): Dropout(p = 0.4, inplace = False)
    (7): Linear(in_features = 2048, out_features = 1000, bias = True)
  )
)
```

5.3.4 NiN

NiN(Network in Network)改进了传统的 CNN,采用了少量参数就取得了超过 AlexNet 的性能,AlexNet 网络参数大小是 230M,NiN 只需要 29M,此模型后来被 Inception 与 ResNet 等所借鉴。关于 NiN 有如下两个很重要的观点。

(1) 1×1 卷积层中可以把通道当作特征,高和宽上的每个元素相当于样本。因此,NiN 使用 1×1 卷积层来替代全连接层,从而使空间信息能够自然传递到后面的层中(可以实现多个特征图的线性组合,实现跨通道的信息整合的功效,如图 5-20 所示)。

(2) NiN 块是 NiN 中的基础块。它由一个卷积层加两个充当全连接层的 1×1 卷积层串联而成。其中第一个卷积层的超参数可以自行设置,而第二个和第三个卷积层的超参数一般是固定的。

完整的 NiN 结构如图 5-21 所示。

下面使用 PyTorch 实现 NiN,并使用 CIFAR 10 数据集进行训练和测试。

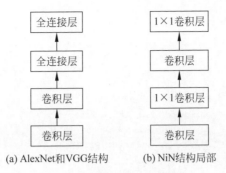

(a) AlexNet和VGG结构　　(b) NiN结构局部

图 5-20　跨通道的信息整合

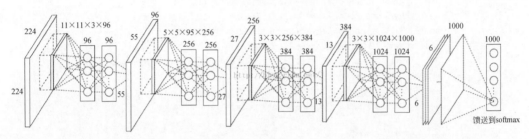

图 5-21　完整的 NiN 结构

(1) 导入库。

```
import torch
import torch.nn as nn
import torch.optim as optim
import torchvision
import torchvision.transforms as transforms
```

(2) 数据预处理（在线下载数据）。

```
transform_train = transforms.Compose([
    transforms.RandomCrop(32, padding = 4),
    transforms.RandomHorizontalFlip(),
    transforms.ToTensor(),
    transforms.Normalize((0.5, 0.5, 0.5), (0.5, 0.5, 0.5))
])
transform_test = transforms.Compose([
    transforms.ToTensor(),
    transforms.Normalize((0.5, 0.5, 0.5), (0.5, 0.5, 0.5))
])
trainset = torchvision.datasets.CIFAR10(root = './data', train = True, download = True,
transform = transform_train)
trainloader = torch.utils.data.DataLoader(trainset, batch_size = 128, shuffle = True, num_
workers = 2)

testset = torchvision.datasets.CIFAR10(root = './data', train = False, download = True,
transform = transform_test)
testloader = torch.utils.data.DataLoader(testset, batch_size = 100, shuffle = False, num_
workers = 2)
```

（3）定义 NiN。

```python
class NiN(nn.Module):
    def __init__(self):
        super(NiN, self).__init__()
        self.conv1 = nn.Conv2d(3, 192, kernel_size = 5, padding = 2)
        self.conv2 = nn.Conv2d(192, 160, kernel_size = 1)
        self.conv3 = nn.Conv2d(160, 96, kernel_size = 1)
        self.pool1 = nn.MaxPool2d(kernel_size = 3, stride = 2, padding = 1)
        self.dropout1 = nn.Dropout2d(p = 0.5)
        self.conv4 = nn.Conv2d(96, 192, kernel_size = 5, padding = 2)
        self.conv5 = nn.Conv2d(192, 192, kernel_size = 1)
        self.conv6 = nn.Conv2d(192, 192, kernel_size = 1)
        self.pool2 = nn.MaxPool2d(kernel_size = 3, stride = 2, padding = 1)
        self.dropout2 = nn.Dropout2d(p = 0.5)
        self.conv7 = nn.Conv2d(192, 192, kernel_size = 3, padding = 1)
        self.conv8 = nn.Conv2d(192, 192, kernel_size = 1)
        self.conv9 = nn.Conv2d(192, 10, kernel_size = 1)
        self.pool3 = nn.AvgPool2d(kernel_size = 8, stride = 1)

    def forward(self, x):
        x = self.conv1(x)
        x = nn.functional.relu(x)
        x = self.conv2(x)
        x = nn.functional.relu(x)
        x = self.conv3(x)
        x = nn.functional.relu(x)
        x = self.pool1(x)
        x = self.dropout1(x)
        x = self.conv4(x)
        x = nn.functional.relu(x)
        x = self.conv5(x)
        x = nn.functional.relu(x)
        x = self.conv6(x)
        x = nn.functional.relu(x)
        x = self.pool2(x)
        x = self.dropout2(x)
        x = self.conv7(x)
        x = nn.functional.relu(x)
        x = self.conv8(x)
        x = nn.functional.relu(x)
        x = self.conv9(x)
        x = self.pool3(x)
        x = x.view(-1, 10)
        return x
net = NiN()
```

（4）定义损失函数和优化器。

```python
criterion = nn.CrossEntropyLoss()
optimizer = optim.SGD(net.parameters(), lr = 0.1, momentum = 0.9, weight_decay = 5e-4)
```

（5）训练网络。

```
for epoch in range(100):
    running_loss = 0.0
    for i, data in enumerate(trainloader, 0):
        inputs, labels = data
        optimizer.zero_grad()
        outputs = net(inputs)
        loss = criterion(outputs, labels)
        loss.backward()
        optimizer.step()
        running_loss += loss.item()
        if i % 100 == 99:
            print('[ % d, % 5d] loss: % .3f' %
                  (epoch + 1, i + 1, running_loss / 100))
            running_loss = 0.0
```

（6）测试网络。

```
correct = 0
total = 0
with torch.no_grad():
    for data in testloader:
        images, labels = data
        outputs = net(images)
        _, predicted = torch.max(outputs.data, 1)
        total += labels.size(0)
        correct += (predicted == labels).sum().item()

print('Accuracy of the network on the 10000 test images: % d % %' % (
    100 * correct / total))
```

首先，假设有一个输入张量 X，其形状为 $C_{in} \times H \times W$，其中 C_{in} 表示输入通道数，H 和 W 分别表示输入的高度和宽度。对输入进行卷积操作，得到一个输出张量 Y，其形状为 $C_{out} \times H \times W$，其中 C_{out} 表示输出通道数。

传统的卷积操作是使用一个大小为 $C_{in} \times C_{out} \times k \times k$ 的卷积核对输入进行卷积操作，其中 k 表示卷积核的大小。但是，NiN 引入了 1×1 卷积，可以使用一个大小为 $1 \times 1 \times C_{in} \times C_{out}$ 的卷积核来代替传统的卷积操作。

接下来推导 1×1 卷积的计算过程。假设使用一个大小为 $1 \times 1 \times C_{in} \times C_{out}$ 的卷积核 K，对输入张量 X 进行卷积操作，得到输出张量 Y，则 1×1 卷积的计算公式为

$$Y_{i,j,l} = \sum_{c=1}^{C_{in}} X_{i,j,c} K_{c,l}$$

其中，i 和 j 分别表示输出张量 Y 的高度和宽度，l 表示输出张量 Y 的通道数。

上式可用矩阵乘法的形式表示：

$$Y_{i,j} = X_{i,j} W$$

其中，$X_{i,j}$ 表示输入张量 X 在 (i,j) 位置上的特征向量，W 表示大小为 $C_{in} \times C_{out}$ 的卷积

核 K,$Y_{i,j}$ 表示输出张量 Y 在 (i,j) 位置上的特征向量。这样就可以使用 NiN 中的 1×1 卷积对输入进行卷积操作,得到输出张量。

(7) 使用 PyTorch 实现该网络。

```python
import torch
import torch.nn as nn
import torch.nn.functional as F

class NiN(nn.Module):
    def __init__(self):
        super(NiN, self).__init__()
        self.conv1 = nn.Conv2d(3, 192, kernel_size=5, padding=2)
        self.conv2 = nn.Conv2d(192, 160, kernel_size=1)
        self.conv3 = nn.Conv2d(160, 96, kernel_size=1)
        self.pool1 = nn.MaxPool2d(kernel_size=3, stride=2, padding=1)
        self.dropout1 = nn.Dropout(p=0.5)
        self.conv4 = nn.Conv2d(96, 192, kernel_size=5, padding=2)
        self.conv5 = nn.Conv2d(192, 192, kernel_size=1)
        self.conv6 = nn.Conv2d(192, 192, kernel_size=1)
        self.pool2 = nn.MaxPool2d(kernel_size=3, stride=2, padding=1)
        self.dropout2 = nn.Dropout(p=0.5)
        self.conv7 = nn.Conv2d(192, 192, kernel_size=3, padding=1)
        self.conv8 = nn.Conv2d(192, 192, kernel_size=1)
        self.conv9 = nn.Conv2d(192, 10, kernel_size=1)
        self.pool3 = nn.AdaptiveAvgPool2d(output_size=1)

    def forward(self, x):
        x = F.relu(self.conv1(x))
        x = F.relu(self.conv2(x))
        x = F.relu(self.conv3(x))
        x = self.pool1(x)
        x = self.dropout1(x)
        x = F.relu(self.conv4(x))
        x = F.relu(self.conv5(x))
        x = F.relu(self.conv6(x))
        x = self.pool2(x)
        x = self.dropout2(x)
        x = F.relu(self.conv7(x))
        x = F.relu(self.conv8(x))
        x = self.conv9(x)
        x = self.pool3(x)
        x = x.view(x.size(0), -1)
        return x
# 使用一个随机生成的输入,计算该网络的输出
net = NiN()
x = torch.randn(1, 3, 32, 32)
y = net(x)
print(y)
```

运行程序,输出如下:

```
[1,   100] loss: 2.304
[1,   200] loss: 2.305
[1,   300] loss: 2.305
...
[7,   300] loss: 2.305
[8,   100] loss: 2.305
[8,   200] loss: 2.304
tensor([[-0.0495,  0.0198, -0.0152,  0.0597, -0.0159, -0.0469,  0.0025, -0.0185,
         -0.0051, -0.0109]], grad_fn=<ViewBackward>)
```

可以看到，该网络的输出是一个大小为 1×10 的张量，表示该输入图片在每个类别上的得分。

5.3.5 Google Inception Net 网络

Google Inception Net 采用了特殊的 Inception Module 构建网络，网络模型比 VGG 复杂，网络层数更深，但参数量比 VGG 少，性能也更好，在 ILSVRC 2014 的比赛中以较大优势获得了第一名，同年提出的 VGGNet 获得了第二名。从 2014 年该网络被第一次提出到 2016 年，Inception 共经历了 4 次改进和升级，并分别衍生了 Inception V1~V4 版本。本小节主要对 Inception V1 进行介绍。

Inception V1 降低参数量的目的有两点：第一，参数越多模型越庞大，需要供模型学习的数据量就越大，而目前高质量的数据非常昂贵；第二，参数越多，耗费的计算资源也会越大。

Inception V1 参数少但效果好的原因除了模型层数更深、表达能力更强外，还有两点：

(1) 去除了最后的全连接层，用全局平均池化层（即将图片尺寸变为 1×1）来取代它。全连接层几乎占据了 AlexNet 或 VGGNet 中 90% 的参数量，而且会引起过拟合，去除全连接层后模型训练更快并且减轻了过拟合。

(2) Inception V1 中精心设计的 Inception Module 提高了参数的利用效率，其结构如图 5-22 所示。这一部分也借鉴了 NiN 的思想，形象的解释就是 Inception Module 本身如同大网络中的一个小网络，其结构可以反复堆叠在一起形成大网络。

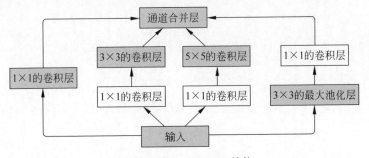

图 5-22　Inception V1 结构

Inception Module 的基本结构有 4 个分支。第一个分支对输入进行 1×1 的卷积，这其实也是 NiN 中提出的一个重要结构。1×1 的卷积结构可以跨通道组织信息，提高网络的表达能力，同时可以对输出通道升维和降维。Inception Module 的 4 个分支都用到了 1×1 卷积进行低成本的跨通道的特征变换。第二个分支先使用 1×1 的卷积，然后连接 3×3 的卷积，相当于进行了两次特征变换。第三个分支与第二个分支类似，先是 1×1 的卷积，然后连接 5×5 的卷积。最后一个分支则是 3×3 的最大池化后直接使用 1×1 的卷积。Inception Module 的 4 个分支在最后通过一个聚合操作合并（在输出通道数这个维度上聚合）。

使用 PyTorch 来实现 Google Inception Net：

```python
import torch
import torch.nn as nn
import torchvision
from torchvision import transforms, datasets
import torch.optim as optim
from tqdm import tqdm

epochs = 5                              #迭代次数
lr = 0.1                                #学习率
batch_size = 32

data_transform = {
        "train": transforms.Compose([transforms.RandomResizedCrop(224),
                                    transforms.RandomHorizontalFlip(),      #随机左右翻转
                                    transforms.RandomVerticalFlip(),        #随机上下翻转
                                    transforms.RandomRotation(degrees=5),   #随机旋转
                                    transforms.ToTensor(),
                                    transforms.Normalize((0.5, 0.5, 0.5), (0.5, 0.5, 0.5))]), "val": transforms.Compose([transforms.Resize((224, 224)),
                    transforms.ToTensor(),transforms.Normalize((0.5, 0.5, 0.5), (0.5, 0.5, 0.5))])}

train_dataset = datasets.CIFAR10('cifar', True, transform=data_transform["train"],
download=True)
validate_dataset = datasets.CIFAR10('cifar', True, transform=data_transform["val"],
download=False)

train_loader = torch.utils.data.DataLoader(train_dataset,
                        batch_size=batch_size, shuffle=True, num_workers=2)
validate_loader = torch.utils.data.DataLoader(validate_dataset,
                        batch_size=batch_size, shuffle=False, num_workers=2)
device = torch.device("cuda:1" if torch.cuda.is_available() else "cpu")
model = torchvision.models.resnet18()
model.fc.out_features = 10              #修改输出类别数
model.to(device)
criterion = nn.CrossEntropyLoss()
optimizer = optim.Adam(model.parameters(), lr=lr)

print('开始训练')
#训练模型
```

```
for epoch in range(epochs):
    model.train()                                    # 训练模式
    epoch_loss = 0
    epoch_accuracy = 0
    for data, label in tqdm(train_loader, leave = False):
        data = data.to(device)
        label = label.to(device)

        output = model(data)
        loss = criterion(output, label)
        optimizer.zero_grad()        # 清空以往梯度(因为每次循环都是一次完整的训练)
        loss.backward()                              # 反向传播
        optimizer.step()                             # 更新参数
        acc = (output.argmax(dim = 1) == label).float().mean()
        epoch_accuracy += acc / len(train_loader)    # 当前训练平均准确率
        epoch_loss += loss / len(train_loader)       # 累计 loss

    print(f'EPOCH: {epoch: 2}, train loss: {epoch_loss: .4f}, train acc: {epoch_accuracy: .4f}')

model.eval()
acc = 0.0                                            # 计算准确数量/epoch
with torch.no_grad():
    for data, label in tqdm(validate_loader, leave = False):
        data = data.to(device)
        label = label.to(device)
        outputs = model(data)                        # 评估模型只有最后一个输出层
        predict_y = torch.max(outputs, dim = 1)[1]
        acc += torch.eq(predict_y, label).sum().item()

val_accurate = acc / len(validate_dataset)
print(val_accurate)
```

运行程序,输出如下:

```
开始训练
EPOCH: 0, train loss: 4.5451, train acc: 0.1437
EPOCH: 1, train loss: 3.5573, train acc: 0.1574
EPOCH: 2, train loss: 3.5473, train acc: 0.1608
...
```

5.3.6 ResNet 网络

ResNet 在 2015 年被提出,在 ImageNet 比赛分类(classification)任务上获得第一名,因为它"简单与实用"并存,所以之后很多方法都是在 ResNet50 或者 ResNet101 的基础上完成的,检测、分割、识别等领域都纷纷使用 ResNet。

随着网络的加深,出现了训练集准确率下降的现象,可以确定这不是由于过拟合造成的(过拟合的情况训练集应该准确率很高),所以针对这个问题提出了一种全新的网络,叫深度残差网络,它允许网络尽可能地加深,其中引入了全新的结构,如图 5-23 所示。

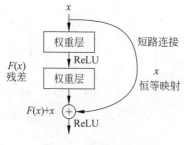

图 5-23 全新的结构

其中 ResNet 提出了两种映射（mapping）：一种是恒等映射（identity mapping），指的就是图 5-23 中"弯弯的曲线"；另一种是残差映射（residual mapping），指的就是除了"弯弯的曲线"的部分，所以最后的输出是 $y=F(x)+x$。

恒等映射顾名思义就是指本身，也就是公式中的 x，而残差映射指的是"差"，也就是 $y-x$，所以残差指的就是 $F(x)$ 部分。

使用 PyTorch 来实现 ResNet 网络：

```
import torch
import torch.nn as nn
import torchvision
from torchvision import transforms, datasets
import torch.optim as optim
from tqdm import tqdm


epochs = 5                    # 迭代次数
lr = 0.1                      # 学习率
batch_size = 32

data_transform = {
        "train": transforms.Compose([transforms.RandomResizedCrop(224),
                        transforms.RandomHorizontalFlip(),      # 随机左右翻转
                        transforms.RandomVerticalFlip(),        # 随机上下翻转
                        transforms.RandomRotation(degrees = 5), # 随机旋转
                        transforms.ToTensor(),
                        transforms.Normalize((0.5, 0.5, 0.5), (0.5, 0.5,
0.5))]),"val": transforms.Compose([transforms.Resize((224, 224)),
                        transforms.ToTensor(),
                        transforms.Normalize((0.5, 0.5, 0.5), (0.5, 0.5,
0.5))])}
train_dataset = datasets.CIFAR10('cifar', True, transform = data_transform["train"],
download = True)
validate_dataset = datasets.CIFAR10('cifar', True, transform = data_transform["val"],
download = False)

train_loader = torch.utils.data.DataLoader(train_dataset, batch_size = batch_size,
shuffle = True, num_workers = 2)
validate_loader = torch.utils.data.DataLoader(validate_dataset,
        batch_size = batch_size, shuffle = False, num_workers = 2)

device = torch.device("cuda: 1" if torch.cuda.is_available() else "cpu")
model = torchvision.models.resnet18()
model.fc.out_features = 10                       # 修改输出类别数
model.to(device)
```

```
criterion = nn.CrossEntropyLoss()
optimizer = optim.Adam(model.parameters(), lr = lr)
print('开始训练')
#训练模型
for epoch in range(epochs):
    model.train()                                          #训练模式
    epoch_loss = 0
    epoch_accuracy = 0
    for data, label in tqdm(train_loader, leave = False):
        data = data.to(device)
        label = label.to(device)
        output = model(data)
        loss = criterion(output, label)
        optimizer.zero_grad()          #清空以往梯度(因为每次循环都是一次完整的训练)
        loss.backward()                                    #反向传播
        optimizer.step()                                   #更新参数
        acc = (output.argmax(dim = 1) == label).float().mean()
        epoch_accuracy += acc / len(train_loader)          #当前训练平均准确率
        epoch_loss += loss / len(train_loader)             #累计loss

    print(f'EPOCH: {epoch: 2}, train loss: {epoch_loss: .4f}, train acc: {epoch_accuracy: .4f}')

model.eval()
acc = 0.0                                                  #计算准确数量/epoch
with torch.no_grad():
    for data, label in tqdm(validate_loader, leave = False):
        data = data.to(device)
        label = label.to(device)
        outputs = model(data)                              #评估模型只有最后一个输出图层
        predict_y = torch.max(outputs, dim = 1)[1]
        acc += torch.eq(predict_y, label).sum().item()

val_accurate = acc / len(validate_dataset)
print(val_accurate)
```

运行程序,输出如下:

```
开始训练
EPOCH: 0, train loss: 2.0876, train acc: 0.2231
...
```

5.3.7 DenseNet 网络

DenseNet 网络的基本思路与 ResNet 一致,但它建立的是前面所有层与后面层的密集连接(即相加变连接),它的名称也由此而来。DenseNet 的另一大特色是通过特征在通道上的连接来实现特征重用。这些特点让 DenseNet 的参数量和计算成本都变得更少了(相对 ResNet),效果也更好了。ResNet 解决了深层网络梯度消失问题,它是从深度方向研究的。宽度方向是 GoogleNet 的 Inception。而 DenseNet 是从特征入手,通过对特征的极致利用能达到更好的效果和减少参数。

1. DenseBlock

DenseBlock(密集块)包含很多层,每层的特征图大小相同(才可以在通道上进行连接),层与层之间采用密集连接方式,结构如图 5-24 所示。

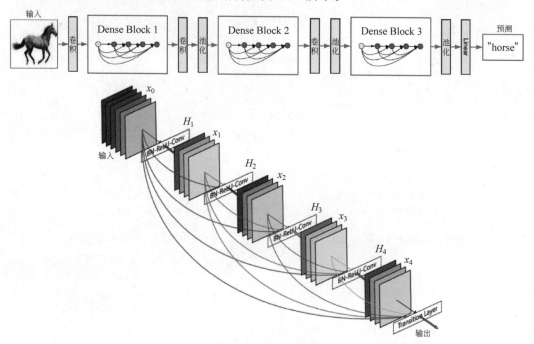

图 5-24 密集块结构

图 5-24 是一个包含 5 层的密集块。可以看出密集块互相连接所有的层,具体来说就是每层的输入都来自于它前面所有层的特征图,每层的输出均会直接连接到它后面所有层的输入。所以对于一个 L 层的密集块,共包含 $L(L+1)/2$ 个连接(等差数列求和公式),如果是 ResNet 则为 $2(L-1)+1$。从这里可以看出:相比 ResNet,密集块采用密集连接。而且密集块是直接连接来自不同层的特征图,这可以实现特征重用(即对不同"级别"的特征——不同表征进行总体性的再探索)以提升效率,这一特点是 DenseNet 与 ResNet 最主要的区别。

2. 转换层

转换层主要用于连接两个相邻的密集块,整合上一个密集块获得的特征,缩小上一个密集块的宽高,达到下采样效果,特征图的宽高减半。转换层包括一个 1×1 的卷积(用于调整通道数)和 2×2 的平均池化(用于降低特征图大小),结构为 BN+ReLU+1×1 的卷积+2×2 的平均池化。因此,转换层可以起到压缩模型的作用。

DenseNet 的网络结构主要由密集块和转换层组成,一个 DenseNet 中有 3 个或 4 个密集块。而一个密集块中也会有多个瓶颈层。最后的密集块之后是一个全局平均池化层,然后送入一个 softmax 分类器,得到每个类别的分数。

3. DenseNet-121 的 PyTorch 实现

```python
import torch
import torch.nn as nn
import torch.nn.functional as F
from torchsummary import summary
from torchstat import stat
from collections import OrderedDict

#构建密集块中的内部结构
#通过语法结构,把这个当成一个层即可
#bottleneck + DenseBlock ==> DenseNet-B

class _DenseLayer(nn.Sequential):
    # num_input_features 作为输入特征层的通道数,growth_rate 为增长率,bn_size 输出的倍
    #数一般都是4,drop_rate 判断都是在 dropout 层进行处理
    def __init__(self, num_input_features, growth_rate, bn_size, drop_rate):
        super(_DenseLayer, self).__init__()
        self.add_module('norm1', nn.BatchNorm2d(num_input_features))
        self.add_module('ReLU1', nn.ReLU(inplace=True))

        self.add_module('conv1', nn.Conv2d(num_input_features, bn_size * growth_rate,
kernel_size=1, stride=1, bias=False))

        self.add_module('norm2', nn.BatchNorm2d(bn_size * growth_rate))
        self.add_module('ReLU2', nn.ReLU(inplace=True))
        self.add_module('conv2', nn.Conv2d(bn_size * growth_rate, growth_rate, kernel_size
=3, stride=1, padding=1, bias=False))
        self.drop_rate = drop_rate

    def forward(self, x):
        new_features = super(_DenseLayer, self).forward(x)
        if self.drop_rate > 0:
            new_features = F.dropout(new_features, p=self.drop_rate, training=self
.training)
        return torch.cat([x, new_features], 1)

#定义密集块模块
class _DenseBlock(nn.Sequential):
    def __init__(self, num_layers, num_input_features, bn_size, growth_rate, drop_rate):
        super(_DenseBlock, self).__init__()
        for i in range(num_layers):
            layer = _DenseLayer(num_input_features + i * growth_rate, growth_rate, bn_
size, drop_rate)
            self.add_module("denselayer%d" % (i + 1), layer)

#定义转换层
#负责将密集块连接起来,一般都有0.5维道(通道数)的压缩
class _Transition(nn.Sequential):
    def __init__(self, num_input_features, num_output_features):
        super(_Transition, self).__init__()
        self.add_module('norm', nn.BatchNorm2d(num_input_features))
        self.add_module('ReLU', nn.ReLU(inplace=True))
```

```python
        self.add_module('conv', nn.Conv2d(num_input_features, num_output_features, kernel_size=1, stride=1, bias=False))
        self.add_module('pool', nn.AvgPool2d(2, stride=2))

#实现DenseNet网络
class DenseNet(nn.Module):
    def __init__(self, growth_rate=32, block_config=(6,12,24,26), num_init_features=64, bn_size=4, comparession_rate=0.5, drop_rate=0, num_classes=1000):
        super(DenseNet, self).__init__()
        #前面:卷积层+最大池化
        self.features = nn.Sequential(OrderedDict([
            ('conv0', nn.Conv2d(3, num_init_features, kernel_size=7, stride=2, padding=3, bias=False)),
            ('norm0', nn.BatchNorm2d(num_init_features)),
            ('ReLU0', nn.ReLU(inplace=True)),
            ('pool0', nn.MaxPool2d(3, stride=2, padding=1))

        ]))
        #Denseblock
        num_features = num_init_features
        for i, num_layers in enumerate(block_config):
            block = _DenseBlock(num_layers, num_features, bn_size, growth_rate, drop_rate)

            self.features.add_module("denseblock%d" % (i+1), block)
            num_features += num_layers * growth_rate  #确定一个密集块输出的通道数

            if i != len(block_config) - 1:  #判断是不是最后一个密集块
                transition = _Transition(num_features, int(num_features * comparession_rate))
                self.features.add_module("transition%d" % (i+1), transition)
                num_features = int(num_features * comparession_rate)  #为下一个密
                                                                       #集块的输出做准备

        #最终:BN+ReLU
        self.features.add_module('norm5', nn.BatchNorm2d(num_features))
        self.features.add_module('ReLU5', nn.ReLU(inplace=True))
        #分类层
        self.classifier = nn.Linear(num_features, num_classes)
        #参数初始化
        for m in self.modules():
            if isinstance(m, nn.Conv2d):
                nn.init.kaiming_normal_(m.weight)
            elif isinstance(m, nn.BatchNorm2d):
                nn.init.constant_(m.bias, 0)
                nn.init.constant_(m.weight, 1)
            elif isinstance(m, nn.Linear):
                nn.init.constant_(m.bias, 0)
    def forward(self, x):
        features = self.features(x)
        out = F.avg_pool2d(features, 7, stride=1).view(features.size(0), -1)
```

```
            out = self.classifier(out)
            return out

def densenet121(pretrained = False, ** kwargs):
    """DenseNet121"""
    model = DenseNet(num_init_features = 64, growth_rate = 32, block_config = (6, 12, 24,
16), ** kwargs)
    return model

if __name__ == '__main__':
    #输出模型的结构
    dense = densenet121()
    #模型每层的输出
    device = torch.device('cuda' if torch.cuda.is_available() else 'cpu')
    # print(device)
    dense = dense.to(device)
    print('每层模型的输入输出：',dense)
```

运行程序，输出如下：

```
每层模型的输入输出：DenseNet(
  (features): Sequential(
    (conv0): Conv2d(3, 64, kernel_size = (7, 7), stride = (2, 2), padding = (3, 3), bias = False)
    (norm0): BatchNorm2d(64, eps = 1e - 05, momentum = 0.1, affine = True, track_running_stats = True)
    (relu0): ReLU(inplace = True)
    (pool0): MaxPool2d(kernel_size = 3, stride = 2, padding = 1, dilation = 1, ceil_mode = False)
    (denseblock1): _DenseBlock(
...
```

5.4　卷积神经网络 CIFAR10 数据集分类

CIFAR10 数据集中有 5 万张训练集和 1 万张测试集。针对该分类问题，其中包括的 10 个类别如图 5-25 所示。

['airplane','automobile','bird','cat','deer','dog','frog','horse','ship','truck']

图 5-25　CIFAR10 图片类别

CIFAR10 数据集中的图像都是 3 通道，尺寸为 32×32。

在 PyTorch 中，数据集是通过 Torchvision 下的 datasets 来加以实现的，实例代码如下：

1. CIFAR10 数据集

```
from torchvision import datasets,transforms
from torch.utils.data import DataLoader
```

```
#root:数据集的根目录
#train:是否为训练集
#transform:可以将PIL和NumPy格式的数据从[0,255]范围转换到[0,1].原始数据的大小是
#(H×W×C),转换后大小会变为(C×H×W)
#download:是否下载
train_dataset = datasets.CIFAR10(root="data/CIFAR10",train=True,transform=
transforms.ToTensor(),download=True)
test_dataset = datasets.CIFAR10(root="data/CIFAR10",train=False,transform=
transforms.ToTensor(),download=True)
#训练集长度
print(len(train_dataset))
#测试集长度
print(len(test_dataset))
#数据集类别
print(train_dataset.classes)
#训练集最后一张图片的类别
print(train_dataset.targets[49999])
#训练集最后一张图片的形状
print(train_dataset.data[49999].shape)
#训练集最后一张图片的数据
print(train_dataset.data[49999])
#测试集最后一张图片的类别
print(test_dataset.targets[9999])
#测试集最后一张图片的形状
print(test_dataset.data[9999].shape)
#测试集最后一张图片的数据
print(test_dataset.data[9999])

#上述的ToTensor在dataloader中调用
train_dataloader = DataLoader(dataset=train_dataset,batch_size=5,shuffle=True)
for i,(img,tag) in enumerate(train_dataloader):
    print(tag)
    print(img.shape)
    print(img)
    Break
```

2. 神经网络设计

因为使用的数据集为CIFAR10数据集,最终做的是一个分类问题,所以在神经网络中包含了卷积神经网络和全连接神经网络。使用全连接神经网络对最终的分类概率进行求解。

(1)残差模块。

在进行网络设计之前先设计出一个残差模块。注意,残差模块的输入通道和输出通道必须是相等的。

```
class Res_Net(nn.Module):
    def __init__(self,c_in,c_out,c):
        super(Res_Net,self).__init__()
        self.layer = nn.Sequential(
            #输入通道,输出通道,卷积核尺寸,步长,padding,参数b
```

```python
            nn.Conv2d(c_in,c,3,1,padding = 1,bias = True),
            nn.ReLU(),
            nn.Conv2d(c,c_out,3,1,padding = 1,bias = True),
            nn.ReLU()
        )

    def forward(self,x):
        return self.layer(x) + x
```

(2)网络设计。

```python
class Net(nn.Module):
    def __init__(self):
        super(Net, self).__init__()
        # 卷积
        self.conv_layer = nn.Sequential(
            # 将3通道的图片转换为64通道
            nn.Conv2d(3,64,3,1,padding = 1),
            nn.ReLU(),
            # 最大池化
            nn.MaxPool2d(2,2),
            nn.ReLU(),
            # 残差模块
            Res_Net(64,64,64),

            nn.Conv2d(64,128,3,1),
            nn.ReLU(),
            Res_Net(128,128,128),
            Res_Net(128,128,128),

            nn.Conv2d(128,256,3,1),
            nn.ReLU(),
            Res_Net(256,256,256),
            Res_Net(256,256,256),
            Res_Net(256,256,256),

            nn.Conv2d(256,512,3,1),
            nn.ReLU(),
            Res_Net(512,512,512)
        )
        # 全连接
        self.linear_layer = nn.Sequential(
            # 输入为卷积的输出
            nn.Linear(512 * 10 * 10,1024),
            nn.ReLU(),
            # 抑制全连接神经网络,减小运算量
            nn.Dropout(0.5),
            nn.Linear(1024,512),
            nn.ReLU(),
            nn.Dropout(0.5),
            nn.Linear(512,10),
```

```python
            # softmax 激活函数,10 个类别的真实概率
            nn.Softmax(dim=1)
        )
    def forward(self,x):
        conv_out = self.conv_layer(x)
        linear_in = conv_out.reshape(-1,512*10*10)
        linear_out = self.linear_layer(linear_in)
        return linear_out
```

(3)测试网络。

```python
if __name__ == '__main__':
    net = Net()
    print(net)
    x = torch.randn(3,3,32,32)
    result = net.forward(x)
    print(result.shape)
    print(result)
```

3. 模型训练

```python
import torch
from torchvision import datasets,transforms
from torch.utils.data import DataLoader
from torch import nn
from torch.utils.tensorboard import SummaryWriter
from Net import Net

# 如果有 CUDA,则用 CUDA 训练,没有则使用 CPU 训练
DEVICE = torch.device("cuda" if torch.cuda.is_available() else "cpu")

class Train():
    def __init__(self):
        # 训练集
        self.train_dataset = datasets.CIFAR10(root="data/CIFAR10",train=True,transform=transforms.ToTensor(),download=True)
        # 测试集
        self.test_dataset = datasets.CIFAR10(root="data/CIFAR10",train=False,transform=transforms.ToTensor(),download=True)
        # 训练集加载器
        self.train_dataloader = DataLoader(dataset=self.train_dataset,batch_size=500,shuffle=True)
        # 测试集加载器
        self.test_dataloader = DataLoader(dataset=self.test_dataset,batch_size=100,shuffle=True)
        # 创建网络
        self.net = Net()
        # 网络位置
        self.net.to(DEVICE)
        # 优化器
        self.opt = torch.optim.Adam(self.net.parameters())
```

```python
        #损失函数:均方差
        self.loss_func = nn.MSELoss()
        #SummaryWriter类可以在指定文件夹生成一个事件文件,这个事件文件可以对
#TensorBoard解析
        self.summaryWriter = SummaryWriter("logs")

    def __call__(self, *args, **kwargs):
        #训练轮次
        for epoch in range(1000):
            #每一轮次训练总损失
            sum_loss = 0
            #加载数据
            for i,(img,tag) in enumerate(self.train_dataloader):
                self.net.train()                                    #训练模式
                img,tag = img.to(DEVICE),tag.to(DEVICE)             #将数据放在CUDA上
                out = self.net.forward(img)                         #计算结果
                one_hot_tag = nn.functional.one_hot(tag,10).float() #制作one-hot
                                                                    #标签
                loss = self.loss_func(out,one_hot_tag)              #计算损失
                sum_loss = sum_loss + loss
                self.opt.zero_grad()                                #清空梯度
                loss.backward()                                     #反向求导
                self.opt.step()                                     #更新参数
            avg_loss = sum_loss/len(self.train_dataloader)
            print("训练轮次:{}".format(epoch))
            print("训练损失:{}".format(avg_loss))
            #每一轮次测试总损失
            sum_test_loss = 0
            #每一轮次测试总分数
            sum_score = 0
            with torch.no_grad():                                   #不进行梯度下降操作,节约空间
                #加载数据
                for i,(img,tag) in enumerate(self.test_dataloader):
                    self.net.eval()                                 #测试模式
                    img,tag = img.to(DEVICE),tag.to(DEVICE)         #将数据放在CUDA上
                    test_out = self.net.forward(img)                #计算结果
                    one_hot_tag = nn.functional.one_hot(tag,10).float()#制作one-
                                                                    #hot标签
                    test_loss = self.loss_func(test_out,one_hot_tag)    #计算损失
                    sum_test_loss = sum_test_loss + test_loss
                    out_label = torch.argmax(test_out,dim=1)
                    tag_label = torch.argmax(one_hot_tag,dim=1)
                    score = torch.mean(torch.eq(out_label,tag_label).float())#计算
                                                                    #得分
                    sum_score = sum_score + score
                avg_test_loss = sum_test_loss/len(self.test_dataloader)
                avg_score = sum_score/len(self.test_dataloader)
                print(" ")
                print("测试损失:{}".format(avg_test_loss))
                print("测试得分:{}".format(avg_score))
                #保存训练参数
                torch.save(self.net.state_dict(),f"weights/{epoch}.pt")
```

```
                #训练损失可视化：图片名 y 值和 x 值
                self.summaryWriter.add_scalars("loss",{"train_loss": avg_loss,"test_
loss": avg_test_loss},epoch)

if __name__ == '__main__':
    train = Train()
    train()
```

第 6 章

文本和序列分析与应用

本章介绍使用深度学习模型处理文本(单词序列或字符序列)、时间序列和一般的序列数据。用于处理序列的两种基本的深度学习算法分别是循环神经网络(Recurrent Neural Network,RNN)和一维卷积(1D convolution)神经网络。这些算法的应用包括:
- 文档分类和时间序列分类,如识别文章的主题。
- 时间序列对比,如估测两个文档或两只股票行情的相关程度。
- 序列到序列的学习,如将英语翻译成中文。
- 情感分析,如将推文或电影评论的情感划分为正面或负面。
- 时间序列预测,如根据某地的天气数据预测未来天气。

6.1 处理文本数据

文本是最常用的序列数据之一,可以理解为字符序列或单词序列,但最常见的是单词级处理。深度学习用于自然语言处理,是将模式识别应用于单词、句子和段落,这与计算机视觉是将模式识别应用于像素大致相同。

与其他所有神经网络一样,深度学习模型不会接收原始文本作为输入,它只能处理数值张量。文本向量化(vectiorize)是指将文本转换为数值向量的过程。它有多种实现方法:

(1) 将文本分割为单词,并将每个单词转换为一个向量。
(2) 将文本分割为字符,并将每个字符转换为一个向量。
(3) 提取单词或字符的 n-gram,并将每个 n-gram 转换为一个向量。n-gram 是多个连续单词或字符的集合(n-gram 之间可重叠)。

将文本分解而成的单词(单词、字符或 n-gram)叫作标记(token),将文本分解成标记的过程叫作分词(tokenization)。所有文本向量化过程都是应用某种分词方案,然后将数值向量与生成的标记相关联。这些向量组合成序列张量,被输入到深度神经网络中,如图 6-1 所示。将向量与标记相关联的方法有很多种,本节主要介绍两种方法:对标记做

one-hot 编码(one-hot encoding)与标记嵌入(token embedding,通常只用于单词,叫作词嵌入(word embedding))。

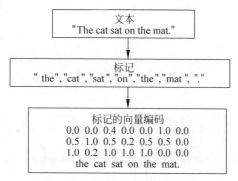

图 6-1 从文本到标记再到向量

小提示：n-gram 是从一个句子中提取的 n 个(或更少)连续单词的集合。这一概念中的"单词"也可以替换为"字符"。

例如,考虑句子"The cat sat on the mat."(猫坐在垫子上)。它可以被分解为以下二元语法(2-gram)的集合。

```
{"The", "The cat", "cat", "cat sat", "sat", "sat on", "on",
"on the", "the", "the mat", "mat"}
```

这个句子也可以被分解为以下三元语法(3-gram)的集合。

```
{"The", "The cat", "cat", "cat sat", "sat", "The cat sat", "sat",
"sat on", "on", "cat sat on", "on the", "the", "sat on the", "the mat",
"mat", "on the mat"}
```

这样的集合分别叫作二元语法袋(bag-of-2-grams)及三元语法袋(bag-of-3-grams)。袋(bag)这一术语表示我们处理的是标记组成的集合,而不是一个列表或序列,即标记没有特定的顺序。这一系列分词方法叫作词袋(bag-of-words)。

词袋是一种不保存顺序的分词方法(生成的标记组成一个集合,而不是一个序列,舍弃了句子的总体结构),因此它往往被用于浅层的语言处理模型,而不是深度学习模型。提取 n-gram 是一种特征工程,深度学习不需要这种死板而又不稳定的方法,并将其替换为分层特征学习。

6.1.1 单词和字符的 one-hot 编码

1. one-hot 编码

one-hot 编码又叫独热编码,其为一位有效编码,主要是采用 N 位状态寄存器来对 N 个状态进行编码,每个状态都有其独立的寄存器位,并且在任意时候只有一位有效。one-hot 编码是分类变量作为二进制向量的表示。这首先要求将分类值映射到整数值。然后,每个整数值被表示为二进制向量(注:形式貌似二进制的形式,但不是真的二进制,注意区分),除了整数的索引之外,它都是零值,它被标记为1。

2. one-hot 编码过程详解

如要对 hello world 进行 one-hot 编码,怎么做呢？步骤为:

(1) 确定要编码的对象:hello world。

(2) 确定分类变量:h e l l o 空格 w o r l d,共 27 种类别(26 个小写字母＋空格)。

(3) 以上问题就相当于有 11 个样本,每个样本有 27 个特征,将其转换为二进制向量表示。

前提是,特征排列的顺序不同,对应的二进制向量也不同(如把空格放在第一列和 a 放第一列,one-hot 编码结果是不同的),因此必须要事先约定特征排列的顺序:

(1) 27 种特征首先进行整数编码:a→0,b→1,c→2,…,z→25,空格→26。

(2) 27 种特征按照整数编码的大小从前往后排列。

得到的 one-hot 编码如图 6-2 所示。

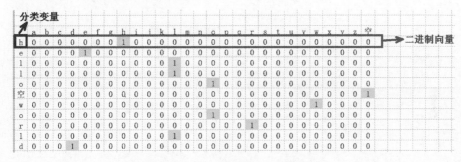

图 6-2　hello world 的 one-hot 编码

再如,要对["中国","美国","日本"]进行 one-hot 编码,该怎么做呢？方法为:

(1) 确定要编码的对象:["中国","美国","日本","美国"]。

(2) 确定分类变量:中国　美国　日本,共 3 种类别。

(3) 问题相当于,有 3 个样本,每个样本有 3 个特征,将其转换为二进制向量表示。

首先进行特征的整数编码:中国(0),美国(1),日本(2),并将特征按照从小到大排列,得到 one-hot 编码如下,效果如图 6-3 所示。

["中国","美国","日本","美国"]→[[1,0,0], [0,1,0], [0,0,1], [0,1,0]]

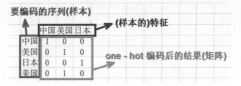

图 6-3　中国、美国、日本 one-hot 编码

3. one-hot 编码实现

已知待编码对象:

samples = ['The cat sat on the mat.', 'The dog ate my homework.']

(1) 单词级的 one-hot 编码。

```
import numpy as np
samples = ['The cat sat on the mat.', 'The dog ate my homework.']
                    #初始数据：每个样本是列表的一个元素,本例中的样本是一个句子,也可以是一整篇文档
token_index = {}            #构建数据中所有标记的索引
for sample in samples:
    for word in sample.split():
        #利用 split 方法对样本进行分词.在实际中,还需要从样本中去掉标点和特殊字符
        if word not in token_index:
            token_index[word] = len(token_index) + 1
            #为每个唯一单词指定一个唯一索引.注意,没有为索引编号 0 指定单词

max_length = 10            #对样本进行分词.只考虑每个样本前 max_length 个单词
results = np.zeros(shape = (len(samples),
                            max_length,
                            max(token_index.values()) + 1))
                                                #将结果保存在 results 中
for i, sample in enumerate(samples):
    for j, word in list(enumerate(sample.split()))[:max_length]:
        index = token_index.get(word)
        results[i, j, index] = 1
results
array([[[0., 1., 0., 0., 0., 0., 0., 0., 0., 0., 0.],
        [0., 0., 1., 0., 0., 0., 0., 0., 0., 0., 0.],
        [0., 0., 0., 1., 0., 0., 0., 0., 0., 0., 0.],
        [0., 0., 0., 0., 1., 0., 0., 0., 0., 0., 0.],
        [0., 0., 0., 0., 0., 1., 0., 0., 0., 0., 0.],
        [0., 0., 0., 0., 0., 0., 1., 0., 0., 0., 0.],
        [0., 0., 0., 0., 0., 0., 0., 0., 0., 0., 0.],
        [0., 0., 0., 0., 0., 0., 0., 0., 0., 0., 0.],
        [0., 0., 0., 0., 0., 0., 0., 0., 0., 0., 0.],
        [0., 0., 0., 0., 0., 0., 0., 0., 0., 0., 0.]],

       [[0., 1., 0., 0., 0., 0., 0., 0., 0., 0., 0.],
        [0., 0., 0., 0., 0., 0., 0., 1., 0., 0., 0.],
        [0., 0., 0., 0., 0., 0., 0., 0., 1., 0., 0.],
        [0., 0., 0., 0., 0., 0., 0., 0., 0., 1., 0.],
        [0., 0., 0., 0., 0., 0., 0., 0., 0., 0., 1.],
        [0., 0., 0., 0., 0., 0., 0., 0., 0., 0., 0.],
        [0., 0., 0., 0., 0., 0., 0., 0., 0., 0., 0.],
        [0., 0., 0., 0., 0., 0., 0., 0., 0., 0., 0.],
        [0., 0., 0., 0., 0., 0., 0., 0., 0., 0., 0.],
        [0., 0., 0., 0., 0., 0., 0., 0., 0., 0., 0.]]])
```

(2) 字符级的 one-hot 编码。

```
import string

samples = ['The cat sat on the mat.', 'The dog ate my homework.']
```

```
characters = string.printable        #所有可打印的 ASCII 字符
token_index = dict(zip(characters, range(1, len(characters) + 1)))

max_length = 50
results = np.zeros((len(samples), max_length, max(token_index.values()) + 1))
for i, sample in enumerate(samples):
    for j, character in enumerate(sample[:max_length]):
        index = token_index.get(character)
        results[i, j, index] = 1
results
array([[[0., 0., 0., …, 0., 0., 0.],
        [0., 0., 0., …, 0., 0., 0.],
        [0., 0., 0., …, 0., 0., 0.],
        …,
        [0., 0., 0., …, 0., 0., 0.],
        [0., 0., 0., …, 0., 0., 0.],
        [0., 0., 0., …, 0., 0., 0.]],

       [[0., 0., 0., …, 0., 0., 0.],
        [0., 0., 0., …, 0., 0., 0.],
        [0., 0., 0., …, 0., 0., 0.],
        …,
        [0., 0., 0., …, 0., 0., 0.],
        [0., 0., 0., …, 0., 0., 0.],
        [0., 0., 0., …, 0., 0., 0.]]])
```

(3) Keras 实现单词级的 one-hot 编码。

- Keras 的内置函数可以对原始文本数据进行单词级或字符级的 one-hot 编码。
- 实现了许多重要的特性，如从字符串中去除特殊字符、只考虑数据集中前 n 个最常见的单词（这是一种常用的限制，以避免处理非常大的输入向量空间）。

```
from keras.preprocessing.text import Tokenizer
samples = ['The cat sat on the mat.', 'The dog ate my homework.']
tokenizer = Tokenizer(num_words = 1000)
    #创建一个分词器(tokenizer),设置为只考虑前 1000 个最常见的单词
tokenizer.fit_on_texts(samples)                    #构建单词索引
sequences = tokenizer.texts_to_sequences(samples)
    #将字符串转换为整数索引组成的列表
one_hot_results = tokenizer.texts_to_matrix(samples, mode = 'binary')
    #也可以直接得到 one-hot 编码的二进制表示.这个分词器也支持除 one-hot 编码外的其
    #他向量化模式
word_index = tokenizer.word_index                  #找回单词索引
{'the': 1,
 'cat': 2,
 'sat': 3,
 'on': 4,
 'mat': 5,
 'dog': 6,
 'ate': 7,
 'my': 8,
 'homework': 9}
```

（4）散列技巧。

one-hot 编码的一种变体是所谓的 one-hot 散列技巧（one-hot hashing trick），如果词表中唯一标记的数量太大而无法直接处理，就可以使用这种技巧。这种技巧没有为每个单词显式分配一个索引并将这些索引保存在一个字典中，而是将单词散列编码为固定长度的向量，通常用一个非常简单的散列函数来实现。这种方法的主要优点在于，它避免了维护一个显式的单词索引，从而节省内存并允许数据的在线编码。这种方法有一个缺点，就是可能会出现散列冲突（hash collision），即两个不同的单词可能具有相同的散列值，随后任何机器学习模型观察这些散列值，都无法区分它们所对应的单词。如果散列空间的维度远大于需要散列的唯一标记的个数，散列冲突的可能性会减小。

```
import numpy as np
samples = ['The cat sat on the mat.', 'The dog ate my homework.']
dimensionality = 1000
    ♯将单词保存为长度为 1000 的向量
    ♯如果单词数量接近 1000 个(或更多)，那么会遇到很多散列冲突，这会降低这种编码方法的
    ♯准确性
max_length = 10
results = np.zeros((len(samples), max_length, dimensionality))
for i, sample in enumerate(samples):
    for j, word in list(enumerate(sample.split()))[:max_length]:
        index = abs(hash(word)) % dimensionality
        ♯将单词散列为 0～1000 范围内的一个随机整数索引
        results[i, j, index] = 1
```

6.1.2　使用词嵌入

单词与向量相关联还有另一种常用的强大方法，就是使用密集的词向量（word vector），也叫词嵌入（word embedding）。one-hot 编码得到的向量是二进制的、稀疏的（绝大部分元素都是 0）、维度很高的（维度大小等于词表中的单词个数），而词嵌入是低维的浮点数向量（即密集向量，与稀疏向量相对）。

1. one-hot 与 word2vec

假设词典中不同词的数量（词典大小）为 N，每个词可以和从 0 到 $N-1$ 的连续整数一一对应。这些与词对应的整数称作词的索引。

假设一个词的索引为 i，为了得到该词的 one-hot 向量表示，需要创建一个全 0 的长为 N 的向量，并将其第 i 位设成 1。由此，每个词可以表示为一个长度为 N 的向量，从而直接被神经网络使用。虽然 one-hot 词向量构造起来很容易，但通常情况并不是一个好选择。主要的原因是 one-hot 词向量无法准确表达不同词之间的相似度。

以经常使用的余弦相似度为例。对于向量 $x, y \in R^d$，它们的余弦相似度是它们之间的夹角的余弦值：

$$\frac{x^T y}{|x||y|} \in [-1, 1]$$

由于任何两个不同词的 one-hot 向量的余弦相似度都为 0，因此，多个不同词之间的

相似度难以通过 one-hot 向量准确地体现出来。word2vec 工具的提出正是为了解决该问题。它将每个词表示成一个定长的向量，并使得这些向量能较好地表达不同词之间的相似和类比关系。word2vec 工具包含了两个模型，即跳字模型（skip-gram）和连续词袋模型（continuous bag of words，CBOW）。

【例 6-1】 word2vec 的使用实例。

```python
#!usr/bin/env python
# encoding: utf-8
import gensim
import logging
'''gensim 的简单测试'''
logging.basicConfig(format = '%(asctime)s: %(levelname)s: %(message)s', level = logging.INFO)
sentences = gensim.models.word2vec.Text8Corpus("big.txt")    # 加载语料
model = gensim.models.word2vec.Word2Vec(sentences)    # 训练 skip-gram 模型,默认 window = 5
print('----------------------------- 模型为 -----------------------------')
print(model)
print('---------------------- remains 和 remarkable 的相似度为 ---------------')
vector = model.wv['computer']  # get numpy vector of a word
print(model.wv.similarity("remains", "remarkable"))
vector = model.wv['computer']
print('----------------------- 与 actor 最相关的 50 个单词为 ------------------')
actor_model = model.wv.most_similar("actor", topn = 50)    # 20 个最相关的单词
print(actor_model)
for one_item in actor_model:
    print(one_item[0], one_item[1])
```

运行程序，输出如下：

```
2023-09-06 12:10:36,875: INFO: collecting all words and their counts
2023-09-06 12:10:36,878: INFO: PROGRESS: at sentence #0, processed 0 words, keeping 0 word types
2023-09-06 12:10:37,312: INFO: collected 81421 word types from a corpus of 1095776 raw words and 110 sentences
2023-09-06 12:10:37,312: INFO: Creating a fresh vocabulary
...
----------------------------- 模型为 -----------------------------
Word2Vec< vocab = 17465, vector_size = 100, alpha = 0.025 >
---------------------- remains 和 remarkable 的相似度为 ---------------
0.89841574
----------------------- 与 actor 最相关的 50 个单词为 ------------------
[('cupboard', 0.9793123006820679), ('admission,', 0.9783427119255066), ('que', 0.978330135345459), ('frighten', 0.9777906537055969), ('courteous', 0.977418839931488), ('literary', 0.9773808717727661), ('bid', 0.977240264415741),
...
William, 0.969403088092804
packet 0.9693484306335449
core 0.9692505598068237
scream 0.9692139029502869
265 0.9689843058586121
```

2. skip-gram

1）基本概念

跳字模型假设基于某个词来生成它在文本序列周围的词。假设文本序列为："the" "man" "loves" "his" "son"。以"loves"作为中心词如图6-4所示，设背景窗口大小为2。

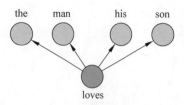

图6-4 跳字模型

跳字模型所关心的是，给定中心词"love"，生成与它距离不超过2个词的背景词"the" "man" "his" "son"的条件概率，即

$$P(\text{"the"},\text{"man"},\text{"his"},\text{"son"}|\text{"love"})$$

假设给定中心词的情况下，背景词的生成是相互独立的。那么，上式可以改写为

$$P(\text{"the"}|\text{"loves"}) \cdot P(\text{"man"}|\text{"man"}|\text{"loves"}) \cdot P(\text{"his"}|\text{"loves"}) \cdot P(\text{"son"}|\text{"loves"})$$

在跳字模型中，每个词被表示为两个 d 维向量，用来计算条件概率。假设这个词在词典中索引为 i，当它为中心词时，向量表示为 $\boldsymbol{v}_i \in R^d$，而为背景词时向量表示为 $\boldsymbol{u}_i \in R^d$。设中心词 w_c 在词典中索引为 c，背景词 w_o 在词典中索引为 o，给定中心词生成背景词的条件概率可以通过对向量内积做softmax运算得到：

$$P(w_o \mid w_c) = \frac{\exp(\boldsymbol{u}_o^T \boldsymbol{v}_c)}{\sum_{i \in v} \exp(\boldsymbol{u}_i^T \boldsymbol{v}_c)}$$

其中，词典索引集 $v = \{0, 1, \cdots, |v|-1\}$。

假设给定一个长度为 T 的文本序列，设时间步 t 的词为 $w^{(t)}$。假设给定中心词的情况下背景词的生成相互独立，当背景窗口大小为 m 时，跳字模型的似然函数，即为给定任一中心词生成所有背景词的概率：

$$\prod_{t=1}^{T} \prod_{-m \leq j \leq m, j \neq 0} P(w^{(t+j)} \mid w^{(t)})$$

其中，小于1和大于 T 的时间步可以忽略。

2）模型训练

跳字模型的参数是每个词所对应的中心词向量和背景词向量。训练中通过最大化似然函数来学习模型参数，即最大似然估计。这等价于最小化以下损失函数：

$$-\sum_{t=1}^{T} \sum_{-m \leq j \leq m, j \neq 0} \log P(w^{(t+1)} \mid w^{(t)})$$

如果使用随机梯度下降，那么，每一次迭代将先随机采样一个较短的子序列来计算该子序列的损失，然后计算梯度来更新模型参数。梯度计算的关键是，条件概率的对数与中心词向量和背景词向量的梯度有关。根据定义，结合对数运算的性质，有

$$\log P(w_o \mid w_c) = \boldsymbol{u}_o^T \boldsymbol{v}_c - \log\left(\sum_{i \in v} \exp(\boldsymbol{u}_i^T \boldsymbol{v}_c)\right)$$

通过微分，可得上式中 $\boldsymbol{v}_c$ 的梯度：

$$\frac{\partial \log P(w_o \mid w_c)}{\partial \boldsymbol{v}_c} = \boldsymbol{u}_o - \frac{\sum_{j \in v} \exp(\boldsymbol{u}_j^T \boldsymbol{v}_c) \boldsymbol{u}_j}{\sum_{i \in v} \exp(\boldsymbol{u}_i^T \boldsymbol{v}_c)}$$

$$= \boldsymbol{u}_o - \sum_{j \in v} \left(\frac{\exp(\boldsymbol{u}_j^{\mathrm{T}} \boldsymbol{v}_c)}{\sum_{i \in v} \exp(\boldsymbol{u}_i^{\mathrm{T}} \boldsymbol{v}_c)} \right) \boldsymbol{u}_j$$

$$= \boldsymbol{u}_o - \sum_{j \in v} P(w_j \mid w_c) \boldsymbol{u}_j$$

其中,该梯度的计算需要词典中所有词以 w_c 为中心词的条件概率。有关其他词向量的梯度同理可得。

训练结束后,对于词典中的任一索引为 i 的词,均得到该词作为中心词和背景词的两组词向量 $\boldsymbol{v}_i$ 和 $\boldsymbol{u}_i$。在自然语言处理应用中,一般使用跳字模型的中心词向量作为词的表征向量。

【例 6-2】 skip-gram 模型实现。

(1) 数据准备。

```
"""导入所依赖的库"""
import time
import collections
import math
import os
import random
import zipfile
import numpy as np
import urllib
import pprint
import tensorflow as tf
import matplotlib.pyplot as plt
os.environ["TF_CPP_MIN_LOG_LEVEL"] = "2"

"""准备数据集"""
url = "http://mattmahoney.net/dc/"
def maybe_download(filename,expected_bytes):
    """判断文件是否已经下载,如果没有,则下载数据集"""
    if not os.path.exists(filename):
        #数据集不存在,开始下载
        filename,_ = urllib.request.urlretrieve(url + filename,filename)
    #核对文件尺寸
    stateinfo = os.stat(filename)
    if stateinfo.st_size == expected_bytes:
        print("数据集已存在,且文件尺寸合格!",filename)
    else :
        print(stateinfo.st_size)
        raise Exception(
            "文件尺寸不对!请重新下载,下载地址为: " + url
        )
    return filename
"""测试文件是否存在"""
filename = maybe_download("text8.zip",31344016)
"""解压文件"""
def read_data(filename):
```

```python
    with zipfile.ZipFile(filename) as f:
        data = tf.compat.as_str(f.read(f.namelist()[0])).split()
        '''使用 zipfile.ZipFile 来提取压缩文件,然后可以使用
        zipfile模块中的读取器功能.'''
    return data
words = read_data(filename)
print("总的单词个数: ",len(words))
```

运行程序,输出如下:

```
数据集已存在,且文件尺寸合格! text8.zip
总的单词个数: 17005207
```

(2) 数据预处理。

```python
#构建词汇表,并统计每个单词出现的频数,同时用字典的形式进行存储,取频数排名前 50 000 的
#单词
vocabulary_size = 50000
def build_dataset(words):
    count = [["unkown", -1]]
    #collections.Counter()返回的是形如[["unkown",-1],("the",4),("physics",2)]
    count.extend(collections.Counter(words).most_common(vocabulary_size - 1))
    #most_common 函数用来实现 top n 功能,即截取 counter 结果的前 n 个子项
    dictionary = {}
    #将全部单词转为编号(以频数排序的编号),只关注前 50 000 单词,其余的认为是 unknown
    #的,编号为 0,同时统计这类词汇的数量
    for word,_ in count:
        dictionary[word] = len(dictionary)
        #形如: {"the": 1,"UNK": 0,"a": 12}
    data = []
    unk_count = 0                           #准备统计前 50 000 以外的单词的个数
    for word in words:
        #对于其中每一个单词,首先判断是否出现在字典中
        if word in dictionary:
            #如果已经出现在字典中,则转为其编号
            index = dictionary[word]
        else:
            #如果不在字典,则转为编号 0
            index = 0
            unk_count += 1
        data.append(index)                  #此时单词已经转变成对应的编号

    count[0][1] = unk_count                 #将统计好的 unknown 的单词数,填入 count 中
    #将字典进行翻转,形如: {3: "the",4: "an"}
    reverse_dictionary = dict(zip(dictionary.values(),dictionary.keys()))
    return data,count,dictionary,reverse_dictionary
#为了节省内存,将原始单词列表进行删除
data,count,dictionary,reverse_dictionary = build_dataset(words)
del words
#生成 word2vec 的训练样本,使用 skip - gram 模式
data_index = 0
```

```python
def generate_batch(batch_size, num_skips, skip_window):
    """
    batch_size: 每个训练批次的数据量
    num_skips: 每个单词生成的样本数量,不能超过 skip_window 的两倍,并且必须是 batch_size 的整数倍
    skip_window: 单词最远可以联系的距离,设置为1则表示当前单词只考虑前后两个单词之间的关系,也称为滑窗的大小
    return: 返回每个批次的样本以及对应的标签
    """
    global data_index           #声明为全局变量,方便后期多次使用
    #使用 Python 中的断言函数,提前对输入的参数进行判别,防止后期出现 bug 而难以寻找
    #原因
    assert batch_size % num_skips == 0
    assert num_skips <= skip_window * 2

    batch = np.ndarray(shape=(batch_size), dtype=np.int32)
    #创建一个 batch_size 大小的数组,数据类型为 int32,数值随机
    labels = np.ndarray(shape=(batch_size, 1), dtype=np.int32)
    #数据维度为[batch_size,1]
    span = 2 * skip_window + 1                      #入队的长度
    buffer = collections.deque(maxlen=span)         #创建双向队列,最大长度为 span

    #对双向队列填入初始值
    for _ in range(span):
        buffer.append(data[data_index])
        data_index = (data_index + 1) % len(data)
    #进入第一层循环,i 表示第几次入双向队列
    for i in range(batch_size // num_skips):
        target = skip_window                        #定义 buffer 中第 skip_window 个单词是目标
        targets_avoid = [skip_window]  #定义生成样本时需要避免的单词,因为要预测的是
                        #语境单词,不包括目标单词本身,因此列表开始包括第 skip_window 个单词
        for j in range(num_skips):
            """第二层循环,每次循环对一个语境单词生成样本,先产生随机数,直到不再需要
避免的单词中,也即需要找到可以使用的语境词语"""
            while target in targets_avoid:
                target = random.randint(0, span - 1)
            targets_avoid.append(target)  #因为该语境单词已经被使用过了,因此将其添加
                #到需要避免的单词库中
            batch[i * num_skips + j] = buffer[skip_window]       #目标词汇
            labels[i * num_skips + j, 0] = buffer[target]        #语境词汇
        #此时 buffer 已经填满,后续的数据会覆盖掉前面的数据
        buffer.append(data[data_index])
        data_index = (data_index + 1) % len(data)
    return batch, labels
batch, labels = generate_batch(8, 2, 1)

for i in range(8):
    print("目标单词: " + reverse_dictionary[batch[i]] + "对应编号为: ".center(20) +
str(batch[i]) + " 对应的语境单词为: ".ljust(20) + reverse_dictionary[labels[i,0]] + " 编
号为", labels[i,0])
```

运行程序,输出如下:

目标单词: originated	对应编号为: 3081	对应的语境单词为: as	编号为 12
目标单词: originated	对应编号为: 3081	对应的语境单词为: anarchism	编号为 5234
目标单词: as	对应编号为: 12	对应的语境单词为: originated	编号为 3081
目标单词: as	对应编号为: 12	对应的语境单词为: a	编号为 6
目标单词: a	对应编号为: 6	对应的语境单词为: as	编号为 12
目标单词: a	对应编号为: 6	对应的语境单词为: term	编号为 195
目标单词: term	对应编号为: 195	对应的语境单词为: of	编号为 2
目标单词: term	对应编号为: 95	对应的语境单词为: a	编号为 6

(3) 模型搭建。

```
# 定义训练数据的一些参数
batch_size = 128              # 训练样本的批次大小
embedding_size = 128          # 单词转换为稠密词向量的维度
skip_window = 1               # 单词可以联系到的最远距离
num_skips = 1                 # 每个目标单词提取的样本数

# 定义验证数据的一些参数
valid_size = 16               # 验证的单词数
valid_window = 100            # 指验证单词只从频数最高的前 100 个单词中进行抽取
valid_examples = np.random.choice(valid_window,valid_size,replace=False)
# 进行随机抽取
num_sampled = 64              # 训练时用作负样本的噪声单词的数量

# 开始定义 skip-gram word2vec 模型的网络结构
# 创建一个 graph 作为默认的计算图,同时为输入数据和标签申请占位符,并将验证样例的随机
# 数保存成 TensorFlow 的常数
graph = tf.Graph()
with graph.as_default():
    train_inputs = tf.placeholder(tf.int32,[batch_size])
    train_labels = tf.placeholder(tf.int32,[batch_size,1])
    valid_dataset = tf.constant(valid_examples,tf.int32)

    # 选择运行的设备为 CPU
    with tf.device("/cpu:0"):
        # 单词大小为 50 000,向量维度为 128,随机采样(-1,1)的浮点数
        embeddings = tf.Variable(tf.random_uniform([vocabulary_size,embedding_size],
-1.0,1.0))
        # 使用 tf.nn.embedding_lookup 函数查找 train_inputs 对应的向量 embed
        embed = tf.nn.embedding_lookup(embeddings,train_inputs)
        # 使用截断正态函数初始化权重,偏重初始化为 0
        weights = tf.Variable(tf.truncated_normal([vocabulary_size,embedding_size],
stddev=1.0/math.sqrt(embedding_size)))
        biases = tf.Variable(tf.zeros([vocabulary_size]))
        # 隐含层实现
        hidden_out = tf.matmul(embed, tf.transpose(weights)) + biases
        # 将标签使用 one-hot 编码方式表示,便于在 softmax 的时候进行判断生成是否准确
        train_one_hot = tf.one_hot(train_labels, vocabulary_size)
        cross_entropy = tf.reduce_mean(tf.nn.softmax_cross_entropy_with_logits(logits
=hidden_out, labels=train_one_hot))
        # 优化选择随机梯度下降法
```

```
        optimizer = tf.train.GradientDescentOptimizer(1.0).minimize(cross_entropy)
        #归一化
        norm = tf.sqrt(tf.reduce_sum(tf.square(weights),1,keep_dims = True))
        normalized_embeddings = weights / norm
        valid_embeddings = tf.nn.embedding_lookup(normalized_embeddings, valid_
dataset)  #查询验证单词的嵌入向量
        #计算验证单词的嵌入向量与词汇表中所有单词的相似性
        similarity = tf.matmul(
            valid_embeddings,normalized_embeddings,transpose_b = True
        )
        init = tf.global_variables_initializer()  #定义参数的初始化
```

(4) 训练与验证。

```
##启动训练
num_steps = 150001                      #进行 150 001 次的迭代计算
t0 = time.time()
#创建一个会话并设置为默认
with tf.Session(graph = graph) as session:
    init.run()                          #启动参数的初始化
    print("初始化完成!")
    average_loss = 0                    #计算误差

    #开始迭代训练
    for step in range(num_steps):
        batch_inputs,batch_labels = generate_batch(batch_size,num_skips,skip_window)
        #调用生成训练数据函数生成一组 batch 和 label
        feed_dict = {train_inputs: batch_inputs,train_labels: batch_labels}
        #待填充的数据
        #启动会话,运行优化器 optimizer 和损失计算函数,并填充数据
        optimizer_trained,loss_val = session.run([optimizer,cross_entropy],feed_dict
= feed_dict)
        average_loss += loss_val        #统计 NCE 损失

        #为了方便,每 2000 次计算一下损失并显示出来
        if step % 2000 == 0:
            if step > 0:
                average_loss /= 2000
            print('第 %d 轮迭代用时: %s'% (step, time.time() - t0))
            t0 = time.time()
            print("第{}轮迭代后的损失为: {}".format(step,average_loss))
            average_loss = 0

        #每 10 000 次迭代,计算一次验证单词与全部单词的相似度,并将与验证单词最相似的
        #前 8 个单词呈现出来
        if step % 10000 == 0:
            sim = similarity.eval()     #计算向量
            for i in range(valid_size):
                #得到对应的验证单词
                valid_word = reverse_dictionary[valid_examples[i]]
                top_k = 8
```

```python
            # 计算每一个验证单词相似度最接近的前 8 个单词
            nearest = (-sim[i,:]).argsort()[1:top_k+1]
            log_str = "与单词 {} 最相似的: ".format(str(valid_word))

            for k in range(top_k):
                close_word = reverse_dictionary[nearest[k]] # 相似度高的单词
                log_str = "%s %s, " % (log_str,close_word)
            print(log_str)
    final_embeddings = normalized_embeddings.eval()

# 可视化 word2vec 效果
def plot_with_labels(low_dim_embs,labels,filename = "tsne.png"):
    assert low_dim_embs.shape[0] >= len(labels),"标签数超过了嵌入向量的个数"

    plt.figure(figsize = (20,20))
    for i,label in enumerate(labels):
        x,y = low_dim_embs[i,:]
        plt.scatter(x,y)
        plt.annotate(
            label,
            xy = (x,y),
            xytext = (5,2),
            textcoords = "offset points",
            ha = "right",
            va = "bottom"
        )
    plt.savefig(filename)
from sklearn.manifold import TSNE
tsne = TSNE(perplexity = 30,n_components = 2,init = "pca",n_iter = 5000)
plot_only = 100
low_dim_embs = tsne.fit_transform(final_embeddings[:plot_only,:])
Labels = [reverse_dictionary[i] for i in range(plot_only)]
plot_with_labels(low_dim_embs,Labels)
```

运行程序,输出如下:

```
第 142000 轮迭代后的损失为: 4.46674475479126
第 144000 轮迭代后的损失为: 4.460033647537231
第 146000 轮迭代后的损失为: 4.479593712329865
第 148000 轮迭代后的损失为: 4.463101862192154
第 150000 轮迭代后的损失为: 4.3655951328277585
与单词 can 最相似的: may, will, would, could, should, must, might, cannot,
与单词 were 最相似的: are, was, have, had, been, be, those, including,
与单词 is 最相似的: was, has, are, callithrix, landesverband, cegep, contains, became,
与单词 been 最相似的: be, become, were, was, acuity, already, banded, had,
与单词 new 最相似的: repertory, rium, real, ursus, proclaiming, cegep, mesoplodon, bolster,
与单词 their 最相似的: its, his, her, the, our, some, these, landesverband,
与单词 when 最相似的: while, if, where, before, after, although, was, during,
与单词 of 最相似的: vah, in, neutronic, widehat, abet, including, nine, cegep,
与单词 first 最相似的: second, last, biggest, cardiomyopathy, next, cegep, third, burnt,
与单词 other 最相似的: different, some, various, many, thames, including, several, bearings,
```

与单词 its 最相似的： their, his, her, the, simplistic, dativus, landesverband, any,
与单词 from 最相似的： into, through, within, in, akita, bde, during, lawless,
与单词 would 最相似的： will, can, could, may, should, might, must, shall,
与单词 people 最相似的： those, men, pisa, lep, arctocephalus, protectors, saguinus, builders,
与单词 had 最相似的： has, have, was, were, having, ascribed, wrote, nitrile,
与单词 all 最相似的： auditum, some, scratch, both, several, many, katydids, two,

3. CBOW

1）基本概念

与跳字模型最大的不同在于，连续词袋模型假设基于某中心词在文本序列前后的背景词来生成该中心词。在同样的文本序列"the" "man" "loves" "his" "son"中，以"loves"作为中心词，且背景窗口大小为 2 时，如图 6-5 所示。

连续词袋模型关心的是，给定背景词"the" "man" "his" "son"生成中心词"loves"的条件概率，即

$$P=(\text{"loves"}|\text{"the"},\text{"man"},\text{"his"},\text{"son"})$$

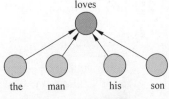

图 6-5　CBOW 模型

由于连续词袋模型的背景词存在多个，需要将这些背景词向量取平均，然后使用和跳字模型相同的方法来计算条件概率。

设 $v_i \in R^d$ 和 $u_i \in R^d$ 分别表示词典中索引为 i 的词作为背景词和中心词的向量。设中心词 w_c 在词典中索引为 c，背景词 $w_{o1}, w_{o2}, \cdots, w_{o2m}$ 在词典中索引为 $o_1, o_2, \cdots, o_{2m}$。那么，给定背景词生成中心词的条件概率为

$$P(w_c \mid w_{o1}, w_{o2}, \cdots, w_{o2m}) = \frac{\exp\left(\frac{1}{2m} u_c^T (v_{o1} + \cdots + v_{o2m})\right)}{\sum_{i \in v} \exp\left(\frac{1}{2m} u_c^T (v_{o1} + \cdots + v_{o2m})\right)}$$

为了简化符号，记 $W_o = w_{o1}, \cdots, w_{o2m}$，且 $\bar{v}_o = (v_{o1} + \cdots + v_{o2m})/2m$。那么，上式可简写为

$$P(w_c \mid W_o) = \frac{\exp(u_c^T \bar{v}_o)}{\sum_{i \in v} \exp(u_i^T \bar{v}_o)}$$

给定一个长度为 T 的文本序列，设时间步 t 的词为 $w^{(t)}$，背景窗口大小为 m。连续词袋模型的似然函数是由背景词生成任一中心词的概率：

$$\prod_{t=1}^{T} P(w^{(t)} \mid w^{(t-m)}, \cdots, w^{(t-1)}, w^{(t+1)}, \cdots, w^{(t+m)})$$

2）模型训练

训练连续词袋模型同训练跳字模型基本一致。连续词袋模型的最大似然估计等价于最小化损失函数：

$$-\sum_{t=1}^{T} \log P(w^{(t)} \mid w^{(t-m)}, \cdots, w^{(t-1)}, w^{(t+1)}, \cdots, w^{(t+m)})$$

根据定义,结合对数运算的性质,有

$$\log P(w_c \mid W_o) = \boldsymbol{u}_c^{\mathrm{T}} \bar{\boldsymbol{v}}_o - \log\Big(\sum_{i \in v} \exp(\boldsymbol{u}_i^{\mathrm{T}} \bar{\boldsymbol{v}}_o)\Big)$$

通过微分,可以计算出上式中条件概率的对数有关任一背景词向量 $\boldsymbol{v}_{oi}$ ($i=1,2,\cdots,2m$) 的梯度:

$$\frac{\partial \log P(w_o \mid W_o)}{\partial \boldsymbol{v}_{oi}} = \frac{1}{2m}\Big(u_c - \sum_{j \in v} \frac{\exp(\boldsymbol{u}_j^{\mathrm{T}} \boldsymbol{v}_c) \boldsymbol{u}_j}{\sum_{i \in v} \exp(\boldsymbol{u}_i^{\mathrm{T}} \bar{\boldsymbol{v}}_o)}\Big)$$

$$= \frac{1}{2m}\Big(u_c - \sum_{j \in v} P(w_j \mid W_o) \boldsymbol{u}_j\Big)$$

有关其他词向量的梯度同理可得。同跳字模型不同的一点在于,一般使用连续词袋模型的背景词向量作为词的表征向量。

【例 6-3】 pytorch_CBOW 模型的实现。

```
import torch
from torch import nn,optim
from torch.autograd import Variable
import torch.nn.functional as F

CONTEXT_SIZE = 2
raw_text = "We are about to study the idea of a computational process. Computational processes are abstract beings that inhabit computers. As they evolve, processes manipulate other abstract things called data. The evolution of a process is directed by a pattern of rules called a program. People create programs to direct processes.".split(' ')
vocab = set(raw_text)
# set 函数创建一个无序不重复元素集,可进行关系测试,删除重复数据,还可以计算交集、差集、
# 并集等
# 将句子中所有单词封装到 set 类中
word_to_idx = {word: i for i,word in enumerate(vocab)}
data = []
for i in range(CONTEXT_SIZE,len(raw_text) - CONTEXT_SIZE):
    context = [raw_text[i-2],raw_text[i-1],raw_text[i+1],raw_text[i+2]]
    target = raw_text[i]
    data.append((context,target))

class CBOW(nn.Module):
    def __init__(self,n_word,n_dim,context_size):
        super(CBOW, self).__init__()
        self.embedding = nn.Embedding(n_word,n_dim)
        self.linear1 = nn.Linear(2 * CONTEXT_SIZE * n_dim,128)
        self.linear2 = nn.Linear(128,n_word)
    def forward(self,x):
        x = self.embedding(x)
        # 将 x 放到构建好的空间中
        x = x.view(1, -1)
        # x.view(x,b)是用来更改 x 张量的,这里面的 -1 表示它的值根据另外一项而定(自动
        # 补齐)
        x = self.linear1(x)
```

```python
            x = F.relu(x, inplace = True)
            x = self.linear2(x)
            x = F.log_softmax(x)
            return x

model = CBOW(len(word_to_idx),100,CONTEXT_SIZE)
if torch.cuda.is_available():
    model = model.cuda()
#如果有 GPU 就采用 GPU
criterion = nn.CrossEntropyLoss()
optimizer = optim.SGD(model.parameters(),lr = 1e-3)
for epoch in range(1000):
    print("epoch{}".format(epoch))
    print(" * " * 10)
    running_loss = 0
    for word in data:
        context,target = word
        context = Variable(torch.LongTensor([word_to_idx[i] for i in context]))
        target = Variable(torch.LongTensor([word_to_idx[target]]))
        #将 tensor 封装到 Variable 内,为了实现自动求导
        if torch.cuda.is_available():
            context = context.cuda()
            target = target.cuda()
        out = model(context)
        loss = criterion(out,target)
        running_loss += loss.item()
        #.item()为了获得向量的元素值
        optimizer.zero_grad()
        loss.backward()
        optimizer.step()
    torch.save(model.state_dict(),"./model_state")
    print('loss: {:.6f}'.format(running_loss/len(data)))
```

运行程序,输出如下:

```
epoch0
**********
loss: 3.710020
epoch1
**********
loss: 3.630501
epoch2
**********
loss: 3.552415
...
epoch998
**********
loss: 0.003594
epoch999
**********
loss: 0.003589
```

6.2 循环神经网络

循环神经网络(RNN)是一类以序列(sequence)数据为输入,在序列的演进方向进行递归(recursion)且所有结点(循环单元)按链式连接的递归神经网络(recursive neural network)。可以说,RNN就是为处理序列数据而生的。

6.2.1 循环神经网络概述

1. RNN 模型结构

当数据依赖之前的信息,设有一状态序列数据$\{s_t\}$,要表示这一性质,典型的处理方式:

$$s_t = f(s_{t-1}, \theta) \tag{6-1}$$

其中,f为映射(在 RNN 中可以简单理解为激活函数),θ为参数。从式(6-1)可以看出:

(1) 映射是与时间无关的。

(2) θ也是与时间无关的。

这里体现了循环结构(在 RNN 中)的重要性质:参数(权值参数)共享(parameter sharing)。

式(6-1)可以用另一种形式表示:

$$\begin{aligned} s_t &= f(s_{t-1}, \theta) \\ &= f(f(s_{t-2}, \theta), \theta) \\ &\quad \cdots\cdots \\ &= f(f \cdots f(s_1, \theta), \theta) \cdots, \theta) \end{aligned} \tag{6-2}$$

如果状态序列中的每个数据不只受其前面信息的影响,还受外部信息的影响,那么循环结构可以表示为

$$s_t = f(s_{t-1}, x_t, \theta)$$

其中,x_t为外部信息序列的第t个元素。这个就是 RNN 使用的循环结构。写成带权重的形式为

$$s_t = f(Ws_{t-1} + Ux_t + b_t)$$

为了简洁,可以把偏置省略,可以将其看成是U中的第一维(元素都为1)。如果考虑输出层:

$$O_t = g(Vs_t)$$

一个标准的 RNN 单元包含3层:输入层、隐含层和输出层,用图示有两种方式,即折叠式(见图6-6(a))与展开式(见图6-6(b))。

2. RNN 的反向传播

每次的输出值O_t都会产生一个误差值E_t,总的误差可以表示为$E = \sum_t e_t$。则损失函数可以使用交叉熵损失函数,也可以使用平方误差损失函数。

由于每一步的输出不仅仅依赖当前步的网络,并且还需要前若干网络的状态,那么

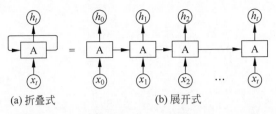

图 6-6 RNN 结构

这种 BP 改进称作 Backpropagation Through Time(BPTT)，也即是将输出端的误差值反向传递，运用梯度下降法进行更新。要求参数的梯度：

$$\nabla U = \frac{\partial E}{\partial U} = \sum_t \frac{\partial e_t}{\partial U}$$

$$\nabla V = \frac{\partial E}{\partial V} = \sum_t \frac{\partial e_t}{\partial V}$$

$$\nabla W = \frac{\partial E}{\partial W} = \sum_t \frac{\partial e_t}{\partial W}$$

首先求解 W 的更新方法，由前面的 W 的更新可以看出它是每个时刻的偏差的导数之和。此处以 $t=3$ 时刻为例，根据链式求导法则可以得到 $t=3$ 时刻的偏导数为

$$\frac{\partial E_3}{\partial W} = \frac{\partial E_3}{\partial o_3} \frac{\partial o_3}{\partial s_3} \frac{\partial s_3}{\partial W}$$

此时，根据公式 $s_t = f(Ux_t + Ws_{t-1})$ 会发现，s_3 除了和 W 有关外，还和前一时刻 s_2 有关。对于 s_3 直接展开得到下面的式子：

$$\frac{\partial s_3}{\partial w} = \frac{\partial s_3}{\partial s_3} \times \frac{\partial s_3^+}{\partial w} + \frac{\partial s_3}{\partial s_2} \times \frac{\partial s_2}{\partial w}$$

对于 s_2 直接展开得到：

$$\frac{\partial s_2}{\partial w} = \frac{\partial s_2}{\partial s_2} \times \frac{\partial s_2^+}{\partial w} + \frac{\partial s_2}{\partial s_1} \times \frac{\partial s_1}{\partial w}$$

对于 s_2 直接展开得到：

$$\frac{\partial s_1}{\partial w} = \frac{\partial s_1}{\partial s_1} \times \frac{\partial s_1^+}{\partial w} + \frac{\partial s_1}{\partial s_0} \times \frac{\partial s_0}{\partial w}$$

将上述三个式子合并得到：

$$\frac{\partial s_3}{\partial w} = \sum_{k=0}^{3} \frac{\partial s_3}{\partial s_k} \times \frac{\partial s_k^+}{\partial w}$$

得到公式：

$$\frac{\partial E_3}{\partial W} = \sum_{k=0}^{3} \frac{\partial E_3}{\partial o_3} \frac{\partial o_3}{\partial s_3} \frac{\partial s_3}{\partial s_k} \frac{\partial s_k^+}{\partial W}$$

需要注意的是，$\frac{\partial s_k^+}{\partial w}$ 表示的是 s_3 对 W 直接求导，不考虑 s_2 的影响。

其次是对 U 的更新方法。由于参数 U 求解和 W 求解类似，在此不展开介绍，最终得

到的公式为

$$\frac{\partial E_3}{\partial U} = \sum_{k=0}^{3} \frac{\partial E_3}{\partial o_3} \frac{\partial o_3}{\partial s_3} \frac{\partial (W^{3-k} a_k)}{\partial U} \frac{\partial s_3}{\partial f}$$

最后，V 的更新公式为

$$\frac{\partial E_3}{\partial V} = \frac{\partial E_3}{\partial O_3} \times \frac{\partial O_3}{\partial V}$$

【例 6-4】 简单 RNN 的 NumPy 实现。

```python
import numpy as np
# 输入序列的时间步数
timesteps = 100
# 输入特征的维度
input_features = 32
# 输出特征的维度
output_features = 64
inputs = np.random.random((timesteps, input_features))
# 初始状态是全零向量
state_t = np.zeros((output_features,))
# 创建随机的权重矩阵
W = np.random.random((output_features, input_features))
U = np.random.random((output_features, output_features))
b = np.random.random((output_features,))
successive_outputs = []
for input_t in inputs:
    output_t = np.tanh(np.dot(W, input_t) + np.dot(U, state_t) + b)
    # 将输出保存在一个列表中
    successive_outputs.append(output_t)
    # 更新网络的状态，用于下一个时间步
    state_t = output_t
    # 最终输出是一个形状为(timesteps,output_features)的二维张量
final_output_sequence = np.stack(successive_outputs, axis=0)
```

总之，RNN 是一个 for 循环，它重复使用循环前一次迭代的计算结果。还可以构建许多不同的 RNN，它们都满足上述定义，这个例子只是最简单的 RNN 表述。RNN 的特征在于其时间步函数，如例 6-4 中的这个函数（见图 6-7）。

```python
output_t = np.tanh(np.dot(W, input_t) + np.dot(U, state_t) + b)
```

6.2.2　Keras 中的循环层

上面 NumPy 的简单实现，对应一个实际的 Keras 层，即 SimpleRNN 层。

```python
from keras.layers import SimpleRNN
```

二者的区别在于：SimpleRNN 层能够像其他 Keras 层一样处理序列的值，而不是像 NumPy 实例那样只能处理单个序列。因此，它接收形状为 (batch_size, timesteps, input_features) 的输入，而不是 (timesteps, input_features)。

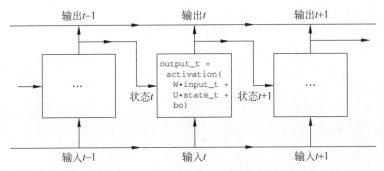

图 6-7　一个简单的 RNN，沿时间展开

与 Keras 中的所有循环一样，SimpleRNN 可以在两种不同的模式下运行：一种是返回每个时间步连续输出的完整序列，即形状为（batch_size，timesteps，output_features）的三维张量；另一种是只返回每个输入序列的最终输出，即形状为（batch_size，output_features）的二维张量。这两种模式由 return_sequences 这个构造函数参数来控制。

【例 6-5】将 Keras 中的模型用于 IMDB 电影评论分类。

（1）准备 IMDB 数据。

```
from keras.datasets import imdb
from keras.preprocessing import sequence

#作为特征的单词个数
max_features = 10000
#在 maxlen 个单词后截断文本
maxlen = 500
batch_size = 32
print('载入数据...')
(input_train, y_train), (input_test, y_test) = imdb.load_data(num_words = max_features)
print(len(input_train), '训练序列')
print(len(input_test), '测试序列')
print('Pad 序列 (samples x time)')
input_train = sequence.pad_sequences(input_train, maxlen = maxlen)
input_test = sequence.pad_sequences(input_test, maxlen = maxlen)
print('input_train 形状：', input_train.shape)
print('input_test 形状：', input_test.shape)
```

（2）用 Embedding 层和一个 SimpleRNN 层来训练一个简单的循环网络。

```
from keras.layers import Dense
model = Sequential()
model.add(Embedding(max_features, 32))
model.add(SimpleRNN(32))
model.add(Dense(1, activation = 'sigmoid'))
model.compile(optimizer = 'rmsprop', loss = 'binary_crossentropy', metrics = ['acc'])
history = model.fit(input_train, y_train,
                    epochs = 10,
                    batch_size = 128,
                    validation_split = 0.2)
```

(3) 显示训练和验证的损失与精度。

```
import matplotlib.pyplot as plt
acc = history.history['acc']
val_acc = history.history['val_acc']
loss = history.history['loss']
val_loss = history.history['val_loss']
epochs = range(1, len(acc) + 1)
plt.plot(epochs, acc, 'bo', label = '训练精度')
plt.plot(epochs, val_acc, 'b', label = '验证精度')
plt.title('训练精度和验证精度')
plt.legend()
plt.figure()
plt.plot(epochs, loss, 'bo', label = '训练损失')
plt.plot(epochs, val_loss, 'b', label = '验证损失')
plt.title('训练损失和验证损失')
plt.legend()
plt.show()
```

运行程序,效果如图 6-8 及图 6-9 所示。

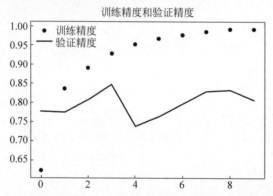

图 6-8 将 SimpleRNN 应用于 IMDB 的训练精度和验证精度

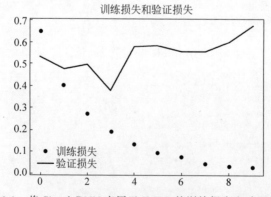

图 6-9 将 SimpleRNN 应用于 IMDB 的训练损失和验证损失

6.2.3 RNN 的改进算法

前面介绍的 RNN 算法，它处理时间序列的问题的效果很好，但是仍存在一些问题，其中较为严重的是容易出现梯度消失或者梯度爆炸的问题，因此，就出现了一系列的改进算法，此处主要介绍 LSTM 和 GRU 两种算法。

1. LSTM 算法

LSTM(Long Short Term Memory，长短期记忆网络)算法是目前使用最多的时间序列算法，图 6-10 为 LSTM 算法的结构。

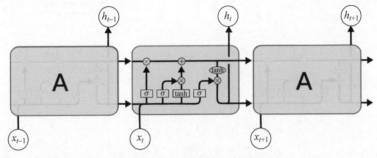

图 6-10　LSTM 算法结构

和 RNN 不同的是，RNN 中 $h_1 = Ux_i + Ws_{t-1}$，就是简单的线性求和的过程，而 LSTM 可以通过"门"结构来去除或者增加"细胞状态"的信息，实现了对重要内容的保留和对不重要内容的去除。通过 Sigmoid 层输出一个 0 到 1 之间的概率值，描述每个部分有多少量可以通过，0 表示"不允许任务变量通过"，1 表示"运行所有变量通过"。

用于遗忘的门叫作"遗忘门"，用于信息增加的叫作"信息增加门"，用于输出的叫作"输出门"。此处，LSTM 算法还有一些改进，如图 6-11 所示，它增加 peephole connections 层，让门层也接受细胞状态的输入。

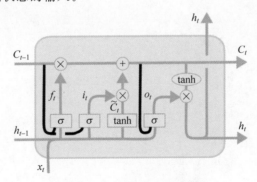

图 6-11　LSTM 算法的改进 1

图 6-12 所示为 LSTM 算法另外一种改进，它是通过耦合忘记门和更新输入门(第一个和第二个门)，也就是不再单独地考虑忘记什么、增加什么信息，而一起进行考虑。

2. GRU 算法

GRU 算法是 2011 年提出的一种 LSTM 改进算法。它将忘记门和输入门合并成为一个单一的更新门,同时合并了数据单元状态和隐藏状态,使得模型结构比 LSTM 更为简单,图 6-13 为 GRU 算法结构。

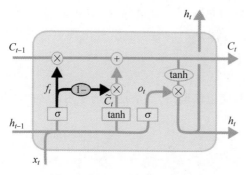
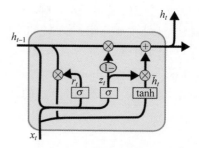

图 6-12　LSTM 算法的改进 2　　　　　图 6-13　GRU 算法结构

GRU 算法各个部分满足关系式如下:

$$z_t = \sigma(W_z \cdot [h_{t-1}, x_t])$$

$$r_t = \sigma(W_r \cdot [h_{t-1}, x_t])$$

$$\tilde{h}_t = \tanh(W \cdot [r_t \times h_{t-1}, x_t])$$

$$h_t = (1 - z_t) \times h_{t-1} + z_t \times \tilde{h}_t$$

3. RNN 改进算法的实现

前面已对 RNN 改进算法 LSTM 及 GRU 两种算法的结构进行了介绍,下面直接通过例子来演示其实现。

【例 6-6】　以 MNIST 分类为例实现 LSTM 分类。

解析:MNIST 图片大小为 28×28,可以将每张图片看作长为 28 的序列,序列中每个元素的特征维度为 28,将最后输出的隐藏状态 h_T 作为抽象的隐藏特征输入到全连接层进行分类。

(1) 导入各种包。

```
import torch
import torch.nn as nn
import torch.optim as optim
import torchvision
from torchvision import transforms

class Rnn(nn.Module):
    def __init__(self, in_dim, hidden_dim, n_layer, n_classes):
        super(Rnn, self).__init__()
        self.n_layer = n_layer
        self.hidden_dim = hidden_dim
        self.lstm = nn.LSTM(in_dim, hidden_dim, n_layer, batch_first = True)
        self.classifier = nn.Linear(hidden_dim, n_classes)

    def forward(self, x):
        out, (h_n, c_n) = self.lstm(x)
```

```python
#此时可以从 out 中获得最终输出的状态 h
x = h_n[-1, :, :]
x = self.classifier(x)
return x
```

(2)训练和测试代码。

```python
transform = transforms.Compose([
    transforms.ToTensor(),
    transforms.Normalize([0.5], [0.5]),
])
trainset = torchvision.datasets.MNIST(root = './data', train = True, download = True,
transform = transform)
trainloader = torch.utils.data.DataLoader(trainset, batch_size = 128, shuffle = True)

testset = torchvision.datasets.MNIST(root = './data', train = False, download = True,
transform = transform)
testloader = torch.utils.data.DataLoader(testset, batch_size = 100, shuffle = False)

net = Rnn(28, 10, 2, 10)
net = net.to('cpu')
criterion = nn.CrossEntropyLoss()
optimizer = optim.SGD(net.parameters(), lr = 0.1, momentum = 0.9)

#训练
def train(epoch):
    print('\nEpoch: %d' % epoch)
    net.train()
    train_loss = 0
    correct = 0
    total = 0
    for batch_idx, (inputs, targets) in enumerate(trainloader):
        inputs, targets = inputs.to('cpu'), targets.to('cpu')
        optimizer.zero_grad()
        outputs = net(torch.squeeze(inputs, 1))
        loss = criterion(outputs, targets)
        loss.backward()
        optimizer.step()

        train_loss += loss.item()
        _, predicted = outputs.max(1)
        total += targets.size(0)
        correct += predicted.eq(targets).sum().item()

        print(batch_idx, len(trainloader), 'Loss: %.3f | Acc: %.3f%% (%d/%d)'
            % (train_loss/(batch_idx + 1), 100. * correct/total, correct, total))

def test(epoch):
    global best_acc
    net.eval()
    test_loss = 0
```

```
        correct = 0
        total = 0
        with torch.no_grad():
          for batch_idx, (inputs, targets) in enumerate(testloader):
            inputs, targets = inputs.to('cpu'), targets.to('cpu')
            outputs = net(torch.squeeze(inputs, 1))
            loss = criterion(outputs, targets)
            test_loss += loss.item()
            _, predicted = outputs.max(1)
            total += targets.size(0)
            correct += predicted.eq(targets).sum().item()

            print(batch_idx, len(testloader), 'Loss: %.3f | Acc: %.3f%% (%d/%d)'
              % (test_loss/(batch_idx+1), 100.*correct/total, correct, total))

for epoch in range(200):
  train(epoch)
  test(epoch)
```

运行程序,输出如下:

```
Epoch: 0
0 469 Loss: 2.357 | Acc: 8.594% (11/128)
1 469 Loss: 2.360 | Acc: 8.203% (21/256)
2 469 Loss: 2.348 | Acc: 8.333% (32/384)
3 469 Loss: 2.346 | Acc: 8.398% (43/512)
...
299 469 Loss: 0.188 | Acc: 94.432% (36262/38400)
300 469 Loss: 0.188 | Acc: 94.430% (36382/38528)
301 469 Loss: 0.188 | Acc: 94.438% (36506/38656)
```

6.3 ACF 和 PACF

AFC(Autocorrelation Coefficient Function)是一个完整的自相关函数,可提供具有滞后值的任何序列的自相关值。简单来说,它描述了该序列的当前值与其过去的值之间的相关程度。时间序列可以包含趋势、季节性、周期性和残差等成分。ACF 在寻找相关性时会考虑所有这些成分。

直观上来说,ACF 描述了一个观测值和另一个观测值之间的自相关,包括直接的和间接的相关性信息。

PACF(Partial Autocorrelation Function)是部分自相关函数或者偏自相关函数。基本上,它不是找到像 ACF 这样的滞后与当前的相关性,而是找到残差(在去除了之前的滞后已经解释的影响之后仍然存在)与下一个滞后值的相关性。因此,如果残差中有任何可以由下一个滞后建模的隐藏信息,可能会获得良好的相关性,并且在建模时会将下一个滞后作为特征。在建模时,不想保留太多相互关联的特征,因为这会产生多重共线性问题。因此,只需要保留相关功能。

直观上来说，PACF 只描述观测值 y_t 和其滞后项 y_{t-k} 之间的直接关系，调整了其他较短滞后项（$y_{t-1}, y_{t-2}, \cdots, y_{t-k-1}$）的影响。

6.3.1 截尾与拖尾

截尾是指时间序列的 ACF 或 PACF 在某阶后均为 0 的性质（如 AR 的 PACF）；拖尾是 ACF 或 PACF 并不在某阶后均为 0 的性质（如 AR 的 ACF）。

(1) 截尾：在大于某个常数 k 后快速趋于 0 为 k 阶截尾。

(2) 拖尾：始终有非零取值，不会在 k 大于某个常数后就恒等于 0（或在 0 附近随机波动）。

6.3.2 自回归过程

当一个时间序列中，它当前的观测值可以通过历史观察值获得，那么就是一个自回归（Auto Regressive, AR）过程。p 阶 AR 过程可以写成下面的式子：

$$y_t = c + \phi_1 y_{t-1} + \phi_2 y_{t-2} + \cdots + \phi_p y_{t-p} + \varepsilon_t$$

其中，ε_t 为白噪声，$y_{t-1}、y_{t-2}$ 为滞后项。阶数 p 是滞后项，PACF 曲线在该滞后值首次穿过上限置信区间。这些 p 延迟将作为预测 AR 时间序列的特征。

此处不能使用 ACF 图，因为即使对于过去很久的滞后项，它也会显示出良好的相关性。如果考虑这么多特征，将遇到多重共线性问题。这对于 PACF 图来说不是问题，因为它删除了之前滞后已经解释的成分，因此只得到了与残差相关的滞后，如未被较早的滞后项所解释的成分。

【例 6-7】 定义一个简单的 AR 过程，并使用 PACF 图找到相应阶数。

解析：期望 AR 过程在 ACF 图中显示出逐渐减少的趋势，因为作为一个 AR 过程，其当前与过去的滞后项具有良好的相关性。期望 PACF 在滞后项阶数后会急剧下降，因为这些接近当前项的滞后项可以很好地捕获变化，因此不需要很多过去的滞后项来预测当前项。

(1) 构建数据。

```
import pandas as pd
import numpy as np
import matplotlib.pyplot as plt
%matplotlib inline

import matplotlib
matplotlib.rc('xtick', labelsize=40)
matplotlib.rc('ytick', labelsize=40)
import seaborn as sns
sns.set(style="whitegrid", color_codes=True)
from statsmodels.tsa.stattools import acf, pacf
t = np.linspace(0, 10, 500)
#指数,正态分布值
ys = np.random.normal(0,5,500)
```

```
#获得趋势的指数序列
ye = np.exp(t ** 0.5)
#获得趋势的指数序列
y = ys + ye
#绘图,效果如图 6-14 所示
plt.figure(figsize = (16,7))
plt.plot(t,y)
```

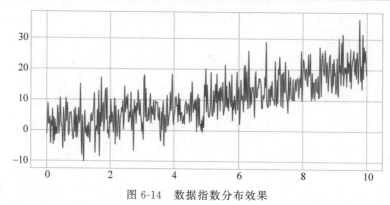

图 6-14　数据指数分布效果

（2）ACF 实现。

```
from statsmodels.tsa.stattools import acf
#显示中文
plt.rcParams['font.family'] = ['sans-serif']
plt.rcParams['font.sans-serif'] = ['SimHei']

#调用自相关函数
lag_acf = acf(y, nlags = 300)
#绘制 ACF,效果如图 6-15 所示
plt.figure(figsize = (16, 7))
plt.plot(lag_acf, marker = '+')
plt.axhline(y = 0, linestyle = '--', color = 'gray')
plt.axhline(y = -1.96/np.sqrt(len(y)), linestyle = '--', color = 'gray')
plt.axhline(y = 1.96/np.sqrt(len(y)), linstyle = '--', color = 'gray')
plt.title('自相关函数')
plt.xlabel('滞后次数')
plt.ylabel('相关性')
plt.tight_layout()
```

（3）实现 PACF。

```
from statsmodels.tsa.stattools import pacf

#调用偏相关函数
lag_pacf = pacf(y, nlags = 30, method = 'ols')
#绘制 PACF,效果如图 6-16 所示
plt.figure(figsize = (16, 7))
plt.plot(lag_pacf, marker = '+')
```

```
plt.axhline(y = 0,linestyle = '--',color = 'gray')
plt.axhline(y = -1.96/np.sqrt(len(y)),linestyle = '--',color = 'gray')
plt.axhline(y = 1.96/np.sqrt(len(y)),linestyle = '--',color = 'gray')
plt.title('偏自相关函数')
plt.xlabel('滞后次数')
plt.ylabel('相关性')
plt.tight_layout()
```

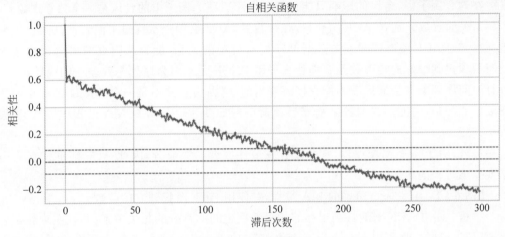

图 6-15　自相关效果

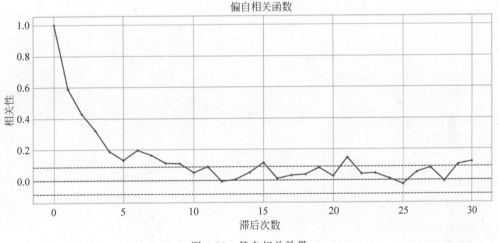

图 6-16　偏自相关效果

6.3.3　移动平均过程

移动平均(Moving Average,MA)过程是一个序列,其中当前值是由过去误差的线性组合组成的。假设误差是服从正态分布并且相互独立的。q 阶 MA 过程可以定义为

$$y_t = c + \varepsilon_t + \theta_1 \varepsilon_{t-1} + \theta_2 \varepsilon_{t-2} + \cdots + \theta_q \varepsilon_{t-q}$$

其中,ε_t 为白噪声。为了更直观地体会 MA 过程,可以先考虑一阶 MA:

$$y_t = c + \varepsilon_t + \theta_1 \varepsilon_{t-1}$$

假设 y_t 为原油价格，ε_t 为原油价格由于台风影响产生的波动。假设 $c=8$（没有台风时的原油均价）并且 $\theta_1 = 0.5$。

（1）假设今天有台风，昨天没有台风，因此 $\varepsilon_t = 5$，$y_t = 13$。

（2）假设明天没有台风，因此，$\varepsilon_t = 0$，$\varepsilon_{t-1} = 5$，$y_t = 10.5$。

（3）假设明天之后仍然没有台风，那么原油价格就会回到 8，也就是回到均价水平。

在这个例子中，台风的影响只能保持一个滞后项。例子中的台风是一个独立现象。

MA 的阶数 q 通过 ACF 图获得，在阶数后，ACF 会第一次穿过上限置信区间。根据上文可知，PACF 能够捕捉残差和时间序列滞后项的关系，能够从附近的滞后项和过去的滞后项得到很好的相关关系。那什么不用 PACF 呢？因为序列是残差项的线性组合，并且时间序列本身的滞后项不能直接解释当前项（因为它并不是一个 AR 过程）。PACF 图最核心的是，它能够提取被之前滞后项所解释的变化，因此，在 MA 过程中，PACF 失去了作用。

另外，对于一个 MA 过程，它并没有季节性或者趋势成分，因此 ACF 能够捕捉只由于残差项带来的相关性。

【例 6-8】 定义一个简单的 MA 过程，并使用 ACF 图找到它的阶数。

解析：期望 ACF 图能够画出相邻的滞后项之间的良好的相关关系，并且在阶数 q 后迅速下降。同样，也可以看到 PACF 逐渐下降，邻近的滞后项并不能预测当前项，而是更远的滞后项可能有良好的相关关系。

（1）构建数据。

```python
import pandas as pd
import numpy as np
import matplotlib.pyplot as plt
%matplotlib inline

import matplotlib
matplotlib.rc('xtick', labelsize = 40)
matplotlib.rc('ytick', labelsize = 40)

import seaborn as sns
sns.set(style = "whitegrid", color_codes = True)

# 绘制 ACF 和 PACF
from statsmodels.tsa.stattools import acf, pacf
import pandas as pd
import numpy as np
import matplotlib.pyplot as plt
%matplotlib inline

import matplotlib
matplotlib.rc('xtick', labelsize = 40)
matplotlib.rc('ytick', labelsize = 40)
```

```
import seaborn as sns
sns.set(style = "whitegrid", color_codes = True)

#绘制 ACF 和 PACF
from statsmodels.tsa.stattools import acf, pacf
xma = np.random.normal(0,25,1000)
#创建一个平均值为 2、阶数为 2 的 MA 序列
y5 = 2 + xma + 0.8 * np.roll(xma, -1) + 0.6 * np.roll(xma, -2) # + 0.6 * np.roll(xma, -3)
plt.figure(figsize = (16, 7))
#绘制 ACF,效果如图 6-17 所示
plt.subplot(121)
plt.plot(xma)
plt.subplot(122)
plt.plot(y5)
```

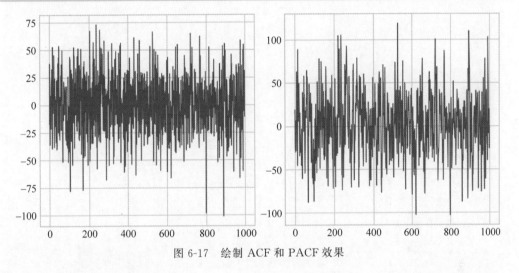

图 6-17 绘制 ACF 和 PACF 效果

(2) 实现 ACF。

```
#从统计工具调用 acf 函数
lag_acf = acf(y5, nlags = 50)
plt.figure(figsize = (16, 7))
#绘制 ACF,效果如图 6-18 所示
plt.plot(lag_acf, marker = "o")
plt.axhline(y = 0, linestyle = '--', color = 'gray')
plt.axhline(y = -1.96/np.sqrt(len(y5)), linestyle = '--', color = 'gray')
plt.axhline(y = 1.96/np.sqrt(len(y5)), linestyle = '--', color = 'gray')
plt.title('自相关函数')
plt.xlabel('滞后次数')
plt.ylabel('相关性')
plt.tight_layout()
```

(3) 实现 PACF。

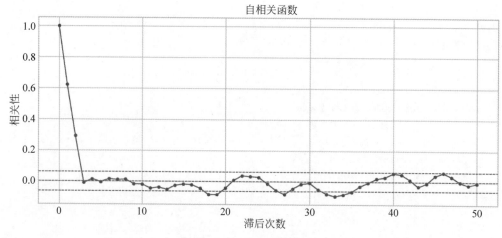

图 6-18　ACF 实现效果

```
# 从统计工具调用 pacf 函数
lag_pacf = pacf(y5, nlags = 50, method = 'ols')

# 显示中文
plt.rcParams['font.family'] = ['sans-serif']
plt.rcParams['font.sans-serif'] = ['SimHei']

plt.rcParams['axes.unicode_minus'] = False    # 显示负号
# 绘制 PACF, 效果如图 6-19 所示
plt.figure(figsize = (16, 7))
plt.plot(lag_pacf, marker = "o")
plt.axhline(y = 0, linestyle = '--', color = 'gray')
plt.axhline(y = -1.96/np.sqrt(len(y5)), linestyle = '--', color = 'gray')
plt.axhline(y = 1.96/np.sqrt(len(y5)), linestyle = '--', color = 'gray')
plt.title('偏自相关函数')
plt.xlabel('滞后次数')
plt.ylabel('相关性')
plt.tight_layout()
```

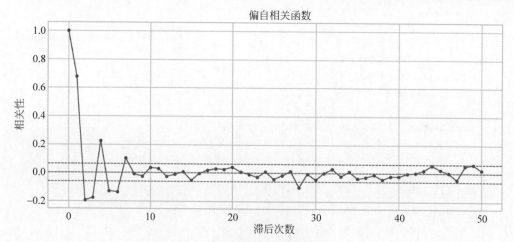

图 6-19　PACF 实现效果

6.4 循环神经网络的应用

本节将在温度预测问题中介绍 3 种技巧：循环、堆叠循环和双向循环。在温度预测问题中，数据点时间序列来自建筑物屋顶安装的传感器，包括温度、气压、湿度等，将要利用这些数据来预测最后一个数据点 24 小时之后的温度。在温度预测问题中包含许多处理时间序列时经常遇到的困难。

（1）循环（recurrent）：一种特殊的内置方法，在循环层中使用 dropout 来降低过拟合。

（2）堆叠循环（stacking recurrent）：这会提高网络的表示能力（代价是更高的计算负荷）。

（3）双向循环（bidirectional recurrent）：将相同的信息以不同的方式呈现给循环网络，可以提高精度并缓解遗忘问题。

6.4.1 温度预测

到目前为止，遇到的唯一一种序列数据就是文本数据，如 IMDB 数据集和路透社数据集。但除了语言处理，其他许多问题中也都用到了序列数据。在本节的所有例子中，将使用一个天气时间序列数据集，它由德国耶拿的马克思·普朗克生物地球化学研究所的气象站记录。

在这个数据集中，每 10 分钟记录 14 个不同的量（如气温、气压、湿度、风向等），其中包含多年的记录。原始数据可追溯到 2003 年，实例仅使用 2009—2016 年的数据。这个数据集非常适合用来学习处理数值型时间序列。将用这个数据集来构建模型，输入最近的一些数据（几天的数据点），可以预测 24 小时之后的气温。具体实现步骤如下。

（1）下载并解压数据。

下载数据集，网址为：https://s3.amazonaws.com/keras-datasets/jena_climate_2009_2016.csv.zip。

（2）观察耶拿天气数据集的数据。

```
import os

fname = os.path.join('jena_climate_2009_2016.csv')
f = open(fname)
data = f.read()
f.close()
lines = data.split('\n')
header = lines[0].split(',')
lines = lines[1:]
print(header)
print(len(lines))
```

从输出可以看出，共有 420 451 行数据（每行是一个时间步，记录了一个日期和 14 个与天气有关的值），还输出了下列表头。

```
['"Date Time"', '"p (mbar)"', '"T (degC)"', '"Tpot (K)"', '"Tdew (degC)"', '"rh (%)"', '"VPmax
(mbar)"', '"VPact (mbar)"', '"VPdef (mbar)"', '"sh (g/kg)"', '"H2OC (mmol/mol)"', '"rho (g/m
**3)"', '"wv (m/s)"', '"max. wv (m/s)"', '"wd (deg)"']
420451
```

(3) 解析数据。

接着,将420 551行数据转换为一个NumPy数组。

```
import numpy as np
#显示中文
plt.rcParams['font.family'] = ['sans-serif']
plt.rcParams['font.sans-serif'] = ['SimHei']
plt.rcParams['axes.unicode_minus'] = False              #显示负号

float_data = np.zeros((len(lines), len(header) - 1))
for i, line in enumerate(lines):
    values = [float(x) for x in line.split(',')[1:]]
    float_data[i, :] = values
```

(4) 绘制温度时间序列。

例如,温度随时间的变化如图6-20所示(单位:摄氏度)。在图6-20中,可以清楚地看到温度每年的周期性变化。

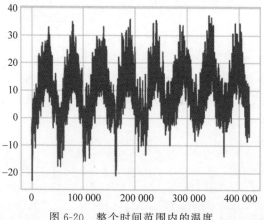

图6-20 整个时间范围内的温度

```
from matplotlib import pyplot as plt

temp = float_data[:, 1]                                 #温度(单位:摄氏度)
plt.plot(range(len(temp)), temp)
plt.show()
```

图6-21给出了前10天的温度。因为每10分钟记录一个数据,所以每天有144个数据点。

```
plt.plot(range(1440), temp[:1440])
plt.show()
```

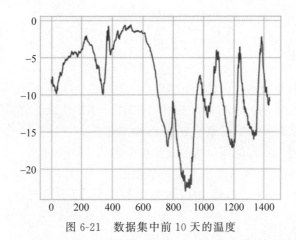

图 6-21　数据集中前 10 天的温度

在图 6-21 中，可以看到每天的周期性变化，尤其是最后 4 天特别明显。另外注意，这 10 天一定是来自于很冷的冬季月份。

如果根据过去几个月的数据来预测下个月的平均温度，那么问题就简单了，因为数据具有可靠的年度周期性。但从几天的数据看，温度看起来更混乱。以天作为观察尺度，这个时间序列是可以预测的吗？下面对这个问题进行分析。

6.4.2　数据准备

问题表述：一个时间步是 10 分钟，每 steps 个时间步采样一次数据，给定过去 lookback 个时间步内的数据，是否可预测 delay 个时间步后的温度？用到的参数值有：

- lookback＝720：给定过去 5 天内的预测数据。
- steps＝6：观测数据的采样频率是每小时一个数据点。
- delay＝144：目标是未来 24 小时后的数据。

在进行准备数据前，需要完成以下两点。

（1）将数据预处理为神经网络可以处理的格式。数据已经是数值型的，所以不需要做向量化，但数据中每个时间序列位于不同的范围（如温度通道位于－20～＋30℃，但气压大约在 1000MPa）。需要对每个时间序列分别做标准化，让它们在相似的范围内都取较小的值。

（2）编写一个 Python 生成器，以当前的浮点数数组作为输入，并从最近的数据中生成数据批量，同时生成未来的目标温度。因为数据集中的样本是高度冗余的（对于第 N 个样本和第 $N+1$ 个样本，大部分时间步都是相同的），所以显式地保存每个样本是一种浪费。相反，将使用原始数据即时生成样本。

预处理数据的方法是，将每个时间序列减去其平均值，然后除以其标准差。将使用前 200 000 个时间步作为训练数据，所以只对这部分数据计算平均值和标准差。数据标准化为：

```
'''准备数据'''
mean = float_data[:200000].mean(axis=0)
```

```
float_data -= mean
std = float_data[:200000].std(axis=0)
float_data /= std
```

接下来的代码将要用到生成器,它生成了一个元组(samples,targets),其中 samples 为输入数据的一个批量,targets 为对应的目标温度数组。生成器的参数如下:
- data:浮点数数据组成的原始数组,待标准化。
- lookback:输入数据应该包括过去多少个时间步。
- delay:目标应该在未来多少个时间步之后。
- min_index 和 max_index:data 数组中的索引,用于界定需要抽取哪些时间步。这有助于保存一部分数据用于验证、另一部分用于测试。
- shuffle:为打乱样本,还是按顺序抽取样本。
- batch_size:每个批量的样本数。
- step:数据采样的周期(单位:时间步)。将其设为 6,为的是每小时抽取一个数据点。

```
'''生成时间序列样本及其目标的生成器'''
def generator(data, lookback, delay, min_index, max_index,
              shuffle=False, batch_size=128, step=6):
    if max_index is None:
        max_index = len(data) - delay - 1
    i = min_index + lookback
    while 1:
        if shuffle:
            rows = np.random.randint(
                min_index + lookback, max_index, size=batch_size)
        else:
            if i + batch_size >= max_index:
                i = min_index + lookback
            rows = np.arange(i, min(i + batch_size, max_index))
            i += len(rows)

        samples = np.zeros((len(rows),
                            lookback // step,
                            data.shape[-1]))
        targets = np.zeros((len(rows),))
        for j, row in enumerate(rows):
            indices = range(rows[j] - lookback, rows[j], step)
            samples[j] = data[indices]
            targets[j] = data[rows[j] + delay][1]
        yield samples, targets
```

接下来,使用这个抽象的 generator 函数来实例化 3 个生成器:一个用于训练,一个用于验证,还有一个用于测试。每个生成器分别读取原始数据的不同时间段:训练生成器读取前 200 000 个时间步,验证生成器读取随后的 100 000 个时间步,测试生成器读取剩下的时间步。

```
lookback = 1440
step = 6
delay = 144
batch_size = 128

train_gen = generator(float_data,
                      lookback = lookback,
                      delay = delay,
                      min_index = 0,
                      max_index = 200000,
                      shuffle = True,
                      step = step,
                      batch_size = batch_size)
val_gen = generator(float_data,
                    lookback = lookback,
                    delay = delay,
                    min_index = 200001,
                    max_index = 300000,
                    step = step,
                    batch_size = batch_size)
test_gen = generator(float_data,
                     lookback = lookback,
                     delay = delay,
                     min_index = 300001,
                     max_index = None,
                     step = step,
                     batch_size = batch_size)

#为了查看整个验证集,需要从 val_gen 中抽取多少次
val_steps = (300000 - 200001 - lookback)         // batch_size

#为了查看整个测试集,需要从 test_gen 中抽取多少次
test_steps = (len(float_data) - 300001 - lookback)   // batch_size
print('整个验证集: ',val_steps)
print('整个测试集: ',test_steps)
整个验证集: 769
整个测试集: 929
```

6.4.3 基准方法

下面尝试一种基于常识的简单方法,它可以作为合理性检查,还可以建立一个基准,更高级的机器学习模型需要打败这个基准才能表现出其有效性。面对一个还没有解决方案的新问题时,这种基于常识的基准方法很有用。一个比较经典的例子就是不平衡的分类任务,其中某些类别比其他类别更常见。如果数据集中包含 90% 的类别 A 实例和 10% 的类别 B 实例,那么分类任务的一种基于常识的方法就是对新样本始终预测类别 A。这种分类器的总体精度为 90%,因此任何基于学习的方法在精度高于 90% 时才能证明其有效性。

在实例中,假设时间序列是连续的(明天的温度很可能接近今天的温度),并且具有

每天的周期性变化。因此,一种基于常识的方法就是始终预测 24 小时后的温度等于现在的温度。下面使用平均绝对误差(MAE)指标来评估这种方法。

```
np.mean(np.abs(preds - targets))
```

下面是评估的循环代码。

```
'''计算符合常识的基准方法的 MAE'''
def evaluate_naive_method():
    batch_maes = []
    for step in range(val_steps):
        samples, targets = next(val_gen)
        preds = samples[:, -1, 1]
        mae = np.mean(np.abs(preds - targets))
        batch_maes.append(mae)
    print(np.mean(batch_maes))

evaluate_naive_method()
0.2897359729905486
```

得到的 MAE 为 0.29。因为温度数据被标准化为均值为 0、标准差为 1,所以无法直接对这个值进行解释。它转换为温度的平均绝对误差为 0.29×temperature_std 摄氏度,即 2.57℃,绝对误差还是相当大的。

```
celsius_mae = 0.29 * std[1]
celsius_mae
2.5672247338393395
```

接下来的任务是利用深度学习知识来改进结果。

6.4.4 基本的机器学习方法

在尝试机器学习方法之前,建立一个基于常识的基准方法是很有必要的;同样,在研究复杂且计算代价很高的模型(如 RNN)前,尝试使用简单且计算代价低的机器学习模型也是很有用的,如小型的密集连接网络。这可以保证进一步增加问题的复杂度是合理的,并且会带来真正的好处。

下面的代码给出了一个密集连接模型,先将数据展平,然后通过两个稠密层并运行。注意,最后一个稠密层没有使用激活函数,使用 MAE 作为损失。评估数据和评估指标都与常识方法完全相同,所以可以直接比较两种方法的结果。

```
'''训练并评估一个密集连接模型'''
from tensorflow.keras.models import Sequential
from tensorflow.keras import layers
from tensorflow.keras.optimizers import RMSprop

model = Sequential()
model.add(layers.Flatten(input_shape=(lookback // step, float_data.shape[-1])))
```

```
model.add(layers.Dense(32, activation = 'ReLU'))
model.add(layers.Dense(1))

model.compile(optimizer = RMSprop(), loss = 'mae')
history = model.fit_generator(train_gen,
                              steps_per_epoch = 500,
                              epochs = 20,
                              validation_data = val_gen,
                              validation_steps = val_steps)

'''显示验证和训练的损失曲线'''
import matplotlib.pyplot as plt
# 显示中文
plt.rcParams['font.family'] = ['sans-serif']
plt.rcParams['font.sans-serif'] = ['SimHei']
plt.rcParams['axes.unicode_minus'] = False           # 显示负号

loss = history.history['loss']
val_loss = history.history['val_loss']
epochs = range(len(loss))
plt.figure()
plt.plot(epochs, loss, 'bo', label = '训练损失')
plt.plot(epochs, val_loss, 'b', label = '验证损失')
plt.title('Training and validation loss')
plt.legend()
plt.show()                                           # 效果如图 6-22 所示
```

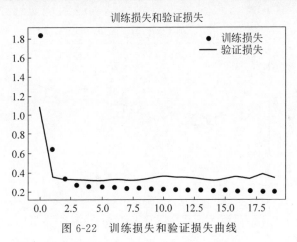

图 6-22 训练损失和验证损失曲线

6.4.5 第一个循环网络基准

在前面的第一个全连接方法的效果并不理想，但这并不是说机器学习不适用于这个问题。前面方法首先将时间序列展平，这从输入数据中删除了时间的概念。下面看数据原来的样子。它是一个序列，将尝试一种循环序列处理模型，它应该特别适合这种序列数据，因为它利用了数据点的时间顺序，这与第一个方法不同。

在此将使用 GRU 层，而不是 6.4.4 节介绍的 LSTM 层，门控循环单元层的工作原理与 LSTM 相同，但它做了一些简化，因此运行的计算代价更低。机器学习中到处可以见到这种计算代价与表示能力之间的折中。

```python
from keras.models import Sequential
from keras import layers
from keras.optimizers import RMSprop

model = Sequential()
model.add(layers.GRU(32, input_shape = (None, float_data.shape[ - 1])))
model.add(layers.Dense(1))
model.compile(optimizer = RMSprop(), loss = 'mae')
history = model.fit_generator(train_gen,
                              steps_per_epoch = 500,
                              epochs = 20,
                              validation_data = val_gen,
                              validation_steps = val_steps)

# 绘制结果
loss = history.history['loss']
val_loss = history.history['val_loss']
epochs = range(len(loss))

plt.figure()
plt.plot(epochs, loss, 'bo', label = '训练损失')
plt.plot(epochs, val_loss, 'b', label = '验证损失')
plt.title('训练损失与验证损失')
plt.legend()
plt.show()                              # 效果如图 6-23 所示
```

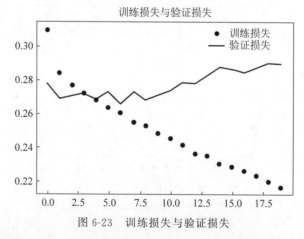

图 6-23　训练损失与验证损失

观察图 6-22 与图 6-23 可看出，图 6-23 的效果较好，远优于基于常识的基准方法。这次的 MAE 约为 0.265，比上一次有所提高，但仍有改进的空间。

6.4.6　使用 dropout 降低过拟合

从图 6-23 可以看出，模型出现过拟合，几轮过后，训练损失和验证损失开始显著偏离。dropout 是一种降低过拟合技术，它将某一层的输入单元随机设为 0，其目的是打破该层训练数据中的偶然相关性。那在循环网络中怎样正确地使用 dropout？Yarin Gal 使用 Keras 开展研究，帮助将 dropout 机制直接内置到 Keras 循环层。Keras 的每个循环层都有两个与 dropout 相关的参数：一个是 dropout，它是一个浮点数，指定该层输入单元的 dropout 比率；另一个是 dropout 循环，指定循环单元的 dropout 率。向 GRU 层中添加 dropout 循环和 dropout，因为使用 dropout 正则化的网络总是需要更长的时间才能完全收敛，所以网络训练轮次增加为原来的 2 倍。

```
#训练并评估一个使用dropout正则化的基于GRU的模型
from keras.models import Sequential
from keras import layers
from keras.optimizers import RMSprop

model = Sequential()
model.add(layers.GRU(32,
                    dropout = 0.2,
                    recurrent_dropout = 0.2,
                    input_shape = (None, float_data.shape[-1])))
model.add(layers.Dense(1))
model.compile(optimizer = RMSprop(), loss = 'mae')
history = model.fit_generator(train_gen,
                              steps_per_epoch = 500,
                              epochs = 40,
                              validation_data = val_gen,
                              validation_steps = val_steps)

#绘制损失,如图6-24所示
loss = history.history['loss']
val_loss = history.history['val_loss']
epochs = range(len(loss))
plt.figure()
plt.plot(epochs, loss, 'bo', label = '训练损失')
plt.plot(epochs, val_loss, 'b', label = '验证损失')
plt.title('训练损失与验证损失')
plt.legend()
plt.show()
```

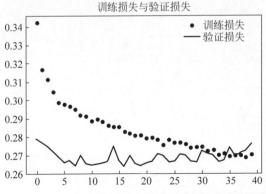

图 6-24　dropout 降低过拟合训练损失与验证损失效果

6.4.7 循环层堆叠

经过 dropout 降低过拟合后,似乎遇到了性能瓶颈,接着,应该考虑增加网络容量。增加网络容量的通常做法是增加每层单元数或增加层数。循环层堆叠(recurrent layer stacking)是构建更加强大的循环网络的经典方法,例如,目前谷歌翻译算法就是 7 个大型 LSTM 层的堆叠(架构很大)。

在 Keras 中逐个堆叠循环层,所有中间层都返回完整的输出序列(一个 3D 张量),而不是只返回最后一个时间步的输出。这可以通过指定 return_sequences=True 来实现。

```
from keras.models import Sequential
from keras import layers
from keras.optimizers import RMSprop

model = Sequential()
model.add(layers.GRU(32,
                    dropout = 0.1,
                    recurrent_dropout = 0.5,
                    return_sequences = True,
                    input_shape = (None, float_data.shape[-1])))
model.add(layers.GRU(64, activation = 'ReLU',
                    dropout = 0.1,
                    recurrent_dropout = 0.5))
model.add(layers.Dense(1))

model.compile(optimizer = RMSprop(), loss = 'mae')
history = model.fit_generator(train_gen,
                              steps_per_epoch = 500,
                              epochs = 40,
                              validation_data = val_gen,
                              validation_steps = val_steps)

#绘制损失结果,如图 6-25 所示
loss = history.history['loss']
val_loss = history.history['val_loss']
epochs = range(len(loss))
plt.figure()
plt.plot(epochs, loss, 'bo', label = '训练损失')
plt.plot(epochs, val_loss, 'b', label = '验证损失')
plt.title('训练损失与验证损失')
plt.legend()
plt.show()
```

由图 6-25 可看到,添加一层后对结构有所改进,但并不显著,因此可得到如下两个结论。

(1)增大层的大小,可进一步改进验证损失,但计算成本高。
(2)添加一层后模型改进不显著,提高网络能力的回报在逐渐减小。

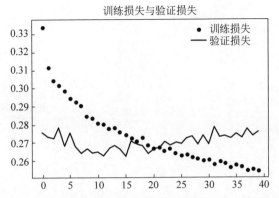

图 6-25　循环层堆叠增加网络容量训练损失与验证损失效果

6.4.8　使用双向 RNN

双向 RNN(bidirectional RNN)是一种常见的 RNN 改进,它在某些任务上的性能比普通 RNN 更好。RNN 特别依赖于顺序或时间,因此,双向 RNN 利用了 RNN 的顺序敏感性:它包含两个普通 RNN,如 GRU 层和 LSTM 层,每个 RN 分别沿一个方向对输入序列进行处理(时间正序和时间逆序),然后将它们的表示合并在一起。通过沿这两个方向处理序列,双向 RNN 能够捕捉到可能被单向 RNN 忽略的模式。

值得注意的是,本节的 RNN 层都是按时间正序处理序列的(更早的时间步在前),本节用到了一个单 GRU 层的网络,训练一个与之相同的网络。

```
def reverse_order_generator(data, lookback, delay, min_index, max_index,
                            shuffle = False, batch_size = 128, step = 6):
    if max_index is None:
        max_index = len(data) - delay - 1
    i = min_index + lookback
    while 1:
        if shuffle:
            rows = np.random.randint(
                min_index + lookback, max_index, size = batch_size)
        else:
            if i + batch_size >= max_index:
                i = min_index + lookback
            rows = np.arange(i, min(i + batch_size, max_index))
            i += len(rows)

        samples = np.zeros((len(rows),
                            lookback // step,
                            data.shape[-1]))
        targets = np.zeros((len(rows),))
        for j, row in enumerate(rows):
            indices = range(rows[j] - lookback, rows[j], step)
            samples[j] = data[indices]
            targets[j] = data[rows[j] + delay][1]
        yield samples[:, ::-1, :], targets
```

```python
train_gen_reverse = reverse_order_generator(
    float_data,
    lookback = lookback,
    delay = delay,
    min_index = 0,
    max_index = 200000,
    shuffle = True,
    step = step,
    batch_size = batch_size)
val_gen_reverse = reverse_order_generator(
    float_data,
    lookback = lookback,
    delay = delay,
    min_index = 200001,
    max_index = 300000,
    step = step,
    batch_size = batch_size)

model = Sequential()
model.add(layers.GRU(32, input_shape = (None, float_data.shape[ -1])))
model.add(layers.Dense(1))

model.compile(optimizer = RMSprop(), loss = 'mae')
history = model.fit_generator(train_gen_reverse,
                              steps_per_epoch = 500,
                              epochs = 20,
                              validation_data = val_gen_reverse,
                              validation_steps = val_steps)

#绘制结果,如图 6-26 所示
loss = history.history['loss']
val_loss = history.history['val_loss']
epochs = range(len(loss))
plt.figure()
plt.plot(epochs, loss, 'bo', label = '训练损失')
plt.plot(epochs, val_loss, 'b', label = '验证损失')
plt.title('训练损失与验证损失')
plt.legend()
plt.show()
```

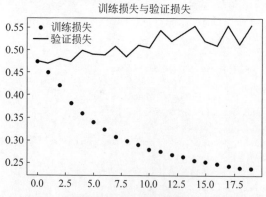

图 6-26　双 RNN 改变时间顺序训练损失与验证损失效果

观察图 6-26 可看出，逆序 GRU 的效果甚至比基于常识的基准方法要差很多。这说明在实例中，按时间正序 GRU 处理问题，对解决问题是很重要的，成功率会高很多。为什么成正序 GRU 处理问题会比逆序 GRU 成功率高？因为 GRU 层通常更善于记住最近的数据，能更好地与更早的数据点进行比较，得到更靠后的天气数据点，这些数据点对问题自然具有更高的预测能力。因此，在实际应用中，习惯上都用正序 GRU 模型解决问题。

第 7 章

目标检测的分析与应用

目标检测对于人类来说不难,通过对图片中不同颜色模块的感知,很容易定位并分类出其中的目标物体。但对于计算机视觉来说,面对的是红、绿、蓝像素矩阵,很难从图像中直接得到狗和猫这样的抽象概念并确定其位置,另外有时还有多个物体和杂乱的背景混杂在一起,目标检测就更加困难。

虽然利用计算机检测目标相对困难,但其在实际应用中十分广泛。目标检测应用程序应用于许多不同的行业,包括零售、体育、医疗保健、营销、室内设计、农业、建筑、公共安全、交通等。

7.1 目标检测概述

尽管目标检测在各个领域都取得了巨大的进展,计算机视觉的能力也很强,但目标检测是一个复杂的过程,其实现需要经历一定的挑战。

7.1.1 传统目标检测

传统目标检测方法一般使用滑动窗口的框架,其步骤主要有如下 3 个。

(1) 利用不同尺寸的滑动窗口,框住图像的某一部分,将其作为候选检测区域。

(2) 提取检测候选区域相关的视觉特征,如人脸检测常用的 Harr 特征、行人检测和普通目标检测常用的 HOG 特征等。

(3) 利用分类器进行识别,如常用的 SVM 模型。

传统目标检测存在问题,主要有如下两个。

(1) 基于滑动窗口的区域选择策略没有针对性、时间复杂度高、窗口冗余。

(2) 手工设计的特征对于多样性的变化没有很好的健壮性。

7.1.2 基于深度学习的目标检测

基于深度学习的目标检测随机计算机视觉的发展应运而生,其主流的检测方式有如下两种。

(1) 候选区域(region proposal)。

候选区域利用图像中的纹理、边缘、颜色等信息,预先找出图中目标可能出现的位置,保证在选取较少窗口的情况下保持较高的召回率,大大降低了后续操作的复杂性,而且获取的候选窗口要比传统目标检测采用的滑动窗口的质量更高。

(2) 候选区域的图像分类(特征提取+分类)。

对于图像分类,首先诞生的就是 R-CNN(基于区域的卷积神经网络),R-CNN 是第一个真正可以实现工业级应用的解决方案,它的诞生,使得目标检测的准确率大幅提升,基于深度学习的目标检测渐渐成为科研和工业领域的主流。

但 R-CNN 框架存在如下问题。

(1) 训练分为多个阶段,步骤烦琐。

(2) 训练耗时,占用磁盘空间大。

(3) 速度慢。

R-CNN 的检测速度慢的原因是什么呢?通过 R-CNN 框架发现,实际上 R-CNN 对一张图像进行了 2000 次提取特征和分类的过程。实质上,完全可以对图像只提取一次卷积层特征,然后只需要将候选区域在原图的位置映射到卷积层特征图上,再将每个候选区域的卷积层特征输入到全连接层做后续操作,这便是 SPP-NET,即给定任意给一张图像输入到 CNN,经过卷积操作即可得到卷积特征。

使用 SPP-NET 相比于 R-CNN 可以大大加快目标检测的速度,但是依然存在不足之处。

(1) 训练分为多个阶段,步骤烦琐:微调网络+训练 SVM+训练边框回归器。

(2) SPP-NET 在微调网络时固定了卷积层,只对全连接层进行微调,而对于一个新的任务,有必要对卷积层也进行微调。

针对这两个新的问题,Fast R-CNN 和 Faster R-CNN 被提出,它们都是精简而快速的目标检测框架,融合了 R-CNN 和 SPP-NET 的精髓,并且引入多任务损失函数,使整个网络的训练和测试变得十分方便,无论在速度上还是精度上都得到了不错的提高。但这两种方式依然无法满足实时性的要求。

总的来说,从 R-CNN、SPP-NET、Fast RCNN、Faster R-CNN 基于深度学习目标检测的流程变得越来越精简,精度越来越高,速度也越来越快。虽然仍无法满足实时性,但是基于候选区域的 R-CNN 系列目标检测方法仍是当前目标检测最主要的一个分支。

另一种深度学习目标检测的方式为回归方法的深度学习目标检测。在实时性的需求下,可考虑直接利用 CNN 的全局特征预测每个位置可能的目标,使用了回归的思想,即给定输入图像,直接在图像的多个位置上回归出这个位置的目标边框以及目标类别。

目前使用的主要方法有 YOLO(45f/s)和 SSD(58f/s)。YOLO 的主要实现过程如下。

(1) 输出一个输入图像,先将图像划分成 7×7 的网络。

(2) 对于每个网格,都预测 2 个边框(包含每个边框是目标的置信度以及每个边框区域在多个类别上的概率)。

（3）根据第（2）步预测出 $7\times7\times2$ 个目标窗口，然后根据阈值去除可能性比较低的目标窗口，最后去除冗余窗口即可。

YOLO方法将目标检测任务转换为一个回归问题，大大加快了检测的速度，可以每秒处理45张图像。而且由于每个网络预测目标窗口时使用的是全图信息，使得误检率大幅降低。但是，YOLO方法也存在问题，没有了候选区域机制，只使用 7×7 的网格回归会使得目标不能非常精准地定位，这也导致了YOLO方法的检测精度并不是很高。

7.1.3 目标检测的未来

目标检测可以运用于安防、工业、汽车辅助驾驶等多个领域。如在汽车辅助驾驶领域中，目标检测可以实现精确地检测车身周围的人、车辆、路牌等信息，实时报警等。但同时也面临着诸多挑战，如形态各异的外貌特征、复杂多样的背景环境、行人与摄像机之间动态变化的场景、系统实时性与稳定性的严格要求等。在安防检测领域中，可以实现如安全帽、安全带等动态检测以及移动侦测、区域入侵检测、物品看护等功能。无论是在深度学习目标检测算法方面，还是在为工业大规模应用作铺垫的硬件加速方面，都存在着许多难点和挑战。

7.1.4 目标检测面临的挑战

为了实现所需要的检测器，需要解决什么问题？换句话说，将会面临怎样的挑战？
关键挑战主要从两方面来看，分别是从精确度角度和效率角度来看。

1. 从精确度角度看挑战

从精确度的角度来看，在现实场景中常见的挑战主要有：
（1）类内的差异性。
在目标检测中受类内的差异性干扰，种类的自身材料、纹理、姿态等带来的多样性干扰，如有些家居图片中椅子的制作材料及形态差异很大，但是它们都属于椅子的大类别。
（2）外部环境的干扰。
在目标检测中还受外部环境的干扰，如外部环境带来的噪声干扰，如有些风景图片因光照、迷雾、遮挡等带来的识别及回归挑战。
（3）类间的相似性。
在目标检测中受类间的相似性干扰，类间因纹理、姿态所带来的相似性干扰，如某些不同品种的动物图片，但是它们之间的差异很小。这里实际上可以衍生为细粒度识别领域。
（4）集群小目标问题。
集群目标检测所面临的数量多、类别多样化的问题，如行人检测、遥感检测等。

2. 从效率角度看挑战

目标检测是一个非常接地气的实际应用技术，它通常需要应用在实时处理的场景中，如自动驾驶系统，而且它还有可能需要同时处理成千上万的数据。因此，除了考虑精确度还需要考虑处理时间、占用内存、流量消耗等方面的效率问题。

7.2 目标检测法

在实际应用中,目标检测中广泛使用选择性搜索算法,该算法被应用到 R-CNN、SPP-NET、Fast R-CNN 中。

7.2.1 选择性搜索算法

传统的目标检测算法大多数以图像识别为基础。一般可以在图片上使用穷举法或滑动窗口选出所有物体可能出现的区域框,对这些区域框提取特征并进行使用图像识别分类方法,得到所有分类成功的区域后,通过非极大值抑制输出结果。在图片上使用穷举法或滑动窗口选出所有物体可能出现的区域框,就是在原图上进行不同尺度不同大小的滑窗,获取每个可能的位置。而这样做的缺点是,复杂度太高,产生很多的冗余候选区域,而且由于不可能每个尺度都兼顾到,因此得到的目标位置也不可能太准确,在现实中是不可行的。而选择性搜索算法有效地去冗余候选区域,使得计算量大大减小。

图 7-1(a)中,由于事先不知道需要检测哪个类别,因此图 7-1(a)中的桌子、瓶子、餐具都是一个个候选目标,而餐具包含在桌子这个目标内,勺子又包含在碗内。图 7-1(a)展示了目标检测的层级关系以及尺度关系,那如何去获得这些可能目标的位置呢?可不可以通过视觉特征去减少候选框的数量并提高精确度呢?

(a) 图片1   (b) 图片2

(c) 图片3   (d) 图片4

图 7-1 图片实例

再观察图 7-1(b)中的两只猫,它们的纹理是一样的,因此纹理特征是检测不了的。但通过颜色能很好区分。观察图 7-1(c)中的变色龙,利用颜色实现检测就行不通了,这时候边缘特征、纹理特征又显得较有用。观察图 7-1(c),很易把车和车轮看作一个整体,但实际这两者的特征差距很明显,无论是颜色、纹理还是边缘都差得太多。像这几种情况,自然图像那么多,应该通过什么特征去区分?应该区分到什么尺度?

选择性搜索算法的策略是,既然不知道尺度是怎样的,那就尽可能遍历所有的尺度,但是不同于暴力穷举，可以先利用基于图像分割的方法得到小尺度的区域，然后一次次合并得到大的尺寸，这是符合人类的视觉认知的。既然特征很多，那就把所知道的特征都用上，但同时也要注意计算复杂度，最后还需要对每个区域进行排序。

在深入介绍选择性搜索算法前，需要考虑以下几个问题。

（1）适应不同尺度。穷举搜索算法通过改变窗口大小来适应物体的不同尺度，选择性搜索算法同样无法避免这个问题。选择性搜索算法采用图像分割以及使用一种层次算法有效地解决这个问题。

（2）多样化。单一的策略无法应对多种类别的图像，使用颜色、纹理、大小等多种策略对分割好的区域进行合并。

（3）速度快。算法是唯快不破的。

选择一张图片作为输入，候选的目标位置集合 L 作为输出，选择性搜索算法具体（区域合并算法）如下。

(1) 利用分割方法得到候选的区域集合 R = {r1,r2,…,rn}
(2) 初始化相似集合 S = φ
(3) foreach 遍历邻居区域对(ri,rj)do
(4) 　　计算相似度 s(ri,rj)
(5) 　　S = S∪s(ri,rj)
(6) while S not = φ do
(7) 　　从 S 中得到最大的相似度 s(ri,rj) = max(S)
(8) 　　合并对应的区域 rt = ri∪rj
(9) 　　移除 ri 对应的所有相似度：S = S\s(ri,r*)
(10) 　　移除 rj 对应的所有相似度：S = S\s(r*,rj)
(11) 　　计算 rt 对应的相似度集合 St
(12) 　　S = S∪St
(13) 　　R = R∪rt
(14) L = R 中所有区域对应的边框

【例 7-1】 用选择性搜索算法对输入图片选出 N 个候选区域，并用训练好的 CNN 模型预测每个候选区域，保留一个得分最高的候选区域。

（1）导入相关库。

```
import tensorflow as tf
from tensorflow.keras import datasets, layers, models
import matplotlib.pyplot as plt
```

（2）获取 CIFAR10 数据集。

CIFAR10 数据集包含 10 类，共 60 000 张彩色图片，每类图片有 6000 张。此数据集中 50 000 个样例作为训练集，剩余 10 000 个样例作为测试集。类之间相互独立，不存在重叠的部分。

```
(train_images, train_labels), (test_images, test_labels) = datasets.cifar10.load_data()
#归一化
train_images, test_images = train_images / 255.0, test_images / 255.0

class_names = ['airplane', 'automobile', 'bird', 'cat', 'deer',
               'dog', 'frog', 'horse', 'ship', 'truck']
```

（3）构建 LeNet 模型。

```
# LeNet-5
model = models.Sequential()
model.add(layers.Conv2D(6, (5, 5), activation = 'sigmoid', input_shape = (32, 32, 3)))
model.add(layers.MaxPooling2D((2, 2)))
model.add(layers.Conv2D(16, (5, 5), activation = 'sigmoid'))
model.add(layers.MaxPooling2D((2, 2)))
model.add(layers.Flatten())
model.add(layers.Dense(120, activation = 'sigmoid'))
model.add(layers.Dense(84, activation = 'sigmoid'))
model.add(layers.Dense(10, activation = 'softmax'))
model.summary()
```

运行程序，输出如下：

```
Model: "sequential"
_____
Layer (type)                 Output Shape              Param #
=================================================================
conv2d (Conv2D)              (None, 28, 28, 6)         456

max_pooling2d (MaxPooling2D  (None, 14, 14, 6)         0        )

conv2d_1 (Conv2D)            (None, 10, 10, 16)        2416
max_pooling2d_1 (MaxPooling  (None, 5, 5, 16)          0        2D)
flatten (Flatten)            (None, 400)               0
dense (Dense)                (None, 120)               48120
dense_1 (Dense)              (None, 84)                10164
dense_2 (Dense)              (None, 10)                850
=================================================================
Total params: 62,006
Trainable params: 62,006
Non-trainable params: 0
```

（4）训练模型。

```
model.compile(optimizer = 'adam',
              loss = tf.keras.losses.SparseCategoricalCrossentropy(from_logits = True),
              metrics = ['accuracy'])

history = model.fit(train_images, train_labels, epochs = 20,
                    validation_data = (test_images, test_labels))
```

（5）保存模型。

```
# 将整个模型保存为 HDF5 文件
# .h5 扩展名指示应将模型保存到 HDF5
model.save('LeNet_classify_model.h5')
```

运行程序，输出如下：

```
Epoch 1/20
1563/1563 [==============================] - 25s 15ms/step - loss: 2.0561 - accuracy: 0.2273 - val_loss: 1.8727 - val_accuracy: 0.3182
Epoch 2/20
1563/1563 [==============================] - 35s 23ms/step - loss: 1.7550 - accuracy: 0.3584 - val_loss: 1.6461 - val_accuracy: 0.4011
Epoch 3/20
1563/1563 [==============================] - 27s 17ms/step - loss: 1.6290 - accuracy: 0.4067 - val_loss: 1.5606 - val_accuracy: 0.4326
...
```

（6）用选择性搜索算法检测图像。

```python
import sys
import cv2
import numpy as np
import tensorflow as tf
from tensorflow.keras import datasets, layers, models

#读取图片
img = cv2.imread('car1.jpg')
#按比例缩放图片
newHeight = 200
newWidth = int(img.shape[1] * 200 / img.shape[0])
img = cv2.resize(img, (newWidth, newHeight))
#创建选择性搜索算法中的分割对象
ss = cv2.ximgproc.segmentation.createSelectiveSearchSegmentation()
#设置输入图像，将进行分割
ss.setBaseImage(img)
#快速但低召回选择性搜索算法
ss.switchToSelectiveSearchFast()

#运行选择性搜索算法分割后的输入图像
rects = ss.process()
#print(rects)
print('候选区域总数：{}'.format(len(rects)))
class_names = ['airplane', 'automobile', 'bird', 'cat', 'deer',
               'dog', 'frog', 'horse', 'ship', 'truck']
#加载创建完全相同的模型，包括其权重和优化程序
loaded_model = tf.keras.models.load_model('LeNet_classify_model.h5')
while True:
    #创建原始图像的副本
    new_img = img.copy()
```

```
        region_score = []
        max_rect = 0
        max_name = ""
        max_score = 0
        #重复所有的区域建议
        for i, rect in enumerate(rects):
            x, y, w, h = rect          #预测框的左上角坐标(x,y)以及框的宽w和高h
            pre_img = new_img[y: y + h, x: x + w]
            pre_img = cv2.resize(pre_img,(32,32))
            pre_img = (np.expand_dims(pre_img,0))
            #输入的图片维度为(1,32,32,3)
            pred_arr = loaded_model.predict(pre_img)
            #预测标签
            pre_label = np.argmax(pred_arr[0])
            #预测得分
            score = np.max(pred_arr[0])
            #预测类名
            class_name = class_names[pre_label]
            if score > max_score:
                max_rect = rect
                max_name = class_name
                max_score = score
    print([max_rect,max_name,max_score])
    x,y,w,h = max_rect
    cv2.rectangle(new_img, (x, y), (x + w, y + h), (0, 255, 0), 2, cv2.LINE_AA)
    font = cv2.FONT_HERSHEY_SIMPLEX
    text = max_name + " " + str(max_score * 100)[0: 4] + "%"
    cv2.putText(new_img, text, (x, y - 5), font, 0.5, (0,0,255), 2)
    #显示输出
    cv2.imshow("Output", new_img)
    #等待按键输入
    k = cv2.waitKey(0) & 0xFF
    #按q键
    if k == 113:
        break
#关闭所有窗口
cv2.destroyAllWindows()
```

运行程序,输出如下,效果如图 7-2 所示。

```
候选区域总数:650
1/1 [==============================] - 0s 170ms/step
1/1 [==============================] - 0s 25ms/step
1/1 [==============================] - 0s 17ms/step
...
1/1 [==============================] - 0s 25ms/step
1/1 [==============================] - 0s 25ms/step
[array([175, 106, 138, 16]), 'automobile', 0.9967264]
```

图 7-2　目标检测效果

7.2.2　保持多样性的策略

区域合并采用了多样性的策略,如果简单采用一种策略很容易错误合并不相似的区域,如只考虑纹理时,不同颜色的区域很容易被误合并。选择性搜索算法采用3种多样性策略来增加候选区域以保证召回。

(1) 多种颜色空间,如考虑 RGB、灰度、HSV 及其变形等。

(2) 多种相似度度量标准,既考虑颜色相似度,又考虑纹理、大小、重叠情况等。

(3) 通过改变阈值初始化原始区域、阈值大小、分割的区域等。

通过色彩空间变换,将原始色彩空间转换为多达 8 种的色彩空间。这个策略主要应用于图像分割算法中原始区域的生成(两个像素点的相似度计算时,计算不同颜色空间下的两点距离)。

1. RGB 色彩空间

RGB 色彩空间使用 R(Red,红)、G(Green,绿)、B(Blue,蓝)3 种基本颜色表示图像像素。RGB 色彩空间中,图像的每个像素用一个三元组表示,三元组中的 3 个值依次表示红色、绿色和蓝色,依次对应 R、G、B 通道。

需要注意的是,OpenCV 中默认使用 BGR 色彩空间,它按照 B、G、R 通道顺序表示图像。

【例 7-2】 RGB 色彩空间实例。

```
import sys
import cv2
import numpy as np
import tensorflow as tf
from tensorflow.keras import datasets, layers, models

# BGR 色彩空间转换为 RGB 色彩空间
img = cv2.imread('frog.jpg')
img_rgb = cv2.cvtColor(img, cv2.COLOR_BGR2RGB)

cv2.imshow('BGR', img)
cv2.imshow('RGB', img_rgb)
```

```
k = cv2.waitKey(0)
if k == 27:
    cv2.destroyAllWindows()
elif k == ord('s'):
    cv2.imwrite('img_rgb.png', img_rgb)
    cv2.destroyAllWindows()
```

运行程序,效果如图 7-3 所示。

(a) 原图　　　　　　　　(b) RGB色彩效果

图 7-3　RGB 色彩空间

2. GRAY 色彩空间

GRAY 色彩空间通常指 8 位灰度图像,其颜色取值范围为 $[0,255]$,共 256 个灰度级。从 BGR 色彩空间转换为 GRAY 色彩空间的计算公式为:$GRAY = 0.299R + 0.587G + 0.114B$,其中,$R$、$G$、$B$ 为 RGB 色彩空间中 R、G、B 通道的图像。

【例 7-3】 GRAY 色彩空间实例。

```
# BGR 色彩空间转换为 GRAY 色彩空间
img = cv2.imread('frog.jpg')
img_gray = cv2.cvtColor(img, cv2.COLOR_BGR2GRAY)

cv2.imshow('BGR', img)
cv2.imshow('GRAY', img_gray)

k = cv2.waitKey()
if k == 27:
    cv2.destroyAllWindows()
elif k == ord('s'):
    cv2.imwrite('img_gray.png', img_gray)
    cv2.destroyAllWindows()
```

运行程序,效果如图 7-4 所示。

3. YCrCb 色彩空间

YCrCb 色彩空间用亮度(Y)、红色(Cr)、蓝色(Cb)表示图像。从 BGR 色彩空间转换为 YCrCb 色彩空间的计算公式为:

(a) 原图　　　　　　　　(b) GRAY色彩效果

图 7-4　GRAY 色彩空间

$$Y=0.299R+0.587G+0.114B$$
$$Cr=0.713(R-Y)+\text{delta}$$
$$Cb=0.564(B-Y)+\text{delta}$$

其中，delta 可以为 128(8 位图像)、32 767(16 位图像)、0.5(单精度图像)。

【例 7-4】　YCrCb 色彩空间实例。

```
# BGR 色彩空间转换为 YCrCb 色彩空间
img = cv2.imread('bee.jpg')
img_YCrCb = cv2.cvtColor(img, cv2.COLOR_BGR2YCrCb)
cv2.imshow('BGR', img)
cv2.imshow('GRAY', img_YCrCb)
k = cv2.waitKey()
if k == 27:
    cv2.destroyAllWindows()
elif k == ord('s'):
    cv2.imwrite('img_YCrCb.png', img_YCrCb)
    cv2.destroyAllWindows()
```

运行程序，效果如图 7-5 所示。

(a) 原图　　　　　　　　(b) YCrCb色彩效果

图 7-5　YCrCb 色彩空间

4. HSV 色彩空间

HSV 色彩空间使用色调(Hue,也称色相)、饱和度(Saturation)、亮度(Value)表示图像,如图 7-6 所示。

色调 H 表示颜色,用角度表示,取值范围为[0°,360°],从红光开始沿逆时针方向计算。饱和度 S 表示颜色接近光谱色的程度,或表示光谱色中混入白光的比例。光谱色中白光的比例越低,饱和度越高,颜色越深、越艳。光谱色中白光比例为 0 时,饱和度达到最高,饱和度的取值范围为[0,1]。亮度 V 表示颜色的明亮的程度,是人眼可感受到的明暗程度,其取值范围为[0,1]。

图 7-6　HSV 色彩空间

【例 7-5】　HSV 色彩空间实例。

```
# BGR 色彩空间转换为 HSV 色彩空间
img = cv2.imread('frog.jpg')
img_HSV = cv2.cvtColor(img, cv2.COLOR_BGR2HSV)

cv2.imshow('BGR', img)
cv2.imshow('HSV', img_HSV)

k = cv2.waitKey()
if k == 27:
    cv2.destroyAllWindows()
elif k == ord('s'):
    cv2.imwrite('img_HSV.png', img_HSV)
    cv2.destroyAllWindows()
```

运行程序,效果如图 7-7 所示。

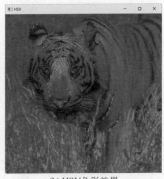

(a) 原图　　　　　　　　　(b) HSV色彩效果

图 7-7　HSV 色彩空间

7.2.3　锚框实现

在图像分类中,假设图像只有一个主体目标,并关注如何识别该目标的类别。然而很多时候图像有多个感兴趣的目标,人们不仅想知道它们的类别,还想得到它们在图像中的具体位置。在计算机视觉中,此类任务被称为目标检测或物体检测。

目标检测被广泛应用在多个领域中。如,在无人驾驶中,需要通过识别拍摄到的视频图像中的车辆、行人、道路和障碍的位置进行线路规划。机器人也常通过该任务来检测感兴趣的目标。安防领域则需要检测异常目标,如歹徒或者炸弹。

【例7-6】 目标检测与锚框实现。

```
% matplotlib inline
from PIL import Image
import matplotlib.pyplot as plt
import sys
sys.path.append("..")
import d2lzh_pytorch as d2l
```

下面加载实例中使用的实例图像。可以看到图像左边是一只狗,右边是一只猫,它们是这张图像中的两个主要目标。

```
img = Image.open('cat-dog.jpg')
plt.imshow(img);                    #加分号只显示图,如图7-8所示
```

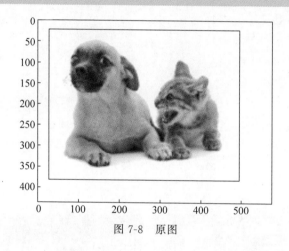

图 7-8　原图

1. 边界框

在目标检测中,通常使用边界框(bounding box)来描述目标位置。边界框是一个矩形框,可由矩形左上角的 x 和 y 轴坐标与右下角的 x 和 y 轴坐标确定。根据图的坐标信息来定义图中狗和猫的边界框,图中的坐标原点在图像的左上角,原点往右和往下分别为 x 轴和 y 轴的正方向。

```
#bbox 是 bounding box 的缩写
dog_bbox, cat_bbox = [60, 45, 378, 516], [400, 112, 655, 493]
```

在图中将边界框画出来,以检测其是否准确。画前,先定义一个辅助函数 bbox_to_rect,它将边界框表示为 Matplotlib 的边界框格式。

```
def bbox_to_rect(bbox, color): #本函数已保存在 d2lzh_pytorch 中方便以后使用
    #将边界框(左上 x, 左上 y, 右下 x, 右下 y)格式转换为 Matplotlib 格式
    #((左上 x, 左上 y), 宽, 高)
    return d2l.plt.Rectangle(
        xy = (bbox[0], bbox[1]), width = bbox[2] - bbox[0], height = bbox[3] - bbox[1],
        fill = False, edgecolor = color, linewidth = 2)
```

将边界框加载在图像上,可以看到目标的主要轮廓基本在框内,如图 7-9 所示。

2. 锚框

目标检测算法通常会在输入图像中采样大量的区域,然后判断这些区域中是否包含感兴趣的目标,并调整区域边缘从而更准确地预测目标的真实边界框(ground-truth bounding box)。不同的模型使用的区域采样方法可能不同。以每个像素为中心生成多个大小和宽高比(aspect ratio)不同的边界框,这些边界框称为锚框(anchor box),后面将基于锚框实现目标检测。

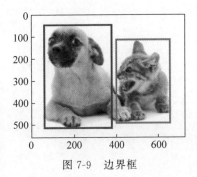

图 7-9　边界框

先导入相关包。

```
% matplotlib inline
from PIL import Image
import numpy as np
import math
import matplotlib.pyplot as plt
import torch
from mxnet import contrib, gluon, image, nd
import sys
sys.path.append("..")
import d2lzh_pytorch as d2l
print(torch.__version__)          # 2.0.1
```

(1) 生成多个锚框。

假设输入图像高为 h,宽为 w,分别以图像的每个像素为中心生成不同形状的锚框。设大小为 $s \in (0,1]$ 且宽高比为 $r > 0$,那么锚框的宽和高将分别为 $ws\sqrt{r}$ 和 $hs/\sqrt{r}$。当中心位置给定时,已知宽和高的锚框是确定的。

分别设定好一组大小 $s_1, s_2, \cdots, s_n$ 和一组宽高比 $r_1, r_2, \cdots, r_m$。如果以每个像素为中心时使用所有的大小与宽高比的组合,输入图像将一共得到 $whnm$ 个锚框。虽然这些锚框可能覆盖了所有的真实边界框,但计算复杂度容易过高。因此,通常只对包含 s_1 或 r_1 的大小与宽高比的组合感兴趣,即

$$(s_1, r, (s_1, r_1)), (s_1, r_2), \cdots, (s_1, r_m), (s_2, r_1), (s_n, r_1)$$

即以相同像素为中心的锚框的数量为 $n+m-1$。对于整个输入图像,一共生成 $wh(n+m-1)$ 个锚框。以上生成锚框的方法实现在下面的 MultiBoxPrior 函数中,指定输入一组大小和一组宽高比,函数将返回输入的所有锚框。

```
img = Image.open('../img/catdog.jpg')
w, h = img.size
print("w = %d, h = %d" % (w, h))  # w = 728, h = 561
plt.imshow(img);                  # 加分号只显示图,如图 7-10 所示
```

```python
def MultiBoxPrior(feature_map, sizes=[0.75, 0.5, 0.25], ratios=[1, 2, 0.5]):
    """
    # anchor 表示成(xmin, ymin, xmax, ymax)
    由于batch中每个都一样,因此第一维为1
    """
    pairs = []                              # 一对 (size, sqrt(ration))
    for r in ratios:
        pairs.append([sizes[0], math.sqrt(r)])
    for s in sizes[1:]:
        pairs.append([s, math.sqrt(ratios[0])])

    pairs = np.array(pairs)
    ss1 = pairs[:, 0] * pairs[:, 1]         # size * sqrt(ration)
    ss2 = pairs[:, 0] / pairs[:, 1]         # size / sqrt(ration)
    base_anchors = np.stack([-ss1, -ss2, ss1, ss2], axis=1) / 2

    h, w = feature_map.shape[-2:]
    shifts_x = np.arange(0, w) / w
    shifts_y = np.arange(0, h) / h
    shift_x, shift_y = np.meshgrid(shifts_x, shifts_y)
    shift_x = shift_x.reshape(-1)
    shift_y = shift_y.reshape(-1)
    shifts = np.stack((shift_x, shift_y, shift_x, shift_y), axis=1)
    anchors = shifts.reshape((-1, 1, 4)) + base_anchors.reshape((1, -1, 4))
    return torch.tensor(anchors, dtype=torch.float32).view(1, -1, 4)

X = torch.Tensor(1, 3, h, w)                # 构造输入数据
Y = MultiBoxPrior(X, sizes=[0.75, 0.5, 0.25], ratios=[1, 2, 0.5])
Y.shape                                     # torch.Size([1, 2042040, 4])
```

图 7-10 返回锚框

可以看到,返回锚框变量 y 的形状为(1,锚框个数,4)。将锚框变量 y 的形状变为(图像高、图像宽、以相同像素为中心的锚框个数,4)后,即可通过指定像素位置来获取所有以该像素为中心的锚框。下面例子中访问以(250,250)为中心的第一个锚框。它有 4 个元素,分别是锚框左上角的 x 和 y 轴的坐标与右下角的 x 和 y 轴的坐标,其中 x 和 y 轴的坐标值分别已除以图像的宽和高,因此值域均为 0~1。

```
boxes = Y.reshape((h, w, 5, 4))
boxes[250, 250, 0, :] # * torch.tensor([w, h, w, h], dtype = torch.float32)
tensor([-0.0316, 0.0706, 0.7184, 0.8206])
```

为了描绘图像中以某个像素为中心的所有锚框，先定义 show_bboxes 函数以便在图像上画出多个边界框。

```
# 本函数已保存在 d2lzh_pytorch 包中方便以后使用
def show_bboxes(axes, bboxes, labels = None, colors = None):
    def _make_list(obj, default_values = None):
        if obj is None:
            obj = default_values
        elif not isinstance(obj, (list, tuple)):
            obj = [obj]
        return obj

    labels = _make_list(labels)
    colors = _make_list(colors, ['b', 'g', 'r', 'm', 'c'])
    for i, bbox in enumerate(bboxes):
        color = colors[i % len(colors)]
        rect = d2l.bbox_to_rect(bbox.detach().cpu().numpy(), color)
        axes.add_patch(rect)
        if labels and len(labels) > i:
            text_color = 'k' if color == 'w' else 'w'
            axes.text(rect.xy[0], rect.xy[1], labels[i],
                      va = 'center', ha = 'center', fontsize = 6, color = text_color,
                      bbox = dict(facecolor = color, lw = 0))
```

可看到，变量 boxes 中 x 和 y 轴的坐标值分别已除以图像的宽和高。在绘图时，需要恢复锚框的原始坐标值，并因此定义变量 bbox_scale。接着，画出图像中以 $(250,250)$ 为中心的所有锚框。可以看到，大小为 0.75 且宽高比为 1 的锚框较好地覆盖了图像中的狗。

```
fig = plt.imshow(img)
bbox_scale = torch.tensor([[w, h, w, h]], dtype = torch.float32)
# 效果如图 7-11 所示
show_bboxes(fig.axes, boxes[250, 250, :, :] * bbox_scale,
            ['s = 0.75, r = 1', 's = 0.75, r = 2', 's = 0.55, r = 0.5', 's = 0.5, r = 1', 's = 0.25,
            r = 1'])
```

（2）交并比。

如果目录的真实边界框已知，怎样"较好"地量化呢？一种直观的方法是衡量锚框和真实边界框之间的相似度。Jaccard 系数（Jaccard index）可以衡量两个集合的相似度。给定集合 A 和 B，它们的 Jaccard 系数即二者交集大小除以二者并集大小：

$$J(A,B) = \frac{|A \cap B|}{|A \cup B|}$$

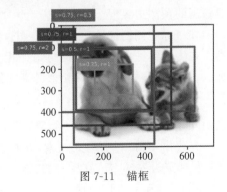

图 7-11 锚框

实际上，可以把边界框内的像素区域看成像素的集合。这样，可以用两个边界框的像素集合的 Jaccard 系数衡量这两个边界框的相似度。当衡量两个边界框的相似度时，通常将 Jaccard 系数称为交并比（Intersection over Union, IoU），即两个边界框相交面积与相并面积之比。交并比的取值范围在 0 和 1 之间：0 表示两个边界框无重合像素，1 表示两个边界框相等。

实现的代码为：

```python
def compute_intersection(set_1, set_2):
    """ 计算 anchor 之间的交集 """
    # PyTorch 自动广播单例维度
    lower_bounds = torch.max(set_1[:, :2].unsqueeze(1), set_2[:, :2].unsqueeze(0))
    # (n1, n2, 2)
    upper_bounds = torch.min(set_1[:, 2:].unsqueeze(1), set_2[:, 2:].unsqueeze(0))
    # (n1, n2, 2)
    intersection_dims = torch.clamp(upper_bounds - lower_bounds, min=0)  # (n1, n2, 2)
    return intersection_dims[:, :, 0] * intersection_dims[:, :, 1]  # (n1, n2)

def compute_jaccard(set_1, set_2):
    """ 计算 anchor 之间的 Jaccard 系数(IoU) """
    # 查找交叉点
    intersection = compute_intersection(set_1, set_2)  # (n1, n2)
    # 在两个集合中查找每个框的区域
    areas_set_1 = (set_1[:, 2] - set_1[:, 0]) * (set_1[:, 3] - set_1[:, 1])  # (n1)
    areas_set_2 = (set_2[:, 2] - set_2[:, 0]) * (set_2[:, 3] - set_2[:, 1])  # (n2)
    # 查找并集
    # PyTorch 自动广播单例维度
    union = areas_set_1.unsqueeze(1) + areas_set_2.unsqueeze(0) - intersection  # (n1, n2)
    return intersection / union  # (n1, n2)
```

余下部分，将使用交并比来衡量锚框与真实边界框以及锚框与锚框之间的相似度。

（3）标注训练集的锚框。

在训练集中，将每个锚框视为一个训练样本。为了训练目标检测模型，需为每个锚框标注两类标签：一是锚框所含目标的类别，简称类别；二是真实边界框相对锚框的偏移量，简称偏移量（offset）。在目标检测时，首先生成多个锚框，然后为每个锚框预测类别以及偏移量，接着根据预测的偏移量调整锚框位置从而得到预测边界框，最后筛选需要输出的预测边界框。

在目标检测的训练集中，每个图像已标注了真实边界框的位置以及所含目标的类别。在生成锚框后，主要依据与锚框相似的真实边界框的位置和类别信息为锚框标注。那么，怎样为锚框分配与其相似的真实边界框呢？

假设图像中锚框为 $A_1, A_2, \cdots, A_{n_a}$，真实边界框为 $B_1, B_2, \cdots, B_{n_b}$，且 $n_a \geqslant n_b$。定义矩阵 $\boldsymbol{X} \in R^{n_a \times n_b}$，其中第 i 行第 j 列的元素 x_{ij} 为锚框 A_i 与真实边界框 B_j 的交并比。

先找出矩阵 $\boldsymbol{X}$ 中最大元素，并将该元素的行索引与列索引分别记为 i_1、j_1。锚框 A_{i_1} 和真实边界框 B_{j_1} 在所有的"锚框-真实边界框"的配对中相似度最高。接着，将矩阵 $\boldsymbol{X}$ 中第 i_1 行和 j_1 列上的所有元素丢弃，找出矩阵 $\boldsymbol{X}$ 中剩余的最大元素，并将该元素的行索引与列索引分别记为 i_2、j_2，为锚框 A_{i_2} 分配真实边界框 B_{j_2}，再将矩阵 $\boldsymbol{X}$ 的第 i_2 行和第 j_2 列上的所有元素丢弃。此时矩阵 $\boldsymbol{X}$ 中已有两行两列的元素被丢弃。

以此类推，直到矩阵 $\boldsymbol{X}$ 中所有 n_b 列元素全部被丢弃。这时，已为 n_b 个锚框各分配一个真实边界框。

接着，只遍历剩余的 $n_a - n_b$ 个锚框：给定其中的锚框 A_i，根据矩阵 $\boldsymbol{X}$ 的第 i 行找到与 A_i 交并比最大的真实边界框 B_j，且只有当该交并比大于预先设定的阈值时，才为锚框 A_i 分配真实边界框 B_j。

如图 7-12（左）所示，假设矩阵 $\boldsymbol{X}$ 中最大值为 x_{23}，将为锚框 A_2 分配真实边界框 B_3，然后，丢弃矩阵中第 2 行和第 3 列的所有元素，找出剩余阴影部分的最大元素 x_{71}，为锚框 A_7 分配真实边界框 B_1。接着如图 7-12（中）所示，丢弃矩阵中第 7 行和第 1 列的所有元素，找出剩余阴影部分的最大元素 x_{54}，为锚框 A_5 分配真实边界框 B_4。最后如图 7-12（右）所示，丢弃矩阵中的第 5 行和第 4 列的所有元素，找出剩余阴影部分的最大元素 x_{92}，为锚框 A_9 分配真实边界框 B_2。最后，只需遍历除去 A_2、A_5、A_7、A_9 的剩余锚框，并根据阈值判断是否为剩余锚框分配真实边界框。

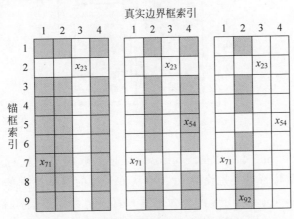

图 7-12 为锚框分配真实边界框效果

下面为锚框的类别和偏移量标注，如果一个锚框 A 被分配了真实边界框 B，将锚框 A 的类别设为 B 的类别，并根据 B 和 A 的中心坐标相对位置以及两个框的相对大小为锚框 A 标注偏移量。由于数据集中各个框的位置和大小不同，因此这些相对的位置和相对大小通常需要一些特殊变换，才可使偏移量的分布更均匀从而容易拟合。设锚框 A 及其分配的真实边界框 B 的中心坐标分别为 (x_a, y_a) 和 (x_b, y_b)，A 和 B 的宽分别为 w_a 和 w_b，高分别为 h_a 和 h_b，将 A 的偏移量标注为

$$\left(\frac{\frac{x_b - x_a}{w_a} - \mu_x}{\sigma_x}, \frac{\frac{y_b - y_a}{h_a} - \mu_y}{\sigma_y}, \frac{\log \frac{w_b}{w_a} - \mu_w}{\sigma_w}, \frac{\log \frac{h_b}{h_a} - \mu_h}{\sigma_h} \right)$$

其中，常数 $\mu_x = \mu_y = \mu_w = \mu_h = 0, \sigma_x = \sigma_y = 0.1, \sigma_w = \sigma_h = 0.2$。如果一个锚框没有被分配真实边界框，只需将该锚框的类别设为背景，通常称该锚框为负类锚框，其余则被称为正类锚框。

以下演示一个具体的实例。为读取的图像中的猫和狗定义真实边界框，其中第一个元素为类别（0 为狗，1 为猫），剩余 4 个元素分别为左上角的 x 和 y 轴坐标以及右下角的 x 和 y 轴坐标（值域在 0 到 1 之间）。此处通过左上角和右下角的坐标构造了 5 个需要标注的锚框，分别记为：

```
bbox_scale = torch.tensor((w, h, w, h), dtype=torch.float32)
ground_truth = torch.tensor([[0, 0.1, 0.08, 0.52, 0.92],
                             [1, 0.55, 0.2, 0.9, 0.88]])
anchors = torch.tensor([[0, 0.1, 0.2, 0.3], [0.15, 0.2, 0.4, 0.4],
                        [0.63, 0.05, 0.88, 0.98], [0.66, 0.45, 0.8, 0.8],
                        [0.57, 0.3, 0.92, 0.9]])

fig = plt.imshow(img)          #效果如图 7-13 所示
show_bboxes(fig.axes, ground_truth[:, 1:] * bbox_scale, ['dog', 'cat'], 'k')
show_bboxes(fig.axes, anchors * bbox_scale, ['0', '1', '2', '3', '4']);
```

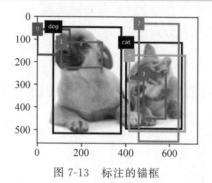

图 7-13　标注的锚框

可以通过 contrib.nd 模块中的 MultiBoxTarget 函数为锚框标注类别和偏移量。MultiBoxTarget 函数将背景类别设为 0，并令从 0 开始的目标类别的整数索引自加 1（1 为狗，2 为猫）。通过 expand_dims 函数为锚框和真实边界框添加样本维，并构造形状为（批量大小，包括背景的类别个数，锚框数）的任意预测结果。

```
labels = contrib.nd.MultiBoxTarget(anchors.expand_dims(axis=0),
                                   ground_truth.expand_dims(axis=0),
                                   nd.zeros((1, 3, 5)))
```

返回的结果有 3 项，均为 Tensor。第三项表示为锚框标注的类别。

```
labels[2]
```

运行程序，输出如下：

```
tensor([[0, 1, 2, 0, 2]])
```

根据锚框与真实边界框在图像中的位置分析这些标注的类别。首先，在所有的"锚框-真实边界框"的配对中，锚框 A_4 与锚的真实边界的交并比最大，因此锚框 A_4 的类别标注为猫。不考虑锚框 A_4 或猫的真实边界框，在余下的"锚框-真实边界框"的配对中，最大交并比的配对为锚框 A_1 和狗的真实边界框,因此锚框 A_1 的类别标注为狗。接着遍历未标注的余下 3 个锚框:与锚框 A_0 交并比最大的真实边界框的类别为狗,但交并比小于阈值(默认为 0.5),因此类别标注为背景;与锚框 A_2 交并比最大的真实边界框的类别为猫,且交并比大于阈值,因此类别标注为猫;与锚框 A_3 交并比最大的真实边界框的类别为猫,但交并比小于阈值,因此类别标注为背景。

返回值的第二项为掩码(mask)变量,形状为锚框个数的 4 倍。掩码变量中的元素与每个锚框的 4 个偏移量一一对应。通过按元素乘法,掩码变量中的 0 可以在计算目标函数前过滤掉负类偏移量。

```
labels[1]
```

运行程序,输出如下:

```
tensor([[0., 0., 0., 0., 1., 1., 1., 1., 1., 1., 1., 1., 0., 0., 0., 0., 1., 1.,
        1., 1.]])
```

返回的第一项为每个锚框标注的 4 个偏移量,其中负类锚框偏移量标注为 0。

```
labels[0]
```

运行程序,输出如下:

```
tensor([[ -0.0000e+00, -0.0000e+00, -0.0000e+00, -0.0000e+00, 1.4000e+00,
          1.0000e+01, 2.5940e+00, 7.1754e+00, -1.2000e+00, 2.6882e-01,
          1.6824e+00, -1.5655e+00, -0.0000e+00, -0.0000e+00, -0.0000e+00,
         -0.0000e+00, -5.7143e-01, -1.0000e+00, 4.1723e-06, 6.2582e-01]])
```

(4) 输出预测边界框。

在模型预测阶段,先为图像生成多个锚框,并为这些锚框一一预测类别和偏移量。接着,根据锚框及其预测偏移量得到预测边界框。当锚框数量较多时,同一个目标上可能会输出较多相似的预测边界框。为了使结果更加简洁,可以移除相似的预测边界框,常用的方法为非极大值抑制(Non-Maximum Suppression,NMS)。

接下来,描述非极大值抑制的工作原理:对于一个预测边界框 B,模型会计算各个类别的预测概率。设其中最大的预测概率为 p,该概率所对应的类别即为 B 的预测类别。也将 p 称为预测边界框 B 的置信度。在同一图像上,将预测类别非背景的预测边界框按置信度从高到低排序,得到列表 L。从 L 中选取置信度最高的预测边界框 B_1 作为基准,将所有与 B_1 的交并比大于某阈值的非基准预测边界框从 L 中移除。此处的阈值是预先设定的超参数。此时,L 保留了置信度最高的预测边界框并移除了与其相似的其他预测边界框。

接着,从 L 中选取置信度第二高的预测边界框 B_2 作为基准。将所有与 B_2 的交并比大于某阈值的非基准预测边界框从 L 中移除。重复这一过程,直到 L 中所有的预测边界框都曾作为基准。此时 L 中任意一对预测边界框的交并比都小于阈值。最终,输出列表 L 中的所有预测边界框。

下面代码先构造 4 个锚框。简单起见,假设预测偏移量全是 0:预测边界框即锚框。最后,构造每个类别的预测概率。

```
anchors = torch.tensor([[0.1, 0.08, 0.52, 0.92], [0.08, 0.2, 0.56, 0.95],
                        [0.15, 0.3, 0.62, 0.91], [0.55, 0.2, 0.9, 0.88]])
offset_preds = torch.tensor([0.0] * (4 * len(anchors)))
cls_probs = torch.tensor([[0., 0., 0., 0.,],      #背景的预测概率
                          [0.9, 0.8, 0.7, 0.1],   #狗的预测概率
                          [0.1, 0.2, 0.3, 0.9]])  #猫的预测概率
```

在图像上打印预测边界框和它们的置信度,效果如图 7-14 所示。

```
fig = plt.imshow(img)
show_bboxes(fig.axes, anchors * bbox_scale,
            ['dog=0.9', 'dog=0.8', 'dog=0.7', 'cat=0.9'])
output = MultiBoxDetection(
    cls_probs.unsqueeze(dim=0), offset_preds.unsqueeze(dim=0),
    anchors.unsqueeze(dim=0), nms_threshold=0.5)
output
```

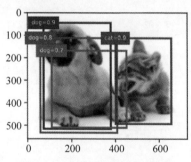

图 7-14 每个类别的预测概率

运行程序,输出如下:

```
tensor([[[ 0.0000,  0.9000,  0.1000,  0.0800,  0.5200,  0.9200],
         [-1.0000,  0.8000,  0.0800,  0.2000,  0.5600,  0.9500],
         [-1.0000,  0.7000,  0.1500,  0.3000,  0.6200,  0.9100],
         [ 1.0000,  0.9000,  0.5500,  0.2000,  0.9000,  0.8800]]])
```

可以看到剔除了两个锚框:

```
fig = plt.imshow(img)
for i in output[0].detach().cpu().numpy():
    if i[0] == -1:                          #略去筛选掉的锚框
        continue
    # i[0]为类别,i[1]为置信度
    label = ('dog=', 'cat=')[int(i[0])] + str(i[1])
    #效果如图 7-15 所示
    show_bboxes(fig.axes, list(torch.tensor(i[2:]) * bbox_scale), [label])
```

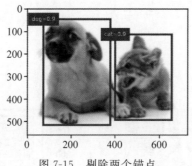

图 7-15　剔除两个锚点

7.2.4　多尺度目标检测

多尺度目标检测(multiscale object detection)以输入图像的每个像素为中心生成多个锚框,实际上是对输入图像不同区域的采样。然而,如果以图像每个像素为中心都生成锚框,容易生成过多锚框而造成计算量过大。

减少锚框个数有两种方法:方法一,在输入图像中均匀采样一小部分像素,并以采样的像素为中心生成锚框;方法二,在不同尺度下,可以生成不同数量和不同大小的锚框。值得注意的是,较小目标比较大目标在图像上出现的位置的可能性更多。例如,形状为 1×1、1×2 和 2×2 的目标在形状为 2×2 的图像上可能出现的位置分别有 4、2 和 1 种。因此,当使用较小锚框来检测较小目标时,可以采样较多的区域;而当使用较大锚框来检测较大目标时,可以采样较少的区域。

下面定义 display_anchors 函数,在特征图 fmap 上以每个像素为中心生成锚框 anchors。由于锚框 anchors 中 x 和 y 轴的坐标值分别已除以特征图 fmap 的宽和高,这些值域在 0 和 1 之间的值表达了锚框在特征图中的相对位置。由于锚框 anchors 的中心遍布特征图 fmap 上的所有单元,anchors 的中心在任一图像的空间相对位置一定是均匀分布的。具体来说,当特征图的宽和高分别设为 fmap_w 和 fmap_h 时,该函数将在任一图像上均匀采样 fmap_h 行 fmap_w 列个像素,并分别以它们为中心生成大小为 s(假设列表 s 长度为1)的不同宽高比(ratio)的锚框。

特征图的形状能确定任一图像上均匀采样的锚框中心。

```
def display_anchors(fmap_h, fmap_w, s):
    #前两维的取值不影响输出结果
    fmap = torch.zeros((1, 10, fmap_h, fmap_w), dtype = torch.float32)
    #平移所有锚框使均匀分布在图片上
    offset_x, offset_y = 1.0/fmap_w, 1.0/fmap_h
    anchors = MultiBoxPrior(fmap, sizes = s, ratios = [1, 2, 0.5]) + \
        torch.tensor([offset_x/2, offset_y/2, offset_x/2, offset_y/2])

    bbox_scale = torch.tensor([[w, h, w, h]], dtype = torch.float32)
    show_bboxes(plt.imshow(img).axes, anchors[0] * bbox_scale)
```

(1) 小目标检测。

小目标检测的代码为:

```
display_anchors(fmap_h = 4, fmap_w = 4, s = [0.15])  # 效果如图 7-16 所示
```

（2）大目标检测。

```
display_anchors(fmap_w = 2, fmap_h = 2, s = [0.4])  # 效果如图 7-17 所示
```

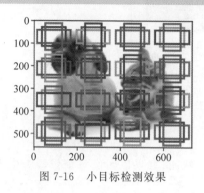

图 7-16　小目标检测效果　　　　　图 7-17　大目标检测效果

相应地，在多个尺度上生成不同大小的锚框，需要在不同尺度下检测不同大小的目标。

7.3　典型的目标检测算法

目标检测是很多计算机视觉任务的基础，它为图像与文字的交互以及识别精细类别提供了可靠的信息。本节从 R-CNN 算法开始介绍基于候选区域的目标检测，接着介绍 Fast R-CNN、Faster R-CNN 和 FPN 等，最后重点讨论了包括 YOLO、SSD 等在内的单次检测器，它们都是目前优秀的方法。

7.3.1　R-CNN 算法

R-CNN 算法在卷积神经网络上应用区域推荐的策略，形成自底向上的目标定位模型，是一种基于区域的卷积神经网络算法。R-CNN 算法的框架如图 7-18 所示。

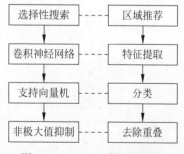

图 7-18　R-CNN 算法的框架

图 7-18 中的左侧为所涉及的技术，右侧为主要的检测步骤，检测步骤为：

（1）区域推荐。

区域推荐即候选区域，常见的有选择性搜索和边界框。例如，给定一张图片，通过选择性搜索算法产生 1000～2000 个候选边框，但候选边框的形状和大小是不相同的，这些框之间是可以互相重叠、互相包含的；利用图像中的纹理、边缘、颜色等信息，可以保证在选取较少窗口的情况下保持较高的召回率。

（2）特征提取。

利用卷积神经网络（CNN）对每一个候选边框提取深层特征。

(3) 分类。

利用线性支持向量机(SVM)对卷积神经网络提取的深层特征进行分类。

(4) 去除重叠。

将非极大值抑制方法应用于重叠的候选边框，选出支持向量机得分较高的边框。

1. 候选区域

不同于图像的分类，对于图像的检测问题，不仅要对图像中的物体提供类别信息，还要提供其定位信息。正常情况下，对于 CNN 模型，大都采用滑动窗口提供候选区域。但对于 R-CNN 中采用的深层卷积神经网络而言，其拥有 5 层卷积层将会导致巨大的局部感受野和步长，如果使用滑动窗口对候选区域进行提取，则对定位的准确性难度较大，所以，R-CNN 采用选择性搜索算法提供区域推荐。

2. 选择性搜索算法

在选择性搜索(Selective Search, SS)中，首先将每个像素作为一组。然后，计算每一组的纹理，并将两个最接近的组结合起来。但为了避免单个区域吞并其他区域，要先对较小的组进行分组，继续合并区域，直到所有区域都结合在一起。图 7-19 中上面 3 幅图展示了如何使区域增长，下面 3 幅图中的矩形代表合并过程中所有可能的 ROI(Region On Interest, 感兴趣区)。

图 7-19 选择性搜索算法

3. 区域合并

由于图像中区域包含的信息比像素多，更能够有效地代表物体的特征，因此，越来越多的物体检测算法采用基于区域的方法，选择性搜索算法便是其中之一。层次式的合并方法是选择性搜索中区域合并方式采取的方法，其合并过程类似于哈夫曼树的构造过程，通过计算相似度将区域划分算法获取的原始分割区域进行层次性的合并。具体方法如下。

(1) 根据图像分割算法获取原始分割区域集合 $R=\{r_1,r_2,\cdots,r_n\}$。

(2) 初始化相似度集合 $S=\phi$。

(3) 计算两两相邻区域间的相似度,并将其添加到相似度集合 S 中。

(4) 从相似度集合 S 中取出具有最大相似度的两个区域 r_i 和 r_j,将这两个区域合并为 r_t,并且从集合 S 中清除 r_i 和 r_j 的相关数据。计算与区域 r_t 相邻的其他区域的相似度并将相似度添加到集合 S 中,同时更新区域集合 R,使得 $R=R\cup r_t$。

(5) 重复步骤(4)直到相似度集合 S 为空。

4. 区域相似度计算

选择性搜索会根据区域之间的相似度进行合并,它主要采用以下几种方法对相似度进行计算。

(1) 颜色相似度。

选择性搜索共对 8 种常用的颜色模型进行了研究,如 RGB 模型、HSV 模型等。以 RGB 模型为例,使用第一范数(L1)归一化获取每个颜色通道的 25 个区域的直方图,每个区域都有 3 个通道,因此对应于每个区域,将得到一个 75 维的向量 C_i,则不同区域间通过公式对颜色相似度进行计算。选择性搜索会将相似度最高的一组区域进行合并以组成新的区域,在区域合并过程中需要对新的区域计算其直方图。

(2) 纹理相似度。

选择性搜索中纹理相似度计算采用类尺度不变特征转换的特征提取方法。该方法将计算每个颜色通道的 8 个不同方向方差为 $\sigma=1$ 的高斯微分,然后对每个通道中的每个颜色通过第一范数归一化获取 10 个格的直方图,最终可以获得一个 240 维的向量 T_i,然后通过公式计算区域之间的纹理相似度。

(3) 大小相似度。

此处的大小用区域中像素点的个数来表征,大小相似度则由两区域共同占有的像素量表征。使用大小相似度计算主要是为了尽量让小的区域先进行合并,防止一个区域不断将其余区域吞并,要合并的区域越小并且合并后重叠度越高,则相似度越高。

(4) 吻合相似度。

吻合相似度主要是为了衡量两个区域是否重叠度更高,即合并后的区域的边框越小其吻合度越高。为了得到综合的相似度计算公式,可将以上 4 种计算方法进行加权求和。

5. 特征提取

特征提取指将原始特征转换为一组有明显物理意义的特征,使得构建出的模型效果更好。在物体检测领域的实际应用中,特征数量往往较多,特征间也可能存在互相依赖,如深层特征即是从浅层特征中提取加工得到的。特征出现在物体检测的前后多个步骤中,也即图像特征是多层次的,而不应仅仅使用某一层次的特征。卷积神经网络便是基于特征层次传递的模型,它的特点是特征提取逐层进行并且逐步抽象。在特征提取时先把候选区域归一化成同一尺寸 227×227。

6. 支持向量机分类

R-CNN 是线性支持向量机与卷积神经网络的结合，卷积神经网络在解决高维问题时容易陷入局部最优，而 SVM 通过使用分类间隔最大化来得到最优的分类面，其算法会转换为一个凸二次规划的问题，因此其能得到全局最优解，CNN 和 SVM 进行互补，为最终算法的效果提升提供保证。

7. 非极大抑制

非极大抑制（Non-Maximum Suppression，NMS）在物体检测中应用十分广泛，主要目的是消除多余的边框，获得最佳的物体检测的位置。非极大值抑制可看作局部最大值的搜索问题。其过程为：对于相邻的候选边框，R-CNN 会将边框的位置和以其深度图像特征为输入的支持向量分类得分给出，然后根据支持向量机的分类得分进行降序排列，最后，对每一种类别，从重叠比例（Intersection over Union，IoU）超过设定阈值的候选边框中选取支持向量机分类得分最高的边框当作预测边框，而其他与之重叠的边框会因得分较小而被舍弃。

R-CNN 结构如图 7-20 所示。

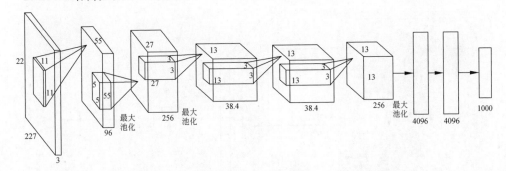

图 7-20 R-CNN 结构

R-CNN 算法采用的是 8 层卷积神经网络对图像进行特征提取，其中前 5 层是卷积层，第一层、第二层、第五层后跟最大池化层，后 3 层是全连接层。在输入网络前需要把图像归一化为 227×227 的固定大小，即输入层为候选区域边框缩放填充得到，输出为该候选区域边框的分类结果。

（1）输入是 227×227 的 RGB 图像，共计 227×227×3 维度的信息。输入图像分别与 96 个 11×11×3 的卷积核进行卷积，步长为 4，共得到 96 张特征图，每张特征图大小为 55×55。

（2）池化层对第一层卷积层得到的 55×55×96 的特征图进行池化，池化窗口大小为 3×3，步长为 2，池化后得到 96 张大小为 27×27 的特征图。

（3）池化之后的特征图会被送入第二层卷积层，横向与纵向分别填充 2 像素，实际的特征图变为 31×31×96，与 256 个 5×5×96 的卷积核卷积，卷积核步长为 1，得到 256 张大小为 27×27 的特征图。

再进一步池化，池化窗口大小为 3×3，池化的步长为 2，则 256 张大小为 27×27 特征图经过池化操作后，将得到 256 张大小为 13×13 的特征图。以此类推，最后即为 3 个全连接层。将最后一层池化的输出连接为一个一维向量，作为全连接层的输入，输出则为分类的结果,结果是一个 n 维向量,向量的每一个分量表示属于某一个类别的概率,向量的 n 个分量之和为 1, n 个分量中概率值最大的作为样本所属的类别。

7.3.2　Fast R-CNN 算法

Fast R-CNN 算法与 R-CNN 算法类似,同样使用 VGG16 作为网络的干线,与 R-CNN 算法相比训练时间快 9 倍,测试推理时间快 213 倍,准确率从 62% 提升至 66%。

1. Fast R-CNN 算法流程

Fast R-CNN 算法流程可分 3 个步骤。

(1) 一张图像生成 1000~2000 候选区域。

(2) 将图像输入网络得到相应的特征图,将 SS 算法生成的候选框投影到特征图上获得相应的特征矩阵。

(3) 将每个特征矩阵通过 ROI 池化层缩放到 7×7 大小的特征图,接着将特征图展平通过一系列全连接层得到预测结果。

整个 Fast R-CNN 算法流程如图 7-21 所示。

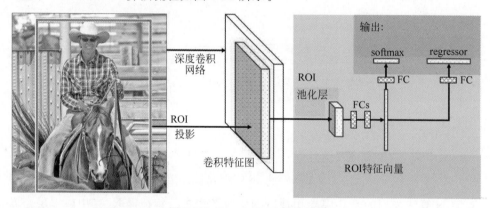

图 7-21　Fast R-CNN 算法流程

2. Fast R-CNN 算法处理过程

1) 候选区域的生成

与 R-CNN 算法一样,利用 SS 算法通过图像分割的方法得到一些原始区域,然后使用一些合并策略将这些区域合并,得到一个层次化的区域结构,在区域结构中包括可能需要的物体。但是,Fast R-CNN 算法与 R-CNN 算法不同的是,这些生成的候选区域不需要每一个都丢到卷积神经网络中提取特征,而且只需要在特征图上映射便可。

2) 投影特征图获取相应特征

Fast R-CNN 算法没有像 R-CNN 算法一样,它不限制输入图像的尺寸,它将整张图像送入网络,得到一个特征图。接着从特征图像上提取相应的候选区域,如图 7-22 所示。

在 Fast R-CNN 算法中,并不适用 SS 算法提供的所有的候选区域,SS 算法差不多得到 2000 个候选框,但在训练的过程中,Fast R-CNN 算法只挑选了其中的 64 个。其中还是分为正样本与负样本,正样本指的是在候选框中确实存在所需检测目标的样本;而负样本指的是候选框中没有所需检测的目标,也就是只有背景。正样本的定义为候选框与

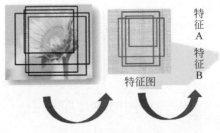

图 7-22　投影特征图

真实的目标边界框的 IoU 大于 0.5；负样本的定义为候选框与所有真实的目标边界框的 IoU 值最大的区间为 0.1~0.5。并且它其实没有完全适应 SS 算法提供的所有的边界框。

3）ROI 池化层缩放

有了训练样本后，将训练样本的候选框通过 ROI 池化层缩放到统一尺寸，如图 7-23 所示。

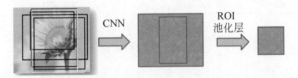

图 7-23　ROI 池化层缩放

ROI 池化层做法：将候选框所框选的训练划分为 7×7，也就是 49 等份。划分后，对每一个区域做一个最大池化（maxpooling）下采样操作。如此，对 49 等份的候选区域操作，得到一个 7×7 的特征矩阵，如图 7-24 所示。

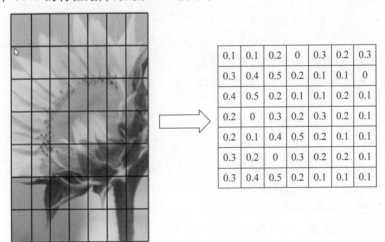

图 7-24　ROI 池化层操作效果

换句话说，无论候选区域的特征矩阵是怎样的尺寸，都被缩放到一个 7×7 的大小，这样就不需去限制输入图像的尺寸。在 R-CNN 算法中，使用的卷积神经网络要求输入是 227×227，但是 Fast R-CNN 算法不需考虑这个因素。

4）展平特征图得到预测

假设，有输出 $N+1$ 个类别的概率（N 为检测目标的种类，1 为背景）共 $N+1$ 个结点，如图 7-25 所示。

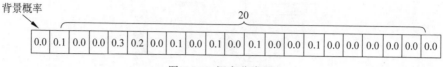

图 7-25 概率分类器

图 7-25 中的第 0 个结点表示背景的概率，剩下的 20 个结点是其他所需检测的类别概率。这个概率是经过 softmax 处理之后的，是满足一个概率分布的，其和为 1。因为此处需要预测 21 个类别的概率，所以目标概率预测的全连接层为 21 个结点。

再如，输出对应 $N+1$ 类别的候选边界框回归参数 (d_x, d_y, d_w, d_h)。需要注意的是，此处的每个类别都有 4 个参数，所以共 $(N+1) \times 4$ 个结点，如图 7-26 所示。

图 7-26 边界框回归器

图 7-26 意为 4 个类别为一组，一组为一个边界框回归参数。那如何根据回归参数得到最后的预测边界框呢？对应每个类别的候选边界框回归参数 (d_x, d_y, d_w, d_h)，有

$$\hat{G}_x = P_w d_x(P) + P_x$$

$$\hat{G}_y = P_h d_y(P) + P_y$$

$$\hat{G}_w = P_w \exp(d_w(P))$$

$$\hat{G}_h = P_h \exp(d_h(P))$$

式中，P_x、P_y、P_w、P_h 分别为候选框的中心 x、y 坐标，以及宽和高；G_x、G_y、G_w、G_h 分别为最终预测的边界框中心 x、y 坐标，以及宽和高。

3. Fast R-CNN 损失函数

Fast R-CNN 损失函数为

$$L(p, u, t^u, v) = L_{\text{cls}}(p, u) + \lambda [u \geqslant 1] L_{\text{loc}}(t^u, v)$$

式中，p 为分类器预测的 softmax 概率分布 $p = (p_0, p_1, \cdots, p_k)$；$u$ 为对应目标真实类别标签；t^u 对应边界框回归预测器的对应类别 u 的回归参数 $(t^{ux}, t^{uy}, t^{uw}, t^{uh})$；$v$ 对应真实目标的边界框回归参数 (v^x, v^y, v^w, v^h)。

其中，真实目标边界框回归参数的计算公式为

$$v_x = \frac{G_x - P_y}{P_w}, v_y = \frac{G_y - P_y}{P_h}$$

$$v_w = \ln\left(\frac{G_w}{P_w}\right), v_h = \ln\left(\frac{G_h}{P_h}\right)$$

对于分类损失，有

$$L_{\text{cls}}(p,u) = -\log p_u$$

对于边界框回归损失,有

$$L_{\text{loc}}(t^u,v) = \sum_{i\in\{x,y,w,h\}} \text{smooth}_{L_1}(t_i^u - v_i)$$

值得注意的是,这个损失由 4 部分组成,分别对应回归参数 x 的 smooth_{L_1} 的回归损失,回归参数 y 的 smooth_{L_1} 的回归损失,回归参数 w 的 smooth_{L_1} 回归损失与最后的回归参数 h 的 smooth_{L_1} 回归损失。

具体的 smooth_{L_1} 损失计算公式为

$$\text{smooth}_{L_1}(x) = \begin{cases} 0.5x^2, & |x| < 1 \\ |x| - 0.4, & \text{其他} \end{cases}$$

因此,Fast R-CNN 算法的总损失=分类损失+边界框回归损失,然后对其进行反向传播就可以训练 Fast R-CNN。

7.3.3 Faster R-CNN 算法

1. Faster R-CNN 算法流程

如图 7-27 所示,利用已经训练好的 Faster R-CNN 检测一张任意 $P\times Q$ 大小的待检测图片的步骤为:

(1) 将其重塑(reshape)作为 CNN 特征提取网络的固定输入,大小为 $M\times N$。

(2) 将上一步的输出作为输入 CNN 特征提取网络(VGG16),经过若干卷积层和池化层得到整个图像的特征图。

(3) 将特征图输入 FPN(特征金字塔网络)层,获得若干候选框。

(4) 特征图与候选框相对应获得相应的候选框特征矩阵,再将其输入到 ROI 池化层的特征矩阵缩放到 7×7 的特征图,接着将特征图展平通过一系列全连接层得到每个候选框的预测概率。

(5) 将候选框按照框回归参数进行调整,然后按照非极大抑制的方法去除重复框,输出预测结果。

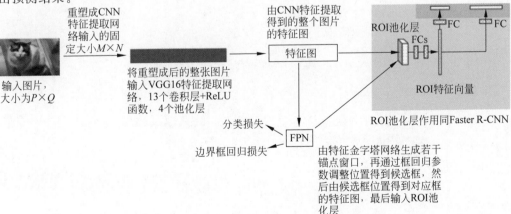

图 7-27 Faster R-CNN 算法

2. Faster R-CNN 训练

Faster R-CNN 的训练,需要在已经训练好的网络模型(VGG)上继续进行训练。将 Faster R-CNN 看作两个独立的训练结构,即对 RPN 结构和 Fast R-CNN 结构分别交替进行训练。步骤如下:

(1) 用 ImageNet 数据集对 VGG16 模型(ZF)进行预训练,预训练是进行有监督的分类的训练。

(2) 在已经预训练好的 VGG16 模型上,训练 RPN,RPN 的输出是当前网络对于某个 anchor 预测为前景还是背景的概率,以及该 anchor 的框回归参数。

(3) 对于第一次训练好 RPN 的 Faster R-CNN,输入训练集经过 RPN 得到候选框特征图,然后对 Fast R-CNN 进行训练(只训练 Fast R-CNN 部分,RPN 参数保持不变)。

(4) 对于第一次训练好的 Fast R-CNN 的 Faster R-CNN,继续输入训练集第二次训练 RPN(Fast R-CNN 部分保持不变)。

(5) 对于第二次训练好 RPN 的 Faster R-CNN,输入训练集经过 RPN 得到候选框特征图,然后对 Fast R-CNN 进行第二次训练(RPN 参数保持不变)。

3. Faster R-CNN 算法实现

下面以 ResNet 网络为实例来演示。由前面介绍可知,Fast R-CNN 对输入的图像尺寸没有固定。ResNet50 有两个基本块,分别为 Conv Block 和 Identity Block,其中 Conv Block 输入和输出的维度是不一样的,所以不能串联,它的作用是改变网络的维度;Identity Block 输入维度和输出的维度相同,可以串联,用于加深网络。

Fast R-CNN 的主要特征提取部分只包含长宽压缩了 4 次的内容,第 5 次压缩后的内容在 ROI 中使用。

1) 预测

下面分 5 步来实现网络的预测。

(1) 主干网络。

在代码中,使用 ResNet50 函数获得 ResNet50 的公用特征层。其中,features 部分为公用特征层,classifier 部分为第二阶段用到的分类器。

```
import math

import torch.nn as nn
from torchvision.models.utils import load_state_dict_from_url

class Bottleneck(nn.Module):
    expansion = 4
    def __init__(self, inplanes, planes, stride = 1, downsample = None):
        super(Bottleneck, self).__init__()
        self.conv1 = nn.Conv2d(inplanes, planes, kernel_size = 1, stride = stride, bias = False)
        self.bn1 = nn.BatchNorm2d(planes)

        self.conv2 = nn.Conv2d(planes, planes, kernel_size = 3, stride = 1, padding = 1, bias = False)
```

```python
        self.bn2 = nn.BatchNorm2d(planes)

        self.conv3 = nn.Conv2d(planes, planes * 4, kernel_size = 1, bias = False)
        self.bn3 = nn.BatchNorm2d(planes * 4)

        self.relu = nn.ReLU(inplace = True)
        self.downsample = downsample
        self.stride = stride

    def forward(self, x):
        residual = x

        out = self.conv1(x)
        out = self.bn1(out)
        out = self.relu(out)

        out = self.conv2(out)
        out = self.bn2(out)
        out = self.relu(out)

        out = self.conv3(out)
        out = self.bn3(out)
        if self.downsample is not None:
            residual = self.downsample(x)

        out += residual
        out = self.relu(out)

        return out

class ResNet(nn.Module):
    def __init__(self, block, layers, num_classes = 1000):
        '''假设输入进来的图片是 600×600×3'''
        self.inplanes = 64
        super(ResNet, self).__init__()

        # 600×600×3 -> 300×300×64
        self.conv1 = nn.Conv2d(3, 64, kernel_size = 7, stride = 2, padding = 3, bias = False)
        self.bn1 = nn.BatchNorm2d(64)
        self.relu = nn.ReLU(inplace = True)

        # 300×300×64 -> 150×150×64
        self.maxpool = nn.MaxPool2d(kernel_size = 3, stride = 2, padding = 0, ceil_mode = True)

        # 150×150×64 -> 150×150×256
        self.layer1 = self._make_layer(block, 64, layers[0])
        # 150×150×256 -> 75×75×512
        self.layer2 = self._make_layer(block, 128, layers[1], stride = 2)
        # 75×75×512 -> 38×38×1024,到这里可以获得一个 38×38×1024 的共享特征层
        self.layer3 = self._make_layer(block, 256, layers[2], stride = 2)
```

```python
            # self.layer4 被用在 classifier 模型中
            self.layer4 = self._make_layer(block, 512, layers[3], stride = 2)

            self.avgpool = nn.AvgPool2d(7)
            self.fc = nn.Linear(512 * block.expansion, num_classes)

            for m in self.modules():
                if isinstance(m, nn.Conv2d):
                    n = m.kernel_size[0] * m.kernel_size[1] * m.out_channels
                    m.weight.data.normal_(0, math.sqrt(2. / n))
                elif isinstance(m, nn.BatchNorm2d):
                    m.weight.data.fill_(1)
                    m.bias.data.zero_()

        def _make_layer(self, block, planes, blocks, stride = 1):
            downsample = None
            '''当模型需要进行高和宽的压缩时,需要用到残差边的下采样'''
            if stride != 1 or self.inplanes != planes * block.expansion:
                downsample = nn.Sequential(
                    nn.Conv2d(self.inplanes, planes * block.expansion, kernel_size = 1, stride = stride, bias = False),
                    nn.BatchNorm2d(planes * block.expansion),
                )
            layers = []
            layers.append(block(self.inplanes, planes, stride, downsample))
            self.inplanes = planes * block.expansion
            for i in range(1, blocks):
                layers.append(block(self.inplanes, planes))
            return nn.Sequential( * layers)

        def forward(self, x):
            x = self.conv1(x)
            x = self.bn1(x)
            x = self.relu(x)
            x = self.maxpool(x)

            x = self.layer1(x)
            x = self.layer2(x)
            x = self.layer3(x)
            x = self.layer4(x)

            x = self.avgpool(x)
            x = x.view(x.size(0), -1)
            x = self.fc(x)
            return x

def resnet50(pretrained = False):
    model = ResNet(Bottleneck, [3, 4, 6, 3])
    if pretrained:
        state_dict = load_state_dict_from_url("https://download.pytorch.org/models/resnet50-19c8e357.pth", model_dir = "./model_data")
        model.load_state_dict(state_dict)
```

```
'''获取特征提取部分,从 conv1 到 model.layer3,获得一个 38×38×1024 的特征层'''
features = list([model.conv1, model.bn1, model.relu, model.maxpool, model.layer1,
model.layer2, model.layer3])
'''获取分类部分,从 model.layer4 到 model.avgpool'''
classifier = list([model.layer4, model.avgpool])
features = nn.Sequential(*features)
classifier = nn.Sequential(*classifier)
return features, classifier
```

(2) 获得预测框。

在 Fast R-CNN 中,num_priors 也就是先验框的数量,即两个 1×1 卷积的结果实际上也是:

- 9×4 的卷积:用于预测公用特征层上每个网格点上每个先验框的变化情况。
- 9×2 的卷积:用于预测公用特征层上每个网格点上每个预测框中是否包含了物体,序号为 1 的内容包含物体的概率。

实例中输入的图片的形状为 $600×600×3$ 时,公用特征层的形状为 $38×38×1024$,相当于把输入的图像分割成 $38×38$ 的网格,然后每个网格存在 9 个先验框。实现代码为:

```
class RegionProposalNetwork(nn.Module):
    def __init__(
        self,
        in_channels = 512,
        mid_channels = 512,
        ratios = [0.5, 1, 2],
        anchor_scales = [8, 16, 32],
        feat_stride = 16,
        mode = "training",
    ):
        super(RegionProposalNetwork, self).__init__()
        '''生成基础先验框,shape 为[9, 4]'''
        self.anchor_base = generate_anchor_base(anchor_scales = anchor_scales, ratios = ratios)
        n_anchor = self.anchor_base.shape[0]
        '''先进行一个 3×3 的卷积,可理解为特征整合'''
        self.conv1 = nn.Conv2d(in_channels, mid_channels, 3, 1, 1)
        '''分类预测先验框内部是否包含物体'''
        self.score = nn.Conv2d(mid_channels, n_anchor * 2, 1, 1, 0)
        '''回归预测对先验框进行调整'''
        self.loc = nn.Conv2d(mid_channels, n_anchor * 4, 1, 1, 0)

        '''特征点间距步长'''
        self.feat_stride = feat_stride
        '''用于对预测框解码并进行非极大抑制'''
        self.proposal_layer = ProposalCreator(mode)
        '''对 FPN 的网络部分进行权值初始化'''
        normal_init(self.conv1, 0, 0.01)
        normal_init(self.score, 0, 0.01)
```

```python
        normal_init(self.loc, 0, 0.01)

    def forward(self, x, img_size, scale = 1.):
        n, _, h, w = x.shape
        '''先进行一个3×3的卷积,可理解为特征整合'''
        x = F.relu(self.conv1(x))
        '''回归预测对先验框进行调整'''
        rpn_locs = self.loc(x)
        rpn_locs = rpn_locs.permute(0, 2, 3, 1).contiguous().view(n, -1, 4)
        '''分类预测先验框内部是否包含物体'''
        rpn_scores = self.score(x)
        rpn_scores = rpn_scores.permute(0, 2, 3, 1).contiguous().view(n, -1, 2)
        '''进行softmax概率计算,每个先验框只有两个判别结果'''
        # 内部包含物体或者内部不包含物体,rpn_softmax_scores[:, :, 1]的内容为包含物体
        # 的概率
        rpn_softmax_scores = F.softmax(rpn_scores, dim = -1)
        rpn_fg_scores = rpn_softmax_scores[:, :, 1].contiguous()
        rpn_fg_scores = rpn_fg_scores.view(n, -1)
```

(3) 预测框的解码。

通过第(2)步获得了 38×38×9 个先验框的预测结果。预测结果包含 9×4 的卷积和 9×2 的卷积这两部分。当输入图像形状不同时,先验框的数量也会发生改变。

先验框虽然可代表一定的框位置信息与框的大小信息,但是其是有限的,无法表示任意情况,需要调整。9×4 中的 9 表示了这个网格点所包含的先验框数量,其中 4 表示了框的中心与长宽的调整情况。实现代码为:

```python
class ProposalCreator():
    def __init__(
        self,
        mode,
        nms_iou = 0.7,
        n_train_pre_nms = 12000,
        n_train_post_nms = 600,
        n_test_pre_nms = 3000,
        n_test_post_nms = 300,
        min_size = 16

    ):
        '''设置预测还是训练'''
        self.mode = mode
        '''预测框非极大抑制的 IoU 大小'''
        self.nms_iou = nms_iou
        '''训练用到的预测框数量'''
        self.n_train_pre_nms = n_train_pre_nms
        self.n_train_post_nms = n_train_post_nms
        '''预测用到的预测框数量'''
        self.n_test_pre_nms = n_test_pre_nms
        self.n_test_post_nms = n_test_post_nms
        self.min_size = min_size
```

```python
def __call__(self, loc, score, anchor, img_size, scale=1.):
    if self.mode == "training":
        n_pre_nms = self.n_train_pre_nms
        n_post_nms = self.n_train_post_nms
    else:
        n_pre_nms = self.n_test_pre_nms
        n_post_nms = self.n_test_post_nms

    '''将先验框转换为tensor'''
    anchor = torch.from_numpy(anchor)
    if loc.is_cuda:
        anchor = anchor.cuda()
    '''将RPN预测结果转换为预测框'''
    roi = loc2bbox(anchor, loc)
    '''防止预测框超出图像边缘'''
    roi[:, [0, 2]] = torch.clamp(roi[:, [0, 2]], min=0, max=img_size[1])
    roi[:, [1, 3]] = torch.clamp(roi[:, [1, 3]], min=0, max=img_size[0])

    '''预测框的宽和高的最小值不可以小于16'''
    min_size = self.min_size * scale
    keep = torch.where(((roi[:, 2] - roi[:, 0]) >= min_size) & ((roi[:, 3] - roi[:, 1]) >= min_size))[0]
    '''将对应的预测框保留下来'''
    roi = roi[keep, :]
    score = score[keep]
    '''根据得分进行排序,取出预测框'''
    order = torch.argsort(score, descending=True)
    if n_pre_nms > 0:
        order = order[:n_pre_nms]
    roi = roi[order, :]
    score = score[order]

    '''对预测框进行非极大抑制'''
    keep = nms(roi, score, self.nms_iou)
    keep = keep[:n_post_nms]
    roi = roi[keep]
    return roi
```

（4）利用预测框。

事实上,预测框即是对图像哪一个区域有物体存在进行初步筛选,再对每个预测框进行ResNet原有的第5次压缩。压缩后进行平均池化,再进行展平,最后分别进行num_classes的全连接和(num_classes)×4的全连接。预测框调整后的结果就是最终的预测结果。实现代码为:

```python
class Resnet50RoIHead(nn.Module):
    def __init__(self, n_class, roi_size, spatial_scale, classifier):
        super(Resnet50RoIHead, self).__init__()
        self.classifier = classifier
        '''对ROI池化后的结果进行回归预测'''
```

```python
        self.cls_loc = nn.Linear(2048, n_class * 4)
        '''对ROI池化后的结果进行分类'''
        self.score = nn.Linear(2048, n_class)
        '''权值初始化'''
        normal_init(self.cls_loc, 0, 0.001)
        normal_init(self.score, 0, 0.01)
        self.roi = RoIPool((roi_size, roi_size), spatial_scale)

    def forward(self, x, rois, roi_indices, img_size):
        n, _, _, _ = x.shape
        if x.is_cuda:
            roi_indices = roi_indices.cuda()
            rois = rois.cuda()

        rois_feature_map = torch.zeros_like(rois)
        rois_feature_map[:, [0,2]] = rois[:, [0,2]] / img_size[1] * x.size()[3]
        rois_feature_map[:, [1,3]] = rois[:, [1,3]] / img_size[0] * x.size()[2]

        indices_and_rois = torch.cat([roi_indices[:, None], rois_feature_map], dim = 1)
        '''利用预测框对公用特征层进行截取'''
        pool = self.roi(x, indices_and_rois)
        '''利用classifier网络进行特征提取'''
        fc7 = self.classifier(pool)
        '''当输入为一张图片时,这里获得的f7的shape为[300, 2048]'''
        fc7 = fc7.view(fc7.size(0), -1)

        roi_cls_locs = self.cls_loc(fc7)
        roi_scores = self.score(fc7)
        roi_cls_locs = roi_cls_locs.view(n, -1, roi_cls_locs.size(1))
        roi_scores = roi_scores.view(n, -1, roi_scores.size(1))
        return roi_cls_locs, roi_scores
```

(5) 在原图上进行绘制。

在第(4)步的结尾,对预测框再一次进行解码后,可以获得预测框在原图上的位置,而且这些预测框都是经过筛选的。这些筛选后的框可以直接绘制在图片上,即可以获得结果。

2) 训练

Fast R-CNN 的训练过程也分为两部分,首先要训练获得预测框网络,然后训练后面利用 ROI 获得预测结果的网络。

(1) 预测框网络的训练。

公用特征层如果要获得预测框的预测结果,需再进行一次 3×3 的卷积后,进行一个 2 通道的 1×1 卷积,还有一个 36 通道的 1×1 卷积。在训练时,需要计算 Loss 函数,Loss 相当于 Fast R-CNN 预测框网络的预测结果。需要把图像输入到当前的 Fast R-CNN 预测框网络中,得到预测框后,同时还需要进行编码,编码是把真实框的位置信息格式转换为 Fast R-CNN 预测框预测结果的格式信息。实现代码为:

```python
def bbox_iou(bbox_a, bbox_b):
    if bbox_a.shape[1] != 4 or bbox_b.shape[1] != 4:
        print(bbox_a, bbox_b)
        raise IndexError
    tl = np.maximum(bbox_a[:, None, :2], bbox_b[:, :2])
    br = np.minimum(bbox_a[:, None, 2:], bbox_b[:, 2:])
    area_i = np.prod(br - tl, axis = 2) * (tl < br).all(axis = 2)
    area_a = np.prod(bbox_a[:, 2:] - bbox_a[:, :2], axis = 1)
    area_b = np.prod(bbox_b[:, 2:] - bbox_b[:, :2], axis = 1)
    return area_i / (area_a[:, None] + area_b - area_i)

def bbox2loc(src_bbox, dst_bbox):
    width = src_bbox[:, 2] - src_bbox[:, 0]
    height = src_bbox[:, 3] - src_bbox[:, 1]
    ctr_x = src_bbox[:, 0] + 0.5 * width
    ctr_y = src_bbox[:, 1] + 0.5 * height

    base_width = dst_bbox[:, 2] - dst_bbox[:, 0]
    base_height = dst_bbox[:, 3] - dst_bbox[:, 1]
    base_ctr_x = dst_bbox[:, 0] + 0.5 * base_width
    base_ctr_y = dst_bbox[:, 1] + 0.5 * base_height

    eps = np.finfo(height.dtype).eps
    width = np.maximum(width, eps)
    height = np.maximum(height, eps)

    dx = (base_ctr_x - ctr_x) / width
    dy = (base_ctr_y - ctr_y) / height
    dw = np.log(base_width / width)
    dh = np.log(base_height / height)

    loc = np.vstack((dx, dy, dw, dh)).transpose()
    return loc

class AnchorTargetCreator(object):
    def __init__(self, n_sample = 256, pos_iou_thresh = 0.7, neg_iou_thresh = 0.3, pos_ratio = 0.5):
        self.n_sample = n_sample
        self.pos_iou_thresh = pos_iou_thresh
        self.neg_iou_thresh = neg_iou_thresh
        self.pos_ratio = pos_ratio

    def __call__(self, bbox, anchor):
        argmax_ious, label = self._create_label(anchor, bbox)
        if (label > 0).any():
            loc = bbox2loc(anchor, bbox[argmax_ious])
            return loc, label
        else:
            return np.zeros_like(anchor), label

    def _calc_ious(self, anchor, bbox):
```

```python
        '''anchor 和 bbox 的 IoU,获得的 IoU 的 shape 为[num_anchors, num_gt]'''
        ious = bbox_iou(anchor, bbox)

        if len(bbox) == 0:
            return np.zeros(len(anchor), np.int32), np.zeros(len(anchor)), np.zeros(len(bbox))
        '''获得每一个先验框最对应的真实框 [num_anchors, ]'''
        argmax_ious = ious.argmax(axis = 1)
        '''找出每一个先验框最对应的真实框的 iou [num_anchors, ]'''
        max_ious = np.max(ious, axis = 1)
        '''获得每一个真实框最对应的先验框 [num_gt, ]'''
        gt_argmax_ious = ious.argmax(axis = 0)
        '''保证每一个真实框都存在对应的先验框'''
        for i in range(len(gt_argmax_ious)):
            argmax_ious[gt_argmax_ious[i]] = i

        return argmax_ious, max_ious, gt_argmax_ious

    def _create_label(self, anchor, bbox):
        '''1 是正样本,0 是负样本,-1 忽略;初始化时全部设置为-1'''
        label = np.empty((len(anchor),), dtype = np.int32)
        label.fill(-1)

        '''
        argmax_ious 为每个先验框对应的最大的真实框的序号 [num_anchors, ]
        max_ious 为每个真实框对应的最大的真实框的 IoU[num_anchors, ]
        gt_argmax_ious 为每一个真实框对应的最大的先验框的序号 [num_gt, ]
        '''
        argmax_ious, max_ious, gt_argmax_ious = self._calc_ious(anchor, bbox)

        '''
        如果小于阈值则设置为负样本
        如果大于阈值则设置为正样本
        每个真实框至少对应一个先验框
        '''
        label[max_ious < self.neg_iou_thresh] = 0
        label[max_ious >= self.pos_iou_thresh] = 1
        if len(gt_argmax_ious) > 0:
            label[gt_argmax_ious] = 1

        '''判断正样本数量是否大于 128,如果大于 128 则限制在 128'''
        n_pos = int(self.pos_ratio * self.n_sample)
        pos_index = np.where(label == 1)[0]
        if len(pos_index) > n_pos:
            disable_index = np.random.choice(pos_index, size = (len(pos_index) - n_pos), replace = False)
            label[disable_index] = -1

        '''平衡正负样本,保持总数量为 256'''
        n_neg = self.n_sample - np.sum(label == 1)
        neg_index = np.where(label == 0)[0]
        if len(neg_index) > n_neg:
```

```
            disable_index = np.random.choice(neg_index, size = (len(neg_index) - n_
neg), replace = False)
            label[disable_index] = -1

    return argmax_ious, label
```

focal 会忽略一些重合度相对较高但不是非常高的先验框,一般将重合度为 0.3~0.7 的先验框忽略。

(2) ROI 网络训练。

在 ROI 网络部分会将预测框进行一定的截取获取对应的预测结果,实际上是将第(1)步的预测框当作 ROI 网络的先验框。因此,需要计算预测框和真实框的重合程度,并进行筛选,如果某个真实框与预测框的重合程度大于 0.5,则认为该预测框为正样本,如果重合程度小于 0.5,则认为该预测框为负样本。实现代码为:

```
class ProposalTargetCreator(object):
    def __init__(self, n_sample = 128, pos_ratio = 0.5, pos_iou_thresh = 0.5, neg_iou_
thresh_high = 0.5, neg_iou_thresh_low = 0):
        self.n_sample = n_sample
        self.pos_ratio = pos_ratio
        self.pos_roi_per_image = np.round(self.n_sample * self.pos_ratio)
        self.pos_iou_thresh = pos_iou_thresh
        self.neg_iou_thresh_high = neg_iou_thresh_high
        self.neg_iou_thresh_low = neg_iou_thresh_low

    def __call__(self, roi, bbox, label, loc_normalize_std = (0.1, 0.1, 0.2, 0.2)):
        roi = np.concatenate((roi.detach().cpu().numpy(), bbox), axis = 0)
        '''计算预测框和真实框的重合程度'''
        iou = bbox_iou(roi, bbox)

        if len(bbox) == 0:
            gt_assignment = np.zeros(len(roi), np.int32)
            max_iou = np.zeros(len(roi))
            gt_roi_label = np.zeros(len(roi))
        else:
            '''获得每一个预测框最对应的真实框 [num_roi, ]'''
            gt_assignment = iou.argmax(axis = 1)
            '''获得每一个预测框最对应的真实框的 IoU[num_roi, ]'''
            max_iou = iou.max(axis = 1)
            '''真实框的标签要 +1 因为有背景的存在'''
            gt_roi_label = label[gt_assignment] + 1

        '''
        满足预测框和真实框重合程度大于 neg_iou_thresh_high 的作为负样本
        将正样本的数量限制在 self.pos_roi_per_image 以内
        '''
        pos_index = np.where(max_iou >= self.pos_iou_thresh)[0]
        pos_roi_per_this_image = int(min(self.pos_roi_per_image, pos_index.size))
        if pos_index.size > 0:
```

```
                pos_index = np.random.choice(pos_index, size = pos_roi_per_this_image,
replace = False)

            '''
            满足预测框和真实框重合程度小于 neg_iou_thresh_high、大于 neg_iou_thresh_low 作
为负样本
            将正样本的数量和负样本的数量的总和固定成 self.n_sample
            '''
            neg_index = np.where((max_iou < self.neg_iou_thresh_high) & (max_iou >= self.neg_
iou_thresh_low))[0]
            neg_roi_per_this_image = self.n_sample - pos_roi_per_this_image
            neg_roi_per_this_image = int(min(neg_roi_per_this_image, neg_index.size))
            if neg_index.size > 0:
                neg_index = np.random.choice(neg_index, size = neg_roi_per_this_image,
replace = False)

            keep_index = np.append(pos_index, neg_index)

            sample_roi = roi[keep_index]
            if len(bbox) == 0:
                return sample_roi, np.zeros_like(sample_roi), gt_roi_label[keep_index]

            gt_roi_loc = bbox2loc(sample_roi, bbox[gt_assignment[keep_index]])
            gt_roi_loc = (gt_roi_loc / np.array(loc_normalize_std, np.float32))

            gt_roi_label = gt_roi_label[keep_index]
            gt_roi_label[pos_roi_per_this_image:] = 0
            return sample_roi, gt_roi_loc, gt_roi_label
```

提示：实例使用 VOC 格式进行训练，训练前需要制作好数据集。在完成数据集制作与存放后，需要对数据集进行下一步的处理，目的是获得训练用的数据。实现代码为：

```
''' annotation_mode 用于指定该文件运行时计算的内容, annotation_mode 为 0 代表整个标签处理
过程, 包括获得 VOCdevkit/VOC2007/ImageSets 中的 txt 以及训练用的 2007_train.txt、2007_val.
txt; annotation_mode 为 1 代表获得 VOCdevkit/VOC2007/ImageSets 中的 txt, annotation_mode 为
2 代表获得训练用的 2007_train.txt、2007_val.txt '''
annotation_mode = 0
'''用于生成 2007_train.txt、2007_val.txt 的目标信息, 与训练和预测所用的 classes_path 一致
即可. 如果生成的 2007_train.txt 里面没有目标信息, 那么是因为 classes 没有设定正确, 它仅在
annotation_mode 为 0 和 2 时有效 '''
classes_path = 'model_data/voc_classes.txt'
''' trainval_percent 用于指定(训练集 + 验证集)与测试集的比例, 默认情况下(训练集 + 验证集):
测试集 = 9:1; train_percent 用于指定(训练集 + 验证集)中训练集与验证集的比例, 默认情况下,
训练集:验证集 = 9:1, 仅在 annotation_mode 为 0 和 1 时有效 '''
trainval_percent = 0.9
train_percent = 0.9
'''指向 VOC 数据集所在的文件夹, 默认指向根目录下的 VOC 数据集 '''
VOCdevkit_path = 'VOCdevkit'
```

修改完 classes_path 后就可开始训练了，在训练多轮后，会生成权值，其他参数的作用如下：

```
'''是否使用 CUDA,没有 GPU 可以设置成 False'''
Cuda = True
'''训练前一定要修改 classes_path,使其对应自己的数据集'''
classes_path = 'model_data/voc_classes.txt'
'''
```

此处使用的是整个模型的权重,因此是在 train.py 进行加载的,下面的 pretrain 不影响此处的权值加载。

如果想要让模型从主干的预训练权值开始训练,则设置 model_path = '',下面的 pretrain = True,此时仅加载主干。

如果想要让模型从 0 开始训练,则设置 model_path = '',下面的 pretrain = Fasle,Freeze_Train = Fasle,此时从 0 开始训练,且没有冻结主干的过程。

从 0 开始训练效果会很差,因为权值太过随机,特征提取效果不明显。

```
'''
model_path = 'model_data/voc_weights_resnet.pth'
'''输入的 shape 大小'''
input_shape = [600, 600]
'''VGG 或者 ResNet50'''
backbone = "resnet50"
'''
```

此处使用的是主干的权重,因此是在模型构建时进行加载的。

如果设置了 model_path,则主干的权值无须加载,pretrained 的值无意义。

如果不设置 model_path,pretrained = True,则仅加载主干开始训练。

如果不设置 model_path,pretrained = False,Freeze_Train = Fasle,则从 0 开始训练,且没有冻结主干的过程。

```
'''
pretrained = False
'''
```

anchors_size 用于设定先验框的大小,每个特征点均存在 9 个先验框。

anchors_size 每个数对应 3 个先验框。

当 anchors_size = [8,16,32]时,生成的先验框宽和高约为:

[90, 180] ; [180, 360]; [360, 720]; [128, 128];
[256, 256]; [512, 512]; [180, 90] ; [360, 180];
[720, 360];   #详情查看 anchors.py

如果想要检测小物体,可以减小 anchors_size 的值。

如设置 anchors_size = [4,16,32]。

```
'''
anchors_size = [8, 16, 32]
'''
```

训练分为两个阶段,分别是冻结阶段和解冻阶段。

显存不足与数据集大小无关,提示显存不足可调小 batch_size 值。

此时模型的主干被冻结了,特征提取网络不发生改变。

```
'''
Init_Epoch = 0
Freeze_Epoch = 50
Freeze_batch_size = 4
Freeze_lr = 1e-4
'''
```

解冻阶段训练参数。此时模型的主干不被冻结,特征提取网络会发生改变。

占用的显存较大,网络所有的参数都会发生改变。

```
'''
UnFreeze_Epoch = 100
Unfreeze_batch_size = 2
Unfreeze_lr = 1e-5
'''是否进行冻结训练,默认先冻结主干训练后解冻训练'''
Freeze_Train = True
'''
```

num_workers 用于设置是否使用多线程读取数据。开启使用多线程读取数据后会加快数据读取速度,但是会占用更多内存,内存较小的计算机可以设置为 2 或者 0。

```
'''
num_workers = 4
'''获得图片路径和标签'''
train_annotation_path = '2007_train.txt'
val_annotation_path = '2007_val.txt'
```

(3)训练结果预测。

训练结果需要用到 frcnn 与 predict 文件。先需要在 FRCNN 函数中修改 model_path 及 classes_path,代码如下:

```
...
class FRCNN(object):
    _defaults = {
        "model_path"   : 'model_data/voc_weights_resnet.pth',
        "classes_path" : 'model_data/voc_classes.txt',
...
```

完成修改后就可以运行 predict 进行检测了。

7.3.4 RPN 算法

RPN(Region Proposal Network)是 Faster R-CNN 网络用于提取预测框,RCNN 及 Fast R-CNN 中一个性能瓶颈就是提取预测框的部分,而 RPN 很好地对这个部分进行了优化,原因在于它将卷积神经网络引入进来,使用特征提取的形式生成预测框的位置从而降低了选择性搜索算法带来的计算时间上的开销。

1. RPN 结构

CNN 从特征图中学习分类的方式,RPN 也从特征图中学习生成这些候选框。一个典型的 RPN 如图 7-28 所示。

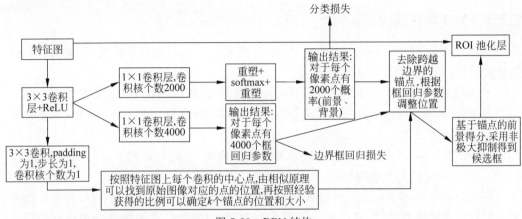

图 7-28 RPN 结构

RPN 算法流程为:

(1) 输入图像通过卷积神经网络,其最后一层将特征图作为输出。

(2) 滑动窗口通过第(1)步得到的特征图进行运行。滑动窗口的大小为 $n \times n$(此处为 3×3)。对于每个滑动窗口,生成一组特定的锚点(anchor),但有 3 种不同的长宽比(1∶1,1∶2,2∶1)和 3 种不同长宽(128,256 和 512)的方框,如下所述:

① 有 3 种不同的长宽比和 3 种不同的方框,即特征图中每个像素共可有 9 种方案。

② 在特征图大小为 $W \times H$ 的情况下,锚点的总数量和特征图每个位置的锚点数量为 K,可以给出 $W \times H \times K$。

图 7-29 显示了尺寸为(600×900)的图像的(450×350)个锚点。

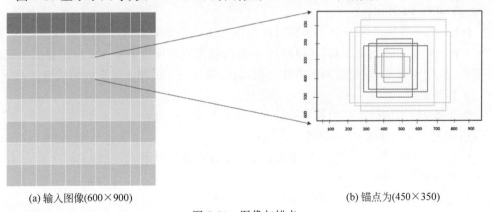

图 7-29 图像与锚点

在图 7-29 中,3 种颜色代表 3 种比例或尺寸(128×128,256×256,512×512)。图 7-30(b)的 3 个方框的长宽比分别为 1∶1、1∶2、2∶1。

(3)至此,已为特征图的每个位置设置了9个锚点,但可能有很多方框中没有任何物体,因此,模型需要学习哪些锚点可能有对象。有的物体的锚点可以被归类为前景,其他的则为背景。同时,模型需要学习前景框的偏移量,以适应物体。

(4)锚点的定位和分类是由边界框调节器层和边界框分类器层完成的。边界框分类器计算地面真实盒与锚点的特性得分,并以一定的概率将锚点分类为前景或背景。

7.3.5 YOLO算法

YOLO(You Only Look Once)是一种基于深度学习的目标检测算法,与传统目标检测算法相比,YOLO算法具有以下优点。

- 速度快:YOLO算法采用全卷积神经网络实现,可以实现实时目标检测。
- 准确率高:YOLO算法采用单个网络结构,能够同时检测多个目标并获得更准确的边界框。
- 应用广泛:YOLO算法可处理各种尺寸的物体,不需要对图像进行缩放和裁剪,能够处理任意大小的物体。

YOLO算法的基本思想是将输入图像分割成多个网格,然后对每个网格预测物体的类别和位置。具体来说,YOLO算法采用单个卷积神经网络,在图像的全局信息和局部信息间进行平衡,并直接预测出每个物体的边界框和类别。

YOLO算法的主要步骤为:

- 将输入图像分成$S \times S$个网格。
- 对于每个网格,预测该网络中是否包含物体,以及该物体的边界框和类别。
- 计算每个预测边界框与真实边界框之间的损失,更新网络参数。
- 在测试阶段,将所有预测边界框进行筛选,得到最终的检测结果。

高速度和高准确率是YOLO算法的优点,同时它也存在一些缺点,如对小物体的检测效果较差;对于密集目标的检测效果也不如意。此外,YOLO算法的训练过程也较为复杂,需要大量的训练数据和计算资源。

1. YOLO V1算法

YOLO V1算法的学习分为预测阶段与训练阶段。预测阶段是用已经训练好的、现有的网络去对图片做预测(即目标检测);训练阶段是利用梯度下降和反向传播来迭代地微调神经元中的权重,并使损失函数最小化,训练得到一个预测效果更好的模型。

1)预测阶段

预测阶段使用的训练好的卷积神经网络结构如图7-30所示。

- 输入:$448 \times 448 \times 3$的图像。
- 卷积层(24层):与7×7的滤波器、3×3的滤波器做卷积,最终得到$7 \times 7 \times 1024$的特征图。
- 全连接层(2层):展平填充输入4096个神经元中,再输入1470个神经元中。
- 输出:将全连接层的输出重塑为$7 \times 7 \times 30$的张量。

最后输出的$7 \times 7 \times 30$的张量中,因为YOLO将输入的图像划分为7×7,每个网格需要输出的是一个1×30维的信息,所以最后的输出为$7 \times 7 \times 30$,可视化如图7-31所示。

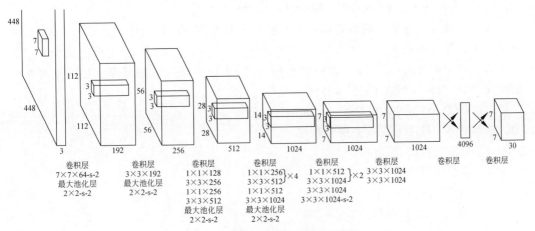

图 7-30 训练好的卷积神经网络结构

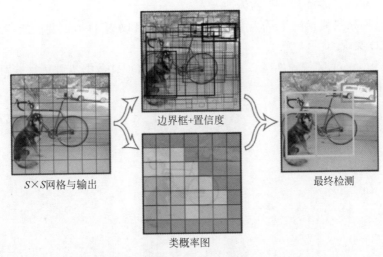

图 7-31 图像可视化

YOLO V1 是一个单阶段的、端到端的算法，$7\times7\times30$ 的输出包括所有目标的置信度、预测框坐标、类别。对于每个网格，YOLO V1 都会产生两个预测框，这两个预测框的中心点都落在该网格上，最后一共产生 98 个预测框。

接着对这 98 个预测框进行一系列处理，主要包括如下步骤。

- 置信度过滤：置信度×每个类别的处理的概率。对于这 98 个 1×20 维向量来讲，每个向量中同一个位置的值都代表该预测框预测到的某种类别的概率，可以设定一个阈值，小于阈值的全设为 0。
- 非极大值抑制：当得到的每个预测框对某些种类预测的置信度都比较高时，对于某一种类，将该种类所在位置的概率从高到低排，再对排序后的结果进行非极大值抑制。

2) 训练阶段

在训练阶段，每个网络会产生出两个预测框，将与真实框 IoU 较大的预测框拟合真实框,与真实框的 IoU 较小的预测框的置信度越低越好。

接着设计一个损失函数负责拟合真实框作为损失函数的最大组成,让另一个框的影响尽量小。损失函数主要由 3 大部分、5 小部分组成:坐标回归误差(主预测框中心点坐标误差＋主预测框宽高误差)＋置信度回归误差(主预测框置信度误差＋另一预测框置信度误差)＋类别预测误差(主预测框分类误差)。

2. YOLO V1 算法的优缺点

YOLO V1 算法的优点主要表现在:

(1) 单阶段模型,速度很快。

(2) 能获取全图信息,更好辨别前景和背景。

(3) 捕获全面信息,学习能力强。

对应地,也有相应的缺点,表现在:

(1) 输入图像分辨率低,准确率低,定位性能差。

(2) 每个网络只能预测一个物体。

(3) 所有网格只能预测 $7\times7=49$ 个物体,小目标和密集目标识别性能差。

3. YOLO 实现

下面利用 OpenCV 快速实现 YOLO 目标检测,COCO 数据集可从官方网站下载。

实现的代码为:

```python
# 载入所需库
import cv2
import numpy as np
import os
import time
def yolo_detect(pathIn = '',
                pathOut = None,
                label_path = 'coco.names',
                config_path = 'yolov3_coco.cfg',
                weights_path = 'yolov3_coco.weights',
                confidence_thre = 0.5,
                nms_thre = 0.3,
                jpg_quality = 80):
    '''
    pathIn: 原始图片的路径
    pathOut: 结果图片的路径
    label_path: 类别标签文件的路径
    config_path: 模型配置文件的路径
    weights_path: 模型权重文件的路径
    confidence_thre: 0 - 1,置信度(概率/打分)阈值,即保留概率大于这个值的边界框,默认为 0.5
    nms_thre: 非极大值抑制的阈值,默认为 0.3
    jpg_quality: 设定输出图片的质量,范围为 0 到 100,默认为 80,值越大质量越好
    '''
    # 加载类别标签文件
    LABELS = open(label_path).read().strip().split("\n")
    nclass = len(LABELS)
```

```python
# 为每个类别的边界框随机匹配相应颜色
np.random.seed(42)
COLORS = np.random.randint(0, 255, size=(nclass, 3), dtype='uint8')
# 载入图片并获取其维度
base_path = os.path.basename(pathIn)
img = cv2.imread(pathIn)
(H, W) = img.shape[:2]
# 加载模型配置和权重文件
print('从硬盘加载 YOLO......')
net = cv2.dnn.readNetFromDarknet(config_path, weights_path)
# 获取 YOLO 输出层的名字
ln = net.getLayerNames()
ln = [ln[i[0] - 1] for i in net.getUnconnectedOutLayers()]
# 将图片构建成一个 Blob,设置图片尺寸,然后执行一次
# YOLO 前馈网络计算,最终获取边界框和相应概率
blob = cv2.dnn.blobFromImage(img, 1 / 255.0, (416, 416), swapRB=True, crop=False)
net.setInput(blob)
start = time.time()
layerOutputs = net.forward(ln)
end = time.time()
# 显示预测所花费的时间
print('YOLO 模型花费 {:.2f} 秒来预测一张图片'.format(end - start))
# 初始化边界框、置信度(概率)以及类别
boxes = []
confidences = []
classIDs = []
# 迭代每个输出层,总共 3 个
for output in layerOutputs:
    # 迭代每个检测
    for detection in output:
        # 提取类别 ID 和置信度
        scores = detection[5:]
        classID = np.argmax(scores)
        confidence = scores[classID]
        # 只保留置信度大于某值的边界框
        if confidence > confidence_thre:
            # 将边界框的坐标还原至与原图片相匹配,记住 YOLO 返回的是
            # 边界框的中心坐标以及边界框的宽度和高度
            box = detection[0: 4] * np.array([W, H, W, H])
            (centerX, centerY, width, height) = box.astype("int")
            # 计算边界框的左上角位置
            x = int(centerX - (width/2))
            y = int(centerY - (height/2))
            # 更新边界框、置信度(概率)以及类别
            boxes.append([x, y, int(width), int(height)])
            confidences.append(float(confidence))
            classIDs.append(classID)
# 使用非极大值抑制方法抑制弱、重叠边界框
idxs = cv2.dnn.NMSBoxes(boxes, confidences, confidence_thre, nms_thre)
# 确保至少一个边界框
if len(idxs) > 0:
    # 迭代每个边界框
```

```
            for i in idxs.flatten():
                #提取边界框的坐标
                (x, y) = (boxes[i][0], boxes[i][1])
                (w, h) = (boxes[i][2], boxes[i][3])
                #绘制边界框以及在左上角添加类别标签和置信度
                color = [int(c) for c in COLORS[classIDs[i]]]
                cv2.rectangle(img, (x, y), (x + w, y + h), color, 2)
                text = '{}: {:.3f}'.format(LABELS[classIDs[i]], confidences[i])
                (text_w, text_h), baseline = cv2.getTextSize(text, cv2.FONT_HERSHEY_SIMPLEX, 0.5, 2)
                cv2.rectangle(img, (x, y - text_h - baseline), (x + text_w, y), color, -1)
                cv2.putText(img, text, (x, y - 5), cv2.FONT_HERSHEY_SIMPLEX, 0.5, (0, 0, 0), 2)
        #输出结果图片
        if pathOut is None:
            cv2.imwrite('with_box_' + base_path, img, [int(cv2.IMWRITE_JPEG_QUALITY), jpg_quality])
        else:
            cv2.imwrite(pathOut, img, [int(cv2.IMWRITE_JPEG_QUALITY), jpg_quality])
```

运行程序,检测效果如图 7-32 所示。

图 7-32　YOLO 检测效果

7.3.6　SSD 算法

SSD(Single Shot MultiBox Detector)算法和 YOLO 算法一样,都是采用一个 CNN 来进行检测,但是 SSD 算法却采用了多尺度的特征图,其基本架构如图 7-33 所示。

1. SSD 目标检测算法

SSD 核心设计理论主要有以下 3 点。

(1) 检测多尺度特征图。

多尺度特征图指采用大小不同的特征图,CNN 一般前面的特征图较大,后面逐渐采用 stride=2(步长)的卷积或池化来降低特征图大小。有一个较大的特征图和一个较小的特征图,它们都用作检测。其优势体现在:较大的特征图用来检测相对较小的目标,而小的特征图负责检测大目标,如图 7-34 所示,8×8 的特征图可划分更多的单元,但其每个单元的先验框尺度较小。

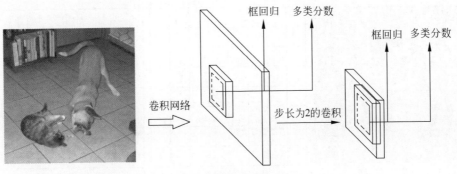

图 7-33 SSD 算法架构

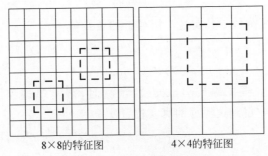

图 7-34 不同尺度的特征图

(2) 检测用卷积。

与 YOLO 算法最后采用全连接层不同,SSD 算法直接采用卷积对不同的特征图进行提取检测结果。只需要采用 $3\times3\times p$ 这样较小的卷积核对形状为 $m\times n\times p$ 的特征图检测可得到检测值。

(3) 先验框设置。

在 YOLO 算法中,每个单元预测多个边界框,但其都是相对单元本身,实质上它的形状是多变的,YOLO 算法需要在训练过程中自适应目标形状。SSD 算法借鉴了 Faster R-CNN 中 anchor 的理念,每个单元设置尺度或长宽比不同的先验框,预测的边界框是以这些先验框为基准的,在一定程度上减小了训练难度。一般情况下,每个单元都会设置多个先验框,其尺度和长宽比存在差异,如图 7-35 所示,可看到每个单元使用了 4 个不同的先验框,图片中猫和狗分别采用最适合它们形状的先验框进行训练。

SSD 检验值也与 YOLO 不相同。对于每个单元的每个先验框,它们都输出一套独立的检测值,对应一个边界框。SSD 检验值主要分为两部分,第一部分是各个类别的置信度或者评分(SSD 将背景也当作一个特殊的类别),如果检测目标共有 c 个类别,SSD 需要预测 $c+1$ 个置信度值,其中第一个置信度指的是不含目标或者属于背景的评分。后面有 c 个类别置信度值,已包含背景类别,即真实的检测类别只有 $c-1$ 个。在预测过程中,置信度最高的那个类别就是边界框所属的类别,特别地,当第一个置信度值最高时,表示边界框中并不包含目标。第二部分就是边界框的位置,包含 4 个值 (cx,cy,w,h),分别表示边界框的中心坐标以及宽和高。实质上真实预测值只是边界框相对于先验框的转换值,先验框位置用 $d=(d^{cx},d^{cy},d^{w},d^{h})$ 表示,对应边界框用 $b=(b^{cx},b^{cy},b^{w},$

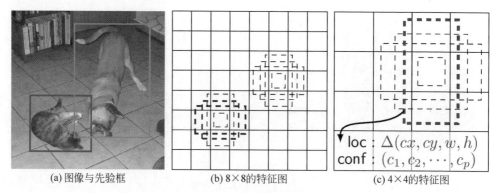

图 7-35 SSD 的先验框

b^h)表示,即边界框的预测值 l 其实是 b 相对 d 的转换值:

$$l^{cx}=(b^{cx}-d^{cx})/d^w, l^{cy}=(b^{cy}-d^{cy})/d^h$$

$$l^w=\log(b^w/d^w), l^h=\log(b^h/d^h)$$

称以上这个过程为边界框的编码(encode),预测时,需实现过程的反向,即进行解码(decode),从预测值 l 中得到边界框的真实位置 b:

$$b^{cx}=d^w l^{cx}+d^{cx}, b^{cy}=d^y l^{cy}+d^{cy}$$

$$b^w=d^w \exp(l^w), b^h=d^h \exp(l^h)$$

需要注意的是,SSD 的 Caffe 源码实现可设置 variance 超参数来调整检测值,通过 Bool 参数 variance_encoded_in_target 控制两种模式。当设为 True 时,表示 variance 被包含在预测值中。当设为 Fasle 时即需要手动设置超参数 variance,用来对 l 的 4 个值进行缩放,此时边界框需要这样解码:

$$b^{cx}=d^w(\text{variance}[0]\times l^{cx})+d^{cx}, b^{cy}=d^y(\text{variance}[1]\times l^{cy})+d^{cy}$$

$$b^w=d^w \exp(\text{variance}[2]\times l^w), b^h=d^h \exp(\text{variance}[3]\times l^h)$$

综上所述,对于一个大小为 $m\times n$ 的特征图,共有 mn 个单元,每个单元设置的先验框数记为 k,即每个单元共需要 $(c+4)\times k$ 个预测值,所有的单元共需要 $(c+4)\times kmn$ 个预测值,由于 SSD 检测采用卷积,因此需要 $(c+4)\times k$ 个卷积核完成这个特征图的检测工作。

2. SSD 算法实现

SSD 算法采用 VGG16 作为基础模型,在 VGG16 的基础上新增了卷积层获取更多的特征图用于检测。图 7-36 为 SSD 算法的网络结构,图 7-37 中上层是 SSD 模型,下层是 YOLO 模型,由图 7-37 可看出,SSD 利用了多尺度的特征图做检测。输入的输入图片是 300×300。

1) 类别预测层

设目标类别的数量为 q,即锚框有 $q+1$ 个类别,其中 0 类为背景。在某尺度下,设特征图的高和宽分别为 h 和 w,如果以其中每个单元为中心生成 a 个锚框,那需要对 hwa 个锚框进行分类。

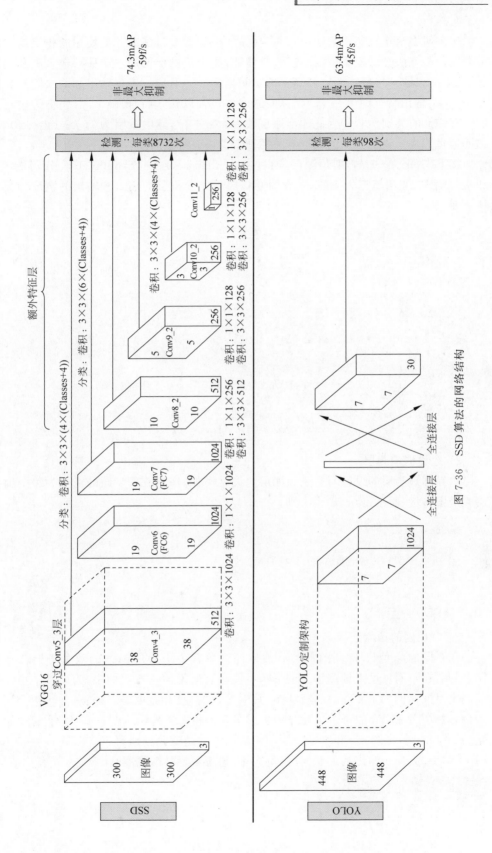

图 7-36 SSD 算法的网络结构

如果使用全连接层作为输出,则容易导致模型参数过多。此处使用卷积层的通道输出类别预测方法降低模型的复杂度。具体地,类别预测层使用一个保持输入高和宽的卷积层,输出和输入与特征图宽和高上的空间坐标一一对应。考虑输出和输入同一空间坐标$(x、y)$:输出特征图上(x,y)坐标的通道中包含以输入特征图(x,y)坐标为中心生成的所有锚框的类别预测。因此输出通道数为$a(q+1)$,其中索引为$i(q+1)=j(0 \leqslant j \leqslant q)$的通道代表了索引为$i$的锚框有关类别索引为$j$的预测。

接下来,定义一个类别预测层,通过参数 num_anchors 与 num_class 分别指定了 a 和 q。该图层使用填充为 1 的 3×3 的卷积层。此卷积层的输入和输出的宽度和高度保持不变。

```
% matplotlib inline
import torch
import torchvision
from torch import nn
from torch.nn import functional as F
from d2l import torch as d2l

def cls_predictor(num_inputs, num_anchors, num_classes):
    """
    输入:输入通道数、锚框的数量、类别数量
    输出:输出通道数 = 锚框的数量 × 每个锚框所需要识别的类别
    """
    return nn.Conv2d(num_inputs, num_anchors * (num_classes + 1), #1是背景类
                     kernel_size = 3, padding = 1)
```

2)边界框预测层

边界框预测层的设计与类别预测层的设计类似,区别在于:此处需要为每个锚框预测 4 个偏移量,而不是 $q+1$ 个类别。

```
def bbox_predictor(num_inputs, num_anchors):
    """
    边界框:输出通道数 = 锚框数量 × 4
    此处 4 指的是每个锚框由 4 个参数确定
    """
    return nn.Conv2d(num_inputs, num_anchors * 4, kernel_size = 3, padding = 1)
```

3)多尺度的预测连接

在不同的尺度下,特征图的形状或以同一单元为中心的锚框的数量可能会有所不同,因此,在不同尺度下预测输出的形状可能会有所不同。在实例中,为同一个小批量构建两个不同比例(Y1 和 Y2)的特征图,其中 Y2 的高度和宽度是 Y1 的一半。以类别预测为例,假设 Y1 和 Y2 的每个单元分别生成了 5 个和 3 个锚框。进一步假设目标类别的数量为 10,对于特征图 Y1 和 Y2,类别预测输出中的通道数分别为 $5×(10+1)=55$ 和 $3×(10+1)=33$,任一输出的形状为(批量大小,通道数,高度,宽度)。

```
def forward(x, block):
    """
```

```
        X: feature map;
        block: 神经层,从 feature map 中提取特征
    """
    return block(x)

Y1 = forward(torch.zeros((2, 8, 20, 20)), cls_predictor(8, 5, 10))
Y2 = forward(torch.zeros((2, 16, 10, 10)), cls_predictor(16, 3, 10))
Y1.shape, Y2.shape

(torch.Size([2, 55, 20, 20]), torch.Size([2, 33, 10, 10]))   # 输出
```

由输出结果可看到,除了批量大小这一维度外,其他 3 个维度都具有不同的尺寸。为了将这两个预测输出链接起来以提高计算效率,将把这些张量转换为更一致的格式。通道维包含中心相同的锚框的预测结果。因为不同尺度下批量大小仍保持不变,所以先将通道维移到最后一维。可以将预测结果转换为二维的(批量大小,高×宽×通道数)的格式,方便在维度 1 上的连接。

```
def flatten_pred(pred):
    """将通道数放到最后,然后将后 3 个维度的数据展开"""
    return torch.flatten(pred.permute(0, 2, 3, 1), start_dim = 1)

def concat_preds(preds):
    return torch.cat([flatten_pred(p) for p in preds], dim = 1)

concat_preds([Y1, Y2]).shape
torch.Size([2, 25300])           # 输出
```

4) 高和宽减半块

下面定义高和宽减半块 down_sample_blk 模块,该模块将输入特征图的高度和宽度减半,具体来说,每个高和宽减半块由两个填充为 1 的 3×3 的卷积层,以及步长为 2 的 2×2 最大池化层组成。填充为 1 的 3×3 卷积层不改变特征图的形状,但 2×2 的最大池化层将输入特征图的高度和宽度减少了一半。

对于高和宽减半块的输入和输出特征图,因为 1×2+(3−1)+(3−1)=6,所以,输出的每个单元在输入上都有一个 6×6 的感受野。因此,高和宽减半块会扩大每个单元在其输出特征图中的感受野。

```
def down_sample_blk(in_channels, out_channels):
    blk = []
    for _ in range(2):
        blk.append(
            nn.Conv2d(in_channels, out_channels, kernel_size = 3, padding = 1))
        blk.append(nn.BatchNorm2d(out_channels))
        blk.append(nn.ReLU())
        in_channels = out_channels
    blk.append(nn.MaxPool2d(2))
    return nn.Sequential( * blk)
```

```
test_block = down_sample_blk(3,10)
test_block.modules

<bound method Module.modules of Sequential(
  (0): Conv2d(3, 10, kernel_size = (3, 3), stride = (1, 1), padding = (1, 1))
  (1): BatchNorm2d(10, eps = 1e - 05, momentum = 0.1, affine = True, track_running_stats = True)
  (2): ReLU()
  (3): Conv2d(10, 10, kernel_size = (3, 3), stride = (1, 1), padding = (1, 1))
  (4): BatchNorm2d(10, eps = 1e - 05, momentum = 0.1, affine = True, track_running_stats = True)
  (5): ReLU()
  (6): MaxPool2d(kernel_size = 2, stride = 2, padding = 0, dilation = 1, ceil_mode = False)
)>
```

构建的高和宽减半块会更改输入通道的数量,并将输入特征图的高度和宽度减半。

```
forward(torch.zeros((2, 3, 20, 20)), down_sample_blk(3, 10)).shape
torch.Size([2, 10, 10, 10]) #输出
```

5)基本网络块

基本网络块用于从输入图像中抽取特征,先构造一个小的基础网络,网络串联3个高和宽减半块,并逐步将通道数翻倍。给定输入图像的形状为 256×256,此基本网络块输出的特征图形为 $32 \times 32(256/2^3 = 32)$。

```
def base_net():
    """3个高和宽减半"""
    blk = []
    num_filters = [3, 16, 32, 64]
    for i in range(len(num_filters) - 1):
        blk.append(down_sample_blk(num_filters[i], num_filters[i + 1]))
    return nn.Sequential( * blk)

forward(torch.zeros((2, 3, 256, 256)), base_net()).shape
```

6)完整的模型

完整的单发多框检测模型由5个模块组成。每模块生成的特征图既用于生成锚框,又用于预测这些锚框的类别与偏移量。在这5个模块中,第1个是基本网络块,第2~4个是高和宽减半块,最后一个模块使用全局最大池将高度和宽度都设为1。实质上,第2~5个模块都是多尺度特征块。

```
def get_blk(i):
    if i == 0:
        blk = base_net()
    elif i == 1:
        blk = down_sample_blk(64, 128)
    elif i == 4:
        blk = nn.AdaptiveMaxPool2d((1, 1))
```

```
    else:
        blk = down_sample_blk(128, 128)
return blk
```

为每个模块定义前向(forward)计算,与图像分类任务不同,此处输出包括:
(1) CNN 特征图 Y。
(2) 在当前尺度下根据 Y 生成的锚框。
(3) 预测的锚框的类别和偏移量(基于 Y)。

```
def blk_forward(X, blk, size, ratio, cls_predictor, bbox_predictor):
    Y = blk(X)
    anchors = d2l.multibox_prior(Y, sizes=size, ratios=ratio)
    #根据当前的特征图生成对应的 anchors
    cls_preds = cls_predictor(Y)                # anchors 的类别
    bbox_preds = bbox_predictor(Y)              # anchors 的偏移量
    return (Y, anchors, cls_preds, bbox_preds)
```

在 SSD 中,一个较接近顶部的多尺度特征块是用于检测较大目标的,因此需要生成更大的锚框。在上面的前向计算中,在每个多尺度特征块上,通过调用 multibox_prior 函数的 sizes 参数传递两个比例值的列表。在下面,0.2 和 1.05 间的区间被均匀分成 5 部分,以确定 5 个模块在不同尺度下的较小值:0.2、0.37、0.54、0.71 和 0.88。之后,较大的值由 $\sqrt{0.2 \times 0.37} = 0.272$、$\sqrt{0.37 \times 0.54} = 0.447$ 等给出。

```
sizes = [[0.2, 0.272],         #最下面的那一个层
         [0.37, 0.447],
         [0.54, 0.619],
         [0.71, 0.79],
         [0.88, 0.961]]   #越到后面看到的区域越小,size 应该更大才能覆盖得比较好
ratios = [[1, 2, 0.5]] * 5
num_anchors = len(sizes[0]) + len(ratios[0]) - 1
```

完整的模型代码为:

```
#完整模型
class TinySSD(nn.Module):
    def __init__(self, num_classes, **kwargs):
        super(TinySSD, self).__init__(**kwargs)
        self.num_classes = num_classes
        idx_to_in_channels = [64, 128, 128, 128, 128]
        for i in range(5):
            #即赋值语句'self.blk_i = get_blk(i)'
            setattr(self, f'blk_{i}', get_blk(i))
            setattr(
                self, f'cls_{i}',
                    cls_predictor(idx_to_in_channels[i], num_anchors,
                                  num_classes))
            setattr(self, f'bbox_{i}',
```

```
                    bbox_predictor(idx_to_in_channels[i], num_anchors))
def forward(self, X):
    anchors, cls_preds, bbox_preds = [None] * 5, [None] * 5, [None] * 5
    for i in range(5):
        # getattr(self, 'blk_%d' % i)即访问self.blk_i
        X, anchors[i], cls_preds[i], bbox_preds[i] = blk_forward(
            X, getattr(self, f'blk_{i}'), sizes[i], ratios[i],
            getattr(self, f'cls_{i}'), getattr(self, f'bbox_{i}'))
    anchors = torch.cat(anchors, dim=1)
    cls_preds = concat_preds(cls_preds)
    cls_preds = cls_preds.reshape(cls_preds.shape[0], -1,
                                  self.num_classes + 1)
    bbox_preds = concat_preds(bbox_preds)
    return anchors, cls_preds, bbox_preds
```

运行程序,输出一张 256×256 像素的图,网络中:

(1) 第一个为基本网络模块,输出特征图的形状为 32×32。

(2) 第 2~4 个模块都是高和宽减半块。

(3) 第 5 个模块是全局池化层。

输出的特征图的每个单元由 4 个锚框生成,在 5 个尺度下,每个图像都可以生成 $(32^2 + 16^2 + 8^2 + 4^2 + 1) \times 4 = 5444$ 个锚框。其中 4 是指锚框数量 = len(size) + len(ratio) - 1 = 4。

```
#模型实例
net = TinySSD(num_classes=1)
X = torch.zeros((32, 3, 256, 256))
anchors, cls_preds, bbox_preds = net(X)

print('输出锚点: ', anchors.shape)
print('输出类预测值: ', cls_preds.shape)
print('输出边界框预测值: ', bbox_preds.shape)
```

运行程序,输出如下:

```
输出锚点: torch.Size([1, 5444, 4])
输出类预测值: torch.Size([32, 5444, 2])
输出边界框预测值: torch.Size([32, 21776])
```

7)模型训练

```
batch_size = 32
train_iter, _ = d2l.load_data_bananas(batch_size)
device, net = d2l.try_gpu(), TinySSD(num_classes=1)
trainer = torch.optim.SGD(net.parameters(), lr=0.2, weight_decay=5e-4)

Downloading ../data\banana-detection.zip from http://d2l-data.s3-accelerate
.amazonaws.com/banana-detection.zip...
read 1000 training examples
read 100 validation examples
```

模型训练可以从定义损失函数和评价函数进行。

(1) 定义损失函数和评价函数。

目标检测有两种类型的损失：第一种是有关锚框类别的损失，可以简单地重用前面图像分类问题中一直使用的交叉熵损失函数来计算；第二种是有关正类锚框偏移量的损失，预测偏移量是一个回归问题。

对于这个回归问题，此处不使用平方损失，而是使用 L_1 范数损失，即预测值和真实值之差的绝对值。掩码变量 bbox_masks 令负类锚框和填充锚框不参与损失的计算。最后，将锚框类别和偏移量的损失相加，以获得模型的最终损失函数。

```
cls_loss = nn.CrossEntropyLoss(reduction = 'none')
bbox_loss = nn.L1Loss(reduction = 'none')

def calc_loss(cls_preds, cls_labels, bbox_preds, bbox_labels, bbox_masks):
    batch_size, num_classes = cls_preds.shape[0], cls_preds.shape[2]
    cls = cls_loss(cls_preds.reshape( - 1, num_classes),
                   cls_labels.reshape( - 1)).reshape(batch_size, - 1).mean(dim = 1)
    bbox = bbox_loss(bbox_preds * bbox_masks,
                     bbox_labels * bbox_masks).mean(dim = 1)
    return cls + bbox
```

可以沿用准确率评分分类结果。由于偏移量使用了 L_1 范数损失，使用平均绝对误差来评价边界框的预测结果。这些预测结果是从生成的锚框及其预测偏移量中获得的。

```
def cls_eval(cls_preds, cls_labels):
    # 由于类别预测结果放在最后一维,'argmax'需要指定最后一维
    return float(
        (cls_preds.argmax(dim = - 1).type(cls_labels.dtype) == cls_labels).sum())

def bbox_eval(bbox_preds, bbox_labels, bbox_masks):
    return float((torch.abs((bbox_labels - bbox_preds) * bbox_masks)).sum())
```

(2) 训练模型。

在训练模型时，需要在模型的前向计算过程中生成多尺度锚框，并预测其类别(cls_preds)和偏移量(bbox_preds)。然后，根据标签信息 Y 为生成的锚框标记类别(cls_labels)和偏移量(bbox_labels)。最后，根据类别和偏移量的预测与标注值计算损失函数。为了代码简洁，这里没有评价测试数据集。

```
num_epochs, timer = 20, d2l.Timer()
animator = d2l.Animator(xlabel = 'epoch', xlim = [1, num_epochs],
                        legend = ['class error', 'bbox mae'])
net = net.to(device)
for epoch in range(num_epochs):
    # 训练精确度的和,训练精确度的和中的示例数
    # 绝对误差的和,绝对误差的和中的示例数
    metric = d2l.Accumulator(4)
    net.train()
    for features, target in train_iter:
```

```
            timer.start()
            trainer.zero_grad()
            X, Y = features.to(device), target.to(device)
            #生成多尺度的锚框，为每个锚框预测类别和偏移量，如图 7-37 所示
            anchors, cls_preds, bbox_preds = net(X)
            #为每个锚框标注类别和偏移量
            bbox_labels, bbox_masks, cls_labels = d2l.multibox_target(anchors, Y)
            #根据类别和偏移量的预测和标注值计算损失函数
            l = calc_loss(cls_preds, cls_labels, bbox_preds, bbox_labels,
                          bbox_masks)
            l.mean().backward()
            trainer.step()
            metric.add(cls_eval(cls_preds, cls_labels), cls_labels.numel(),
                       bbox_eval(bbox_preds, bbox_labels, bbox_masks),
                       bbox_labels.numel())
        cls_err, bbox_mae = 1 - metric[0] / metric[1], metric[2] / metric[3]
        animator.add(epoch + 1, (cls_err, bbox_mae))
print(f'class err {cls_err: .2e}, bbox mae {bbox_mae: .2e}')
print(f'{len(train_iter.dataset) / timer.stop(): .1f} examples/sec on '
      f'{str(device)}')
class err 3.31e - 03, bbox mae 3.09e - 03
924.1 examples/sec on cpu
```

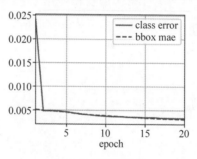

图 7-37　损失曲线

8）预测目标

在预测阶段，希望能把图像中所有感兴趣的目标检测出来。在下面代码中，读取并调整测试图像的大小，然后将其转换为卷积层需要的四维格式。

```
X = torchvision.io.read_image('banana.jpg').unsqueeze(0).float()
img = X.squeeeze(0).prmute(1, 2, 0).long()
```

使用下面的 multibox_detection 函数，可以根据锚框及其预测偏移量得到预测边界框。然后，通过非极大值抑制来移除相似的预测边界框。

```
def predict(X):
    net.eval()
    anchors, cls_preds, bbox_preds = net(X.to(device))
    cls_probs = F.softmax(cls_preds, dim = 2).permute(0, 2, 1)
    output = d2l.multibox_detection(cls_probs, bbox_preds, anchors)
```

```
        idx = [i for i, row in enumerate(output[0]) if row[0] != -1]
        return output[0, idx]

output = predict(X)
```

最后，筛选所有置信度不低于0.9的边界框，作为最终输出。

```
def predict(X):
    net.eval()
    anchors, cls_preds, bbox_preds = net(X.to(device))
    cls_probs = F.softmax(cls_preds, dim=2).permute(0, 2, 1)
    output = d2l.multibox_detection(cls_probs, bbox_preds, anchors)
    idx = [i for i, row in enumerate(output[0]) if row[0] != -1]
    return output[0, idx]

output = predict(X)
```

得到的图片效果如图7-38所示。

图7-38　置信度不低于0.9的边界框

第8章 生成式深度学习分析与应用

人工智能模拟人类思维过程的可能性,并不局限于被动性任务和大多数的反应性任务,它还包括创造性活动。但实质上,人工智能不会替代人们自己的智能,而是会为人们的生活和工作带来更多的智能,即另一种类型的智能。在许多领域,特别是创新领域中,人类将会使用人工智能作为增强自身能力的工具,实现比人工智能更加强大的智能。

本章将从各个角度探索深度学习在增强艺术创作方面的可能性。

8.1 使用LSTM生成文本

本节将会探讨如何将LSTM(Long Short-Term Memory,长短期记忆)循环神经网络用于生成序列数据,将以文本生成为例,同样的技术也可推广到任何类型的序列数据。

LSTM是一种时间递归神经网络,适合于处理和预测时间序列中间隔和延迟相对较长的重要事件。

8.1.1 如何生成序列数据

学习生成序列数据的常用方法,即使用前面的标记作为输入,训练一个网络(通常是循环神经网络或卷积神经网络)进行预测序列中接下来的一个或多个标记。给定一个单词或字符能够对下一个单词或字符的概率进行建模的任何网络都称为语言模型(language model)。

训练好这样一个语言模型后可以从中采样(sample),生成新序列。向模型中输入一个初始文本字符串(即条件数据,conditioning data),要求模型生成下一个字符或下一个单词(可以同时生成多个标记),然后将生成的输出添加到输入数据中,并多次重复这一过程(这个循环可以生成任意长度的序列),如图8-1所示。

8.1.2 采样策略

使用字符级的神经语言模型生成文本时,最重要的问题是如何选择下一个字符。常

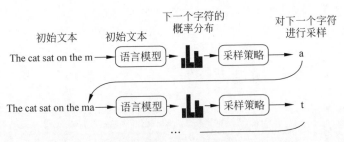

图 8-1 使用语言模型逐个字符生成文本的过程

用的几种方法有：

（1）贪婪采样（greedy sampling）：始终选择可能性最大的下一个字符。这个方法很可能得到重复的、可预测的字符串，而且可能意思不连贯。

（2）纯随机采样：从均匀概率分布中抽取下一个字符，其中每个字符的概率相同。这样随机性太高，几乎不会生成出有趣的内容。

（3）随机采样（stochastic sampling）：根据语言模型的结果，如果下一个字符是 e 的概率为 0.3，那么会有 30% 的概率选择它。有一点的随机性，让生成的内容更随意富有变化，但又不是完全随机，输出可以比较有意思。

随机采样看上去很好，很有创造性，但有个问题是无法控制随机性的大小。随机性越大，可能越富有创造性，但可能胡乱输出；随机性越小，可能越接近真实词句，但太死板、可预测。

为了在采样过程控制随机性的大小，引入一个叫作 softmax 温度（softmax temperature）的参数，用于表示采样概率分布的熵，即表示所选择的下一个字符会有多出人意料或多可预测。给定一个 temperature 值，将按照下列方法对原始概率分布（即模型的 softmax 输出）进行重新加权，计算得到一个新的概率分布。

【例 8-1】 LSTM 实现文本生成。

LSTM_text.txt 为下面的一段英文：

The United States continues to lead the world with more than 4 million cases of COVID-19, the disease caused by the virus. Johns Hopkins reports that Brazil is second, with more than 2 million cases, followed by India with more than 1 million.（重复 90 行）

实现的 Python 代码为：

```
# 加载数据
data = open("LSTM_text.txt").read()
# 移除换行
data = data.replace("\n","").replace("\r","")
print(data)

# 分出字符
letters = list(set(data))
print(letters)
num_letters = len(letters)
print(num_letters)            # 效果如图 8-2 所示
```

['p', 'H', 'y', 'S', 'C', 'I', 'U', 'o', 'T', 'r', '-', 'i', '2', 'b', '.', 'B', ' ', 't', 'n', 'e', 'D', 'V', 'O', 'J', 'v', 'k', 'f', 'l', 'z', 'h', '4', 's', 'm', 'u', 'a', 'w', '1', 'c', 'd', '9', ',']
41

图 8-2 输出各字符

LSTM 要建立字符-编号字典，代码为：

```python
#建立字典
int_to_char = {a: b for a,b in enumerate(letters)}
print(int_to_char)
char_to_int = {b: a for a,b in enumerate(letters)}
print(char_to_int)              #效果如图 8-3 所示
#设置步长
time_step = 20
#批量字符数据预处理
import numpy as np
from keras.utils import to_categorical
#滑动窗口提取数据
def extract_data(data,slide):
    x = []
    y = []
    for i in range(len(data) - slide):
        x.append([a for a in data[i: i + slide]])
        y.append(data[i + slide])
    return x,y
#字符到数字的批量转换
def char_to_int_Data(x,y,char_to_int):
    x_to_int = []
    y_to_int = []
    for i in range(len(x)):
        x_to_int.append([char_to_int[char] for char in x[i]])
        y_to_int.append([char_to_int[char] for char in y[i]])
    return x_to_int,y_to_int

#实现输入字符文章的批量处理,输入整个字符,滑动窗口大小,转换为字典
def data_preprocessing(data,slide,num_letters,char_to_int):
    char_data = extract_data(data,slide)
    int_data = char_to_int_Data(char_data[0],char_data[1],char_to_int)
    Input = int_data[0]
    Output = list(np.array(int_data[1]).flatten())
    Input_RESHAPED = np.array(Input).reshape(len(Input),slide)
    new = np.random.randint(0,10,size=[Input_RESHAPED.shape[0],Input_RESHAPED.shape[1],num_letters])
    for i in range(Input_RESHAPED.shape[0]):
        for j in range(Input_RESHAPED.shape[1]):
            new[i,j,:] = to_categorical(Input_RESHAPED[i,j],num_classes=num_letters)
    return new,Output

#提取 X 和 y
X,y = data_preprocessing(data,time_step,num_letters,char_to_int)
print(X.shape)                  #效果如图 8-4 所示
```

```
print(len(y))
from sklearn.model_selection import train_test_split
X_train,X_test,y_train,y_test = train_test_split(X,y,test_size = 0.1,random_state = 10)
print(X_train.shape,X_test.shape,X.shape)      #效果如图 8-5 所示
y_train_category = to_categorical(y_train,num_letters)
print(y_train_category)                         #效果如图 8-6 所示
```

{0: 'p', 1: 'H', 2: 'y', 3: 'S', 4: 'C', 5: 'I', 6: 'U', 7: 'o', 8: 'T', 9: 'r', 10: '-', 11: 'i', 12: '2', 13: 'b', 14: '.', 15: 'B', 16: ' ', 17: 't', 18: 'n', 19: 'e', 20: 'D', 21: 'V', 22: 'O', 23: 'J', 24: 'v', 25: 'k', 26: 'f', 27: 'l', 28: 'z', 29: 'h', 30: '4', 31: 's', 32: 'm', 33: 'u', 34: 'a', 35: 'w', 36: '1', 37: 'c', 38: 'd', 39: '9', 40: ','}
{'p': 0, 'H': 1, 'y': 2, 'S': 3, 'C': 4, 'I': 5, 'U': 6, 'o': 7, 'T': 8, 'r': 9, '-': 10, 'i': 11, '2': 12, 'b': 13, '.': 14, 'B': 15, ' ': 16, 't': 17, 'n': 18, 'e': 19, 'D': 20, 'V': 21, 'O': 22, 'J': 23, 'v': 24, 'k': 25, 'f': 26, 'l': 27, 'z': 28, 'h': 29, '4': 30, 's': 31, 'm': 32, 'u': 33, 'a': 34, 'w': 35, '1': 36, 'c': 37, 'd': 38, '9': 39, ',': 40}

图 8-3　建立的字典

(21850, 20, 41)
21850

图 8-4　提取 X 和 y 效果

(21648,20,41) (2332,20,41) (21850,20,41)

图 8-5　显示训练、测试以及 X 数据集

```
[[1. 0. 0. … 0. 0. 0.]
 [0. 0. 0. … 0. 0. 0.]
 [0. 0. 0. … 0. 0. 0.]
 …
 [0. 0. 0. … 0. 0. 0.]
 [0. 0. 0. … 0. 1. 0.]
 [0. 0. 0. … 0. 0. 0.]]
```

图 8-6　显示训练集

(1) 模型。

模型的实现代码为：

```
from keras.models import Sequential
from keras.layers import Dense,LSTM

model = Sequential()
model.add(LSTM(units = 20,input_shape = (X_train.shape[1],X_train.shape[2]),activation = "ReLU"))

#输出层
model.add(Dense(units = num_letters,activation = "softmax"))
model.compile(optimizer = "adam",loss = "categorical_crossentropy",metrics = ["accuracy"])
model.summary()
#训练模型,效果如图 8-7 所示
model.fit(X_train,y_train_category,batch_size = 1000,epochs = 50)
#预测
y_train_predict = model.predict_classes(X_train)
#转换为文本
y_train_predict_char = [int_to_char[i] for i in y_train_predict]
print(y_train_predict_char) #效果如图 8-8 所示
#训练集准确度
from sklearn.metrics import accuracy_score
accuracy = accuracy_score(y_train,y_train_predict)
```

```
print(accuracy)
#测试集准确度
y_test_predict = model.predict_classes(X_test)
accuracy_test = accuracy_score(y_test,y_test_predict)
print(accuracy_test)
y_test_predict_char = [int_to_char[i] for i in y_test_predict]
```

```
Epoch 48/50
20977/20977 [==============================] - 3s 125us/step - loss: 0.0102 - accuracy: 1.00
Epoch 49/50
20977/20977 [==============================] - 3s 123us/step - loss: 0.0092 - accuracy: 1.00
Epoch 50/50
20977/20977 [==============================] - 2s 115us/step - loss: 0.0085 - accuracy: 1.00
```

图 8-7 训练过程

```
['.', ' ', ' ', ' ', 'o', 'l', 's', 'i', 'S', 'o', 'D', 'O', 't', ' ', 't', '2', 'l', 'd', 'e', 'U', 'u', 'l', 'n', 'e', 'n', 'S', 's',
'a', 'm', '.', 'o', 'e', 't', 'a', 'e', 'd', 's', 'n', 'e', 'd', ' ', ' ', 'a', 'e', 'm', 't', 'I', 'r', 'i', 'h', 'r', 'a', 'm', 'u',
'p', 'e', 'c', 's', 's', '-', 'e', 'w', 'i', 'b', 'r', 'e', 't', 'e', 'V', 'h', 't', 'e', 't', 'h', 'T', 'o', ' ', 'f', 'o', 'a', 'v',
'i', 'a', ' ', 's', 'm', 'a', ' ', 'l', 'a', 'o', 'i', 'e', ' ', 's', 'n', 'i', 'y', 'e', '.', 's', 't', ' ', 'c', 's', 's', 'e', 'l',
'i', 't', 'l', 't', ' ', 'z', 't', 'h', 'i', 'w', 'y', 's', '2', 's', 'o', ' ', 's', 'r', ' ', 'd', 'd', 'o', 'm', 'l', 's', 'w', 'l', '
', 'n', 'd', 'h', 'e', 'o', 's', ',', ' ', 'm', ' ', 't', 'l', 'e', 'w', ' ', 'h', 'r', 'e', ',', 'B', 'i', 'c', 'e', 'l', 'T', '-', 'l',
'n', 'o', 'i', 'k', 'a', ' ', 'u', 'a', 'i', 'd', 'n', 'a', 'e', 'n', 's', ' ', 'o', 'h', 'H', 'i', 'i', 's', 'i', 'e', '-', ' ', 'e', '
', ',', 'a', 's', ' ', 'd', ' ', 'e', 'a', 'i', ' ', 'e', 'f', 'd', 'd', ',', 'c', 't', 'p', 'i', ' ', 'f', 'a', 'n', 'm', ' ', 'a', 'r',
'i', 't', 'r', ' ', 't', 'h', 'e', 'I', 'l', ' ', 'T', 'i', 'O', 'o', 'n', 'e', ' ', 'r', 'c', 'l', 'h', '.', 's', 'J', 't', 'i', 'r',
'e', 's', 'i', ' ', 'o', 'a', 'h', 'e', 't', 'c', 'n', 's', 'e', ' ', 'h', ' ', ' ', 'y', ' ', 'c', 'i', '.', 'a', 'i', 'b', ' ', 'p',
'd', 't', 'h', 'i', ' ', 't', ' ', 'p', 'l', 'l', 'h', 'o', 'r', 'w', ' ', 'r', ' ', 'y', ' ', 'o', ' ', 'm', 'i', 'l', 'a', 'U', 'e', '
```

图 8-8 转换为文本效果

进行多次训练,得到两个准确度都是 1。

(2) 预测文本。

下面代码实现预测文本:

```
new_letters = 'The United States continues to lead the world with more than '
X_new,y_new = data_preprocessing(new_letters,time_step,num_letters,char_to_int)
y_new_predict = model.predict_classes(X_new)
print(y_new_predict)
#转换为字符
y_new_predict_char = [int_to_char[i] for i in y_new_predict]
print(y_new_predict_char)

for i in range(0,X_new.shape[0] - 20):
    print(new_letters[i: i + 20],'-- predict next letter is -- ',y_new_predict_char[i])
#效果如图 8-9 所示
```

```
The United States co --predict next letter is -- n
he United States con --predict next letter is -- t
e United States cont --predict next letter is -- i
 United States conti --predict next letter is -- n
United States contin --predict next letter is -- u
nited States continu --predict next letter is -- e
ited States continue --predict next letter is -- s
ted States continues --predict next letter is --
ed States continues  --predict next letter is -- t
d States continues t --predict next letter is -- o
 States continues to --predict next letter is --
States continues to  --predict next letter is -- l
tates continues to l --predict next letter is -- e
ates continues to le --predict next letter is -- a
tes continues to lea --predict next letter is -- d
```

图 8-9 预测效果

由结果可看出,预测是成功的。

8.2 DeepDream 算法

DeepDream 是一种艺术性的图像修改技术,它应用到了卷积神经网络学到的表示。DeepDream 是 Google 开源用来分类和整理图像的 AI 程序,它除了可帮助深入了解深度学习的工作原理外,还能生成一些奇特、颇具艺术感的图像,如图 8-10 所示。

图 8-10 DeepDream 输出图像

如果把树看成建筑,把植物看成鸟,恐怕只能去发挥想象力了。这种机器识别出人眼不能识别的图案的情况,让人们再一次开始思考机器视觉和人类视觉的不同。

8.2.1 DeepDream 算法原理

DeepDream 算法是反向支持一个卷积神经网络,对卷积神经网络的输入做梯度上升,以便将卷积神经网络靠顶部的某一层的某个过滤激活最大化。DeepDream 算法使用了相同的想法,但有以下几点区别。

(1) 使用 DeepDream 算法,尝试将所有层的激活最大化,而不是将某一层的激活最大化,因此需要同时将大量特征的可视化混合在一起。

(2) DeepDream 算法不是从空白的、略微带有噪声的输入开始,而是从现有的图像开始,因此所产生的效果能够抓住已经存在的视觉模式,并以某种艺术性的方式将图像元素扭曲。

(3) DeepDream 算法中输入图像是在不同的尺度(叫作八度(octave))上进行处理的,这可以提高可视化的质量。

8.2.2 DeepDream 算法流程

DeepDream 算法使用基本图像,它输入到预训练的卷积神经网络,并正向传播到特定层。为了更好地理解该层学到了什么,需要最大化通过该层的激活值。什么是激活值? 激活值表示属于某类的概率大小,例如二分类问题中,用[0,1]表示两类的标签,规定当神经网络的输出大于0就被分类到1(100%被激活),小于0就被分类到0(没有被激活),所以在此情况下激活值只有100%或者0,但在平常的多分类任务中,希望它可以是0~100%的任意值。激活值越大,激活程度越高,对于分类,这意味着它属于这一类的概率越大。DeepDream算法以该层输出为梯度,然后在输入图像上完成激变上升,以最大化该层的激活值。不过,单这样做并不能产生好的图像。为了提高训练质量,需要使用一些技术使得到的图像更好。通常可以进行高斯模糊以使图像更平滑,使用多尺度的图像进行计算。先连续输入图像,再逐步放大,并将结果合并为一个图像输出。

如图8-11所示,先对图像连续做二次等比例缩小,该比例是1.5,缩小图像的目的是让图像的像素点调整后所得结果图像能显示得更加平滑,该过程主要是抑制图像的高频成分,放大低频成分。二次缩小后,把图像每个像素点当作参数,对它们求偏导,这样就可以知道如何调整图像像素点能够对给定网络层的输出产生最大化的刺激。

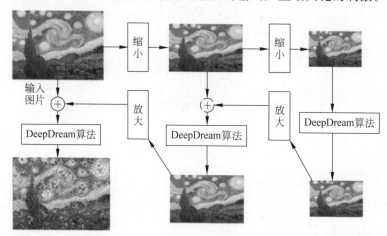

图8-11 DeepDream算法流程

8.2.3 DeepDream算法实现

本节实现是取VGG19模型为预训练模型,将获取的特征最大化之后展示在一张普通的图像上,本次使用的是梵·高的星空图。为了使训练更加有效,还对图像进行不同大小的缩放处理。

(1)下载预训练模型。VGG19模型包括了3个不同的模块:第一个是特征提取(features)模块,一共有36层;第二个是平均池化层(avgpool)模块,只有一层;第三个是分类层(classifier)模块,一共有6层。

```
vgg = models.vgg19(pretrained = True).to(device)
modulelist = list(vgg.features.modules())
```

(2)函数prod的功能是传入输入图像,正向传播到VGG19的指定层(第8层或第32层),然后用梯度上升法更新输入图像的特征值。

```
def prod(image, feature_layers, iterations, lr, transform, device, vgg, modulelist):
    input = transform(image).unsqueeze(0)
    input = input.to(device).requires_grad_(True)
    vgg.zero_grad()
    for i in range(iterations):
        out = input
        for j in range(feature_layers):
            out = modulelist[j + 1](out)
        loss = out.norm()
        loss.backward()

        with torch.no_grad():
            input += lr * input.grad

    input = input.squeeze()
    input = input.permute(1, 2, 0)
    input = np.clip(deprocess(input, device).detach().cpu().numpy(), 0, 1)
    image = Image.fromarray(np.uint8(input * 255))
    return image
```

（3）函数 deep_dream_vgg 是一个递归函数，多次缩小图像，然后调用函数 prod。接着放大结果，并按一定比例将图像混合在一起，最终得到与输入图像相同大小的输出图像。

```
def deep_dream_vgg(image, feature_layers, iterations, lr, transform, device, vgg,
modulelist, octave_scale = 2, num_octaves = 100):
    if num_octaves > 0:
        image1 = image.filter(ImageFilter.GaussianBlur(2))
        if(image1.size[0] / octave_scale < 1 or image1.size[1] / octave_scale < 1):
            size = image1.size
        else:
            size = (int(image1.size[0] / octave_scale), int(image1.size[1] / octave_scale))

        image1 = image1.resize(size, Image.ANTIALIAS)
        image1 = deep_dream_vgg(image1, feature_layers, iterations, lr, transform,
device, vgg, modulelist, octave_scale, num_octaves - 1)
        size = (image.size[0], image.size[1])

        image1 = image1.resize(size, Image.ANTIALIAS)
        image = ImageChops.blend(image, image1, 0.6)
    img_result = prod(image, feature_layers, iterations, lr, transform, device, vgg,
modulelist)
    img_result = img_result.resize(image.size)
    return img_result
```

整个实现的代码如下所示：

```
import torch
import matplotlib.pyplot as plt
```

```python
import numpy as np
from PIL import Image, ImageFilter, ImageChops
from torchvision import models
from torchvision import transforms

#下载图片
def load_image(path):
    img = Image.open(path)
    return img

#在图像处理过程中有归一化的操作,所以要"反归一化"
def deprocess(image, device):
    image = image * torch.tensor([0.229, 0.224, 0.225], device = device) + torch.tensor([0.485, 0.456, 0.406], device = device)
    return image

#传入输入图像,正向传播到 VGG19 指定层,接着用梯度上升法更新输入图像的特征值
def prod(image, feature_layers, iterations, lr, transform, device, vgg, modulelist):
    input = transform(image).unsqueeze(0)  #改变图像大小,转换为 tensor 和归一化操作,增
                                           #加一个维度,表示一个样本[1, C, H, W]
    input = input.to(device).requires_grad_(True)  #对图片进行追踪计算梯度
    vgg.zero_grad()                                #梯度清零
    for i in range(iterations):
        out = input
        for j in range(feature_layers):
            out = modulelist[j + 1](out)  #遍历 features 模块的各层
                                          #以上一层的输出特征作为下一层的输入
                                          #特征
        loss = out.norm()                 #计算特征的二范数
        loss.backward()                   #反向传播计算梯度,其中图像的每个像素点都是参数

        with torch.no_grad():
            input += lr * input.grad      #更新原始图像的像素值

    input = input.squeeze()               #训练完成后将表示样本数的维度去除
    #交互维度
    input = input.permute(1, 2, 0)  #维度转换,因为 tensor 的维度是(C, H, W),而 array 是
                                    #(H, W, C)
    input = np.clip(deprocess(input, device).detach().cpu().numpy(), 0, 1)
    #将像素值限制为(0, 1)
    image = Image.fromarray(np.uint8(input * 255))  #将 array 类型的图像转成 PIL 类型图
                                                    #像,要乘以 255 是因为转换为 tensor 时函数自动除以了 255
    return image

#多次缩小图像,然后调用函数 prod,接着放大结果,并按一定比例将图像混合在一起,最终
#得到与输入图像相同大小的输出图像
#octave_scale 参数决定了有多少个尺度的图像, num_octaves 参数决定一共有多少张图像
def deep_dream_vgg(image, feature_layers, iterations, lr, transform, device, vgg, modulelist, octave_scale = 2, num_octaves = 100):
    if num_octaves > 0:
        image1 = image.filter(ImageFilter.GaussianBlur(2))                  #高斯模糊
        #当图像的大小小于 octave_scale 时图像尺度不再变化
        if (image1.size[0] / octave_scale < 1 or image1.size[1] / octave_scale < 1):
            size = image1.size
        else:
            size = (int(image1.size[0] / octave_scale), int(image1.size[1] / octave_scale))
```

```
            image1 = image1.resize(size, Image.ANTIALIAS)       #缩小图片
             image1 = deep_dream_vgg(image1, feature_layers, iterations, lr, transform,
device, vgg, modulelist, octave_scale, num_octaves - 1)         #递归
            size = (image.size[0], image.size[1])

            image1 = image1.resize(size, Image.ANTIALIAS)       #放大图像
            image = ImageChops.blend(image, image1, 0.6) #按一定比例将图像混合在一起
    img_result = prod(image, feature_layers, iterations, lr, transform, device, vgg,
modulelist)
    img_result = img_result.resize(image.size)
    return img_result
if __name__ == '__main__':
    #对图像进行预处理
    tranform = transforms.Compose([
        transforms.Resize((224, 224)),
        transforms.ToTensor(), #将 PIL 类型转换为 tensor 类型,注意,如果再次使用,像素
                    #值已经转换为[0, 1],方式是除以 255
        transforms.Normalize(mean = [0.485, 0.456, 0.406], #归一化
                        std = [0.229, 0.224, 0.225])
    ])
    device = torch.device("cuda: 0" if torch.cuda.is_available() else "cpu")
    vgg = models.vgg19(pretrained = True).to(device)

    modulelist = list(vgg.features.modules())#注意,网络层转换为列表元素后,第一个元
    #素是全部的网络层,下标从 1 开始迭代网络层,这是后面代码使用 modulelist[j + 1]的原因
    night_sky = load_image('img2.jpg')
    night_sky_30 = deep_dream_vgg(night_sky, 36, 6, 0.2, tranform, device, vgg,
modulelist)
    plt.imshow(night_sky_30)
    plt.show()
```

运行程序,得到原图如图 8-12 所示。

图 8-12　原图

VGG19 的第 10 层学习特征如图 8-13 所示。
VGG19 的第 20 层学习特征如图 8-14 所示。

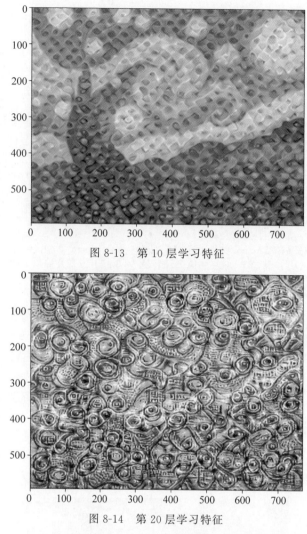

图 8-13　第 10 层学习特征

图 8-14　第 20 层学习特征

VGG19 的第 30 层学习特征如图 8-15 所示。

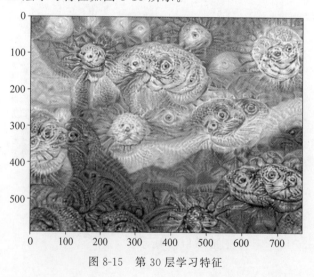

图 8-15　第 30 层学习特征

VGG19 预训练模型是基于 ImageNet 大数据集训练的模型,该数据集共有 1000 个类别。从以上结果可以看出,越靠近顶部的层,其激活值表现就越全面或抽象,如像类别为狗的图像。

8.3 风格迁移

除 DeepDream 算法外,深度学习驱动图像修改的另一项重大进展是神经风格迁移(neural style transfer)算法。自首次提出以来,神经风格迁移算法已做了许多改进,并衍生出许多变体,还成功转换为许多智能手机图片应用。

8.3.1 风格迁移定义

风格迁移又称风格转换,只需给定原始图片,并选择艺术家的风格图片,就能把原始图片转换为具有相应艺术家风格的图片,并同时保留目标图像的内容,图 8-16 给出了一组实例。

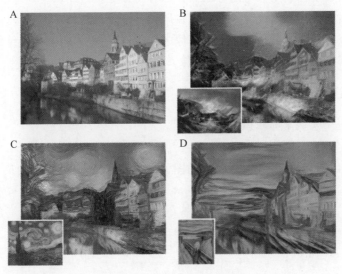

图 8-16 一组风格迁移实例

8.3.2 风格迁移方法

图 8-17 用简单的实例阐述了基于卷积神经网络的风格迁移方法。首先,初始化合成图像,例如将其初始化为内容图像,该合成图像是风格迁移过程中唯一需要更新的变量,即风格迁移所需迭代的模型参数。然后,选择一个预训练的卷积神经网络来抽取图像的特征,其中的模型参数在训练中无须更新。这个深度卷积神经网络凭借多个层逐级抽取图像的特征,可以选择其中某些层的输出作为内容特征或风格特征。以图 8-17 为例,此处选取的预训练的神经网络含有 3 个卷积层,其中第二层输出内容特征,第一层和第三层输出风格特征。

接着,通过向前传播(实线箭头方向)计算风格迁移的损失函数,并通过反向传播(虚

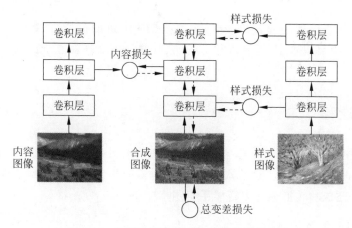

图 8-17　基于卷积神经网络的风格迁移方法

线箭头方向）迭代模型参数，即不断更新合成图像。风格迁移常用的损失函数由如下 3 部分组成。

（1）内容损失使合成图像与内容图像在内容特征上接近。

（2）风格损失使合成图像与风格图像在风格特征上接近。

（3）全变分损失则有助于减少合成图像中的噪点。最后，当模型训练结束时，输出风格迁移的模型参数，即得到最终的合成图像。

8.3.3　风格迁移实例

本节通过一个实例来演示风格迁移过程。

1．输入图像

首先，读取内容和风格图像，从输出的图像坐标轴可以看出，它们的尺寸并不一样。

```
%matplotlib inline
import torch
import torchvision
from torch import nn
from d2l import torch as d2l

d2l.set_figsize()
content_img = d2l.Image.open('img3.jpg')
d2l.plt.imshow(content_img);            #效果如图 8-18 所示
style_img = d2l.Image.open('img4.jpg')
d2l.plt.imshow(style_img);              #效果如图 8-19 所示
```

图 8-18　原始输入图像

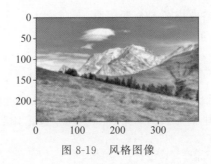

图 8-19　风格图像

2. 预处理与后处理

接着，定义图像的预处理函数和后处理函数。预处理函数 preprocess 对输入图像在 RGB 3 个通道分别做标准化，并将结果变换为卷积神经网络接受的输入格式。后处理函数 postprocess 将输出图像中的像素值还原回标准化之前的值。由于图像打印函数要求每个像素的浮点数值在 0 和 1 之间，对小于 0 和大于 1 的值分别取 0 和 1。

提示：torchvision.transforms 模块有大量现成的转换方法，不过需要注意的是，有的方法输入的是 PIL 图像，如 Resize；有的方法输入的是 tensor，如 Normalize；还有的是用于二者转换，如 ToTensor 将 PIL 图像转换为 tensor。

```
rgb_mean = torch.tensor([0.485, 0.456, 0.406])
rgb_std  = torch.tensor([0.229, 0.224, 0.225])

def preprocess(img, image_shape):
    transforms = torchvision.transforms.Compose([
        torchvision.transforms.Resize(image_shape),
        torchvision.transforms.ToTensor(),
        torchvision.transforms.Normalize(mean = rgb_mean, std = rgb_std)])
    return transforms(img).unsqueeze(0)

def postprocess(img):
    img = img[0].to(rgb_std.device)
    img = torch.clamp(img.permute(1, 2, 0) * rgb_std + rgb_mean, 0, 1)
    return torchvision.transforms.ToPILImage()(img.permute(2, 0, 1))
```

3. 抽取图像特征

使用基于 ImageNet 数据集预训练的 VGG19 模型来抽取图像特征。

提示：PyTorch 的 torchvision.models 模块提供了一些常见的预训练好的计算机视觉模型，包括图片分类、语义分割、目标检测、实例分割、人体关键点检测和视频分类等。

```
pretrained_net = torchvision.models.vgg19(pretrained = True)
```

为了抽取图像的内容特征和风格特征，可以选择 VGG 网络中某些层的输出。一般来说，越靠近输入层，越容易抽取图像的细节信息；反之，则越容易抽取图像的全局信息。为了避免合成图像过多保留内容图像的细节，可选择 VGG 网络中靠近输出的层（内容层）来输出图像的内容特征。还可以从 VGG 网络中选择不同层的输出来匹配局部和全局的风格，这些图层也称为风格层。

在该实例中，VGG 网络使用了 5 个卷积块，选择第 4 个卷积块的最后一个卷积层作为内容层，选择每个卷积块的第一个卷积层作为风格层。

```
style_layers, content_layers = [0, 5, 10, 19, 28], [25]
```

使用 VGG 层抽取特征时，只需要用到从输入层到最靠近输出层的内容层或风格层间的所有层。下面代码构建一个新的网络 net，它用来保留用到的所有 VGG 层。

```
net = nn.Sequential(*[pretrained_net.features[i] for i in range(max(content_layers + style_layers) + 1)])
```

给定输入 X，如果简单地调用前向传播函数 $net(x)$，只能获得最后一层的输出。由于还需要中间层的输出，此处需要逐层计算，并保留内容层和风格层的输出。

```
def extract_features(X, content_layers, style_layers):
    contents = []
    styles = []
    for i in range(len(net)):
        X = net[i](X)
        if i in style_layers:
            styles.append(X)
        if i in content_layers:
            contents.append(X)
    return contents, styles
```

接来定义两个函数：函数 get_contents 用于抽取内容图像的内容特征；函数 get_styles 用于抽取风格图像的风格特征。因为在训练时无须改变预训练的 VGG 模型参数，所以可以在训练开始前提取出内容特征和风格特征。由于合成图像是风格迁移所需迭代的模型参数，因此只能在训练过程中通过调用函数 extract_features 来提取图像的内容特征和风格特征。

```
def get_contents(image_shape, device):
    content_X = preprocess(content_img, image_shape).to(device)
    contents_Y, _ = extract_features(content_X, content_layers, style_layers)
    return content_X, contents_Y

def get_styles(image_shape, device):
    style_X = preprocess(style_img, image_shape).to(device)
    _, styles_Y = extract_features(style_X, content_layers, style_layers)
    return style_X, styles_Y
```

4. 定义损失函数

下面描述风格迁移的损失函数，它由内容损失、风格损失和全变分损失 3 部分组成。

1）内容损失

与线性回归中的损失函数类似，内容损失通过平方误差函数衡量合成图像与内容图像在内容特征上的差异。平方误差函数的两个输入均为函数 extract_features 计算所得到的内容层的输出。

```
def content_loss(Y_hat, Y):
    #从动态计算梯度的树中分离目标:这是一个规定的值,而不是一个变量
    return torch.square(Y_hat - Y.detach()).mean()
```

2) 风格损失

风格损失与内容损失类似,也是通过平方误差函数衡量合成图像与风格图像在风格上的差异。为了表达风格层输出的风格,先通过函数 extract_features 计算风格层的输出。假设该输出样本为 1,通道数为 c,高和宽分别为 h 和 w,可以将此输出转换为矩阵 X,其有 c 行和 $h \times w$ 列。这个矩阵可以看作由 c 个长度为 $h \times w$ 的向量 $x_1, \cdots, x_c$ 组合而成。其中向量 x_i 代表了通道 i 上的风格特征。

在向量的格拉姆矩阵 $XX^T \in R^{c \times c}$ 中,i 行 j 列的元素 x_{ij} 即向量 x_i 和 x_j 的内积。它表达了通道 i 和通道 j 上风格特征的相关性,用这样的格拉姆矩阵来表达风格层输出的风格。值得注意的是,当 $h \times w$ 的值较大时,格拉姆矩阵中的元素容易出现较大的值。此外,格拉姆矩阵的高和宽皆为通道数 c。为了让风格损失不受这些值的大小影响,下面定义的 gram 函数将格拉姆矩阵除以了矩阵中元素的个数,即 $c \times h \times w$。

```
def gram(X):
    num_channels, n = X.shape[1], X.numel() // X.shape[1]
    X = X.reshape((num_channels, n))
    return torch.matmul(X, X.T) / (num_channels * n)
```

风格损失的平方误差函数的两个格拉姆矩阵输入分别基于合成图像与风格图像的风格层输出。此处假设基于风格图像的格拉姆矩阵 gram_Y 已经预先计算好了。

```
def style_loss(Y_hat, gram_Y):
    return torch.square(gram(Y_hat) - gram_Y.detach()).mean()
```

3) 全变分损失

有时,在合成的图像中有大量高频噪声,即有特别亮或特别暗的颗粒像素。一种常见的去噪方法是全变分去噪(total variation denoising)。假设 $x_{i,j}$ 表示坐标 (i,j) 处的像素值,降低全变分损失:

$$\sum_{i,j} |x_{i,j} - x_{i+1,j}| + |x_{i,j} - x_{i,j+1}|$$

尽可能使邻近的像素值相似。

```
def tv_loss(Y_hat):
    return 0.5 * (torch.abs(Y_hat[:, :, 1:, :] - Y_hat[:, :, :-1, :]).mean() +
                  torch.abs(Y_hat[:, :, :, 1:] - Y_hat[:, :, :, :-1]).mean())
```

4) 损失函数

风格转换的损失函数是内容损失、风格损失和全变分损失的加权和。通过调节这些权重超参数,可以权衡合成图像在保留内容、迁移风格以及去噪 3 方面的相对重要性。

```
content_weight, style_weight, tv_weight = 1, 1e3, 10

def compute_loss(X, contents_Y_hat, styles_Y_hat, contents_Y, styles_Y_gram):
    #分别计算内容损失、风格损失和全变分损失
    contents_l = [content_loss(Y_hat, Y) * content_weight for Y_hat, Y in zip(
        contents_Y_hat, contents_Y)]
    styles_l = [style_loss(Y_hat, Y) * style_weight for Y_hat, Y in zip(
        styles_Y_hat, styles_Y_gram)]
    tv_l = tv_loss(X) * tv_weight
    #对所有损失求和
    l = sum(10 * styles_l + contents_l + [tv_l])
    return contents_l, styles_l, tv_l, l
https://inscode.csdn.net/?utm_source = 260232576
```

5. 初始化合成图像

在风格迁移中,合成的图像是训练期间唯一需要更新的变量。因此,可以定义一个简单的模型函数 SynthesizedImage,并将合并成的图像视为模型参数。模型的前向传播只需返回模型参数即可。

```
class SynthesizedImage(nn.Module):
    def __init__(self, img_shape, **kwargs):
        super(SynthesizedImage, self).__init__(**kwargs)
        self.weight = nn.Parameter(torch.rand(*img_shape))

    def forward(self):
        return self.weight
```

下面代码实现 get_inits 函数定义,get_inits 函数创建了合成图像的模型实例,并将其初始化为图像 X。风格图像在各个风格层的格拉姆矩阵 styles_Y_gram 将在训练前预先计算好。

```
def get_inits(X, device, lr, styles_Y):
    gen_img = SynthesizedImage(X.shape).to(device)
    gen_img.weight.data.copy_(X.data)
    trainer = torch.optim.Adam(gen_img.parameters(), lr=lr)
    styles_Y_gram = [gram(Y) for Y in styles_Y]
    return gen_img(), styles_Y_gram, trainer
```

6. 模型训练

在进行模型训练风格迁移时,不断提取合成图像的内容特征和风格特征,然后计算损失函数:

```
#定义训练循环
def train(X, contents_Y, styles_Y, device, lr, num_epochs, lr_decay_epoch):
    X, styles_Y_gram, trainer = get_inits(X, device, lr, styles_Y)
    scheduler = torch.optim.lr_scheduler.StepLR(trainer, lr_decay_epoch, 0.8)
    animator = d2l.Animator(xlabel='epoch', ylabel='loss',
```

```
                            xlim = [10, num_epochs],
                            legend = ['content', 'style', 'TV'],
                            ncols = 2, figsize = (7, 2.5))
    for epoch in range(num_epochs):
        trainer.zero_grad()
        contents_Y_hat, styles_Y_hat = extract_features(
            X, content_layers, style_layers)
        contents_l, styles_l, tv_l, l = compute_loss(
            X, contents_Y_hat, styles_Y_hat, contents_Y, styles_Y_gram)
        l.backward()
        trainer.step()
        scheduler.step()
        if(epoch + 1) % 10 == 0:
            animator.axes[1].imshow(postprocess(X))
            animator.add(epoch + 1, [float(sum(contents_l)),
                                     float(sum(styles_l)), float(tv_l)])
    return X
```

接着训练模型,先将内容图像和风格图像的高和宽分别调整为 300 像素和 450 像素,合成图像使用内容图像来实现初始化。

```
device, image_shape = d2l.try_gpu(), (300, 450)
net = net.to(device)
content_X, contents_Y = get_contents(image_shape, device)
_, styles_Y = get_styles(image_shape, device)
output = train(content_X, contents_Y, styles_Y, device, 0.3, 500, 50)
```

运行程序,效果如图 8-20 所示。

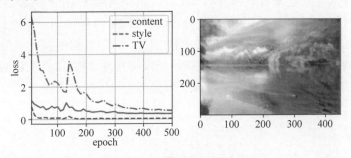

图 8-20 图像风格迁移效果

8.4 深入理解自编码器

本节主要从自编码器、欠完备自编码器等,进一步加深对编码器的理解。

8.4.1 自编码器

自编码器(autoencoder)是神经网络的一种,经过训练后能尝试将输入复制到输出。自编码器内部有一个隐含层 h,可以产生编码来表示输入。

自编码器由两部分组成：一部分由函数 $h=f(x)$ 表示的编码器和一部分生成重构的解码器 $r=g(h)$。

如果只是简单地复制输入，自编码器就没有特别之处，因此通常会对自编码器强加一些约束，使它只能近似地复制，并只能复制与训练数据相似的输入。这些约束强制模型考虑输入数据的哪些部分需要被优先复制，因此往往能了解到数据的有用特性。传统自编码器被用于降维或特征学习，近年来，自编码器与潜变量模型理论的联系将自编码器带到了生成式建模的前沿。图像生成的关键是找到一个低维的潜在空间（latent space），其任意点都可以被映射为一张逼真的图像。一旦找到这样的潜在空间，就可从中随机采样，并将其映射到图像空间，从而生成前所未见的图像，过程如图 8-21 所示。

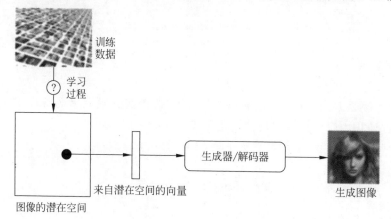

图 8-21　图像的潜在向量空间

学习图像表示的这处潜在空间，GAN（Generative Adversarial Network，生成对抗网络）和 VAE（Variational Autoencoder，变分自编码器）是两种不同的策略。VAE 非常适合用于学习具有良好结构的潜在空间，其中特定方向表示数据中有意义的变化轴，GAN 生成的图像可能非常逼真，但它的潜在空间可能没有良好结构，没有足够的连续性。

下面使用自编码器对 MNIST 手写数字数据集进行压缩和重建。

【例 8-2】　自编码器实例演示。

```
import numpy as np
from keras.datasets import mnist
from keras.models import Model
from keras.layers import Input, Dense

# 加载数据集
(x_train, _), (x_test, _) = mnist.load_data()
# 数据预处理
x_train = x_train.astype('float32') / 255.
x_test = x_test.astype('float32') / 255.
x_train = np.reshape(x_train, (len(x_train), np.prod(x_train.shape[1:])))
x_test = np.reshape(x_test, (len(x_test), np.prod(x_test.shape[1:])))

# 定义编码器
```

```python
input_img = Input(shape = (784,))
encoded = Dense(32, activation = 'ReLU')(input_img)
#定义解码器
decoded = Dense(784, activation = 'sigmoid')(encoded)
#定义整个自编码器模型
autoencoder = Model(input_img, decoded)
#编译自编码器模型
autoencoder.compile(optimizer = 'adam', loss = 'binary_crossentropy')
#训练自编码器模型
autoencoder.fit(x_train, x_train,
                epochs = 50,
                batch_size = 256,
                shuffle = True,
                validation_data = (x_test, x_test))
#对测试集进行重建
decoded_imgs = autoencoder.predict(x_test)
#显示重建结果
import matplotlib.pyplot as plt
n = 10
plt.figure(figsize = (20, 4))
for i in range(n):
    #原始图像
    ax = plt.subplot(2, n, i + 1)
    plt.imshow(x_test[i].reshape(28, 28))
    plt.gray()
    ax.get_xaxis().set_visible(False)
    ax.get_yaxis().set_visible(False)
    #重建图像
    ax = plt.subplot(2, n, i + 1 + n)
    plt.imshow(decoded_imgs[i].reshape(28, 28))
    plt.gray()
    ax.get_xaxis().set_visible(False)
    ax.get_yaxis().set_visible(False)
plt.show()
```

运行程序,输出如下,效果如图8-22所示。

```
Epoch 1/50
235/235 [==============================] - 4s 9ms/step - loss: 0.2727 - val_loss: 0.1879
Epoch 2/50
235/235 [==============================] - 2s 8ms/step - loss: 0.1708 - val_loss: 0.1547
...
```

图8-22 使用自编码器实现数据集的压缩与重建效果

8.4.2 欠完备自编码器

传统的图像自编码器接收一张图像,通过一个编码器模块将其映射到潜在向量空间,再通过一个解码器模块将其解码为与原始图像具有相同尺寸的输出。接着,使用与输入图像相同的图像作为目标数据来训练这个自编码器。

从自编码器获得有用特征的一种方法是限制 h 的维度比 x 小,这种编码维度小于输入维度的自编码器称为欠完备(undercomplete)自编码器。学习欠完备的表示是强制自编码器捕捉训练数据中最显著的特征。但如果编码器和解码器被赋予过大的容量,自编码器会执行复制任务而不会捕捉到数据的有用特征。

8.4.3 正则自编码

编码维数小于输入维数的欠完备自编码器可以学习数据分布最显著的特征,但如果赋予这类自编码器过大的容量,它就不能学到任何有用的信息。可以通过对编码(即编码器的输出)施加各种限制,让自编码器学到比较有趣的数据潜在表示。

1. 稀疏自编码器

稀疏自编码器简单地在训练时结合编码层的系数惩罚 $\Omega(h)$ 和重构误差:

$$L(x,g(f(x))) + \Omega(h)$$

其中,$h=f(x)$ 表示编码器的函数。稀疏自编码器一般用来学习特征,以便用于像分类这样的任务。

2. 去噪自编码器

传统的自编码器最小化重构误差:

$$L(x,g(f(x)))$$

去噪自编码器(Denoising Autoencoder,DAE)则最小化:

$$L(x,g(f(\tilde{x})))$$

其中,$\tilde{x}$ 是被某种噪声损坏的 x 的样本。因此,去噪自编码器必须撤销这些损坏,而不是简单地复制输入。需引入一个损坏过程 $C(\tilde{x}|x)$,这个条件分布代表给定数据样本 x 产生损坏样本 $\tilde{x}$ 的概率。自编码器根据以下过程,从训练数据对 $(x,\tilde{x})$ 中学习重构分布 $p_{\text{reconstruct}}(x|\tilde{x})$。

(1) 从训练数据中采一个训练样本 x。
(2) 从 $C(\tilde{x}|x)$ 中采一个损坏样本。
(3) 将 $(x,\tilde{x})$ 作为训练样本来估计自编码器的重构分布 $p_{\text{reconstruct}}(x|\tilde{x})=p_{\text{decoder}}(x|h)$。

可以将去噪自编码器理解为将损坏的数据点 $\tilde{x}$ 映射回原始数据点 x,如图 8-23 所示。

在图 8-23 中,虚线圆圈代表损坏过程 $C(\tilde{x}|x)$,自编码器学习的是向量场 $g(f(\tilde{x}))-\tilde{x}$。

3. 收缩自编码器

另一正则化自编码器的策略是使用一个类似稀疏自编码器中的惩罚项 Ω:

$$L(\tilde{x},g(f(\tilde{x}))) + \Omega(h,\tilde{x})$$

其中

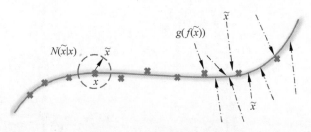

图 8-23 自编码去噪处理

$$\Omega(h,\tilde{x}) = \lambda \sum_i \|\nabla_{\tilde{x}} h_i\|^2$$

这迫使模型学习一个在 x 变化较小时目标也没有太大变化的函数。这样的正则化的自编码器称为收缩自编码器(Contractive Autoencoder, CAE)。

4. 变分自编码器

变分自编码器(Variational Autoencoder, VAE)模型的基本结构与自编码相似,两者区别在于 VAE 中的隐藏变量 z 为随机变量、构造的似然函数的变分下界和重参数化编码器输出的均值和方差,图 8-24 为 VAE 的结构。

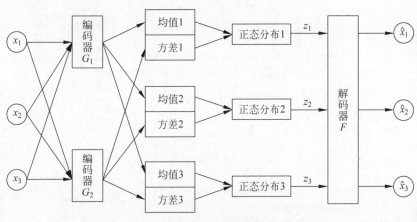

图 8-24 VAE 的结构

VAE 模型通过编码过程 $Q(z|x)$ 将样本映射为隐藏变量 z,并假设隐藏变量服从多元正态 $P(x) \sim N(0,1)$,解码器 $P(x|z)$ 从隐藏变量 z 中抽取样本,生成指定图像 $\tilde{x}$。

【例 8-3】 变分自编码器实例。

```
#VAE 网络
from tensorflow import keras
from tensorflow.keras import layers

latent_dim = 2
encoder_inputs = keras.Input(shape = (28, 28, 1))
x = layers.Conv2D(32, 3, activation = "ReLU", strides = 2, padding = "same")(encoder_inputs)
x = layers.Conv2D(64, 3, activation = "ReLU", strides = 2, padding = "same")(x)
x = layers.Flatten()(x)
```

```python
x = layers.Dense(16, activation = "ReLU")(x)
z_mean = layers.Dense(latent_dim, name = "z_mean")(x)
z_log_var = layers.Dense(latent_dim, name = "z_log_var")(x)
encoder = keras.Model(encoder_inputs, [z_mean, z_log_var], name = "encoder")
encoder.summary()

#潜在空间采样函数
import tensorflow as tf

class Sampler(layers.Layer):
    def call(self, z_mean, z_log_var):
        batch_size = tf.shape(z_mean)[0]
        z_size = tf.shape(z_mean)[1]
        epsilon = tf.random.normal(shape = (batch_size, z_size))
        return z_mean + tf.exp(0.5 * z_log_var) * epsilon

# VAE 网络将潜在空间点映射为图像
latent_inputs = keras.Input(shape = (latent_dim,))

x = layers.Dense(7 * 7 * 64, activation = 'ReLU')(latent_inputs)
x = layers.Reshape((7, 7, 64))(x)
x = layers.Conv2DTranspose(64, 3, activation = 'ReLU', strides = 2, padding = 'same')(x)
x = layers.Conv2DTranspose(32, 3, activation = 'ReLU', strides = 2, padding = 'same')(x)
decoder_outputs = layers.Conv2D(1, 3, activation = 'sigmoid', padding = 'same')(x)
decoder = keras.Model(latent_inputs, decoder_outputs, name = 'decoder')
decoder.summary()

#用于计算 VAE 损失的自定义层
class VAE(keras.Model):
    def __init__(self, encoder, decoder, **kwargs):
        super().__init__(**kwargs)
        self.encoder = encoder
        self.decoder = decoder
        self.sampler = Sampler()
        self.total_loss_tracker = keras.metrics.Mean(name = 'total_loss')
        self.reconstruction_loss_tracker = keras.metrics.Mean(
            name = 'reconstruction_loss'
        )
        self.kl_loss_tracker = keras.metrics.Mean(name = 'kl_loss')

    @property
    def metrics(self):
        return [self.total_loss_tracker,
                self.reconstruction_loss_tracker,
                self.kl_loss_tracker]

    def train_step(self, data):
        with tf.GradientTape() as tape:
            z_mean, z_log_var = self.encoder(data)
            z = self.sampler(z_mean, z_log_var)
            reconstruction = decoder(z)
            reconstruction_loss = tf.reduce_mean(
```

```python
                    tf.reduce_sum(
                        keras.losses.binary_crossentropy(data,reconstruction),
                        axis = (1,2)
                    )
                )
                kl_loss = -0.5 * (1 + z_log_var - tf.square(z_mean) - tf.exp(z_log_var))
                total_loss = reconstruction_loss + tf.reduce_mean(kl_loss)

            grads = tape.gradient(total_loss,self.trainable_weights)
            self.optimizer.apply_gradients(zip(grads,self.trainable_weights))
            self.total_loss_tracker.update_state(total_loss)
            self.reconstruction_loss_tracker.update_state(reconstruction_loss)
            self.kl_loss_tracker.update_state(kl_loss)

            return{
                "total_loss": self.total_loss_tracker.result(),
                "reconstruction_loss": self.reconstruction_loss_tracker.result(),
                "kl_loss": self.kl_loss_tracker.result(),
            }
#训练VAE
import numpy as np
(x_train,_),(x_test,_) = keras.datasets.mnist.load_data()
mnist_digits = np.concatenate([x_train,x_test],axis = 0)
mnist_digits = np.expand_dims(mnist_digits,-1).astype("float32")/255
vae = VAE(encoder,decoder)
vae.compile(optimizer = keras.optimizers.Adam(),run_eagerly = True)
vae.fit(mnist_digits,epochs = 30,batch_size = 128)

#从二维潜在空间中采样一组点的网格,并将其解码为图像
import matplotlib.pyplot as plt
n = 30
digit_size = 28
figure = np.zeros((digit_size * n,digit_size * n))
grid_x = np.linspace(-1,1,n)
grid_y = np.linspace(-1,1,n)[::-1]

for i,yi in enumerate(grid_y):
    for j,xi in enumerate(grid_x):
        z_sample = np.array([[xi, yi]])
        x_decoded = vae.decoder.predict(z_sample)
        digit = x_decoded[0].reshape(digit_size, digit_size)
        figure[
            i * digit_size : (i + 1) * digit_size,
            j * digit_size : (j + 1) * digit_size,
        ] = digit

plt.figure(figsize = (15,15))
start_range = digit_size //2
end_range = n * digit_size + start_range
```

```
pixel_range = np.arange(start_range,end_range,digit_size)
sample_range_x = np.round(grid_x,1)
sample_range_y = np.round(grid_y,1)
plt.xticks(pixel_range,sample_range_x)
plt.yticks(pixel_range,sample_range_y)
plt.xlabel('z[0]')
plt.ylabel('z[1]')
plt.axis('off')
plt.imshow(figure)
```

运行程序,输出如下,效果如图 8-25 所示。

```
Model: "encoder"
_____
Layer (type)           Output Shape         Param #     Connected to
==========================================================================
input_1 (InputLayer)   [(None, 28, 28, 1)]  0           []
conv2d (Conv2D)        (None, 14, 14, 32)   320         ['input_1[0][0]']
conv2d_1 (Conv2D)      (None, 7, 7, 64)     18496       ['conv2d[0][0]']
flatten (Flatten)      (None, 3136)         0           ['conv2d_1[0][0]']
dense (Dense)          (None, 16)           50192       ['flatten[0][0]']
z_mean (Dense)         (None, 2)            34          ['dense[0][0]']
z_log_var (Dense)      (None, 2)            34          ['dense[0][0]']
==========================================================================
Total params: 69,076
Trainable params: 69,076
Non-trainable params: 0
_____

Model: "decoder"
_____
Layer (type)                   Output Shape         Param #
==========================================================================
input_2 (InputLayer)           [(None, 2)]          0
dense_1 (Dense)                (None, 3136)         9408
reshape (Reshape)              (None, 7, 7, 64)     0
conv2d_transpose (Conv2DTra    (None, 14, 14, 64)   36928
nspose)

conv2d_transpose_1 (Conv2DT    (None, 28, 28, 32)   18464
ranspose)
conv2d_2 (Conv2D)              (None, 28, 28, 1)    289

==========================================================================
Total params: 65,089
Trainable params: 65,089
Non-trainable params: 0
```

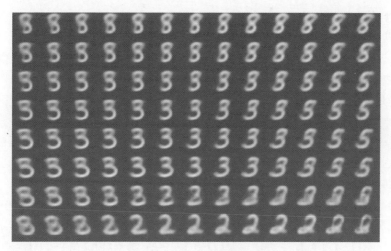

图 8-25 变分自编码器效果

8.5 生成对抗网络

生成对抗网络（Generative Adversarial Network，GAN）是一种生成模型，相比于其他生成模型，GAN 具有更高的生成能力和更好的生成效果，因此受到了广泛的关注和研究。

GAN 的基本思想是通过让两个神经网络相互对抗，从而学习到数据的分布。其中一个神经网络被称为生成器（generator），它的目标是生成与真实数据相似的假数据；另一个神经网络被称为判别器（discriminator），它的目标是区分真实数据和假数据。两个网络相互对抗，不断调整参数，从而最终生成具有高质量和多样性的假数据，判别效果如图 8-26 所示。

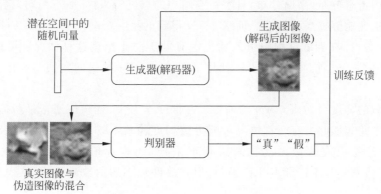

图 8-26 生成对抗网络的对抗过程

8.5.1 GAN 原理

GAN 的基本原理是让生成器和判别器相对抗，从而学习到数据的分布。具体来说，

GAN 包括下面两部分。

1. 生成器

生成器是一个神经网络,它的输入是一个隐藏变量,输出是一个与真实数据相似的假数据。生成器的目标是尽可能地接近真实数据的分布,从而生成高质量的假数据。生成器的训练过程可表示为

$$G(z) = X'$$

其中,z 为一个隐藏变量,表示假数据的潜在表示;$G(z)$ 表示生成器生成的假数据;X' 表示与真实数据相似的假数据。

2. 判别器

判别器是另一个神经网络,它的目标是区分真实数据和假数据。具体来说,判别器将输入数据分为两个类别:真实数据和假数据。生成器和判别器的训练可表示为

$$\min_G \max_D (D,G) = E_{x \sim P_{\text{data}}(x)}[\log D(x)] + E_{x \sim P_z(z)}[\log(1-D(G(z)))]$$

其中,$E_{x \sim P_{\text{data}}(x)}$ 表示判别器对于真实数据的判断结果;$E_{x \sim P_z(z)}[\log(1-D(G(z)))]$ 表示判别器对于生成器生成的假数据的判断结果。这个公式可以看作一个博弈过程,其中生成器和判别器相互对抗,不断调整参数,从而最终学习到数据的分布。

具体来说,GAN 的训练过程为:

(1) 随机生成一组隐藏变量 z,并使用生成器生成一组假数据。

(2) 将一组真实数据和一组假数据作为输入,训练判别器。

(3) 使用生成器生成一组新的假数据,并训练判别器。

(4) 重复步骤(2)和(3),直到生成器生成的假数据与真实数据的分布相似。

GAN 和调节 GAN 实现的过程非常困难,应记住一些技巧:

(1) 使用 tanh 作为生成器最后一层的激活,而不用 sigmoid,后者在其他类型的模型中更加常见。

(2) 使用正态分布(高斯分布)对潜在空间中的点进行采样,而不用均匀分布。

(3) 随机性能够提高稳健性。训练 GAN 得到的是一个动态平衡,所以 GAN 可能以各种方式"卡住"。在训练过程中引入随机性有助于防止出现这种情况。可以通过两种方式引入随机性:一种是在判别器中使用 dropout;另一种是向判别器的标签添加随机噪声。

(4) 稀疏的梯度会妨碍 GAN 的训练。在深度学习中,稀疏性通常是所需要的属性,但在 GAN 中并非如此。有两种情况可能导致梯度稀疏:最大池化运算和 ReLU 激活。推荐使用步进卷积代替最大池化来进行下采样,还推荐使用 LeakyReLU 层来代替 ReLU 激活。LeakyReLU 和 ReLU 类似,但它允许较小的负数激活值,从而放宽了稀疏性限制。

(5) 在生成的图像中,经常会见到棋盘状伪影,这是由生成器中像素空间的不均匀覆盖导致的(见图 8-27)。为了解决这个问题,每当在生成器和判别器中都使用步进的 Conv2DTranpose 或 Conv2D 时,使用的内核大小要能够被步长大小整除。

图 8-27 像素空间不均匀的覆盖

8.5.2 GAN 实现

下面通过一个实例来演示 GAN 的应用,具体实现步骤为:

(1) 导入一些有用的包和用于构建与训练 GAN 的数据集,提供一个可视化器函数,以帮助研究 GAN 将创建的图像。

```
import numpy as np
import pandas as pd
import matplotlib.pyplot as plt
import pylab
from pandas import DataFrame, Series
from keras import models, layers, optimizers, losses, metrics
from keras.utils.np_utils import to_categorical

plt.rcParams['font.sans-serif'] = ['SimHei']   #指定默认字体
plt.rcParams['axes.unicode_minus'] = False     #解决保存图像是负号'-'显示为方块的问题
```

(2) GAN 生成器。

生成器模型将一个向量(来自潜在空间,训练过程中对其随机采样)转换为一张候选图像。GAN 常见的诸多问题之一,就是生成器"卡在"看似噪声的生成图像上。一种可行的解决方案是在判别器和生成器中都使用 dropout。

```
import keras
latent_dim = 32
height = 32
width = 32
channels = 3

generator_input = keras.Input(shape = (latent_dim,))
x = layers.Dense(128 * 16 * 16)(generator_input)
x = layers.LeakyReLU()(x)
x = layers.Reshape((16,16,128))(x) #将输入转换为大小为 16×16 的 128 个通道的特征图

x = layers.Conv2D(256,5,padding = 'same')(x)
x = layers.LeakyReLU()(x)
```

```
x = layers.Conv2DTranspose(256,4,strides = 2,padding = 'same')(x) #上采样为 32×32
x = layers.LeakyReLU()(x)

x = layers.Conv2D(256,5,padding = 'same')(x)
x = layers.LeakyReLU()(x)
x = layers.Conv2D(256,5,padding = 'same')(x)
x = layers.LeakyReLU()(x)

x = layers.Conv2D(channels,7,activation = 'tanh',padding = 'same')(x) #生成一个大小为 32×
                                                                      #32 的单通道特征图(即 CIFAR10 图像的形状)
generator = keras.models.Model(generator_input,x)
generator.summary()
```

(3) GAN 判别器。

判别器模型接收一张候选图像(真实的或合成的)作为输入,并将其划分到这两个类别之一:生成图像或来自训练集的真实图像。

```
discrimination_input = layers.Input(shape = (height,width,channels)) #判别器输入为生成图
                                                                      #像与真实图像的拼接,以判断图像的真假
x = layers.Conv2D(128,3)(discrimination_input)
x = layers.LeakyReLU()(x)
x = layers.Conv2D(128,4,strides = 2)(x)        #卷积窗口为 4×4,步长为 2
x = layers.LeakyReLU()(x)
x = layers.Conv2D(128,4,strides = 2)(x)
x = layers.LeakyReLU()(x)
x = layers.Conv2D(128,4,strides = 2)(x)
x = layers.LeakyReLU()(x)
x = layers.Flatten()(x)
x = layers.Dropout(0.4)(x)
x = layers.Dense(1,activation = 'sigmoid')(x)       #分类层(真或假)
discriminator = keras.models.Model(discrimination_input,x) #将判别器模型实例化,这里它将
                                                            #形状为 (32, 32, 3)的输入转换为一个二进制分类决策(真/假)
discriminator.summary()
discriminator_optimizer = optimizers.RMSprop(
    lr = 0.0008,
    clipvalue = 1.0, #优化器中使用梯度裁剪(限制梯度的范围)(它是一个动态的系统,其最优
                     #化过程寻找的不是一个最小值,而是两股力量之间的平衡)
    decay = 1e - 8                                  #为了稳定训练过程,使用学习率衰减
)
discriminator.compile(optimizer = discriminator_optimizer,loss = 'binary_crossentropy')
```

(4) 对抗网络。

最后,要设置 GAN,将生成器和判别器连接在一起。训练时,这个模型将让生成器向某个方向移动,从而提高它的欺骗判别器的能力。这个模型将潜在空间的点转换为一个分类决策(即"真"或"假"),它训练的标签都是"真实图像"。因此,训练 GAN 将会更新生成器的权重,使得判别器在观察假图像时更有可能预测为"真"。值得注意的是,在训练过程中需要将判别器设置为冻结(即不可训练),这样在训练 GAN 时它的权重才不会更新。如果在此过程中可以对判别器的权重进行更新,那么就是在训练判别器始终预测

"真",但这并不是我们所想要的。

```
discriminator.trainable = False  #将判别器权重设置为不可训练(仅应用于GAN模型)

gan_input = keras.Input(shape = (latent_dim,))
gan_output = discriminator(generator(gan_input))
gan = keras.models.Model(gan_input,gan_output)
gan_optimizer = keras.optimizers.RMSprop(
    lr = 0.0004,
    clipvalue = 1.0,
    decay = 1e - 8
)
gan.compile(optimizer = gan_optimizer, loss = 'binary_crossentropy')
```

(5) 训练DCGAN。

训练DCGAN的每轮都进行以下操作。

- 从潜在空间中抽取随机的点(随机噪声)。
- 利用这个随机噪声用生成器生成图像。
- 将生成图像与真实图像混合。
- 使用这些混合后的图像以及相应的标签(真实图像为"真",生成图像为"假")训练判别器,效果如图8-28所示。

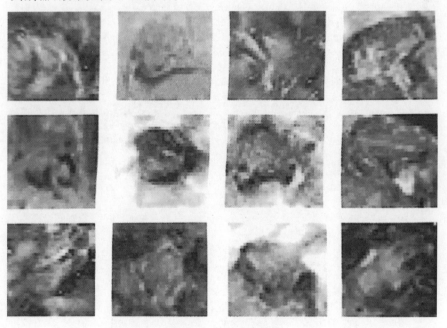

图8-28 判别图像效果

- 在潜在空间中随机抽取新的点。
- 使用这些随机向量以及全部以"真实图像"的标签来训练GAN,更新生成器的权重(只更新生成器的权重,因为判别器在GAN中被冻结),其更新方向是使得判别器能够将生成图像预测为"真实图像"。这个过程是训练生成器去欺骗判别器。

```python
import os
import keras
from keras.preprocessing import image

(x_train, y_train), (_, _) = keras.datasets.cifar10.load_data()
x_train = x_train[y_train.flatten() == 6]          #选择青蛙图像(类别编号为6)
print(x_train.shape)                                #(5000, 32, 32, 3)
x_train = x_train.reshape(
    (x_train.shape[0],) +
    (height, width, channels)).astype('float32') / 255.  #数据标准化
iterations = 10000
batch_size = 20
save_dir = 'datasets/gan_output'
start = 0                                           #记录当前批处理的位置
for step in range(iterations):
    random_latent_vectors = np.random.normal(size = (batch_size, latent_dim))
    #潜在空间中采样随机点
    generated_images = generator.predict(random_latent_vectors)#利用生成器解码为虚假
                                                               #图像
    stop = start + batch_size
    real_images = x_train[start: stop]
    combined_images = np.concatenate([generated_images, real_images]) #拼接,默认0轴
                                                                      #(纵向)
    labels = np.concatenate([np.ones((batch_size, 1)), np.zeros((batch_size, 1))])
    #列向量,1表示生成的图像,0表示真实的图像
    labels += 0.05 * np.random.random(labels.shape)  #向标签中添加随机噪声
    d_loss = discriminator.train_on_batch(combined_images, labels)
    #返回判别器损失:使用的是二进制交叉熵
    random_latent_vectors = np.random.normal(size = (batch_size, latent_dim))
    misleading_targets = np.zeros((batch_size, 1))
    a_loss = gan.train_on_batch(                    #通过GAN模型训练生成器
        random_latent_vectors,
        misleading_targets                          #冻结判别器权重(置0)
    )
    start += batch_size
    if start > len(x_train) - batch_size:
        start = 0
    if step % 100 == 0:                             #每100步保存并绘图
        gan.save_weights('gan.h5')                  #保存模型权重
        print('discriminator loss: ', d_loss)
        print('adversarial loss', a_loss)
        img = image.array_to_img(generated_images[0] * 255., scale = False)
        #转换为图像并保存
        img.save(os.path.join(save_dir, 'generated_frog' + str(step) + '.png'))
        img = image.array_to_img(real_images[0] * 255., scale = False)
        img.save(os.path.join(save_dir, 'real_frog' + str(step) + '.png'))
```

训练时可能会看到,对抗损失开始大幅增加,而判别损失则趋向于零,即判别器最终支配了生成器。如果出现了这种情况,可以尝试减小判别器的学习率,并增大判别器的dropout比率。

第 9 章

人脸检测分析与应用

人脸识别(face recognition)实现了图像或视频中人脸的检测、分析和对比,包括人脸检测定位、人脸属性识别和人脸对比等独立服务模块,可为开发者和企业提供高性能的在线 API 服务,它应用于人脸 AR、人脸识别和认证、大规模人脸检索、照片管理等各种场景。

9.1 KLT

KLT(Kanade-Lucas-Tomasi)是利用图像序列中像素在时间域上的变化以及相邻帧间的相关性来找到上一帧跟当前帧之间存在的对应关系,从而计算出相邻帧之间物体的运动信息的一种方法。KLT 计算方法可以分为以下 3 类。

(1) 基于区域或者基于特征的匹配方法。

(2) 基于频域的方法。

(3) 基于梯度的方法。

9.1.1 光流

本小节对光流算法、Lucas-Kanade(LK)光流算法、KLT 算法进行介绍。

1. 光流算法

光流算法基于物体移动的光学特性提出了如下两个假设。

(1) 运动物体的速度在很短的间隔内保持不变。

(2) 给定邻域内的速度向量场变化是缓慢的。

假设图像上一个像素点(x,y),它在时刻 t 的亮度为 $I(x,y,t)$,用 $u(x,y)$ 和 $v(x,y)$ 表示该点光流在水平和垂直方向上的速度分量。

$$u = \frac{dx}{dt}, v = \frac{dy}{dt}$$

在经过时间间隔 Δt 后,该点的对应点的亮度变为 $I(x+\Delta x, y+\Delta y, t+\Delta t)$。在运

动微小的前提下,利用泰勒公式展开:

$$I(x+\Delta x, y+\Delta y, t+\Delta t) = I(x,y,t) + \frac{\partial I}{\partial x}\Delta x + \frac{\partial I}{\partial y}\Delta x + \frac{\partial I}{\partial t}\Delta t + \text{constant}$$

当 Δt 足够小,趋近于 0 时:

$$-\frac{\partial I}{\partial t} = \frac{\partial I}{\partial x}\frac{dx}{dt} + \frac{\partial I}{\partial y}\frac{dy}{dt} = \frac{\partial I}{\partial x}u + \frac{\partial I}{\partial y}v$$

$$-I_t = I_x u + I_y v$$

$$-I_t = \begin{pmatrix} I_x & I_y \end{pmatrix}\begin{pmatrix} u \\ v \end{pmatrix}$$

这为基本的光流约束方程。

但是,基本的光流约束方程的约束只有一个,而需要求出 x、y 方向的速度 u 和 v(两个未知变量)。一个方程两个未知量没法求解,怎么办呢?LK 光流算法考虑了像素点的邻域,将问题转换为计算某些点集的光流,联立多个方向,从而解决该问题。

2. LK 光流算法

首先,从 LK 光流算法的假设入手,理解它与普通光流算法的区别以及特性。三个假设为:

(1) 亮度恒定。图像场景中的目标的像素在帧间运动时外观上保持不变,用于得到光流算法的基本方程。

(2) 时间连续或运动为小运动。图像随时间的运动比较缓慢,实际中指的是时间变化相对图像中的运动比例要足够小。这样灰度才能对位置求偏导(换言之,小运动情况下才能用前后帧之间单位位置变化引起的灰度变化去近似灰度对位置的偏导数),这也是光流法不可或缺的假定。

(3) 邻域内光流一致。一个场景中的同一表面的局部邻域内具有相似的运动,在图像平面上的投影也在邻近区域,且邻近点速度一致(认为邻域内所有像素点的运动是一致的)。这是 LK 光流特有的假定。

9.1.2 KLT 算法

KLT 算法本质上也基于光流的两个假设,不同前述直接比较像素点灰度值的做法,KLT 算法比较像素点周围的窗口像素,来寻找最相似的像素点。

前面提到了,LK 光流算法的第(2)条假定运动是小运动,可是运动速度快时怎么办呢?考虑两帧间物体的运动位移较大(运动快速)时,算法会出现较大的误差。那么就希望能减少图像中物体的运动位移。怎么做呢?缩小图像的尺寸,假设当图像为 400×400 像素时,物体位移为[16 16],那么图像缩小为 200×200 像素时,位移为[8 8],缩小为 100×100 像素时,位移减少到[4 4]。在原图像缩放了很多后,LK 光流算法又变得适用了。

利用金字塔分层的方式缩小图像的尺寸,将原图像逐层分解。简单来说,上层金字塔(低分辨率)中的一个像素可以代表下层的两个像素。这样,利用金字塔的结构,自上而下修正运动量。

具体做法为:

(1) 对每一帧建立一个高斯金字塔,最低分辨率图像在最顶层,原始图片在底层。

(2) 如果计算光流,从顶层(L_m 层)开始,通过最小化每个点的邻域范围内的匹配误差和,得到顶层图像中每个点的光流。

$$\varepsilon(d) = \varepsilon(d_x, d_y) = \sum_{x=u_x-w_x}^{u_x+w_x} \sum_{y=u_y-w_y}^{u_y+w_y} (I(x,y) - J(x+d_x, y+d_y))^2$$

假设图像的尺寸每次缩放为原来的一半,共缩放了 L_m 层,则第 0 层为原图像。设已知原图的位移为 d,则每层的位移为

$$d^L = \frac{d}{2^L}$$

(3) 顶层的光流计算结果(位移情况)反馈到第 $L_m - 1$ 层,作为该层初始时的光流值的估计 g。

$$g^{L-1} = 2(g^L + d^L)$$

(4) 沿着金字塔向下反馈,重复估计动作,直到到达金字塔的底层(即在图像)。

$$d = g^0 + d^0$$

对于每一层 L,每个点的光流计算都是基于邻域内所有点的匹配误差和最小化。

$$\varepsilon^L(d^L) = \varepsilon^L(d_x^L, d_y^L) = \sum_{x=u_x^L-w_x}^{u_x^L+w_x} \sum_{x=u_y^L-w_y}^{u_y^L+w_y} (I^L(x,y) - J^L(x + g_x^L + d_x^L, y + g_y^L + d_y^L))^2$$

这样搜索不仅可以解决大运动目标跟踪,也可以一定程度上解决孔径问题(相同大小的窗口能覆盖大尺度图片上尽量多的角点,而这些角点无法在原始图片上被覆盖)。

由于金字塔的缩放减小了物体的位移,也就是减小了光流,因此,将最顶层图像中的光流估计值设置为 0。

$$g^{L_m} = (0,0)^T$$

下面通过一个 KLT 算法匹配来进一步了解匹配效果。

【例 9-1】 KLT 算法匹配的 Python 实现。

```
#光立法匹配
import numpy as np
import cv2
from matplotlib import pyplot as plt
import copy
import os
import time

start_time = time.time()
MIN_MATCH_COUNT = 7

'''打开 USB 摄像头,或者读取视频文件'''
cap = cv2.VideoCapture('my_match_video_data/video/src18.mp4')
#检测视频,每一帧都是模板
bgr_all = cv2.imread('my_match_video_data/bgr/bgr_report.jpg')      #大的背景
bgr_all_tmp = copy.deepcopy(bgr_all)
```

```python
frames_all = cap.get(7)
name1 = "my_match_video2pic/20_KLT/src"
name2 = "my_match_video2pic/20_KLT/bgr"
def mkdir(path):
    folder = os.path.exists(path)
    if not folder:                          #判断是否存在文件夹,如果不存在则创建为文件夹
        os.makedirs(path)                   #makedirs 创建文件时,如果路径不存在则会创建这个路径

mkdir(name1)
mkdir(name2)

'''构建角点检测所需参数:角点个数、质量阈值、角点之间的最小距离'''
feature_params = dict(maxCorners = 40,
                      qualityLevel = 0.3,
                      minDistance = 50)
lk_params = dict(winSize = (15, 15),         # lucas kanade 参数:搜索窗口、金字塔层数
                 maxLevel = 3)
color = np.random.randint(0, 255, (100, 3))   #随机颜色条

'''拿到第一帧图像并灰度化作为前一帧图片'''
ret, old_frame = cap.read()
old_gray = cv2.cvtColor(old_frame, cv2.COLOR_BGR2GRAY)        #每一帧都是模板
bgr_gray = cv2.cvtColor(bgr_all_tmp, cv2.COLOR_BGR2GRAY)      #大的背景

sift = cv2.SIFT_create()
kp1, des1 = sift.detectAndCompute(bgr_gray, None)             #大的背景
kp2, des2 = sift.detectAndCompute(old_gray, None)             #每一帧的

FLANN_INDEX_KDTREE = 0
index_params = dict(algorithm = FLANN_INDEX_KDTREE,
                    trees = 5)  #0 为线性暴力搜索(应该可以尝试换一下看看速度)
https://blog.csdn.net/qq_36584673/article/details/121997887
search_params = dict(checks = 50)                             #遍历的次数
flann = cv2.FlannBasedMatcher(index_params, search_params)   #快速最近邻搜索库
matches = flann.knnMatch(des1, des2,
                         k = 2)  #大的背景,每一帧的,最匹配的 K 个点
https://blog.csdn.net/qq_45769063/article/details/108773998

good = []
index_p0 = []
for m, n in matches:
    if m.distance < 0.6 * n.distance:
        good.append(m)                                        #索引下标,可以根据这个找到相应的坐标
        index_p0.append(m.queryIdx)

if len(good) > MIN_MATCH_COUNT:
    p0 = np.float32([kp2[m.trainIdx].pt for m in good]).reshape(-1, 1, 2)  #待匹配的 dst_pts
                                                                            #(每一帧的)
p0_src = copy.deepcopy(p0)
print(len(p0))

'''返回所有检测特征点,需要输入图片、角点的最大数量、品质因子、最小距离'''
```

```python
for frames in range(int(frames_all) - 1):
    '''读取图片灰度化作为后一张图片的输入'''
    bgr_all_tmp = copy.deepcopy(bgr_all)

    ret, frame = cap.read()
    frame_tmp = copy.deepcopy(frame)
    frame_gray = cv2.cvtColor(frame_tmp, cv2.COLOR_BGR2GRAY)
    h, w = frame_gray.shape

    '''进行金字塔 LK 光流算法检测需要输入前一帧和当前图像及前一帧检测到的角点'''
    p1, st, err = cv2.calcOpticalFlowPyrLK(old_gray, frame_gray, p0, None, **lk_params)
    print(len(p1[st == 1]))
    if len(p1[st == 1]) <= 10:                    #270
        old_gray = frame_gray.copy()
        kp2, des2 = sift.detectAndCompute(old_gray, None)
        matches = flann.knnMatch(des1, des2, k = 2)  #des1 是大的背景,des2 是每一帧的
        good = []
        index_p0 = []
        for m, n in matches:
            if m.distance < 0.6 * n.distance:
                good.append(m)
                index_p0.append(m.queryIdx)

        if len(good) > MIN_MATCH_COUNT:
            p0 = np.float32([kp2[m.trainIdx].pt for m in good]).reshape(-1, 1, 2)
#待匹配的 dst_pts
        continue
    '''读取运动了的角点 st == 1 表示检测到的运动物体,即 v 和 u 表示为 0'''
    index_tmp = []
    for i in range(len(st)):
        if st[i] == 1:
            index_tmp.append(index_p0[i])
    dst_pts = np.float32([kp1[i].pt for i in index_tmp]).reshape(-1, 1, 2)  #原图的索引
                                                                     #坐标,src(大的背景模板)
    index_p0 = index_tmp
    good_new = p1[st == 1]                              #现在帧的
    good_old = p0[st == 1]                              #前一帧的

    src_pts = []
    for i, (new, old) in enumerate(zip(good_new, good_old)):    #取每一帧的特征点坐标
        a, b = new.ravel()
        src_pts.append([[a, b]])
    src_pts = np.float32(src_pts)                       #每一帧的
    M, mask = cv2.findHomography(src_pts, dst_pts, cv2.RANSAC, 5.0) #原图像的点经过变
                    #换后点与目标图像上对应点的误差,src 是每一帧的,dst 是大的背景
    pts = np.float32([[0, 0], [0, h - 1], [w - 1, h - 1], [w - 1, 0]]).reshape(-1, 1, 2)
    dst = cv2.perspectiveTransform(pts, M)              #大的背景上的
    img2 = cv2.polylines(bgr_all_tmp, [np.int32(dst)], True, (255, 0, 0), 10, cv2.LINE_
AA)                                              #用于绘制任何图像上的多边形
    srcc = []                                           #每一帧的
    for i in dst:
        srcc.append(i[0])
```

```
        srcc = np.float32(srcc)
        dstt = np.float32([[0, 0], [0, h - 1], [w - 1, h - 1], [w - 1, 0]])

        #通过运算得到M矩阵
        M_inver = cv2.getPerspectiveTransform(srcc, dstt)
        #提取特征图片
        bg_img = cv2.warpPerspective(bgr_all, M_inver, (w, h))

        cv2.imwrite(name1 + "/src" + str(frames) + ".png", frame)
        cv2.imwrite(name2 + "/bgr" + str(frames) + ".png", bg_img)

        print(frames, frames_all)
        cv2.namedWindow('result', cv2.WINDOW_NORMAL) #窗口大小可以改变
        cv2.imshow('result', img2)
        cv2.waitKey(0)

        '''更新前一帧图片和角点的位置'''
        old_gray = frame_gray.copy()
        p0 = good_new.reshape(-1, 1, 2)

end_time = time.time()
print("运行花费了" + str(end_time - start_time) + "秒")
cv2.destroyAllWindows()
cap.release()
```

以上的程序实现有一个待匹配的图,先在一个更大的图中找到与之匹配的,再通过透视变换,转换为同一视角的。

9.2 CAMShift 跟踪目标

9.2.1 MeanShift 算法

MeanShift 算法有一个非常实用的定义:查找反投影图像上的对象。

1. MeanShift 算法的原理

MeanShift 算法的原理很简单,假设有一堆点集,还有一个小窗口,这个窗口可能是圆形的,现在可能要移动这个窗口到点集密度最大的区域中,如图 9-1 所示。

最开始的窗口是蓝色圆环的区域,命名为 C1。蓝色圆环的圆心用一个蓝色的矩形标注,命名为 C1_o。而窗口中所有的点集构成的质心在蓝色圆形点 C1_r 处,由图 9-1 可看到圆环的形心和质心并不重合。所以,移动蓝色的窗口,使得形心与之前得到的质心重合。在新移动后的圆环的区域中再次寻找圆环中所包围点集的质心,然后再次移动,通常情况下,形心和质心是不重合的。不断执行上面的移动过程,直到形心和质心大致重合结束。这样,最后圆形的窗口会落到像素分布最大的地方,

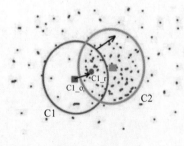

图 9-1 移动窗口

也就是图中的绿色圈,命名为C2。

2. MeanShift 算法流程

MeanShift算法除了应用在视频追踪中,在聚类、平滑等各种涉及数据以及非监督学习的场合中均有重要应用,是一个应用广泛的算法。

图像是一个矩阵信息,怎样在一个视频当中使用MeanShift算法来追踪一个运动的物体呢?流程大致如下。

(1) 在图像上选定一个目标区域。

(2) 计算选定区域的直方图分布,一般是HSV色彩空间的直方图。

(3) 对下一帧图像B同样计算直方图分布。

(4) 计算图像B中与选定区域直方图分布最为相似的区域,使用MeanShift算法将选定区域沿着最为相似的部分进行移动,直到找到最相似的区域,便完成了在图像B中的目标追踪。

(5) 重复步骤(3)和(4),完成整个视频目标追踪。

假设有一张 100×100 的输入图像,有一张 10×10 的模板图像,查找的过程大致为(直方图反向投影流程):

(1) 从输入图像的左上角(0,0)开始,切割一块(0,0)至(10,10)的临时图像。

(2) 生成临时图像的直方图。

(3) 用临时图像的直方图和模板图像的直方图对比,对比结果记为C。

(4) 直方图对比结果C,就是结果图像(0,0)处的像素值。

(5) 切割输入图像从(0,1)至(10,11)的临时图像,对比直方图,并记录到结果图像。

(6) 重复步骤(1)~(5)直到输入图像的右下角,就形成了直方图的反向投影。

3. 实例应用

在OpenCV API中,利用meanShift函数可实现对目标图像的跟踪,函数的语法格式为:

```
cv2.meanShift(probImage, window, criteria)
```

其中,参数probImage为ROI区域,即目标直方图的反向投影;window为初始搜索窗口,就是定义ROI的rect;criteria确定窗口搜索停止的准则,主要有迭代次数达到设置的最大值、窗口中心的漂移值大于某个设定的限值等。

实现MeanShift算法的主要流程有:

(1) 读取视频文件:cv.videoCapture函数。

(2) 感兴趣区域设置:获取第一帧图像,并设置目标区域,即感兴趣区域。

(3) 计算直方图:计算感兴趣区域的HSV直方图,并进行归一化。

(4) 目标追踪:设置窗口搜集停止条件,直方图反向投影,进行目标追踪,并在目标位置绘制矩形框。

【例9-2】 人脸追踪。

```
import cv2 as cv
```

```python
#创建读取视频的对象
cap = cv.VideoCapture("7788.mp4")
#获取第一帧位置,并指定目标位置
ret, frame = cap.read()
c, r, h, w = 330, 360, 200, 120
track_window = (c, r, h, w)
#指定感兴趣区域
roi = frame[r: r + h, c: c + w]

#计算直方图
#转换色彩空间
hsv_roi = cv.cvtColor(roi, cv.COLOR_BGR2HSV)
#计算直方图
roi_hist = cv.calcHist([hsv_roi], [0], None, [180], [0, 180])
#归一化
cv.normalize(roi_hist, roi_hist, 0, 255, cv.NORM_MINMAX)
#目标追踪
#设置窗口搜索终止条件:最大迭代次数,窗口中心漂移最小值
term_crit = (cv.TermCriteria_EPS | cv.TERM_CRITERIA_COUNT, 10, 1)

while True:
    ret, frame = cap.read()
    if ret:
        #计算直方图的反向投影
        hsv = cv.cvtColor(frame, cv.COLOR_BGR2HSV)
        dst = cv.calcBackProject([hsv], [0], roi_hist, [0, 180], 1)
        #进行MeanShift算法追踪
        ret, track_window = cv.meanShift(dst, track_window, term_crit)
        #将追踪的位置绘制在视频上,并进行显示
        x, y, w, h = track_window
        img = cv.rectangle(frame, (x, y), (x + w, y + h), 255, 2)
        cv.imshow("frame", img)
        if cv.waitKey(20) & 0xFF == ord('q'):
            break
    else:
        break
#资源释放
cap.release()
cv.destroyAllWindows()       #追踪效果可参考程序
```

9.2.2 CAMShift 算法

CAMShift(Continuously Adaptive MeanShift)算法能够自动调节搜索窗口大小来适应目标的大小,可以跟踪视频中尺寸变化的目标。它也是一种半自动跟踪算法,需要手动标定跟踪目标。其基本思想是以视频图像中运动物体的颜色信息作为特征,对输入图像的每一帧分别作 MeanShift 运算,并将上一帧的目标中心和搜索窗口大小(核函数带宽)作为下一帧 MeanShift 运算的中心和搜索窗口大小的初始值,如此迭代下去,即可实现对目标的跟踪。原因是在每次搜索前将搜索窗口的位置和大小设置为运动目标当前中心的位置和大小,而运动目标通常在区域附近,缩短了搜索时间;另外,在目标运动

过程中,颜色变化不大,因此该算法具有良好的健壮性,已被广泛应用到运动人体跟踪、人脸跟踪等领域。

1. CAMShift 算法流程

CAMShift 算法的流程如图 9-2 所示。

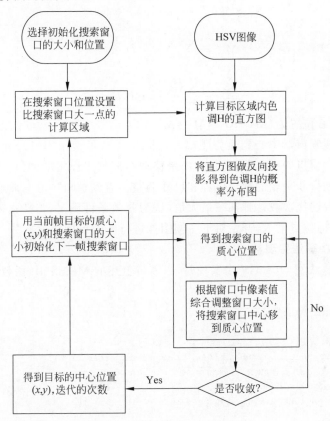

图 9-2　CAMShift 算法的流程

算法的具体步骤如下。

(1) 计算目标区域内的颜色直方图。

通常是将输入图像转换到 HSV 颜色空间,目标区域为初始设定的搜索窗口范围,分离出色调 H 分量做该区域的色调直方图计算。因为 RGB 颜色空间对光线条件的改变较为敏感,要减小该因素对追踪效果的影响,CAMShift 算法通常采用 HSV 颜色空间进行处理,当然也可以用其他颜色空间计算,这样即得到目标模板的颜色直方图。

(2) 根据获得的颜色直方图将原始输入图像转换为颜色概率分布图像。

该过程称为"反向投影",所谓直方图反向投影,就是输入图像在已知目标颜色直方图的条件下的颜色概率密度分布图,包含了目标在当前帧中的相干信息。对于输入图像中的每一个像素,查询目标模型颜色直方图,对于目标区域内的像素,可得到该像素属于目标像素的概率,而对于非目标区域内的像素,该概率为 0。

(3) MeanShift 算法迭代过程。

即右边大矩形框内的部分,它是 CAMShift 算法的核心,目的在于找到目标中心在当前帧中的位置。首先在颜色概率分布图中选择搜索窗口的大小和初始位置,然后计算搜索窗口的质心位置。设像素点(i,j)位于搜索窗口内,$I(i,j)$是颜色直方图的反向投影图中该像素点对应的值,定义搜索窗口的零阶矩M_{00}和一阶矩M_{10}、M_{01}如下:

$$M_{00} = \sum_{i=0}^{M-1}\sum_{j=0}^{N-1} I(i,j) \tag{9-1}$$

$$M_{10} = \sum_{i=0}^{M-1}\sum_{j=0}^{N-1} i \cdot I(i,j) \tag{9-2}$$

$$M_{01} = \sum_{i=0}^{M-1}\sum_{j=0}^{N-1} j \cdot I(i,j) \tag{9-3}$$

则搜索窗口的质心位置为$(M_{10}/M_{00}, M_{01}/M_{00})$。

接着,调整搜索窗口中心到质心距离。零阶矩反映了搜索窗口尺寸,依据它调整窗口大小,并将搜索窗口的中心移到质心,如果移动距离大于设定的阈值,则重新计算调整后的窗口质心,进行新一轮的窗口位置和尺寸调整。直到窗口中心与质心之间的移动距离小于阈值,或者迭代次数达到某一最大值,认为收敛条件满足,将搜索窗口位置和大小作为下一帧的目标位置输入,开始对下一帧图像进行新的目标搜索。

2. CAMShift 算法实现

CAMShift 算法在 OpenCV 中实现时,只需将上述的 MeanShift 函数改为 CAMShift 函数即可。

(1) MeanShift 算法中。

```
# 进行 MeanShift 追踪
ret, track_window = cv.meanShift(dst, track_window, term_crit)
# 将追踪的位置绘制在视频上,并进行显示
x, y, w, h = track_window
img = cv.rectangle(frame, (x, y), (x + w, y + h), 255, 2)
```

(2) CAMShift 算法中。

代码修改为:

```
# 进行 CAMShift 追踪
ret, track_window = cv.CamShift(dst, track_window, term_crit)
# 将追踪的位置绘制在视频上,并进行显示
pts = cv.boxPoints(ret)
pts = np.int0(pts)
img = cv.polylines(frame, [pts], True, 222, 2)
```

3. 跟踪超类

跟踪图像都将继承该跟踪超类,该类实现鼠标框出现要跟踪图像范围、显示图像、显示 CPS 和 RES 值。超类的定义为:

```
import cv2
import numpy as np
import time
```

```python
class TrackerBase(object):
    def __init__(self, window_name):
        self.window_name = window_name
        self.frame = None
        self.frame_width = None
        self.frame_height = None
        self.frame_size = None
        self.drag_start = None
        self.selection = None
        self.track_box = None
        self.detect_box = None
        self.display_box = None
        self.marker_image = None
        self.processed_image = None
        self.display_image = None
        self.target_center_x = None

    def onMouse(self, event, x, y, flags, params):
        if self.frame is None:
            return
        if event == cv2.EVENT_LBUTTONDOWN and not self.drag_start:
            self.track_box = None
            self.detect_box = None
            self.drag_start = (x, y)
        if event == cv2.EVENT_LBUTTONUP:
            self.drag_start = None
            self.detect_box = self.selection
        if self.drag_start:
            xmin = max(0, min(x, self.drag_start[0]))
            ymin = max(0, min(y, self.drag_start[1]))
            xmax = min(self.frame_width, max(x, self.drag_start[0]))
            ymax = min(self.frame_height, max(y, self.drag_start[1]))
            self.selection = (xmin, ymin, xmax - xmin, ymax - ymin)

    def display_selection(self):
        if self.drag_start and self.is_rect_nonzero(self.selection):
            x, y, w, h = self.selection
            cv2.rectangle(self.marker_image, (x, y), (x + w, y + h), (0, 255, 255), 2)

    def is_rect_nonzero(self, rect):
        try:
            (_,_,w,h) = rect
            return ((w > 0) and (h > 0))
        except:
            try:
                ((_,_),(w,h),a) = rect
                return (w > 0) and (h > 0)
            except:
                return False

    def rgb_image_callback(self, data):
        frame = data
        if self.frame is None:
```

```python
                self.frame = frame.copy()
                self.marker_image = np.zeros_like(frame)
                self.frame_size = (frame.shape[1], frame.shape[0])
                self.frame_width, self.frame_height = self.frame_size
                cv2.imshow(self.window_name, self.frame)
                cv2.setMouseCallback(self.window_name, self.onMouse)
                cv2.waitKey(3)
        else:
                self.frame = frame.copy()
                self.marker_image = np.zeros_like(frame)
                processed_image = self.process_image(frame)
                self.processed_image = processed_image.copy()
                self.display_selection()
                self.display_image = cv2.bitwise_or(self.processed_image, self.marker_image)

                if self.track_box is not None and self.is_rect_nonzero(self.track_box):
                    tx, ty, tw, th = self.track_box
                    cv2.rectangle(self.display_image, (tx, ty), (tx + tw, ty + th), (0, 0, 0), 2)
                elif self.detect_box is not None and self.is_rect_nonzero(self.detect_box):
                    dx, dy, dw, dh = self.detect_box
                    cv2.rectangle(self.display_image, (dx, dy), (dx + dw, dy + dh), (255, 50, 50), 2)
                cv2.imshow(self.window_name, self.display_image)
                cv2.waitKey(3)

    def process_image(self, frame):
        return frame

if __name__ == "__main__":
    cap = cv2.VideoCapture(0)
    trackerbase = TrackerBase('base')
    while True:
        ret, frame = cap.read()
        x, y = frame.shape[0: 2]
        small_frame = cv2.resize(frame, (int(y/2), int(x/2)))
        trackerbase.rgb_image_callback(small_frame)
        if cv2.waitKey(1) & 0xFF == ord('q'):
            break
    cap.release()
    cv2.destroyAllWindows()
```

接下来介绍几个常用的函数。

(1) def onMouse(self, event，x, y, flags, params)：onMouse 为鼠标事件默认回调函数，在后面 cv2.setMouseCallback(self.window_name, self.onMouse)使用到。

onMouse 函数各参数的含义为：

- event：鼠标动作。
- x, y：鼠标产生该事件时 x 和 y 的坐标。

- flags：cv2_EVENT_FLAG_×MouseEventFlags 类型的变量。
- param：自定义地传递给 setMouseCallback 函数调用的参数。

onMouse 函数实现功能为：单击时把 x、y 保存在变量 drag_start 中作为鼠标初始位置，在鼠标移动中会随时把新的 x、y 传入回调函数，更新 selection 的值。在鼠标左键抬起时保存所选框为 detect_box。

（2）def display_selection(self)：用矩形框出选定区域。

（3）def is_rect_nonzero(self,rect)：判断矩形大小是否为 0。

（4）def rgb_image_callback(self,data)：核心函数，有以下功能。

- 如没有边框时复制数据（即传入的图像），将一些参数和传入图像保持一致，并显示图像。这里调用鼠标回调函数获取边框。
- 在有图像时，运行图像处理程序 self.process_image（该程序在子类中重写），显示矩形框（显示 track_box 和 detect_box）。

（5）def process_image(self,frame)：该程序目前只是返回原图，子类要重写该程序实现跟踪核心功能。

【例 9-3】 CAMShift 算法实现。

```
import cv2
import numpy as np
from tracker_base import TrackerBase

class Camshift(TrackerBase):
    def __init__(self, window_name):
        super(Camshift, self).__init__(window_name)
        self.detect_box = None
        self.track_box = None

    def process_image(self, frame):
        try:
            if self.detect_box is None:
                return frame
            src = frame.copy()
            if self.track_box is None or not self.is_rect_nonzero(self.track_box):
                self.track_box = self.detect_box
                x,y,w,h = self.track_box
                self.roi = cv2.cvtColor(frame[y: y + h, x: x + w], cv2.COLOR_BGR2HSV)
                roi_hist = cv2.calcHist([self.roi], [0], None, [16], [0, 180])
                self.roi_hist = cv2.normalize(roi_hist, roi_hist, 0, 255, cv2.NORM_MINMAX)
                self.term_crit = (cv2.TERM_CRITERIA_EPS | cv2.TERM_CRITERIA_COUNT, 10, 1)
            else:
                hsv = cv2.cvtColor(frame,cv2.COLOR_BGR2HSV)
                back_project = cv2.calcBackProject([hsv],[0],self.roi_hist,[0,180],1)
                ret, self.track_box = cv2.CamShift(back_project, self.track_box, self.term_crit)
                pts = cv2.boxPoints(ret)
```

```
                pts = np.int0(pts)
                cv2.polylines(frame,[pts],True,255,1)
        except:
            pass
        return frame

if __name__ == '__main__':
    cap = cv2.VideoCapture(0)
    camshift = Camshift('camshift')
    while True:
        ret, frame = cap.read()
        x, y = frame.shape[0: 2]
        small_frame = cv2.resize(frame, (int(y/2), int(x/2)))
        camshift.rgb_image_callback(small_frame)
        if cv2.waitKey(1) & 0xFF == ord('q'):
            break
    cap.release()
    cv2.destroyAllWindows()
# 出错跟踪
try:
    if self.detect_box is None:
        return frame
```

如果没有标定跟踪区域则直接返回原图。

```
if self.track_box is None or not self.is_rect_nonzero(self.track_box):
    self.track_box = self.detect_box
    x,y,w,h = self.track_box
    self.roi = cv2.cvtColor(frame[y: y + h, x: x + w], cv2.COLOR_BGR2HSV)
    roi_hist = cv2.calcHist([self.roi], [0], None, [16], [0, 180])
    self.roi_hist = cv2.normalize(roi_hist, roi_hist, 0, 255, cv2.NORM_MINMAX)
    self.term_crit = (cv2.TERM_CRITERIA_EPS | cv2.TERM_CRITERIA_COUNT, 10, 1)
```

track_box不存在时把track_box重置为detect_box(即划定的跟踪区域)，并计算detect_box中颜色概率直方图，这一部分用于初始化。

```
hsv = cv2.cvtColor(frame,cv2.COLOR_BGR2HSV)
back_project = cv2.calcBackProject([hsv],[0],self.roi_hist,[0,180],1)
ret, self.track_box = cv2.CamShift(back_project, self.track_box, self.term_crit)
pts = cv2.boxPoints(ret)
pts = np.int0(pts)
cv2.polylines(frame,[pts],True,255,1)
```

调用Camshift库对图像进行识别。

9.3 OpenCV 实现人脸识别

在Python中，可以使用现有的一些库来进行人脸识别。其中，最常用的是dlib、OpenCV和face_recognition。

OpenCV是一个专门用于图像处理的库,也提供了一些用于人脸识别的算法。使用OpenCV进行人脸识别时,也需要先将人脸检测出来,再使用OpenCV提供的算法提取人脸。常见的人脸检测方法有Haar、Hog、CNN、SSD、MTCNN这5种。

9.3.1 Haar级联实现人脸检测

Haar级联算法是OpenCV最流行的目标检测算法,主要优点是速度非常快,尽管许多算法(如HOG+线性SVC、SSDs以及更快的R-CNN、YOLO等)比Haar级联算法更精确。但如果需要纯粹的速度,就无法打败OpenCV的Haar级联。

1. 什么是Haar级联

Haar级联检测有边缘特征、线特征、四角-矩形的特征。计算特征需要从黑色区域下的像素总和中减去白色区域下的像素总和。并且,这些特征在人脸检测中具有实际的重要性:

(1) 眼睛区域往往比脸颊区域暗。

(2) 鼻子区域比眼睛区域亮。

给定各矩形区域及其相应的和差,就可以形成能够对人脸的各个部分进行特征分类。

Haar级联的优势表现在:由于使用了积分图像(也称为求和面积表),它们在计算类似Haar的特征时非常快。也因为Haar级联是使用AdaBoost算法,它们对特征选择也非常有效。最重要的是,它们可以检测图像中的人脸,而不考虑人脸的位置或比例。

2. Haar级联的问题与局限性

Haar级联的问题与局限主要表现在以下3点。

(1) 需要最有效的正面图像的脸。

(2) 容易出现误报,Viola-Jones算法可以在没有人脸的情况下轻松报告图像中的人脸。

(3) 调优OpenCV检测参数会非常乏味。有时可以检测出图像中的所有人脸,有时会出现图像的区域被错误地分类为面部,有时还会出现面部被完全遗漏。

3. Haar级联预训练的模型

OpenCV库维护一个预先训练好的Haar级联库。包括:

- haarcascade_frontalface_default.xml:检测面部。
- haarcascade_eye.xml:检测左眼和右眼。
- haarcascade_smile.xml:检测面部是否存在嘴部。
- haarcascade_eye_tree_eyeglasses.xml:检测是否戴墨镜。
- haarcascade_frontalcatface.xml:检测猫脸。
- haarcascade_frontalcatface_extended.xml:检测猫脸延伸。
- haarcascade_frontalface_alt.xml:检测猫脸属性。
- haarcascade_fullbody.xml:检测全身。
- haarcascade_lefteye_2splits.xml:检测左眼。
- haarcascade_licence_plate_rus_16stages.xml:检测证件。

- haarcascade_lowerbody.xml：检测下半身。
- haarcascade_righteye_2splits.xml：检测右眼。
- haarcascade_russian_plate_number.xml：检测俄罗斯字母车牌号。
- haarcascade_upperbody.xml：检测上半身。

还提供了其他经过预训练的 Haar 级联，一个用于俄罗斯牌照，另一个用于猫脸检测。可以使用 cv2.CascadeClassifer 从磁盘加载预先训练好的 Haar 级联检测器：

```
detector = cv2.CascadeClassifier(path)
```

可以使用 detectMultiScale 对其进行预测：

```
results = detector.detectMultiScale(
        gray, scaleFactor = 1.05, minNeighbors = 5,
        minSize = (30, 30), flags = cv2.CASCADE_SCALE_IMAGE)
```

下面通过几个实例来分别演示利用 Haar 级联对静态图片和视频进行检测。

【例 9-4】 利用 Haar 级联对静态图片进行人脸检测。

```
# 导入库
import cv2
filename = '1122.jpg'
def detect(filename):
    face_cascade = cv2.CascadeClassifier(cv2.data.haarcascades + "haarcascade_frontalface_default.xml")
    img = cv2.imread(filename)
    gray = cv2.cvtColor(img, cv2.COLOR_BGR2GRAY) # 转换为灰度图像
    faces = face_cascade.detectMultiScale(gray, 1.3, 5)
    # scaleFactor: 表示人脸检测过程中每次迭代时图片的压缩率(1.3)
    # minNeighbors: 每个人脸矩形保留近邻数目的最小值(5)
    for (x, y, w, h) in faces:
        # 通过坐标绘制矩形,x、y是左上角坐标,w、h分别是宽度和高度
        img = cv2.rectangle(img, (x, y), (x + w, y + h), (255, 0, 0), 2)
        # 其中参数的含义: (255, 0, 0)表示颜色, 2 表示线条粗细
    cv2.namedWindow('Viking Detected!!')
    cv2.imshow('Viking Detected!!', img)
    cv2.imwrite('viking.jpg', img)
    cv2.waitKey(0)
detect(filename)
```

运行程序，效果如图 9-3 所示。

代码中，需要注意的两个参数分别为 scaleFactor 和 minNeighbors。

- scaleFactor 参数：用来控制人脸框的大小，可以用它来排除一些错误检测。
- minNeighbors 参数：给人脸框起来时，一般一张脸会框许多的框，假如这张脸框得越多，说明质量越好，越是一张正确的"脸"。

在视频中对人脸进行检测时，可能效果不是很好，脸可以准确识别，但是眼睛识别不了。对于脸部的识别一旦有遮挡也是无法识别的。

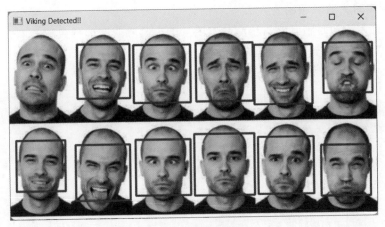

图 9-3 人脸检测效果

【例 9-5】 识别视频中的人脸。

```
import cv2
def detect():
    face_cascade = cv2.CascadeClassifier(cv2.data.haarcascades + "haarcascade_frontalface_default.xml")
    eye_cascade = cv2.CascadeClassifier('cascades/haarcascade_eye.xml')
    camera = cv2.VideoCapture('7788.mp4')  #读取视频文件
    while(True):
        ret, frame = camera.read()  #从视频中获取布尔值(是否读取帧)以及帧本身
        if ret == True:
            gray = cv2.cvtColor(frame, cv2.COLOR_BGR2GRAY)
        else:
            break
        faces = face_cascade.detectMultiScale(gray, 1.3, 3)
        for(x, y, w, h) in faces:
            img = cv2.rectangle(frame, (x, y), (x + w, y + h), (0, 0, 255), 2)
            roi_gray = gray[y: y + h, x: x + w]
            eyes = eye_cascade.detectMultiScale(roi_gray)
            for(ex, ey, ew, eh) in eyes:
                cv2.rectangle(img, (ex, ey), (ex + ew, ey + eh), (0, 255, 0), 2)
        cv2.imshow("camera", frame)
        if cv2.waitKey(1000//50) & 0xff == ord("q"):
            break
    camera.release()
    cv2.destroyAllWindows()
if __name__ == "__main__":
    detect()
```

9.3.2 级联实现实时人脸检测与人脸身份识别

静态图片实现人脸检测时,效果较好,如果在动态的视频图像实现检测时,效果不是很理想。级联检测是否也能实现实时人脸检测与识别呢?答案是肯定的。下面通过实例来演示级联实现实时的人脸检测与人脸身份识别。

1. 检测实时人脸和眼睛

检测实时人脸和眼睛其实与检测静态图片的人脸和眼睛的代码相差不大。

【例 9-6】 只检测到人脸和眼睛。

```python
import cv2

face_cascade = cv2.CascadeClassifier(cv2.data.haarcascades + 'haarcascade_frontalface_default.xml')

eye_cascade = cv2.CascadeClassifier(cv2.data.haarcascades + 'haarcascade_eye.xml')
#调用摄像头
cap = cv2.VideoCapture(0)

while (True):
    #获取摄像头拍摄到的画面
    ret, frame = cap.read()
    faces = face_cascade.detectMultiScale(frame, 1.3, 5)
    img = frame
    for(x, y, w, h) in faces:
        #画出人脸框,蓝色,画笔宽度为2
        img = cv2.rectangle(img, (x, y), (x + w, y + h), (255, 0, 0), 2)
        #框选出人脸区域,在人脸区域而不是全图中进行人眼检测,节省计算资源
        face_area = img[y: y + h, x: x + w]
        eyes = eye_cascade.detectMultiScale(face_area)
        #用人眼级联分类器引擎在人脸区域进行人眼识别,返回 eyes 为眼睛坐标列表
        for(ex, ey, ew, eh) in eyes:
            #画出人眼框,绿色,画笔宽度为1
            cv2.rectangle(face_area, (ex, ey), (ex + ew, ey + eh), (0, 255, 0), 1)
            k = cv2.waitKey(100)
            if k == ord("z") or k == ord("Z"): #如果输入 z
                #则将当前帧保存为图片
                img_name = "3344.jpg"
                print(img_name)
                image = frame[y - 10: y + h + 10, x - 10: x + w + 10]
                cv2.imwrite(img_name, image, [int(cv2.IMWRITE_PNG_COMPRESSION), 9])
                break

    #实时展示效果画面
    cv2.imshow('frame2', img)
    #每 5ms 监听一次键盘动作
    if cv2.waitKey(5) & 0xFF == ord('q'): #英文状态下,按 q 键可退出实时画面
        break
#最后,关闭所有窗口
cap.release()
cv2.destroyAllWindows()
```

如果想检测到人脸是否在微笑,实现代码为:

```python
import cv2

face_cascade = cv2.CascadeClassifier(cv2.data.haarcascades + 'haarcascade_frontalface_default.xml')
```

```python
eye_cascade = cv2.CascadeClassifier(cv2.data.haarcascades + 'haarcascade_eye.xml')
smile_cascade = cv2.CascadeClassifier(cv2.data.haarcascades + 'haarcascade_smile.xml')

#调用摄像头
cap = cv2.VideoCapture(0)
while(True):
    #获取摄像头拍摄到的画面
    ret, frame = cap.read()
    faces = face_cascade.detectMultiScale(frame, 1.3, 2)
    img = frame
    for(x, y, w, h) in faces:
        #画出人脸框,蓝色,画笔宽度为2
        img = cv2.rectangle(img, (x, y), (x + w, y + h), (255, 0, 0), 2)
        #框选出人脸区域,在人脸区域而不是全图中进行人眼检测,节省计算资源
        face_area = img[y: y + h, x: x + w]

        '''人眼检测'''
        #用人眼级联分类器引擎在人脸区域进行微关识别,返回smiles为微关坐标列表
        eyes = eye_cascade.detectMultiScale(face_area, 1.3, 10)
        for(ex, ey, ew, eh) in eyes:
            #画出人眼框,绿色,画笔宽度为1
            cv2.rectangle(face_area, (ex, ey), (ex + ew, ey + eh), (0, 255, 0), 1)

        '''微笑检测'''
        #用微笑级联分类器引擎在人脸区域进行微笑识别,返回Smiles为微笑坐标列表
        smiles = smile_cascade.detectMultiScale(face_area, scaleFactor = 1.16, minNeighbors = 65, minSize = (25, 25), flags = cv2.CASCADE_SCALE_IMAGE)
        for(ex, ey, ew, eh) in smiles:
            #画出微笑框,红色(BGR色彩体系),画笔宽度为1
            cv2.rectangle(face_area, (ex, ey), (ex + ew, ey + eh), (0, 0, 255), 1)
            cv2.putText(img, 'Smile', (x, y - 6), 3, 1.2, (0, 0, 255), 2, cv2.LINE_AA)

    #实时展示效果画面
    cv2.imshow('frame2', img)
    #每5ms 监听一次键盘动作
    if cv2.waitKey(5) & 0xFF == ord('q'):  #英文状态下,按 q 键可退出实时画面
        break

#最后,关闭所有窗口
cap.release()
cv2.destroyAllWindows()
```

2. 识别人脸身份

通过获取人脸图像与人脸身份识别来识别人脸身份。

(1) 获取人脸图像。

利用前面介绍的级联分类器对人脸画框的方式,将框内的人脸照片保留下来,按 k 键保存照片。

【例9-7】 获取人脸图像。

```python
import cv2

face_cascade = cv2.CascadeClassifier(cv2.data.haarcascades + 'haarcascade_frontalface_default.xml')
eye_cascade = cv2.CascadeClassifier(cv2.data.haarcascades + 'haarcascade_eye.xml')
#调用摄像头
cap = cv2.VideoCapture(0)

while (True):
    #获取摄像头拍摄到的画面
    ret, frame = cap.read()
    faces = face_cascade.detectMultiScale(frame, 1.3, 5)
    img = frame
    for(x, y, w, h) in faces:
        #画出人脸框,蓝色,画笔宽度为2
        img = cv2.rectangle(img, (x, y), (x + w, y + h), (255, 0, 0), 2)
        #框选出人脸区域,在人脸区域而不是全图中进行人眼检测,节省计算资源
        face_area = img[y: y + h, x: x + w]
        eyes = eye_cascade.detectMultiScale(face_area)
        #用人眼级联分类器引擎在人脸区域进行人眼识别,返回eyes为眼睛坐标列表
        for(ex, ey, ew, eh) in eyes:
            #画出人眼框,绿色,画笔宽度为1
            cv2.rectangle(face_area, (ex, ey), (ex + ew, ey + eh), (0, 255, 0), 1)
            k = cv2.waitKey(100)
            if k == ord("z") or k == ord("Z"): #如果输入z
                #则将当前帧保存为图片
                img_name = "8899.jpg"
                print(img_name)
                image = frame[y - 10: y + h + 10, x - 10: x + w + 10]
                cv2.imwrite(img_name, image, [int(cv2.IMWRITE_PNG_COMPRESSION), 9])
                break

    #实时展示效果画面
    cv2.imshow('frame2', img)
    #每5ms监听一次键盘动作
    if cv2.waitKey(5) & 0xFF == ord('q'): #英文状态下,按q键可退出实时画面
        break

#最后,关闭所有窗口
cap.release()
cv2.destroyAllWindows()
```

(2) 人脸身份识别。

在保存照片后,下面将对人脸进行识别,通过将保存的照片代入程序进行训练,并通过摄像头读取人脸,识别人脸身份。

需要注意的是,代码中先要筛选出一个灰色通道作为感兴趣区域进行预测,程序才可以运行。

【例9-8】 人脸识别。

```python
import cv2
import numpy as np
face_cascade = cv2.CascadeClassifier(cv2.data.haarcascades + 'haarcascade_frontalface_default.xml')

eye_cascade = cv2.CascadeClassifier(cv2.data.haarcascades + 'haarcascade_eye.xml')
#调用摄像头
cap = cv2.VideoCapture(0)
images = []
images.append(cv2.imread('enlian1.jpg',cv2.IMREAD_GRAYSCALE))
images.append(cv2.imread('enlian2.jpg',cv2.IMREAD_GRAYSCALE))
images.append(cv2.imread('enlian3.jpg',cv2.IMREAD_GRAYSCALE))
images.append(cv2.imread('enlian4.jpg',cv2.IMREAD_GRAYSCALE))
images.append(cv2.imread('enlian5.jpg',cv2.IMREAD_GRAYSCALE))
images.append(cv2.imread('enlian6.jpg',cv2.IMREAD_GRAYSCALE))
images.append(cv2.imread('enlian7.jpg',cv2.IMREAD_GRAYSCALE))
labels = [3,3,3,3,3,3,3]
recognizer = cv2.face.LBPHFaceRecognizer_create()
recognizer.train(images,np.array(labels))
while (True):
    #获取摄像头拍摄到的画面
    ret, frame = cap.read()
    faces = face_cascade.detectMultiScale(frame, 1.3, 5)
    img = frame
    for(x, y, w, h) in faces:
        #画出人脸框,蓝色,画笔宽度为2
        img = cv2.rectangle(img, (x, y), (x + w, y + h), (255, 0, 0), 2)
        gray = cv2.cvtColor(img,cv2.COLOR_BGR2GRAY)
        #框选出人脸区域,在人脸区域而不是全图中进行人眼检测,节省计算资源
        face_area = gray[y: y + h, x: x + w]
        eyes = eye_cascade.detectMultiScale(face_area)
        #用人眼级联分类器引擎在人脸区域进行人眼识别,返回 eyes 为眼睛坐标列表
        for(ex, ey, ew, eh) in eyes:
            #画出人眼框,绿色,画笔宽度为1
            cv2.rectangle(face_area, (ex, ey), (ex + ew, ey + eh), (0, 255, 0), 1)
        label, confidence = recognizer.predict(face_area)
        print('label = ', label)
        print('confidence = ', confidence)
        if label == 3:
            print("这个是公主殿下")      #摄像头拍摄的人
            cv2.putText(img, 'Highness', (x, y - 6), 3, 1.2, (0, 0, 255), 2, cv2.LINE_AA)
    #实时展示效果画面
    cv2.imshow('frame2', img)
    #每 5ms 监听一次键盘动作
    if cv2.waitKey(5) & 0xFF == ord('q'):
        break

#最后,关闭所有窗口
cap.release()
cv2.destroyAllWindows()
```

9.4 HOG 识别微笑

9.4.1 HOG 原理

HOG(Histogram of Oriented Gradient,方向梯度直方图)即统计图像局部区域的梯度方向信息来作为该局部图像区域的表征,它的特征提取流程可分为 6 个部分:检测窗口、归一化图像、计算梯度、构建梯度直方图、梯度直方图归一化、生成 HOG 特征向量。

1. 检测窗口

HOG 通过窗口(window)和块(block)将图像进行分割。通过以元胞(cell)为单位,对图像某一区域的像素值进行数学计算处理。在此先介绍窗口、块和元胞的概念及之间的联系。

(1) 窗口:将窗口按一定大小分割成多个相同的小窗口,滑动。

(2) 块:将每个窗口按一定大小分割成多个相同的块,滑动。

(3) 元胞:将每个窗口按一定大小分割成多个相同的细胞,属于特征提取的单元,静止不动。

整体的流程为:图像(image)→检测窗口(window)→图像块(block)→元胞(cell)。

2. 归一化图像

归一化分为 Gamma 空间和颜色空间归一化。为减少光照因素影响,将整个图像进行规范化(归一化)。归一化同时可以避免在图像的纹理强度中,局部的表层曝光贡献度比重较大的情况。

3. 计算梯度

计算图像坐标和纵坐标方向的梯度,并根据横坐标和纵坐标的梯度,计算梯度方向。

4. 构建梯度直方图

HOG 构建方向梯度直方图在元胞中完成,bins 决定方向的划分。一般 bins 取 9,将梯度方向划分为 9 个区间。例如,假设一个细胞尺寸为 6×6,则对这个元胞内的 36 个像素点,先判断像素点梯度方向所属的区间。

5. 梯度直方图归一化

局部光照的变化及前景-背景对比度的变化,使梯度强度的变化范围很大,在此需要进行归一化。

6. 生成 HOG 特征向量

最后组合所有的块,生成特征向量,例如对于一个 64×128 的窗口而言,每 8×8 像素组成一个元胞,每 22 个元胞组成一个块,每个块有 94 个特征,以 8 像素为步长,水平方向将有 7 个扫描窗口,垂直方向将有 15 个扫描窗口。所以,一个 64×128 的窗口共 $367 \times 15 = 5505$ 个特征,代码中一个 HOG 描述子针对一个检测窗口。

9.4.2 HOG 实例应用

下面通过一个实例来演示利用 HOG 实现人脸检测。

(1) 导入相关库。

```python
#导入包
import numpy as np
import cv2
import dlib
import random                              #构建随机测试集和训练集
from sklearn.svm import SVC                #导入 SVC
from sklearn.svm import LinearSVC          #导入线性 SVC
from sklearn.pipeline import Pipeline      #导入 Python 中的管道
import os
import joblib                              #保存模型
from sklearn.preprocessing import StandardScaler,PolynomialFeatures
                                           #导入多项式回归和标准化
import tqdm
```

(2) 定义路径。

```python
folder_path = './genki4k/'
label = 'labels.txt'                       #标签文件
pic_folder = 'files/'                      #图片文件路径
```

(3) 获得默认的人脸检测器和训练好的人脸 68 特征点检测器。

```python
#获得默认的人脸检测器和训练好的人脸 68 特征点检测器
def get_detector_and_predicyor():
    #使用 dlib 自带的 frontal_face_detector 作为特征提取器
    detector = dlib.get_frontal_face_detector()
    """
    函数 get_detector_and_predicyor 功能：人脸检测画框
    in classes 表示采样次数，次数越多获取的人脸的次数越多，但更容易框错
    返回值是矩形的坐标，每个矩形为一个人脸（默认的人脸检测器）
    """
    #返回训练好的人脸 68 特征点检测器
    predictor = dlib.shape_predictor('shape_predictor_68_face_landmarks.dat')
    return detector,predictor
#获取检测器
detector,predictor = get_detector_and_predicyor()
```

(4) 截取面部的函数。

```python
def cut_face(img,detector,predictor):
    #截取面部数据
    img_gry = cv2.cvtColor(img,cv2.COLOR_BGR2GRAY)
    rects = detector(img_gry, 0)
    if len(rects)!= 0:
        mouth_x = 0
        mouth_y = 0
        landmarks = np.matrix([[p.x, p.y] for p in predictor(img,rects[0]).parts()])
```

```
            for i in range(47,67):                          #嘴巴范围
                mouth_x += landmarks[i][0,0]
                mouth_y += landmarks[i][0,1]
        mouth_x = int(mouth_x/20)
        mouth_y = int(mouth_y/20)
        #裁剪图片
        img_cut = img_gry[mouth_y - 20: mouth_y + 20, mouth_x - 20: mouth_x + 20]
        return img_cut
    else:
        return 0                                            #若检测不到人脸则返回0
```

(5)提取特征值函数。

```
#提取特征值
def get_feature(files_train, face, face_feature):
    for i in tqdm.tqdm(range(len(files_train))):
        img = cv2.imread(folder_path + pic_folder + files_train[i])
        cut_img = cut_face(img, detector, predictor)
        if type(cut_img) != int:
            face.append(True)
            cut_img = cv2.resize(cut_img, (64,64))
            #padding:边界处理的填充
            padding = (8,8)
            winstride = (16,16)
            hogdescrip = hog.compute(cut_img, winstride, padding).reshape((-1,))
            face_feature.append(hogdescrip)
        else:
            face.append(False)                  #没有检测到脸的
            face_feature.append(0)
```

(6)筛选函数。

```
def filtrate_face(face, face_feature, face_site):
    #去掉检测不到脸的图片的特征并返回特征数组和相应标签
    face_features = []
    #获取标签
    label_flag = []
    with open(folder_path + label, 'r') as f:
        lines = f.read().splitlines()
    #筛选出能检测到脸的,并收集对应的标签
    for i in tqdm.tqdm(range(len(face_site))):
        if face[i]:                             #判断是否检测到脸
            #pop操作之后要删掉当前元素,后面的元素也要跟着前移,所以每次提取第一
            #位即可
            face_features.append(face_feature.pop(0))
            label_flag.append(int(lines[face_site[i]][0]))
        else:
            face_feature.pop(0)
    datax = np.float64(face_features)
    datay = np.array(label_flag)
    return datax, datay
```

(7) 多项式核 SVC 函数。

```python
def PolynomialSVC(degree, c = 10):              # 多项式 SVC
    return Pipeline([
            # 将源数据映射到 3 阶多项式
            ("poly_features", PolynomialFeatures(degree = degree)),
            # 标准化
            ("scaler", StandardScaler()),
            # SVC 线性分类器
            ("svm_clf", LinearSVC(C = 10, loss = "hinge", random_state = 42, max_iter = 10000))
        ])
```

(8) 高斯核 SVC 函数。

```python
# 高斯核 SVC
def RBFKernelSVC(gamma = 1.0):
    return Pipeline([
        ('std_scaler', StandardScaler()),
        ('svc', SVC(kernel = 'rbf', gamma = gamma))
    ])
```

(9) 训练函数。

```python
def train(files_train, train_site):                    # 训练
    '''
    files_train: 训练文件名的集合
    train_site: 训练文件在文件夹里的位置
    '''
    # 是否检测到人脸
    train_face = []
    # 人脸的特征数组
    train_feature = []
    # 提取训练集的特征数组
    get_feature(files_train, train_face, train_feature)
    # 筛选掉检测不到脸的特征数组
    train_x, train_y = filtrate_face(train_face, train_feature, train_site)
    svc = PolynomialSVC(degree = 1)
    svc.fit(train_x, train_y)
    return svc                                         # 返回训练好的模型
```

(10) 测试函数。

```python
def test(files_test, test_site, svc):  # 预测,查看结果集
    '''
    files_train: 训练文件名的集合
    train_site: 训练文件在文件夹里的位置
    '''
    # 是否检测到人脸
    test_face = []
    # 人脸的特征数组
```

```
    test_feature = []
    #提取训练集的特征数组
    get_feature(files_test,test_face,test_feature)
    #筛选掉检测不到脸的特征数组
    test_x,test_y = filtrate_face(test_face,test_feature,test_site)
    pre_y = svc.predict(test_x)
    ac_rate = 0
    for i in range(len(pre_y)):
        if(pre_y[i] == test_y[i]):
            ac_rate += 1
    ac = ac_rate/len(pre_y) * 100
    print("准确率为" + str(ac) + "%")
    return ac
```

(11) HOG 特征提取。

```
#设置 HOG 的参数
winsize = (64,64)
blocksize = (32,32)
blockstride = (16,16)
cellsize = (8,8)
nbin = 9
#定义 HOG
hog = cv2.HOGDescriptor(winsize,blocksize,blockstride,cellsize,nbin)
#获取文件夹中有哪些文件
files = os.listdir(folder_path + pic_folder)
```

(12) 数据集中随机的 9/10 作为训练集,剩下的 1/10 作为测试集,进行 10 次。

```
ac = float(0)
for j in range(10):
    site = [i for i in range(4000)]
    #训练所用的样本所在的位置
    train_site = random.sample(site,3600)
    #预测所用样本所在的位置
    test_site = []
    for i in range(len(site)):
        if site[i] not in train_site:
            test_site.append(site[i])
    files_train = []
    #训练集,占总数的 9/10
    for i in range(len(train_site)):
        files_train.append(files[train_site[i]])
    #测试集
    files_test = []
    for i in range(len(test_site)):
        files_test.append(files[test_site[i]])
    svc = train(files_train,train_site)
    ac = ac + test(files_test,test_site,svc)
    save_path = './train/second' + str(j) + '(hog).pkl'
    joblib.dump(svc,save_path)
ac = ac/10
print("平均准确率为" + str(ac) + "%")
```

运行程序，输出如下：

```
准确率为 89.13106786542378 %
平均准确率为 88.49741230172713 %
```

（13）检测函数。

```python
def test1(files_test,test_site,svc): #预测,查看结果集
    '''
    files_train: 训练文件名的集合
    train_site: 训练文件在文件夹中的位置
    '''
    #是否检测到人脸
    test_face = []
    #人脸的特征数组
    test_feature = []
    #提取训练集的特征数组
    get_feature(files_test,test_face,test_feature)
    #筛选掉检测不到脸的特征数组
    test_x,test_y = filtrate_face(test_face,test_feature,test_site)
    pre_y = svc.predict(test_x)
    tp = 0
    tn = 0
    for i in range(len(pre_y)):
        if pre_y[i] == test_y[i] and pre_y[i] == 1:
            tp += 1
        elif pre_y[i] == test_y[i] and pre_y[i] == 0:
            tn += 1
    f1 = 2 * tp/(tp + len(pre_y) - tn)
    print(f1)

svc7 = joblib.load('./train/second9(hog).pkl')
site = [i for i in range(4000)]
#训练所用样本所在的位置
train_site = random.sample(site,3600)
#预测所用样本所在的位置
test_site = []
for i in range(len(site)):
    if site[i] not in train_site:
        test_site.append(site[i])
#测试集
files_test = []
for i in range(len(test_site)):
    files_test.append(files[test_site[i]])
test1(files_test,test_site,svc7)
0.98497546240721
```

（14）笑脸检测函数。

```python
def smile_detector(img,svc):
    cut_img = cut_face(img,detector,predictor)
```

```
        a = []
        if type(cut_img)!= int:
            cut_img = cv2.resize(cut_img,(64,64))
        #padding:边界处理的填充
            padding = (8,8)
            winstride = (16,16)
            hogdescrip = hog.compute(cut_img,winstride,padding).reshape((-1,))
            a.append(hogdescrip)
            result = svc.predict(a)
            a = np.array(a)
            return result[0]
        else:
            return 2
```

(15) 图片测试。

```
##图片检测
pic_path = '2.png'
img = cv2.imread(pic_path)
result = smile_detector(img,svc7)
if result == 1:
    img = cv2.putText(img,'smile',(21,50),cv2.FONT_HERSHEY_COMPLEX,2.0,(0,255,0),1)
elif result == 0:
    img = cv2.putText(img,'no smile',(21,50),cv2.FONT_HERSHEY_COMPLEX,2.0,(0,255,0),1)
else:
    img = cv2.putText(img,'no face',(21,50),cv2.FONT_HERSHEY_COMPLEX,2.0,(0,255,0),1)
cv2.imshow('video', img)
cv2.waitKey(0)
```

9.5 卷积神经网络实现人脸识别微笑检测

卷积神经网络的相关原理、概念等知识在前面已介绍，下面对卷积神经网络的扩展知识进行简单的介绍。

1. 应用领域

卷积神经网络在以下几个领域均有不同程度的应用。

(1) 图像处理领域(最主要运用领域)。主要包括图像识别和物体识别、图像标注、图像主题生成、图像内容生成、物体标注等。

(2) 视频处理领域。主要包括视频分类、视频标准、视频预测等。

(3) 自然语言处理(NLP)领域。主要包括对话生成、文本生成、机器翻译等。

(4) 其他方面。主要包括机器人控制、游戏、参数控制等。

卷积神经网络与普通神经网络非常相似，它们都由具有可学习的权重和偏置常量(biase)的神经元组成。每个神经元都接收一些输入，并做一些点积运算，输出是每个分类的分数，普通神经网络中的一些计算技巧在这里依旧适用。

2. 卷积神经网络实现人脸识别

下面直接通过实例来演示卷积神经网络实现人脸识别微笑检测。具体步骤如下。

（1）下载 genki-4k 数据集（https://inc.ucsd.edu/mplab/398/），界面如图 9-4 所示，下载的部分图片如图 9-5 所示。

图 9-4　下载 genki-4k 数据集界面

图 9-5　下载的部分图片

（2）对图片进行预处理。

```
import dlib                          # 人脸识别的库 dlib
import numpy as np                   # 数据处理的库 NumPy
import cv2                           # 图像处理的库 OpenCV
import os

# dlib 预测器
detector = dlib.get_frontal_face_detector()
predictor = dlib.shape_predictor('C:\\shape_predictor_68_face_landmarks.dat')

# 读取图像的路径
path_read = "C:\\Users\\Administrator\\genki4k\\files"
num = 0
for file_name in os.listdir(path_read):
    # aa 是图片的全路径
    aa = (path_read + "/" + file_name)
    # 读入的图片的路径中含非英文
    img = cv2.imdecode(np.fromfile(aa, dtype = np.uint8), cv2.IMREAD_UNCHANGED)
    # 获取图片的宽和高
```

```python
img_shape = img.shape
img_height = img_shape[0]
img_width = img_shape[1]

#用来存储生成的单张人脸的路径
path_save = "C:\\Users\\Administrator\\genki4k\\files1"
# dlib检测
dets = detector(img,1)
print("人脸数：", len(dets))
for k, d in enumerate(dets):
    if len(dets)> 1:
        continue
    num = num + 1
    #计算矩形大小
    # (x,y), (宽度width, 高度height)
    pos_start = tuple([d.left(), d.top()])
    pos_end = tuple([d.right(), d.bottom()])

    #计算矩形框大小
    height = d.bottom() - d.top()
    width  = d.right() - d.left()

    #根据人脸大小生成空的图像
    img_blank = np.zeros((height, width, 3), np.uint8)
    for i in range(height):
        if d.top() + i >= img_height:                           #防止越界
            continue
        for j in range(width):
            if d.left() + j >= img_width:                       #防止越界
                continue
            img_blank[i][j] = img[d.top() + i][d.left() + j]
    img_blank = cv2.resize(img_blank, (200, 200), interpolation = cv2.INTER_CUBIC)
    #正确方法
    cv2.imencode('.jpg', img_blank)[1].tofile(path_save + "\\" + "file" + str(num) + ".jpg")
```

识别的图片如图 9-6 所示。

图 9-6　识别的图片

（3）划分数据集。

```python
import os, shutil
#原始数据集路径
original_dataset_dir = 'C:\\Users\\Administrator\\genki4k\\files1'

#新的数据集
base_dir = 'C:\\Users\\Administrator\\genki4k\\files2'
os.mkdir(base_dir)

#训练图像、验证图像、测试图像的目录
train_dir = os.path.join(base_dir, 'train')
os.mkdir(train_dir)
validation_dir = os.path.join(base_dir, 'validation')
os.mkdir(validation_dir)
test_dir = os.path.join(base_dir, 'test')
os.mkdir(test_dir)

train_cats_dir = os.path.join(train_dir, 'smile')
os.mkdir(train_cats_dir)

train_dogs_dir = os.path.join(train_dir, 'unsmile')
os.mkdir(train_dogs_dir)

validation_cats_dir = os.path.join(validation_dir, 'smile')
os.mkdir(validation_cats_dir)

validation_dogs_dir = os.path.join(validation_dir, 'unsmile')
os.mkdir(validation_dogs_dir)

test_cats_dir = os.path.join(test_dir, 'smile')
os.mkdir(test_cats_dir)

test_dogs_dir = os.path.join(test_dir, 'unsmile')
os.mkdir(test_dogs_dir)

#复制1000张笑脸图片到train_cats_dir
fnames = ['file{}.jpg'.format(i) for i in range(1,900)]
for fname in fnames:
    src = os.path.join(original_dataset_dir, fname)
    dst = os.path.join(train_cats_dir, fname)
    shutil.copyfile(src, dst)

fnames = ['file{}.jpg'.format(i) for i in range(900, 1350)]
for fname in fnames:
    src = os.path.join(original_dataset_dir, fname)
    dst = os.path.join(validation_cats_dir, fname)
```

```
        shutil.copyfile(src, dst)

#将接下来的500张猫图像复制到test_cats_dir
fnames = ['file{}.jpg'.format(i) for i in range(1350,1800)]
for fname in fnames:
        src = os.path.join(original_dataset_dir, fname)
        dst = os.path.join(test_cats_dir, fname)
        shutil.copyfile(src, dst)

fnames = ['file{}.jpg'.format(i) for i in range(2127,3000)]
for fname in fnames:
        src = os.path.join(original_dataset_dir, fname)
        dst = os.path.join(train_dogs_dir, fname)
        shutil.copyfile(src, dst)

#将接下来的500张狗图像复制到validation_dogs_dir
fnames = ['file{}.jpg'.format(i) for i in range(3000,3878)]
for fname in fnames:
        src = os.path.join(original_dataset_dir, fname)
        dst = os.path.join(validation_dogs_dir, fname)
        shutil.copyfile(src, dst)

#将接下来的500张狗图像复制到test_dogs_dir
fnames = ['file{}.jpg'.format(i) for i in range(3000,3878)]
for fname in fnames:
        src = os.path.join(original_dataset_dir, fname)
        dst = os.path.join(test_dogs_dir, fname)
        shutil.copyfile(src, dst)
```

(4)卷积神经网络提取人脸识别笑脸和非笑脸。

```
#创建模型
from keras import layers
from keras import models
model = models.Sequential()
model.add(layers.Conv2D(32, (3, 3), activation = 'ReLU',input_shape = (150, 150, 3)))
model.add(layers.MaxPooling2D((2, 2)))
model.add(layers.Conv2D(64, (3, 3), activation = 'ReLU'))
model.add(layers.MaxPooling2D((2, 2)))
model.add(layers.Conv2D(128, (3, 3), activation = 'ReLU'))
model.add(layers.MaxPooling2D((2, 2)))
model.add(layers.Conv2D(128, (3, 3), activation = 'ReLU'))
model.add(layers.MaxPooling2D((2, 2)))
model.add(layers.Flatten())
model.add(layers.Dense(512, activation = 'ReLU'))
model.add(layers.Dense(1, activation = 'sigmoid'))
model.summary()                                    #查看,效果如图9-7所示
```

```
Model: "sequential_11"
_____
Layer (type)                 Output Shape              Param #
=================================================================
conv2d_44 (Conv2D)           (None, 148, 148, 32)      896
_____
max_pooling2d_44 (MaxPoolin  (None, 74, 74, 32)        0
g2D)
_____
conv2d_45 (Conv2D)           (None, 72, 72, 64)        18496
_____
max_pooling2d_45 (MaxPoolin  (None, 36, 36, 64)        0
g2D)
_____
conv2d_46 (Conv2D)           (None, 34, 34, 128)       73856
_____
max_pooling2d_46 (MaxPoolin  (None, 17, 17, 128)       0
g2D)
_____
conv2d_47 (Conv2D)           (None, 15, 15, 128)       147584
_____
max_pooling2d_47 (MaxPoolin  (None, 7, 7, 128)         0
g2D)
_____
flatten_11 (Flatten)         (None, 6272)              0
_____
dense_22 (Dense)             (None, 512)               3211776
_____
dense_23 (Dense)             (None, 1)                 513
=================================================================
Total params: 3,453,121
Trainable params: 3,453,121
Non-trainable params: 0
```

图 9-7 创建的模型效果

（5）归一化处理。

```
from keras import optimizers
model.compile(loss = 'binary_crossentropy',
              optimizer = optimizers.RMSprop(lr = 1e - 4),
              metrics = ['acc'])
from keras.preprocessing.image import ImageDataGenerator
train_datagen = ImageDataGenerator(rescale = 1./255)
validation_datagen = ImageDataGenerator(rescale = 1./255)
test_datagen = ImageDataGenerator(rescale = 1./255)
train_generator = train_datagen.flow_from_directory(
        #目标文件目录
        train_dir,
        #所有图片的尺寸必须是150×150
        target_size = (150, 150),
        batch_size = 20,
        #由于使用二进制交叉熵损失,因此需要二进制标签
        class_mode = 'binary')
validation_generator = test_datagen.flow_from_directory(
        validation_dir,
        target_size = (150, 150),
        batch_size = 20,
        class_mode = 'binary')
test_generator = test_datagen.flow_from_directory(test_dir,
                                            target_size = (150, 150),
                                            batch_size = 20,
                                            class_mode = 'binary')
```

```
for data_batch, labels_batch in train_generator:
    print('data batch shape: ', data_batch.shape)
    print('labels batch shape: ', labels_batch)
    break
# 'smile': 0, 'unsmile': 1
```

(6)数据增强。

```
# 数据增强
datagen = ImageDataGenerator(
    rotation_range = 40,
    width_shift_range = 0.2,
    height_shift_range = 0.2,
    shear_range = 0.2,
    zoom_range = 0.2,
    horizontal_flip = True,
    fill_mode = 'nearest')
# 数据增强后图片变化
import matplotlib.pyplot as plt
# 这是带有图像预处理实用程序的模块
from keras.preprocessing import image
fnames = [os.path.join(train_smile_dir, fname) for fname in os.listdir(train_smile_dir)]
img_path = fnames[3]
img = image.load_img(img_path, target_size = (150, 150))
x = image.img_to_array(img)
x = x.reshape((1,) + x.shape)
i = 0
for batch in datagen.flow(x, batch_size = 1):
    plt.figure(i)
    imgplot = plt.imshow(image.array_to_img(batch[0]))
    i += 1
    if i % 4 == 0:
        break
plt.show()
```

得到效果如图 9-8 所示。

图 9-8 增强效果

(7) 创建网络。

```python
#创建网络
model = models.Sequential()
model.add(layers.Conv2D(32, (3, 3), activation = 'ReLU',input_shape = (150, 150, 3)))
model.add(layers.MaxPooling2D((2, 2)))
model.add(layers.Conv2D(64, (3, 3), activation = 'ReLU'))
model.add(layers.MaxPooling2D((2, 2)))
model.add(layers.Conv2D(128, (3, 3), activation = 'ReLU'))
model.add(layers.MaxPooling2D((2, 2)))
model.add(layers.Conv2D(128, (3, 3), activation = 'ReLU'))
model.add(layers.MaxPooling2D((2, 2)))
model.add(layers.Flatten())
model.add(layers.Dropout(0.5))
model.add(layers.Dense(512, activation = 'ReLU'))
model.add(layers.Dense(1, activation = 'sigmoid'))
model.compile(loss = 'binary_crossentropy',
              optimizer = optimizers.RMSprop(lr = 1e - 4),
              metrics = ['acc'])
#归一化处理
train_datagen = ImageDataGenerator(
    rescale = 1./255,
    rotation_range = 40,
    width_shift_range = 0.2,
    height_shift_range = 0.2,
    shear_range = 0.2,
    zoom_range = 0.2,
    horizontal_flip = True,)

test_datagen = ImageDataGenerator(rescale = 1./255)

train_generator = train_datagen.flow_from_directory(
        #目标路径
        train_dir,
        #所有图片的大小为 150×150
        target_size = (150, 150),
        batch_size = 32,
        #由于使用二进制交叉熵损失,因此需要二进制标签
        class_mode = 'binary')

validation_generator = test_datagen.flow_from_directory(
        validation_dir,
        target_size = (150, 150),
        batch_size = 32,
        class_mode = 'binary')

history = model.fit_generator(
      train_generator,
      steps_per_epoch = 100,
      epochs = 60,
      validation_data = validation_generator,
```

```
            validation_steps = 50)
model.save('smileAndUnsmile1.h5')

#数据增强过后的训练集与验证集的精度和损失度的图形
acc = history.history['acc']
val_acc = history.history['val_acc']
loss = history.history['loss']
val_loss = history.history['val_loss']

epochs = range(len(acc))

plt.plot(epochs, acc, 'bo', label = '训练精度')
plt.plot(epochs, val_acc, 'b', label = '验证精度')
plt.title('训练精度和验证精度')
plt.legend()
plt.figure()

plt.plot(epochs, loss, 'bo', label = '训练损失')
plt.plot(epochs, val_loss, 'b', label = '验证损失')
plt.title('训练损失和验证损失')
plt.legend()
plt.show()
```

(8) 图片测试。

```
#单张图片进行判断:是笑脸还是非笑脸
import cv2
from keras.preprocessing import image
from keras.models import load_model
import numpy as np
#加载模型
model = load_model('smileAndUnsmile1.h5')
#本地图片路径
img_path = 'test1.jpg' #见图 9-9
img = image.load_img(img_path, target_size = (150, 150))

img_tensor = image.img_to_array(img)/255.0
img_tensor = np.expand_dims(img_tensor, axis = 0)
prediction = model.predict(img_tensor)
print(prediction)
if prediction[0][0]> 0.5:
    result = '非笑脸'
else:
    result = '笑脸'
print(result)
```

运行程序,输出如下:

```
np_resource = np.dtype[("resource",np.ubyte,1)]
[[0.9014972]]
非笑脸
```

图 9-9　测试图片

(9) 摄像头实时测试。

```
#检测视频或者摄像头中的人脸
import cv2
from keras.preprocessing import image
from keras.models import load_model
import numpy as np
import dlib
from PIL import Image
model = load_model('smileAndUnsmile1.h5')
detector = dlib.get_frontal_face_detector()
video = cv2.VideoCapture(0)
font = cv2.FONT_HERSHEY_SIMPLEX
def rec(img):
    gray = cv2.cvtColor(img,cv2.COLOR_BGR2GRAY)
    dets = detector(gray,1)
    if dets is not None:
        for face in dets:
            left = face.left()
            top = face.top()
            right = face.right()
            bottom = face.bottom()
            cv2.rectangle(img,(left,top),(right,bottom),(0,255,0),2)
            img1 = cv2.resize(img[top: bottom,left: right],dsize = (150,150))
            img1 = cv2.cvtColor(img1,cv2.COLOR_BGR2RGB)
            img1 = np.array(img1)/255
            img_tensor = img1.reshape(-1,150,150,3)
            prediction = model.predict(img_tensor)
            if prediction[0][0]>0.5:
                result = 'unsmile'
            else:
                result = 'smile'
            cv2.putText(img, result, (left,top), font, 2, (0, 255, 0), 2, cv2.LINE_AA)
        cv2.imshow('Video', img)
while video.isOpened():
    res, img_rd = video.read()
    if not res:
        break
    rec(img_rd)
```

```
        if cv2.waitKey(1) & 0xFF == ord('q'):
            break
video.release()
cv2.destroyAllWindows()
```

9.6 MTCNN 算法实现人脸检测

MTCNN（Multi-task Cascaded Convolutional Neural Network，多任务级联卷积神经网络）在诞生之初是表现最优的，虽然当前表现已经不是最优的了，但该网络意义重大，第一次将人脸检测和人脸特征点定位结合起来，而得到的人脸特征点又可以实现人脸校正。该算法由 3 个阶段组成。

第一阶段，通过卷积神经网络快速产生候选窗口。使用一种叫作 P-Net（Proposal Network）的全卷积神经网络，获得候选窗口和边界回归向量。同时，候选窗口根据边界框进行校准，然后利用非极大值抑制去除重叠窗口。

第二阶段，通过更复杂一点的卷积神经网络精炼候选窗口，丢弃大量的重叠窗口。使用 R-Net（Refine Network）进行操作，将经过 P-Net 确定的包含候选窗口的图片在 R-Net 中训练，最后使用全连接网络进行分类。利用边界框向量微调候选窗口，最后还是利用非极大值抑制算法去除重叠窗口。

第三阶段，使用更强大的卷积神经网络，实现候选窗口去留，同时回归 5 个面部关键点。使用 O-Net（Output Network）进行操作，它比 R-Net 多一层卷积层，功能与 R-Net 类似，只是在去除重叠候选窗口的同时标定 5 个人脸关键点位置。

1. P-Net 阶段

P-Net 的输入图像为 12×12×3，经过卷积层 conv1→卷积核 3×10×3×3→激活函数层 PReLU1→最大池化层 pool1(2×2)，输出为 5×5×10；经过卷积层 conv2→卷积核 10×16×3×3→激活函数层 PReLU2，输出为 3×3×16；经过卷积层 conv3→卷积核 16×32×3×3→激活函数层 PReLU3，输出为 1×1×32。从这里开始，网络发生分割。第一条通路，经过卷积层 conv4-1，输出为 1×1×2，再经过 softmax，输出为 1×1×2；第二条通路，经过卷积层 conv4-2，输出为 1×1×4。其中卷积层步长为 1，池化层步长为 2，均无填充，其结构如图 9-10 所示。

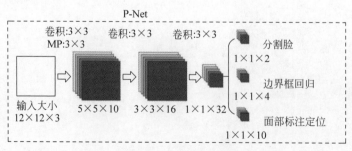

图 9-10　P-Net 结构

在训练和推理阶段,虽然 P-Net 结构相同,但是输入有所区别。在训练阶段必须输入尺寸固定,均为 12×12×3,经过网络输出是 1×1×2 和 1×1×4,得到这个 12×12 的人脸分类结果和人脸框相对偏移值。而在推理阶段,因 P-Net 是全卷积网络,可以使用不定大小的图片作为输入,通过卷积代替滑动可以得到 12×12 的输入图像,结果是 $n×m×2$ 和 $n×m×4$,代表在图像上 $n×m$ 个框的输出结果。

P-Net 参数量如表 9-1 所示。

表 9-1 参 数 量

网 络 层	参数量/千个
conv1	0.27
conv2	1.44
conv3	4.61
conv4-1 和 conv4-2	0.51

虽然 P-Net 参数量仅为 6830 个,按照一个浮点数参数量占 4 字节内存来计算,只需要 26KB 内存。但是经测试会发现,实际推理耗时占比很高,究其原因,在于图像输入 P-Net 之前需要做图像金字塔变换,得到的不同尺寸的图像均需要输入 P-Net 进行推理从而得到原图上的候选框,非常耗时。

那为什么需要图像金字塔?图像金字塔又是什么?金字塔层数与哪些参数有关呢?在 MTCNN 算法中,金字塔层数决定了有多少张缩放后的图像需要输入 P-Net 进行推理。金字塔层数越少,P-Net 运行速度会越快。金字塔层数与 3 个参数有关:输入图像尺寸、最小尺寸(minsize)、因子(factor)。图像金字塔的生成过程:先把原图像等比缩放 12/最小尺寸,再按缩放因子用上一次缩放结果不断缩放,直至最短边小于或等于 12。根据上述过程,输入图像尺寸、最小尺寸和因子会共同决定图像金字塔的层数,最小尺寸越大、因子越小,生成的金字塔层数越少,计算量越少。因此,可以看出,当图片分辨较大时,如 1080p,金字塔层数会相应增多,使得 P-Net 变得相当耗时。此时调整最小尺寸绝对是优化速度的最佳选择。

实际推理时 MTCNN 中非极大值抑制和边界框回归是怎样作用的呢?不同尺寸上的人脸区域位置经过还原得到原图上的人脸位置后,必须经过 NMS(Non Maximum Suppression,人脸检测中的非极大值抑制,用于抑制冗余的框)和边界框回归。首先将所有人脸框按置信度排序,选中最高分的框并保存住;遍历所有的框,如果与当前的最高分框的 IOU 大于预设阈值,将此框删除;再从未处理的框中继续选一个得分高的,重复遍历直至所有框都清除,从而得到抑制后的人脸框。

边界框回归用于修正 P-Net 输出的边界框位置。P-Net 还会输出一个 4 个分量的二维矩阵(各分量为 dx_1, dy_1, dx_2, dy_2),尺寸与人脸得分矩阵一致,分别代表人脸区域的左上角坐标和右下角坐标的相对值。

$$x_{1(cal)} = x_{1(origin)} + \text{bbw} + dx_1, y_{1(cal)} = y_{1(origin)} + \text{bbh} + dy_1$$

$$x_{2(cal)} = x_{2(origin)} + \text{bbw} + dx_2, y_{2(cal)} = y_{2(origin)} + \text{bbh} + dy_2$$

其中,$\text{bbw} = x_{2(origin)} - x_{1(origin)}$,$\text{bbh} = y_{2(origin)} - y_{1(origin)}$。

至此，可通过 P-Net 得到人脸推荐框，通过对候选框依次调整大小为 24×24，得到 R-Net 的输入。

2. R-Net 阶段

R-Net 输入图像为 $24\times24\times3$，经过卷积层 conv1→卷积核 $3\times28\times3\times3$→激活函数层 PReLU1→最大池化层 pool1(3×3)，输出为 $11\times11\times28$；经过卷积层 conv2→卷积核 $28\times48\times3\times3$→激活函数层 PReLU2→最大池化层 pool2(3×3)，输出为 $4\times4\times48$；经过卷积层 conv3→卷积核 $48\times64\times2\times2$→激活函数层 PReLU3，输出为 $3\times3\times64$；经过全连接层 conv4→激活函数层 PReLU4，在此开始，网络发生分割。经过卷积层 conv5-1，输出为 $1\times1\times2$，再经过 softmax，输出为 $1\times1\times2$；经过卷积层 conv5-2，输出为 $1\times1\times4$。其中，卷积层步长为 1，池化层步长为 2，均无填充。其结构如图 9-11 所示。

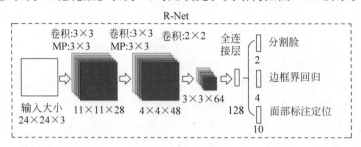

图 9-11 R-Net 结构

R-Net 参数量如表 9-2 所示。

表 9-2 参 数 量

网 络 层	参数量/千个
conv1	0.76
conv2	12
conv3	12.2
conv4	73.7
conv5-1 和 conv5-2	2

R-Net 参数量仅为 100 660 个，按照一个浮点数参数量占 4 字节内存来计算，需要 393KB 内存。可见，R-Net 相比 P-Net 多了一个全连接层，因此 R-Net 的输入必须是固定尺寸，即 24×24。经过 R-Net 会拒绝第一阶段中的大量非人脸框，再次使用 NMS 和非极大值抑制生成更精细的人脸框。通过对候选窗口依次调整大小成 48×48 得到 O-Net 的输入。

3. O-Net 阶段

O-Net 输入图像为 $48\times48\times3$，经过卷积层 conv1→卷积核 $3\times32\times3\times3$→激活函数层 PReLU1→最大池化层 pool1(3×3)，输出为 $23\times23\times32$；经过卷积层 conv2→卷积核 $32\times64\times3\times3$→激活函数层 PReLU2→最大池化层 pool2(3×3)，输出为 $10\times10\times64$；经过卷积层 conv3→卷积核 $64\times64\times3\times3$→激活函数层 PReLU3→最大池化层 pool3(2×2)，输出为 $4\times4\times64$；经过卷积层 conv4→卷积核 $128\times64\times2\times2$→激活函数层 PReLU4，输出为 $3\times3\times128$；经过全连接层 conv5→dropout 层。从这里开始，网络发生分割。经

过卷积层conv6-1,再经过softmax,输出为$1\times1\times2$;经过卷积层conv6-2,输出为$1\times1\times4$;经过卷积层conv6-3,输出为$1\times1\times10$。其中,卷积层步长为1,池化层步长为2,均无填充。其结构图如图9-12所示。

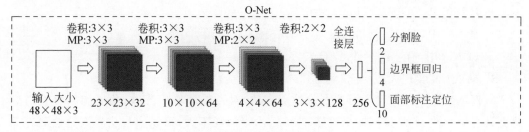

图9-12 O-Net结构

O-Net参数量如表9-3所示。

表9-3 参 数 量

网 络 层	参数量/千个
conv1	0.9
conv2	18.5
conv3	36.9
conv4	32.9
conv5	295.2
conv6-1～conv6-3	4.1

O-Net参数量为388 500个,按照一个浮点数参数量占4字节内存来计算,需要1.51MB内存。可见,O-Net相比R-Net多了一个卷积层,而且O-Net的输入必须是固定尺寸,即48×48。其中O-Net会再次使用NMS和非极大值抑制生成更精细的人脸框,从而生成最终人脸框及5个人脸标志点。

4. 损失函数

在利用MTCNN对人脸进行检测时,用到了各种损失函数,下面对各损失函数进行介绍。

(1) 人脸分类。

人脸分类的损失函数为

$$L_i^{\text{det}} = -(y_i^{\text{det}}\log(p_i) + (1-y_i^{\text{det}})(1-\log(p_i))), y_i^{\text{det}} \in (0,1)$$

(2) 边界框回归。

边界框回归的损失函数为

$$L_i^{\text{box}} = \|\hat{y}_i^{\text{box}} - y_i^{\text{box}}\|_2^2, y_i^{\text{box}} \in R^4$$

(3) 标注定位。

标注定位的损失函数为

$$L_i^{\text{landmark}} = \|\hat{y}_i^{\text{landmark}} - y_i^{\text{landmark}}\|_2^2, y_i^{\text{landmark}} \in R^{10}$$

(4) 多源训练。

多源训练的损失函数为

$$\min \sum_{i=1}^{n} \sum_{j \in \{\text{det,box,landmark}\}} \alpha_j \beta_i^j L_i^j$$

其中，

- P-Net 中，有：$\alpha_{\text{det}}=1, \alpha_{\text{box}}=0.5, \alpha_{\text{landmark}}=0$。
- R-Net 中，有：$\alpha_{\text{det}}=1, \alpha_{\text{box}}=0.5, \alpha_{\text{landmark}}=0$。
- O-Net 中，有：$\alpha_{\text{det}}=1, \alpha_{\text{box}}=0.5, \alpha_{\text{landmark}}=1$。

5. MTCNN 实现人脸检测

MTCNN 是基于深度学习的人脸检测方法，对自然环境中光线、角度和人脸表情变化更具有健壮性，人脸检测效果更好；同时，内存消耗不大，可以实现实时人脸检测。下面直接通过代码来演示 MTCNN 实现人脸检测，具体步骤为：

（1）检测。

使用一张图片进行检测。

```python
from mtcnn.mtcnn import MTCNN
import cv2

img = cv2.imread("11.jpg")
detector = MTCNN()
face = detector.detect_faces(img)
print(face)
```

运行程序，输出如下：

```
[{'box': [140, 50, 163, 208], 'confidence': 0.998511016368866, 'keypoints': {'left_eye': (190, 135), 'right_eye': (263, 137), 'nose': (225, 170), 'mouth_left': (192, 211), 'mouth_right': (257, 212)}}]
```

上述数值分别表示：

- 'box'：[x,y,width,height]：x、y 是人脸框左上角坐标的位置，width 是框的宽度，height 是框的高度。
- cofidence：自信度。
- keypoints：左/右眼、左/右嘴角和鼻子 5 个关键点的坐标。

（2）可视化。

有了坐标就可以在图中绘制了。检测的结果是一个被矩阵包围的多层字典，因此需要一层又一层把坐标信息提取出来。

```python
face = face[0]
#画框
box = face["box"]
I = cv2.rectangle(img, (box[0],box[1]),(box[0] + box[2], box[1] + box[3]), (255, 0, 0), 2)
#画关键点
left_eye = face["keypoints"]["left_eye"]
right_eye = face["keypoints"]["right_eye"]
```

```
nose = face["keypoints"]["nose"]
mouth_left = face["keypoints"]["mouth_left"]
mouth_right = face["keypoints"]["mouth_right"]

points_list = [(left_eye[0], left_eye[1]),
               (right_eye[0], right_eye[1]),
               (nose[0], nose[1]),
               (mouth_left[0], mouth_left[1]),
               (mouth_right[0], mouth_right[1])]
for point in points_list:
    cv2.circle(I, point, 1, (255, 0, 0), 4)
#保存,效果如图 9-13 所示
cv2.imwrite('result.jpg',I,[int(cv2.IMWRITE_JPEG_QUALITY),70])
```

图 9-13 可视化效果

第 10 章

强化学习分析与应用

强化学习(Reinforcement Learning,RL)又称再励学习、评价学习或增强学习,是机器学习的范式和方法论之一,用于描述和解决智能体(agent)在与环境的交互过程中通过学习策略以达成回报最大化或实现特定目标的问题。

换句话说,强化学习是一种学习如何从状态映射到行为以使得获取的奖励最大的学习机制。这样的一个智能体需要不断地在环境中进行实验,通过环境给予的反馈(奖励)来不断优化状态-行为的对应关系。因此,反复试验(trial and error)和延迟奖励(delayed reward)是强化学习最重要的两个特征。

10.1 强化学习的特点与要素

本节将从强化学习的特点、要素、基本框架、分类、搜索和利用等进行介绍。

1. 强化学习的特点

根据强化学习的概念划分,强化学习的特点可总结为以下 4 点。

- 没有监督者,只有一个奖励信号。
- 反馈是延迟的而非即时的。
- 具有时间序列性质。
- 智能体的行为会影响后续的数据。

2. 强化学习的要素

强化学习系统一般包括 5 个要素:策略(policy)、奖励(reward)、状态(state)、动作(action)以及环境或者说是模型(model),其过程如图 10-1 所示。下面对这 5 个要素分别进行介绍。

(1) 策略。

策略定义了智能体对于给定状态所做出的

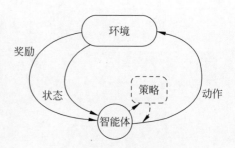

图 10-1 强化学习的过程图

行为,也即一个从状态到行为的映射,事实上状态包括了环境状态和智能体状态,这里是从智能体出发的,也就是指智能体所感知到的状态。因此,可以知道策略是强化学习系统的核心,因为完全可以通过策略来确定每个状态下的行为。将策略的特点总结为以下3点。

- 策略定义智能体的行为。
- 它是从状态到行为的映射。
- 策略本身可以是具体的映射,也可以是随机的分布。

(2) 奖励。

奖励信号定义了强化学习问题的目标,在每个时间步骤内,环境向强化学习发出的标量值即为奖励,它能定义智能体表现好坏,类似人类感受到快乐或痛苦。因此,可以体会到奖励信号是影响策略的主要因素。将奖励的特点总结为以下3点。

- 奖励是一个标量的反馈信号。
- 它能表征在某一步智能体的表现如何。
- 智能体的任务就是使得一个时段内积累的总奖励值最大。

(3) 状态。

由于强化学习本身的设计,其状态可认为是离散的,或者简单来说,就是一步一步的。具体的取值取决于采样方式,更取决于设计算法本身的需求。

(4) 环境。

外界环境也就是模型(model),它是对环境的模拟,例如,当给出了状态与行为后,有了模型就可以预测接下来的状态和对应的奖励。但要注意的一点是,并非所有的强化学习系统都需要有一个模型,因此会有基于模型(model-based)、不基于模型(model-free)两种不同的方法,不基于模型的方法主要是通过对策略和价值函数分析进行学习的。将模型的特点总结为以下两点。

- 模型可以预测环境下一步的表现。
- 表现具体可由预测的状态和奖励来反映。

(5) 动作。

智能体可以做出动作,动作集则是智能体可以做出的所有动作。

3. 强化学习的基本框架

强化学习主要由智能体和环境组成。由于智能体与环境的交互方式和生物与环境的交互方式类似,因此可以认为强化学习是一套通用的学习框架,是通用人工智能算法的未来。

强化学习的基本框架如图10-2所示,智能体通过状态、动作、奖励与环境进行交互。假设图10.2中环境当前处于时刻 t 的状态记为 s_t,智能体环境中执行某动作 a_t,这时该动作 a_t 改变了环境原来的状态并使得智能体在时刻 $t+1$ 到达新的状态 s_{t+1},在新的状态使得环境产生了反馈奖励 r_{t+1} 给智能体。智能体基于新的状态 s_{t+1} 和反馈奖励 r_{t+1} 执行新的动作 a_{t+1},如此反复迭代地与环境通过反馈信号进行交互。

上述过程的最终目的是让智能体最大化累积奖励(cumulative reward),公式为累积奖励 G:

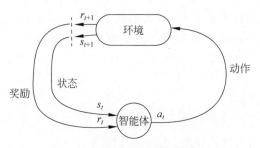

图 10-2 强化学习的基本框架

$$G = r_1 + r_2 + \cdots + r_n$$

在上述过程中,如何根据状态 s_t 和奖励 r_t 选择动作的规则称为策略 π。其中,价值函数(value function) v 是累计奖励的期望。

4. 分类

强化学习的基本问题按照以下两种原则进行分类。

(1)基于策略和价值的分类,分为 3 类。
- 基于价值的方法(value based):没有策略但是有价值函数。
- 基于策略的方法(policy based):有策略但是没有价值函数。
- 参与评价方法(actor critic):既有策略又有价值函数。

(2)基于环境的分类,分为以下两类。
- 无模型的方法:有策略和价值函数,没有模型。
- 基于模型的方法:既有策略和价值函数,又有模型。

可用图 10-3 所示的韦恩图清晰地展示出来。

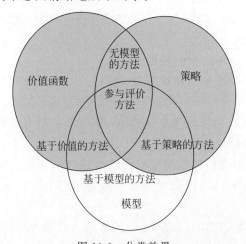

图 10-3 分类效果

5. 搜索和利用

强化学习理论受到行为主义心理学启发,侧重在线学习并试图在探索-利用(exploration-exploitation)间保持平衡,不要求预先给定任何数据,而是通过接收环境对动作的奖励(反馈)获得学习信息并更新模型参数。

一方面,为了从环境中获取更多的知识,要让智能体进行探索;另一方面,为了获得较大的奖励,要让智能体对已知的信息加以利用。但不可能同时把探索和利用都做到最优,因此,强化学习问题中存在的一个重要挑战即是如何权衡探索和利用之间的关系。

10.2 Q学习

10.2.1 Q学习的原理

下面来看一下强化学习领域中的常用学习算法——Q学习(Q-Learning,QL)。Q学习用于在一个给定的有限马尔可夫决策过程中得到最优的动作选择策略。一个马尔可夫决策过程(Markov Decision Process,MDP)由以下几项定义:状态空间S、动作空间A、立即奖励集合R、从当前状态$S^{(t)}$到下一个状态$S^{(t+1)}$的概率、当前的动作$a^{(t)}$、概率密度函数$P(S^{(t+1)}/S^{(t)};r^{(t)})$和一个折扣因子$\gamma$。图10-4描述了一个马尔可夫决策过程,其中下一个状态依赖于当前状态和当前状态采取的动作。

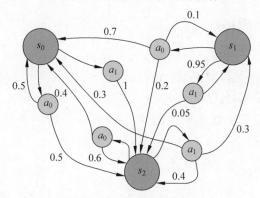

图10-4 马尔可夫决策过程

假设有一系列状态、动作和对应的奖励,如下所示:

$$s^{(1)},a^{(1)},r^{(1)},s^{(2)},a^{(2)},r^{(2)},\cdots,s^{(t)},a^{(t)},r^{(t)},s^{(t+1)},\cdots,s^{(T)},a^{(T)},r^{(T)}$$

如果考虑长期奖励,即在第t步的奖励R_t,那么它等于从第t步到最后每一步的立即奖励之和,如下所示:

$$R_t = r_t + r_{t+1} + \cdots + r_T$$

由于马尔可夫决策过程是一个随机过程,根据每次的状态$S^{(t)}$和奖励$a^{(t)}$无法得到相同的下一步状态$S^{(t+1)}$,因此,对未来的奖励使用一个折扣因子γ。这意味着,长期奖励最好表示为

$$\begin{aligned} R_t &= r_t + \gamma r_{t+1} + \gamma^2 r_{t+2} + \cdots + \gamma^{(T-t)} r_T \\ &= r_t + \gamma(r_{t+1} + \gamma r_{t+2} + \cdots + \gamma^{(T-t-1)} r_T) = r_t + \gamma R_{t+1} \end{aligned}$$

由于在第t步的立即奖励已经被实现,因此为了最大化长期奖励,需要在第$t+1$步选择最优的动作来最大化长期奖励(即R_{t+1})。在状态$S^{(t)}$执行动作$a^{(t)}$所期望的最大化长期奖励可以通过下面的Q函数(Q-function)来表示:

$$Q(s^{(t)}, a^{(t)}) = \max R_t = r_t + \gamma \max R_{t+1} = r_t + \gamma \max_a Q(s^{(t+1)}, a) \qquad (10\text{-}1)$$

每个状态 $s\in S$，Q 学习中的机器人都会尝试通过执行动作 $a\in A$ 来最大化它的长期奖励。Q 学习算法是一个迭代的过程，其更新规则如下：

$$Q(s^{(t)},a^{(t)}) = (1-\alpha)Q(s^{(t)},a^{(t)}) + \alpha(r^{(t)} + \gamma \max_a Q(s^{(t+1)},a)) \quad (10\text{-}2)$$

可以看到，这个算法受到式(10-1)中提到的长期奖励的启发。

在状态 $s^{(t)}$ 时执行动作 $a^{(t)}$ 的全部累积奖励 $Q(s^{(t)},a^{(t)})$ 依赖于立即奖励 $r^{(t)}$ 和希望在新状态 $s^{(t+1)}$ 时最大化的长期奖励。在马尔可夫决策过程中，新状态 $s^{(t+1)}$ 随机地依赖于当前状态 $s^{(t+1)}$ 和依据概率密度函数 $P(S^{(t+1)}/S^{(t)};r^{(t)})$ 执行的动作 $a^{(t)}$。

该算法根据值 α 计算旧的期望和新的长期奖励的加权平均值，来持续更新期望的长期积累奖励。

一旦通过这个迭代算法构建出函数 $Q(s,a)$，那么在根据状态 s 玩这个游戏时，就能执行最优的动作 $\hat{a}$ 来最大化 Q 函数：

$$\pi(s) = \hat{a} = \arg\max_a Q(s,a)$$

10.2.2 Q 学习经典应用

本小节将训练一个线性神经网络来实践 CartPole-v0 环境，目标是平衡小车上的杆子，观测状态由 4 个连续的参数组成：推车位置[−2.4,2.4]，车速(−∞,∞)，杆子角度[−41.8°,41.8°]与杆子末端速度(−∞,∞)。

通过向左或向右推车能够实现平衡，所以动作空间由两个动作组成，图 10-5 就是 CartPole-v0 环境空间。

图 10-5　CartPole-v0 环境空间

对于 Q 学习，需要找到一种方法来量化连续的观测状态值。这里使用 FeatureTransformer 类来实现，首先生成观测空间中的 20 000 个随机样本，然后用 scikit 的 StandardScaler 类将样本标准化，RBFSampler 用不同的方差来覆盖观测空间不同的部分。FeatureTransformer 类是用随机的观测空间样本实例化的，然后用 fit_transform 函数训练 RBFSampler。

代码实现为：

(1) 算法参数。

```
epsilon = 0.9                    # 贪婪度
alpha = 0.1                      # 学习率
gamma = 0.8                      # 奖励递减值
```

(2) 状态集。

```
states = range(6)                # 状态集
```

```
def get_next_state(state, action):
    '''对状态执行动作后,得到下一个状态'''
    global states
    
    # l,r,n = -1,+1,0
    if action == 'right' and state != states[-1]:    #除非为最后一个状态(位置),向右就+1
        next_state = state + 1
    elif action == 'left' and state != states[0]:    #除非为最前一个状态(位置),向左就-1
        next_state = state - 1
    else:
        next_state = state
    return next_state
```

(3)动作集。

```
actions = ['left', 'right']                          #动作集

def get_valid_actions(state):
    '''取当前状态下的合法动作集合,与reward无关'''
    global actions  # ['left', 'right']
    
    valid_actions = set(actions)
    if state == states[-1]:                          #如果是最后一个状态(位置)
        valid_actions -= set(['right'])              #则不能向右
    if state == states[0]:                           #如果是最前一个状态(位置)
        valid_actions -= set(['left'])               #则不能向左
    return list(valid_actions)
```

(4)奖励集。

```
rewards = [0, 0, 0, 0, 0, 1]                         #奖励集
```

(5)Q table。

Q table 是一种记录状态-行为值表。常见的 Q table 都是二维的,但也有 3 维的。

```
q_table = pd.DataFrame(data = [[0 for _ in actions] for _ in states], index = states, columns = actions)
```

(6)Q 学习算法实现。

```
for i in range(13):
    current_state = 0
    
    update_env(current_state)                        #环境相关
    total_steps = 0                                  #环境相关
    
    while current_state != states[-1]:
        if (random.uniform(0, 1)> epsilon) or ((q_table.loc[current_state] == 0).all()):
                                                     #探索
            current_action = random.choice(get_valid_actions(current_state))
```

```
            else:
                current_action = q_table.loc[current_state].idxmax() #利用(贪婪)

        next_state = get_next_state(current_state, current_action)
        next_state_q_values = q_table.loc[next_state, get_valid_actions(next_state)]
        q_table.loc[current_state, current_action] += alpha * (
                    rewards[next_state] + gamma * next_state_q_values.max() - q_
table.loc[current_state, current_action])
        current_state = next_state

        update_env(current_state)                       #环境相关
        total_steps += 1                                #环境相关

    print('\rEpisode {}: total_steps = {}'.format(i, total_steps), end = '') #环境相关
    time.sleep(2)                                       #环境相关
    print('\r                    ', end = '')           #环境相关
print('\nq_table: ')
print(q_table)
```

(7) 更新状态。

```
def update_env(state):
    global states

    env = list('-----T')
    if state != states[-1]:
        env[state] = 'o'
    print('\r{}'.format(''.join(env)), end = '')
    time.sleep(0.1)
```

(8) 以下为整个程序的完整代码。

```
import gym
env = gym.make('CartPole-v0')
for _ in range(20):
    observation = env.reset()
    for i in range(100):
        env.render()
        print(observation)
        action = env.action_space.sample()
        done = env.step(action)
        if done:
            print("Episode finished after {} timesteps".format(i+1))
            break
(array([0.04507731, 0.03717072, 0.00804345, 0.01815848], dtype=float32), {})
Episode finished after 1 timesteps
(array([ 0.04418134, 0.03534415, -0.02550752, 0.01542783], dtype=float32), {})
Episode finished after 1 timesteps
...
import pandas as pd
```

```python
import random
import time

'''参数'''
epsilon = 0.9                           #贪婪度
alpha = 0.1                             #学习率
gamma = 0.8                             #奖励递减值

'''探索者的状态,即可到达的位置'''
states = range(6)                       #状态集
actions = ['left', 'right']             #动作集
rewards = [0, 0, 0, 0, 0, 1]            #奖励集

'''Q table'''
q_table = pd.DataFrame(data=[[0 for _ in actions] for _ in states], index=states, columns=actions)

def update_env(state):
    global states
    env = list('-----T')
    if state != states[-1]:
        env[state] = 'o'
    print('\r{}'.format(''.join(env)), end='')
    time.sleep(0.1)

def get_next_state(state, action):
    '''对状态执行动作后,得到下一状态'''
    global states

    if action == 'right' and state != states[-1]:   #除非为最后一个状态(位置),向右就+1
        next_state = state + 1
    elif action == 'left' and state != states[0]:   #除非为最前一个状态(位置),向左就-1
        next_state = state - 1
    else:
        next_state = state
    return next_state

def get_valid_actions(state):
    '''取当前状态下的合法动作集合,与reward无关!'''
    global actions                                  # ['left', 'right']

    valid_actions = set(actions)
    if state == states[-1]:                         #若是最后一个状态(位置)
        valid_actions -= set(['right'])             #则不能向右
    if state == states[0]:                          #若是最前一个状态(位置)
        valid_actions -= set(['left'])              #则不能向左
    return list(valid_actions)

for i in range(13):
    current_state = 0

    update_env(current_state)                       #环境相关
```

```
            total_steps = 0                           #环境相关

        while current_state != states[-1]:
            if (random.uniform(0, 1)> epsilon) or ((q_table.loc[current_state] == 0).all()):
                                                     #探索
                current_action = random.choice(get_valid_actions(current_state))
            else:
                current_action = q_table.loc[current_state].idxmax()    #利用(贪婪)

            next_state = get_next_state(current_state, current_action)
            next_state_q_values = q_table.loc[next_state, get_valid_actions(next_state)]
            q_table.loc[current_state, current_action] += alpha * (
                        rewards[next_state] + gamma * next_state_q_values.max() - q_
table.loc[current_state, current_action])
            current_state = next_state
            update_env(current_state)                #环境相关
            total_steps += 1                         #环境相关

        print('\rEpisode {}: total_steps = {}'.format(i, total_steps), end = '')    #环境相关
        time.sleep(2)                                #环境相关
        print('\r            ', end = '')            #环境相关

    print('\nQ table: ')
    print(q_table)
```

运行程序，输出如下：

```
Q table:
      left      right
0  0.000000  0.003771
1  0.000064  0.022532
2  0.000994  0.095325
3  0.002712  0.325518
4  0.019369  0.745813
5  0.000000  0.000000
```

10.3 深度 Q 学习

深度 Q 学习（Deep Q-Learning，DQL）是一种强化学习（Reinforcement Learning，RL）方法，它结合了深度神经网络和 Q 学习算法，用于解决决策问题和控制问题。DQL 的目标是让智能体学会在不同环境中做出决策，以最大化其长期期望回报。

DQL 的核心是用一个人工神经网络 $q(s,a;\theta), s \in S, a \in A$，来代替动作价值函数，其中，$\theta$ 为神经网络权重。最近基于深度 Q 网络的深度强化学习算法有重大进展，在目前学术界有非常大的影响力。当同时出现异策、自溢和函数近似时，无法保证收敛性，会出现训练不稳定或训练困难等问题。针对出现的各种问题研究人员从经验回放与目标网线进行了改进。

- 经验回放(experience replay)：将经验(即历史的状态、动作、奖励等)存储起来，再在存储的经验中按一定的规则采样。
- 目标网络(target network)：修改网络的更新方式，如不把学习到的网络权重马上用于后续的自溢过程。

10.3.1 经验回放

V. Mnih 等在 2013 年提出了基于经验回放的深度 Q 网络，标志着深度 Q 网络的诞生，也标志着深度强化学习的诞生。

采用批处理的模式能够提供稳定性。经验回放就是一种让经验的概率分布变得稳定的技术，它能提高训练的稳定性。经验回放主要有"存储"和"采样回放"两大关键步骤。

- 存储：将轨迹以 $(S_t, A_t, R_{t+1}, S_{t+1})$ 等形式存储起来。
- 采样回放：使用某种规则从存储的 $(S_t, A_t, R_{t+1}, S_{t+1})$ 中随机取出一条或多条经验。

经验回放有以下优势。

- 在训练 Q 网络时，可以消除数据的关联，使得数据更像是独立同分布的(独立同分布是很多有监督学习的证明条件)。这样可以减小参数更新的方差，加快收敛。
- 能够重复使用经验，对于数据获取困难的情况尤其有用。从存储的角度，经验回放可以分为集中式回放和分布式回放。

回放可以分为以下几种。

- 集中式回放：智能体在一个环境中运行，把经验统一存储在经验池中。
- 分布式回放：智能体的多个副本同时在多个环境中运行，并将经验统一存储于经验池中。由于多个智能体副本同时生成经验，因此能够在使用更多资源的同时更快地收集经验。从采样的角度，经验回放可以分为均匀回放和优先回放。
- 均匀回放：等概率从经验集中取经验，并且用取得的经验来更新最优价值函数。
- 优先回放(Prioritized Experience Replay，PER)：为经验池里的每个经验指定一个优先级，在选取经验时更倾向于选择优先级高的经验。

优先回放的基本思想是为经验池里的经验指定一个优先级，在选取经验时更倾向于选择优先级高的经验。一般地，如果某个经验(例如经验 i)的优先级为 p_i，那么选取该经验的概率为

$$p_i = \frac{p_i}{\sum_k p_k}$$

经验值有许多不同的选取方法，最常见的选取方法有成比例优先和基于排序优先。

- 成比例优先(proportional priority)：第 i 个经验的优先级为

$$p_i = (\delta_i + \varepsilon)^\alpha$$

其中，δ_i 是时序差分误差，ε 是预先选择的一个小正数，α 是正参数。

- 基于排序优先(rank-based priority)：第 i 个经验的优先级为

$$p_i = \left(\frac{1}{\text{rank}_i}\right)^a$$

其中，rank_i 是第 i 个经验从大到小排序的排名，排名从 1 开始。

经验回放也不是完全没有缺点。例如，它会导致回合更新和多步学习算法无法使用。一般情况下，如果将经验回放用于 Q 学习，就规避了这个缺点。

10.3.2 回合函数的近似法

对于用函数近似方法来对回合的价值估计进行更新的算法如下。

（1）（初始化）任意初始化参数 w。
（2）逐回合执行以下操作。
① （采样）用环境和当前动作价值估计 q 导出的策略（如 ε 柔性策略）生成轨迹样本 $S_0, A_0, R_1, S_1, A_1, R_2, \cdots, S_{T-1}, A_{T-1}, R_T, S_T$。
② （初始化回报）$G \leftarrow 0$。
③ （逐步更新）对 $t \leftarrow T-1, T-2, \cdots, 0$，执行以下步骤。
- （更新回报）$G \leftarrow \gamma G + R_{t+1}$。
- （更新动作价值函数）更新参数 w 以减小 $[G - q(S_t, A_t; w)]^2$（如 $w \leftarrow w + \alpha[G - q(S_t, A_t; w)] \nabla q(S_t, A_t; w)$）。

10.3.3 半梯度下降法

对于动态规划和时序差分学习，采用"自溢"来估计回报，回报的估计 w 值与相关是存在偏差的。在试图减小每一步的回报估计 U_t 和动作价值估计 $q(S_t, A_t; w)$ 的差别时，定义每一步的损失为 $[U_t - q(S_t, A_t; w)]^2$，整个回合的损失为 $\sum_{t=0}^{T}[U_t - q(S_t, A_t)]^2$。在更新参数 w 以减小损失时，应注意不对回报的估计求梯度，只对动作价值的估计求关于 w 的梯度，这就是半梯度下降法。以下是求解最优策略的半梯度下降法。

（1）（初始化）任意初始化参数 w。
（2）逐回合执行以下操作。
① （初始化状态动作对）选择状态 S，再根据输入策略 π 选择动作 A。
② 如果回合未结束，执行以下操作。
- 用当前动作价值估计 $q(S, \cdot; w)$ 导出的策略（如 ε 柔性策略）确定动作 A。
- （采样）执行动作 A，观测得到奖励 R 和新状态 S'。
- 用当前动作价值估计 $q(S, \cdot; w)$ 导出的策略确定动作 A'。
- （计算回报的估计值）如果是动作价值评估，则 $U \leftarrow R + \gamma v(S'; w)$。如果是期望 SARSA 算法，则 $U \leftarrow R + \gamma \sum_a \pi(a|S'; w) q(S', a; w)$。如果是 Q 学习则 $U \leftarrow R + \gamma \max_a q(S', a; w)$。
- （更新动作价值函数）如果是期望 SARSA 算法或 Q 学习，则更新参数 w 以减小 $[U - q(S, A; w)]^2$，如 $w \leftarrow w + \alpha[U - q(S, A; w)] \nabla q(S, A; w)$。注意，此步

不可重新计算 U。
- $S \leftarrow S'$。

10.3.4 目标网络

对于基于自益的 Q 学习，其回报的估计和动作价值的估计都和权重 θ 有关。当权重值变化时，回报的估计和动作价值的估计都会变化。在学习的过程中，动作价值试图追逐一个变化的回报，也容易出现不稳定的情况。可以使用之前介绍的半梯度下降法来解决这个问题。在半梯度下降中，在更新价值参数 θ 时，不对基于自益得到的回报估计 U_t 求梯度。其中一种阻止对 U_t 求梯度的方法就是将价值参数复制一份得到 θ_target，在计算 U_t 时用 θ_target 计算。

目标网络是在原有的神经网络之外再搭建一份结构完全相同的网络。原先的神经网络称为评估网络（evaluation network）。在学习过程中，使用目标网络来进行自益得到回报的评估值，作为学习目标。在权重更新的过程中，只更新评估网络的权重，而不更新目标网络的权重。这样，更新权重时针对的目标不会在每次迭代时都变化，是一个固定的目标。在完成一定次数的更新后，再将评估网络的权重值赋给目标网络，进而进行下一批更新。这样，目标网络也能得到更新。由于在目标网络没有变化的一段时间内回报的估计是相对固定的，目标网络的引入增加了学习的稳定性，因此，目标网络目前已经成为深度 Q 学习的主流做法。

10.3.5 相关算法

现在考虑使用深度 Q 学习算法来训练智能体玩游戏。

在每一个时间步骤中，智能体从游戏动作集 $A=1,2,\cdots,K$ 中选择一个动作。该动作被传递给模拟器并修改其内部状态和游戏分数。在一般情况下，环境可能是随机的。仿真器的图像 $x_t \in R^d$，这是一个代表当前屏幕的像素值的向量。此外，它还会收到代表游戏分数变化的奖励 r_t。值得注意的是，一般情况下，游戏得分可能取决于之前的整个动作和观察序列；关于一个动作的反馈可能只有在经过数千次的时间步长后才会收到。

由于智能体只能观察当前屏幕，任务是部分观察，许多模拟器状态在感知上是异构的（即不可能只从当前屏幕 x_t 中完全了解当前情况），因此，动作和观察的序列 $s_t = x_1, a_1, x_2, \cdots, a_{t-1}, x_t$ 被输入算法中，然后算法根据这些序列学习游戏策略。仿真器中的所有序列都被假定为在有限的时间步长内终止。这个形式的过程产生了一个大而有限的 MDP，在 MDP 中，每个序列都是一个独立的状态。因此，可以将标准的强化学习方法应用于 MDP，只需将完整序列 s_t 作为时间 t 的状态表示即可。

智能体的任务是在模拟器中选择最佳的动作最大化未来的损失。做一个标准假设，对未来的每一步回报采用一个折扣因子 γ（γ 始终设为 0.99），然后定义了在时间 t 上经过折扣后的回报 $R_t = \sum_{t'=t}^{T} \gamma^{t'-t} r_{t'}$，其中 T 为最终停止的时间步。定义最佳动作价值函数 $Q^*(s,a)$ 作为遵循任何策略所获得的最大预期收益。经过一些状态 s 和采取一些动作 a

后，$Q^*(s,a) = \max_{\pi} E[R_t | s_t=s, a_t=a, \pi]$，其中 π 作为在状态 s 采取的动作 a 的映射，即策略。

最优行为价值函数遵循一个重要的恒等式，该恒等式被称为贝尔曼方程（Bellman equation）。如果状态 s' 在下一个时间步的最优值 $Q^*(s',a')$ 对于所有可能的行动 a' 都已知，那么最优策略即是选择使期望 $r + \gamma Q^*(s',a')$ 最大化的行动 a'：

$$Q^*(s,a) = E_{s'}[r + \gamma \max_{a'} Q^*(s',a') | s,a]$$

很多强化学习算法的基本思想是通过使用贝尔曼方程作为迭代更新来估计动作价值函数 $Q_{i+1}(s,a) = E_{s'}[r + \gamma \max_{a'} Q_i(s',a') | s,a]$。这些价值迭代算法都收敛于最优动作价值函数，当 $i \to \infty$ 时 $Q_i \to Q^*$。在实践中，这种基本的方法是现实的，因为动作-价值函数是对每个状态分别估计的，没有任何泛化。相反，通常使用函数逼近器来估计动作价值函数 $Q(s,a;\theta) \approx Q^*(s,a)$。在强化学习中这是典型的线性函数逼近器，有时用非线性函数逼近器替代，如神经网络。把带有权值 θ 的神经网络函数逼近器称为 Q 网络。Q 网络可通过在迭代 i 中调整参数 θ_i 来训练减少贝尔曼方程中的均方误差，其中最佳目标值 $r + \gamma \max_{a'} Q^*(s',a')$ 被替代为近似目标值 $y = r + \gamma \max_{a'} Q(s',a';\theta_i^-)$，其使用先前的迭代中的参数 θ_i^-。这就产生了一个损失函数 $L_i(\theta_i)$ 的序列，它在每次迭代 i 时发生变化。

$$L_i(\theta_i) = E_{s,a,r}[(E_{s'}[y | s,a] - Q(s,a;\theta_i))^2]$$
$$= E_{s,a,r,s'}[(y - Q(s,a;\theta_i))^2] + E_{s,a,r}[V_{s'}[y]]$$

需要注意的是，目标取决于网络权重，这与用于监督学习的目标不同，后者在学习开始前是固定的。在优化的每一个阶段，在优化第 i 个损失函数 $L_i(\theta_i)$ 时，保持上一次迭代的参数 θ_i^- 固定，从而产生一系列定义明确的优化问题。最后一项是目标的方差，它不依赖于当前优化的参数 θ_i，因此可以忽略。将损失函数相对于权重进行微分，得出梯度：

$$\nabla_{\theta_i} L(\theta_i) = E_{s,a,r,s'}[(r + \gamma \max_{a'} Q(s',a';\theta_i^-) - Q(s,a;\theta_i)) \nabla_{\theta_i} Q(s,a;\theta_i)]$$

与其计算上述梯度中的全部期望值，不如通过随机梯度下降来优化损失函数。在这个框架中，通过在每一个时间步长后更新权重，使用单样本替换期望，并设置 $\theta_i^- = \theta_{i-1}$，可恢复 Q 学习算法。

值得注意的是，这个算法是无模型的：它直接使用仿真器的样本来解决强化学习任务，而不需要明确地估计奖赏和过渡动态 $P(r,s'|s,a)$。它学习贪婪的策略 $a = \arg\max_{a'} Q(s,a';\theta)$，以确保充分探索状态空间。

10.3.6 训练算法

智能体根据基于 Q 表的 ε-贪婪策略选择和执行动作。由于使用任意长度的历史作为神经网络的输入是困难的，Q 函数因此工作在由上述函数 ϕ 产生的固定长度的历史表征上。该算法用两种方式修改了标准的在线 Q 学习，使其适用于训练大型神经网络而不产生分歧。

首先，使用了经验回放，将智能体在每个时间步的经验 $e_t=(s_t,a_t,r_t,s_{t+1})$ 存储在一个数据集 $D_t=e_1,e_2,\cdots,e_t$ 中，将许多情节汇集到重放存储器中。在算法的内循环过程中，对从存储样本池中随机抽取的经验样本 $(s,a,r,s')\sim U(D)$ 进行 Q 学习更新。这种方法比标准的在线 Q 学习有以下几个优势。

(1) 每一步的经验都有可能被用于许多权重更新，这使得数据效率更高。

(2) 直接从连续的样本中学习是低效的，因为样本之间有很强的相关性；随机化样本可以打破这些相关性，从而降低更新的方差。

(3) 在对策略进行学习时，当前的参数决定了参数训练的下一个数据样本。

容易看出，不需要的反馈循环可能会出现，参数可能会被卡在一个糟糕的局部最小值中，甚至是灾难性的偏离。通过使用经验重放，行为分布是对其以前的许多状态进行平均，平滑学习，避免参数的振荡或发散。

在实践中，算法只在重放存储器中存储最后的 N 个经验元组，并在执行更新时从 D 中随机均匀取样。这种方法在某些方面是有局限性的，因为内存缓冲区不能区分重要的策略，而且由于内存大小 N 是有限的，因此总是用最近的策略来覆盖。同样，均匀采样对重放内存中的所有策略给予同等的重要性。

对在线 Q 学习的第二个修改旨在进一步提高方法与神经网络的稳定性，就是在 Q 学习更新中使用一个单独的网络来生成目标 y_j，即建立目标网络。准确地说，每次 C 更新，都会复制网络 Q，得到一个目标网络用于后续 C 更新 Q。与标准的在线 Q 学习相比，这种修改使得算法更稳定，在标准在线 Q 学习中，增加 $Q(s_t,a_t)$ 的更新往往也会增加所有 a 的 $Q(s_{t+1},a)$，因此会增加目标 y_j，这样可能会导致策略的振荡或分歧。如果使用较旧的参数集生成目标，在对 Q 进行更新和更新影响目标 y_j 间增加了一个延迟，使得分歧或振荡的可能性大概率降低。

将更新 $r+\gamma \max_{a'} Q(s',a';\theta_i^-) - Q(s,a;\theta_i)$ 中的误差项约束为 -1 和 1 之间是很有优势的。因为绝对值损失函数 $|x|$ 对 x 的所有负值都有 -1 的导数，对 x 的所有正值都有 1 的导数，所以将平方误差剪裁为 -1 和 1 之间相当于对 $(-1,1)$ 区间外的误差使用绝对值损失函数。这样的误差剪裁进一步提高了算法的稳定性。

10.3.7 深度 Q 学习的应用

下面将以 gym 库中的小车上山(MountainCar-v0)为例，用深度 Q 学习来求解最优的策略。

实例中，小车的位置范围是 $[-1.2,0.6]$，速度范围是 $[-0.07,0.07]$。智能体可以对小车施加 3 种动作中的一种：向左施力、不施力和向右施力。当小车的水平位置大于 0.5 时，控制目标成功达成，回合结束。一般来说，如果在连续 100 回合中的平均步数小于或等于 110，就认为问题解决了。具体的实现步骤为：

(1) 查看相关的环境信息。

```
import gym
import matplotlib.pyplot as plt
```

```python
import numpy as np
import pandas as pd
import tensorflow as tf
import tensorflow.keras as keras
from keras.initializers import GlorotUniform
import tqdm
%matplotlib inline
from IPython import display

env = gym.make("MountainCar-v0")
env = env.unwrapped
print("观察空间 = {}".format(env.observation_space))
print("动作空间 = {}".format(env.action_space))
print("位置范围 = {}, {}".format(env.min_position, env.max_position))
print("速度范围 = {}, {}".format(-env.max_speed, env.max_speed))
print("目标位置 = {}".format(env.goal_position))
```

运行程序，输出如下：

```
观察空间 = Box([-1.2 -0.07], [0.6 0.07], (2,), float32)
动作空间 = Discrete(3)
位置范围 = -1.2, 0.6
速度范围 = -0.07, 0.07
目标位置 = 0.5
```

（2）如果一直对小车施加向右的力，小车是无法到达目标的，可以用以下代码检验。

```python
# -*- coding: utf-8 -*-
import gym
import time

'''基于强化学习实现小车自适应翻越小沟'''
class BespokeAgent:
    def __init__(self, env):
        pass
    def decide(self, observation):
        position, velocity = observation
        lb = min(-0.09 * (position + 0.25) ** 2 + 0.03, 0.3 * (position + 0.9) ** 4 - 0.008)
        ub = -0.07 * (position + 0.38) ** 2 + 0.06
        if lb < velocity < ub:
            action = 2
        else:
            action = 0
        return action                           #返回动作

    def learn(self, *args):                     #学习
        pass

    def play_ones(self, env, agent, render=False, train=False):
```

```
            episode_reward = 0           #记录回合总奖励,初始值为 0
            observation = env.reset()    #重置游戏环境,开始新回合
            while True:                  #不断循环,直到回合结束
                if render:               #判断是否显示
                    env.render()         #显示图形界面,可以用 env.close()关闭
                action = agent.decide(observation)
                next_observation, reward, done, _ = env.step(action)    #执行动作
                episode_reward += reward #搜集回合奖励
                if train:                #判断是否训练智能体
                    break
                observation = next_observation
            return episode_reward        #返回回合总奖励

if __name__ == '__main__':
    env = gym.make('MountainCar-v0')

    agent = BespokeAgent(env)
    for _ in range(100):
        episode_reward = agent.play_ones(env, agent)
        print('回合奖励 = {}'.format(episode_reward))
        time.sleep(10)                   #停顿 10s
    env.close()                          #关闭图形化界面
```

这是经典的"代理程序-环境循环"的实现。每个时间步,代理都选择一个动作,并且环境返回一个观察和一个奖励,如图 10-6 所示。

运行程序,效果如图 10-7 所示。

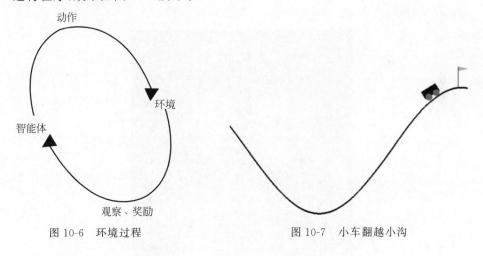

图 10-6 环境过程   图 10-7 小车翻越小沟

(3) 自动平衡恢复。

如果要实现在每个步骤中都比采取随机动作更好,那么需要了解动作对环境影响。环境的 step 函数返回如下 4 个值。

- observation(对象):特定于环境的对象,代表对环境的一次观察。例如,机器人的关节角度或者棋盘的状态。

- reward(奖励)：上一个动作获得的奖励。规模因环境而异，但目标始终是增加总奖励。
- done(执行状态)：是否需要重新再次进入环境。当 done 等于 True 时表示停止。
- info(结果)：对调试有用的诊断信息。

实现代码为：

```
import gym
import time

'''基于强化学习实现不倒翁特性：自动平衡恢复'''
if __name__ == "__main__":
    env = gym.make('CartPole - v0')
    for i_episode in range(20):
        observation = env.reset()
        for t in range(100):
            env.render()
            action = env.action_space.sample()
            observation, reward, done, info = env.step(action)
            if done:
                print(observation)
                time.sleep(1)                    #暂停一下,便于观察
                break

    time.sleep(5)                                #停顿 10s
    env.close()                                  #关闭图形化界面
```

运行程序，执行过程如图 10-8 所示，效果如图 10-9 所示。

```
[-0.0896995   0.19619081  0.22077918  0.3607502 ]
[ 0.09750542  0.98179608 -0.21219546 -1.91559758]
[-0.09116266 -0.60948883  0.21426738  1.24045018]
[-0.04801256 -0.55819119  0.22156745  1.36087148]
[-0.06984506 -0.80673944  0.21412647  1.5502059 ]
[ 0.15490724  0.84194982 -0.21343799 -1.52293939]
[-0.08598104 -0.76757144  0.21731926  1.48687868]
[ 0.13735878  1.02069871 -0.21427357 -1.58702901]
[ 0.02462997  0.24415975 -0.2164924  -1.23787256]
[-0.0177048   0.20112376  0.21327353  0.46566986]
[ 0.07091124  0.40092581 -0.22543849 -1.17713681]
[-0.15431961 -1.58324403  0.21032247  2.47429786]
[-0.08968594 -0.95302669  0.22036752  1.75131657]
[-0.04238872  0.01459275  0.21128602  0.57582442]
[ 0.12669166  1.58441436 -0.22752826 -2.5006942 ]
[-0.36400532 -1.53522198  0.24040561  1.99173741]
[ 0.25237393  1.19967793 -0.22760732 -1.86421697]
[ 0.04335752  0.00784435 -0.2198577  -0.91948627]
[-0.18618026 -1.2044263   0.21369906  1.92629478]
[ 0.24694696  0.75824681 -0.2262696  -0.97956676]
```

图 10-8 执行过程

图 10-9　平衡来回效果

10.4　双重深度 Q 网络

考虑深度 Q 网络已经有了评估网络和目标网络两个网络，所以双重深度 Q 学习在估计回报时只需用评估网络确定动作，用目标网络确定回报的估计即可。只需将

$$y = r + \gamma \max_a Q(s', a; \theta_{\text{target}})$$

改为

$$y = r + \gamma Q(s', \arg\max_a Q(s', a; \theta_i); \theta^-)$$

就得到了带经验回放的双重深度 Q 网络算法。

10.5　对偶深度 Q 网络

对偶网络（duel network）理论利用动作价值函数和状态价值函数之差定义了一个新的函数——优势函数（advantage function）：

$$A(s,a) = Q(s,a) - V(s,a)$$

对偶 Q 网络仍然用 $Q(\theta)$ 来估计动作价值，这时的 $Q(\theta)$ 是状态价值估计 $V(s;\theta)$ 和优势函数估计 $A(s,a;\theta)$ 的叠加，即

$$Q(s,a;\theta) = V(s;\theta) + A(s,a;\theta)$$

其中，$V(\theta)$ 和 $A(\theta)$ 可能都只用到了 θ 的部分参数。在训练的过程中，$V(\theta)$ 和 $A(\theta)$ 是共同训练的，训练过程和单独训练普通深度 Q 网络并无不同之处。

10.6　深度 Q 网络经典应用

本案例通过深度 Q 实现一个无人驾驶车。在这个问题中，驾驶员和车将对应智能体、跑道及四周相应环境。此处使用 OpenAI gym 中的 CarRacing-v0 数据集作为环境，这个环境对智能体返回状态和奖励。在车上安装前置摄像头，拍摄得到的图像作为状态。环境可以接受的动作是一个三维向量 $a \in R^3$，三个维度分别对应如何左转、如何向前和如何右转。智能体与环境交互并将交互结果以 $(s,a,r,s')_{i=1}^m$ 元组的形式进行保存，作为无人驾驶的训练数据。

1. 动作离散化

三维的连续动作空间对应着无穷个 Q 值，深度 Q 网络的输出层不可能给出无穷个

预测 Q 值。假设动作空间的三维如下。

转向（steering）：位于$[-1,1]$。

加油（gas）：位于$[0,1]$。

刹车（brake）：位于$[0,1]$。

动作空间的三维维度可以转换为驾驶中最基本的 4 个动作。

刹车：$[0.0,0.0,0.0]$。

左急转（sharp left）：$[-0.6,0.05,0.0]$。

右急转（sharp right）：$[0.6,0.05,0.0]$。

直行（straight）：$[0.0,0.3,0.0]$。

2. 深度双 Q 网络实现

由于状态是一系列图像，深度双 Q 网络（Double Deep Q Network，DDQN）采用 CNN 架构来处理状态图片并输出所有可能动作的 Q 值。实现代码为（DDQN.py）：

```python
import keras
from keras import optimizers
from keras.layers import Convolution2D
from keras.layers import Dense, Flatten, Input, concatenate, Dropout
from keras.models import Model
from keras.utils import plot_model
from keras import backend as K
import numpy as np
'''深度双Q网络实现'''
learning_rate = 0.0001
BATCH_SIZE = 128
class DQN:
    def __init__(self,num_states,num_actions,model_path):
        self.num_states = num_states
        print(num_states)
        self.num_actions = num_actions
        self.model = self.build_model()              #基本模型
        self.model_ = self.build_model()             #目标模型(基本模型的副本)
        self.model_chkpoint_1 = model_path + "CarRacing_DDQN_model_1.h5"
        self.model_chkpoint_2 = model_path + "CarRacing_DDQN_model_2.h5"
        save_best = keras.callbacks.ModelCheckpoint(self.model_chkpoint_1,
                                                    monitor = 'loss',
                                                    verbose = 1,
                                                    save_best_only = True,
                                                    mode = 'min',
                                                    period = 20)
        save_per = keras.callbacks.ModelCheckpoint(self.model_chkpoint_2,
                                                   monitor = 'loss',
                                                   verbose = 1,
                                                   save_best_only = False,
                                                   mode = 'min',
                                                   period = 400)
        self.callbacks_list = [save_best,save_per]
        #接受状态并输出所有可能动作的Q值的卷积神经网络
```

```python
    def build_model(self):
        states_in = Input(shape = self.num_states, name = 'states_in')
        x = Convolution2D(32,(8,8),strides = (4,4),activation = 'ReLU')(states_in)
        x = Convolution2D(64,(4,4), strides = (2,2), activation = 'ReLU')(x)
        x = Convolution2D(64,(3,3), strides = (1,1), activation = 'ReLU')(x)
        x = Flatten(name = 'flattened')(x)
        x = Dense(512,activation = 'ReLU')(x)
        x = Dense(self.num_actions,activation = "linear")(x)
        model = Model(inputs = states_in, outputs = x)
        self.opt = optimizers.Adam(lr = learning_rate, beta_1 = 0.9, beta_2 = 0.999, epsilon = None, decay = 0.0, amsgrad = False)
        model.compile(loss = keras.losses.mse,optimizer = self.opt)
        plot_model(model,to_file = 'model_architecture.png',show_shapes = True)
        return model
    #训练功能
    def train(self,x,y,epochs = 10,verbose = 0):
        self.model.fit(x,y,batch_size = (BATCH_SIZE), epochs = epochs, verbose = verbose, callbacks = self.callbacks_list)

    #预测功能
    def predict(self,state,target = False):
        if target:
            #从目标网络中返回给定状态的动作的Q值
            return self.model_.predict(state)
        else:
            #从原始网络中返回给定状态的动作的Q值
            return self.model.predict(state)
    #预测单态函数
    def predict_single_state(self,state,target = False):
        x = state[np.newaxis,:,:,:]
        return self.predict(x,target)
    #使用基本模型权重更新目标模型
    def target_model_update(self):
        self.model_.set_weights(self.model.get_weights())
```

从上述代码中可以看到,两个模型中的一个模型是另外一个模型的副本。基本网络和目标网络分别被存储为 GarRacing_DDQN_model_1.h5 和 CarRacing_DDQN_model_2.h5。

通过调用 target_model_update 函数来更新目标网络,使其与基本网络拥有相同的权值。

3. 智能体设计

在某个给定状态下,智能体与环境交互的过程中,智能体会尝试采取最佳的动作。此处的动作随机程度由 epsilon 的值来决定。epsilon 的初值被设定为 1,动作完全随机化。当智能体有了一定的训练样本后,epsilon 的值一步步减少,动作的随机程度随之降低。这种用 epsilon 的值来控制动作随机化程度的框架被称为 Epsilon 贪婪算法。此处可定义两个智能体。

- Agent:给定一个具体的状态,根据 Q 值来采取动作。
- RandomAgent:执行随机的动作。

智能体有 3 个功能：
- act：智能体基于状态决定采取哪个动作。
- observe：智能体捕捉状态和目标 Q 值。
- replay：智能体基于观察数据训练模型。

实现智能体的代码为（Agents.py）：

```python
import math
from Memory import Memory
from DQN import DQN
import numpy as np
import random
from helper_functions import sel_action, sel_action_index
# 智能体和随机智能体的实现
max_reward = 10
grass_penalty = 0.4
action_repeat_num = 8
max_num_episodes = 1000
memory_size = 10000
max_num_steps = action_repeat_num * 100
gamma = 0.99
max_eps = 0.1
min_eps = 0.02
EXPLORATION_STOP = int(max_num_steps * 10)
_lambda_ = - np.log(0.001) / EXPLORATION_STOP
UPDATE_TARGET_FREQUENCY = int(50)
batch_size = 128
class Agent:
    steps = 0
    epsilon = max_eps
    memory = Memory(memory_size)
    def __init__(self, num_states, num_actions, img_dim, model_path):
        self.num_states = num_states
        self.num_actions = num_actions
        self.DQN = DQN(num_states, num_actions, model_path)
        self.no_state = np.zeros(num_states)
        self.x = np.zeros((batch_size,) + img_dim)
        self.y = np.zeros([batch_size, num_actions])
        self.errors = np.zeros(batch_size)
        self.rand = False
        self.agent_type = 'Learning'
        self.maxEpsilone = max_eps

    def act(self, s):
        print(self.epsilon)
        if random.random() < self.epsilon:
            best_act = np.random.randint(self.num_actions)
            self.rand = True
            return sel_action(best_act), sel_action(best_act)
        else:
            act_soft = self.DQN.predict_single_state(s)
```

```python
            best_act = np.argmax(act_soft)
            self.rand = False
            return sel_action(best_act),act_soft

    def compute_targets(self,batch):
        # 0: 当前状态索引
        # 1: 指数的动作
        # 2: 奖励索引
        # 3: 下一个状态索引
        states = np.array([rec[1][0] for rec in batch])
        states_ = np.array([(self.no_state if rec[1][3] is None else rec[1][3]) for rec in batch])
        p = self.DQN.predict(states)
        p_ = self.DQN.predict(states_,target = False)
        p_t = self.DQN.predict(states_,target = True)
        act_ctr = np.zeros(self.num_actions)

        for i in range(len(batch)):
            rec = batch[i][1]
            s = rec[0]; a = rec[1]; r = rec[2]; s_ = rec[3]
            a = sel_action_index(a)
            t = p[i]
            act_ctr[a] += 1
            oldVal = t[a]
            if s_ is None:
                t[a] = r
            else:
                t[a] = r + gamma * p_t[i][np.argmax(p_[i])]  #DDQN

            self.x[i] = s
            self.y[i] = t

            if self.steps % 20 == 0 and i == len(batch) - 1:
                print('t',t[a], 'r: %.4f' % r,'mean t',np.mean(t))
                print('act ctr: ', act_ctr)
            self.errors[i] = abs(oldVal - t[a])
        return (self.x, self.y,self.errors)

    def observe(self,sample):                                              # in (s, a, r, s_) format
        _,_,errors = self.compute_targets([(0,sample)])
        self.memory.add(errors[0], sample)
        if self.steps % UPDATE_TARGET_FREQUENCY == 0:
            self.DQN.target_model_update()
        self.steps += 1
        self.epsilon = min_eps + (self.maxEpsilone - min_eps) * np.exp(-1 * _lambda_ * self.steps)

    def replay(self):
        batch = self.memory.sample(batch_size)
        x, y,errors = self.compute_targets(batch)
        for i in range(len(batch)):
            idx = batch[i][0]
```

```python
            self.memory.update(idx, errors[i])
        self.DQN.train(x,y)

class RandomAgent:
    memory = Memory(memory_size)
    exp = 0
    steps = 0
    def __init__(self, num_actions):
        self.num_actions = num_actions
        self.agent_type = 'Learning'
        self.rand = True
    def act(self, s):
        best_act = np.random.randint(self.num_actions)
        return sel_action(best_act), sel_action(best_act)
    def observe(self, sample):            # (s, a, r, s_)格式
        error = abs(sample[2])            #奖励
        self.memory.add(error, sample)
        self.exp += 1
        self.steps += 1
    def replay(self):
        pass
```

4. 自动驾驶车的环境

自动驾驶车的环境采用 OpenAI gym 中的 GarRacing-v0 数据集，因此智能体从环境得到的状态是 CarRacing-v0 中的车前窗图像。在给定状态下，环境能根据智能体采取的动作返回一个奖励。为了让训练过程更加稳定，所有奖励值被归一化到 $(-1,1)$。实现环境的代码为 (environment.py)：

```python
import gym
from gym import envs
import numpy as np
from helper_functions import rgb2gray,action_list,sel_action,sel_action_index
from keras import backend as K

seed_gym = 3
action_repeat_num = 8
patience_count = 200
epsilon_greedy = True
max_reward = 10
grass_penalty = 0.8
max_num_steps = 200
max_num_episodes = action_repeat_num * 100
'''智能体交互环境'''
class environment:
    def __init__(self, environment_name, img_dim, num_stack, num_actions, render, lr):
        self.environment_name = environment_name
        print(self.environment_name)
        self.env = gym.make(self.environment_name)
        envs.box2d.car_racing.WINDOW_H = 500
        envs.box2d.car_racing.WINDOW_W = 600
```

```python
            self.episode = 0
            self.reward = []
            self.step = 0
            self.stuck_at_local_minima = 0
            self.img_dim = img_dim
            self.num_stack = num_stack
            self.num_actions = num_actions
            self.render = render
            self.lr = lr
            if self.render == True:
                print("显示 properly 数据集")
            else:
                print("显示问题")

        #执行任务的智能体
        def run(self,agent):
            self.env.seed(seed_gym)
            img = self.env.reset()
            img = rgb2gray(img, True)
            s = np.zeros(self.img_dim)
            #收集状态
            for i in range(self.num_stack):
                s[:,:,i] = img
            s_ = s
            R = 0
            self.step = 0
            a_soft = a_old = np.zeros(self.num_actions)
            a = action_list[0]
            while True:
                if agent.agent_type == 'Learning':
                    if self.render == True:
                        self.env.render("human")

                if self.step % action_repeat_num == 0:
                    if agent.rand == False:
                        a_old = a_soft
                    #智能体的输出指令
                    a,a_soft = agent.act(s)
                    #智能体的局部最小值
                    if epsilon_greedy:
                        if agent.rand == False:
                            if a_soft.argmax() == a_old.argmax():
                                self.stuck_at_local_minima += 1
                                if self.stuck_at_local_minima >= patience_count:
                                    print('陷入局部最小值,重置学习速率')
                                    agent.steps = 0
                                    K.set_value(agent.DQN.opt.lr,self.lr * 10)
                                    self.stuck_at_local_minima = 0
                            else:
                                self.stuck_at_local_minima = max(self.stuck_at_local_minima - 2, 0)
                                K.set_value(agent.DQN.opt.lr,self.lr)
```

```python
            # 对环境执行操作
            img_rgb, r, done, info = self.env.step(a)
            if not done:
                # 创建下一个状态
                img = rgb2gray(img_rgb, True)
                for i in range(self.num_stack - 1):
                    s_[:,:,i] = s_[:,:,i+1]
                s_[:,:,self.num_stack - 1] = img
            else:
                s_ = None
            # 累计奖励跟踪
            R += r
            # 对奖励值进行归一化处理
            r = (r/max_reward)
            if np.mean(img_rgb[:,:,1]) > 185.0:
                # 如果汽车在草地上,就要处罚
                r -= grass_penalty
            # 保持智能体值的范围为[-1,1]
            r = np.clip(r, -1, 1)
            # Agent 有一个完整的状态、动作、奖励和下一个状态可供学习
            agent.observe((s, a, r, s_))
            agent.replay()
            s = s_
        else:
            img_rgb, r, done, info = self.env.step(a)
            if not done:

                img = rgb2gray(img_rgb, True)
                for i in range(self.num_stack - 1):
                    s_[:,:,i] = s_[:,:,i+1]
                s_[:,:,self.num_stack - 1] = img
            else:
                s_ = None
            R += r
            s = s_
        if(self.step % (action_repeat_num * 5) == 0) and (agent.agent_type == 'Learning'):
            print('step: ', self.step, 'R: %.1f' % R, a, 'rand: ', agent.rand)

        self.step += 1

        if done or (R < -5) or (self.step > max_num_steps) or np.mean(img_rgb[:,:,1]) > 185.1:
            self.episode += 1
            self.reward.append(R)
            print('Done: ', done, 'R<-5: ', (R<-5), 'Green > 185.1: ', np.mean(img_rgb[:,:,1]))
            break
    print("集 ", self.episode, "/", max_num_episodes, agent.agent_type)
    print("平均集奖励: ", R/self.step, "总奖励: ", sum(self.reward))

def test(self, agent):
```

```python
            self.env.seed(seed_gym)
            img = self.env.reset()
            img = rgb2gray(img, True)
            s = np.zeros(self.img_dim)
            for i in range(self.num_stack):
                s[:,:,i] = img
            R = 0
            self.step = 0
            done = False
            while True:
                self.env.render('human')
                if self.step % action_repeat_num == 0:
                    if(agent.agent_type == 'Learning'):
                        act1 = agent.DQN.predict_single_state(s)
                        act = sel_action(np.argmax(act1))
                    else:
                        act = agent.act(s)
                    if self.step <= 8:
                        act = sel_action(3)
                    img_rgb, r, done, info = self.env.step(act)
                    img = rgb2gray(img_rgb, True)
                    R += r
                    for i in range(self.num_stack - 1):
                        s[:,:,i] = s[:,:,i+1]
                    s[:,:,self.num_stack - 1] = img
                if(self.step % 10) == 0:
                    print('Step: ', self.step, 'action: ',act, 'R: %.1f' % R)
                    print(np.mean(img_rgb[:,:,0]),np.mean(img_rgb[:,:,1]), np.mean(img_rgb[:,:,2]))
                self.step += 1

                if done or (R < -5) or (agent.steps > max_num_steps) or np.mean(img_rgb[:,:,1]) > 185.1:
                    R = 0
                    self.step = 0
                    print('Done: ',done,'R < -5: ',(R < -5),'Green > 185.1: ',np.mean(img_rgb[:,:,1]))
                    break
```

上述代码中，函数 run 实现了智能体在环境中的所有行为。

5．连接所有代码

脚本 main.py 将环境、深度双 Q 学习网络和智能体的代码按照逻辑整合在一起，实现基本增强学习的无人驾驶。代码为：

```
import sys
from gym import envs
from Agents import Agent, RandomAgent
from helper_functions import action_list, model_save
from environment import environment
import argparse
import numpy as np
```

```python
import random
from sum_tree import sum_tree
from sklearn.externals import joblib
'''这是训练和测试赛车应用的主要模块'''
if __name__ == "__main__":
    #定义用于训练模型的参数
    parser = argparse.ArgumentParser(description = 'arguments')
    parser.add_argument('-- environment_name',default = 'CarRacing-v0')
    parser.add_argument('-- model_path',help = 'model_path')
    parser.add_argument('-- train_mode',type = bool,default = True)
    parser.add_argument('-- test_mode',type = bool,default = False)
    parser.add_argument('-- epsilon_greedy',default = True)
    parser.add_argument('-- render',type = bool,default = True)
    parser.add_argument('-- width',type = int,default = 96)
    parser.add_argument('-- height',type = int,default = 96)
    parser.add_argument('-- num_stack',type = int,default = 4)
    parser.add_argument('-- lr',type = float,default = 1e-3)
    parser.add_argument('-- huber_loss_thresh',type = float,default = 1.)
    parser.add_argument('-- dropout',type = float,default = 1.)
    parser.add_argument('-- memory_size',type = int,default = 10000)
    parser.add_argument('-- batch_size',type = int,default = 128)
    parser.add_argument('-- max_num_episodes',type = int,default = 500)
    args = parser.parse_args()
    environment_name = args.environment_name
    model_path = args.model_path
    test_mode = args.test_mode
    train_mode = args.train_mode
    epsilon_greedy = args.epsilon_greedy
    render = args.render
    width = args.width
    height = args.height
    num_stack = args.num_stack
    lr = args.lr
    huber_loss_thresh = args.huber_loss_thresh
    dropout = args.dropout
    memory_size = args.memory_size
    dropout = args.dropout
    batch_size = args.batch_size
    max_num_episodes = args.max_num_episodes
    max_eps = 1
    min_eps = 0.02
    seed_gym = 2                        #随机状态
    img_dim = (width,height,num_stack)
    num_actions = len(action_list)

if __name__ == '__main__':
    environment_name = 'CarRacing-v0'         #应用 CarRacing-v0 环境数据
    env = environment(environment_name,img_dim,num_stack,num_actions,render,lr)
    num_states = img_dim
    print(env.env.action_space.shape)
    action_dim = env.env.action_space.shape[0]
```

```python
    assert action_list.shape[1] == action_dim,"length of Env action space does not match action buffer"
    num_actions = action_list.shape[0]
    #设置Python和NumPy内置的随机种子
    random.seed(901)
    np.random.seed(1)
    agent = Agent(num_states, num_actions,img_dim,model_path)
    randomAgent = RandomAgent(num_actions)
    print(test_mode,train_mode)

    try:
        #训练智能体
        if test_mode:
            if train_mode:
                print("初始化随机智能体,填满记忆")
                while randomAgent.exp < memory_size:
                    env.run(randomAgent)
                    print(randomAgent.exp, "/", memory_size)
                agent.memory = randomAgent.memory
                randomAgent = None
                print("开始学习")
                while env.episode < max_num_episodes:
                    env.run(agent)
                model_save(model_path, "DDQN_model.h5", agent, env.reward)

            else:
                #载入训练模型
                print('载入预先训练好的智能体并学习')
                agent.DQN.model.load_weights(model_path + "DDQN_model.h5")
                agent.DQN.target_model_update()
                try:
                    agent.memory = joblib.load(model_path + "DDQN_model.h5" + "Memory")
                    Params = joblib.load(model_path + "DDQN_model.h5" + "agent_param")
                    agent.epsilon = Params[0]
                    agent.steps = Params[1]
                    opt = Params[2]
                    agent.DQN.opt.decay.set_value(opt['decay'])
                    agent.DQN.opt.epsilon = opt['epsilon']
                    agent.DQN.opt.lr.set_value(opt['lr'])
                    agent.DQN.opt.rho.set_value(opt['rho'])
                    env.reward = joblib.load(model_path + "DDQN_model.h5" + "Rewards")
                    del Params, opt
                except:
                    print("加载无效 DDQL_Memory_.csv")
                    print("初始化随机智能体,填满记忆")
                    while randomAgent.exp < memory_size:
                        env.run(randomAgent)
                        print(randomAgent.exp, "/", memory_size)
                    agent.memory = randomAgent.memory
```

```
                        randomAgent = None
                        agent.maxEpsilone = max_eps/5
                print("开始学习")
                while env.episode < max_num_episodes:
                    env.run(agent)
                    model_save(model_path, "DDQN_model.h5", agent, env.reward)
        else:
            print('载入和播放智能体')
            agent.DQN.model.load_weights(model_path + "DDQN_model.h5")
            done_ctr = 0
            while done_ctr < 5:
                env.test(agent)
                done_ctr += 1
            env.env.close()
    #退出
    except KeyboardInterrupt:
        print('用户中断,gracefule 退出')
        env.env.close()
        if test_mode == False:
            # Prompt for Model save
            print('保存模型: Y or N?')
            save = input()
            if save.lower() == 'y':
                model_save(model_path, "DDQN_model.h5", agent, env.reward)
            else:
                print('不保存模型')
```

6. 帮助函数

下面是一些增强学习用到的帮助函数,用于训练过程中的动作选择、观察数据存储、状态图像的处理以及训练模型的权重保存(helper_functions.py):

```python
from keras import backend as K
import numpy as np
import shutil, os
import numpy as np
import pandas as pd
from scipy import misc
import pickle
import matplotlib.pyplot as plt
from sklearn.externals import joblib
huber_loss_thresh = 1
action_list = np.array([
                        [0.0, 0.0, 0.0],      #刹车
                        [-0.6, 0.05, 0.0],    #左急转
                        [0.6, 0.05, 0.0],     #右急转
                        [0.0, 0.3, 0.0]] )    #直行
rgb_mode = True
num_actions = action_list.shape[0]
def sel_action(action_index):
    return action_list[action_index]
```

```python
def sel_action_index(action):
    for i in range(num_actions):
        if np.all(action == action_list[i]):
            return i
    raise ValueError('选择的动作不在列表中')
def huber_loss(y_true, y_pred):
    error = (y_true - y_pred)
    cond = K.abs(error) <= huber_loss_thresh
    if cond == True:
        loss = 0.5 * K.square(error)
    else:
        loss = 0.5 * huber_loss_thresh ** 2 + huber_loss_thresh * (K.abs(error) - huber_loss_thresh)
    return K.mean(loss)
def rgb2gray(rgb, norm = True):
    gray = np.dot(rgb[..., : 3], [0.299, 0.587, 0.114])
    if norm:
        #归一化
        gray = gray.astype('float32') / 128 - 1
    return gray
def data_store(path, action, reward, state):
    if not os.path.exists(path):
        os.makedirs(path)
    else:
        shutil.rmtree(path)
        os.makedirs(path)
    df = pd.DataFrame(action, columns = ["Steering", "Throttle", "Brake"])
    df["Reward"] = reward
    df.to_csv(path + 'car_racing_actions_rewards.csv', index = False)
    for i in range(len(state)):
        if rgb_mode == False:
            image = rgb2gray(state[i])
        else:
            image = state[i]
        misc.imsave(path + "img" + str(i) + ".png", image)
def model_save(path, name, agent, R):
    '''在数据路径中保存动作、奖励和状态(图像)'''
    if not os.path.exists(path):
        os.makedirs(path)
    agent.DQN.model.save(path + name)
    print(name, "saved")
    print('...')
    joblib.dump(agent.memory, path + name + 'Memory')
    joblib.dump([agent.epsilon, agent.steps, agent.DQN.opt.get_config()], path + name + 'AgentParam')
    joblib.dump(R, path + name + 'Rewards')
    print('Memory pickle dumped')
```

7. 训练结果

刚开始,无人驾驶车常会出错,一段时间后,无人驾驶车通过训练不断从错误中学习,自动驾驶的能力越来越好。图10-10和图10-11分别展示了在训练初及训练后的行为。

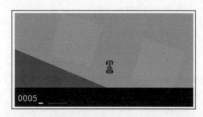

图 10-10　训练初无人驾驶行为(跑到草地上)

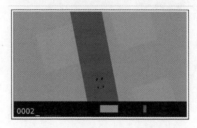

图 10-11　训练后无人驾驶的车行为

参 考 文 献

[1] 埃里克·马瑟斯. Python 编程从入门到实践[M]. 袁国忠,译. 3 版. 北京:人民邮电出版社,2023.
[2] 吴茂贵,郁明敏,杨本法,等. Python 深度学习:基于 PyTorch[M]. 北京:机械工业出版社,2019.
[3] 弗朗索瓦·肖莱. Python 深度学习[M]. 张亮,译. 北京:人民邮电出版社,2018.
[4] 吴茂贵,王冬,李涛,等. Python 深度学习:基于 TensorFlow[M]. 2 版. 北京:机械工业出版社,2022.
[5] 吴茂贵,郁明敏,杨本法,等. Python 深度学习:基于 PyTorch[M]. 2 版. 北京:机械工业出版社,2023.
[6] 李永华. AI 源码解读:卷积神经网络(CNN)深度学习案例(Python 版)[M]. 北京:清华大学出版社,2021.
[7] 宋立桓. Python 深度学习从零开始学[M]. 北京:清华大学出版社,2022.
[8] 刘艳,韩龙哲,李沫沫. Python 机器学习:原理、算法及案例实战[M]. 北京:清华大学出版社,2021.
[9] 邓立国,李剑锋,林庆发. Python 深度学习原理、算法与案例[M]. 北京:清华大学出版社,2023.
[10] 苏达桑·拉维尚迪兰. Python 深度学习算法实战[M]. 何明,译. 北京:中国水利水电出版社,2022.

图书资源支持

感谢您一直以来对清华版图书的支持和爱护。为了配合本书的使用,本书提供配套的资源,有需求的读者请扫描下方的"书圈"微信公众号二维码,在图书专区下载,也可以拨打电话或发送电子邮件咨询。

如果您在使用本书的过程中遇到了什么问题,或者有相关图书出版计划,也请您发邮件告诉我们,以便我们更好地为您服务。

我们的联系方式:

清华大学出版社计算机与信息分社网站:https://www.shuimushuhui.com/

地　　址:北京市海淀区双清路学研大厦 A 座 714

邮　　编:100084

电　　话:010-83470236　010-83470237

客服邮箱:2301891038@qq.com

QQ:2301891038(请写明您的单位和姓名)

资源下载:关注公众号"书圈"下载配套资源。

资源下载、样书申请
书圈

图书案例
清华计算机学堂

观看课程直播